Carl Gustav Wrangel

Ungarns Pferdezucht in Wort und Bild

mit Beil., Ansichten und Vorbildern

Carl Gustav Wrangel

Ungarns Pferdezucht in Wort und Bild
mit Beil., Ansichten und Vorbildern

ISBN/EAN: 9783744739719

Hergestellt in Europa, USA, Kanada, Australien, Japan

Cover: Foto ©berggeist007 / pixelio.de

Weitere Bücher finden Sie auf **www.hansebooks.com**

Ungarns

Pferdezucht

in

Wort und Bild

von

Graf C. G. Wrangel.

Erster Band.

Die Königl. Ungarischen **Staatsgestüte Kisbér und Bábolna.**

Mit 4 Beilagen, 8 Ansichten und 32 Vollbildern.

Stuttgart.
Verlag von Schickhardt & Ebner
(Konrad Wittwer)
1893.

Königl. Ungarisches Staatsgestüt Bábolna.

Inhaltsverzeichnis.

Erster Band.

Königl. Ungarisches Staatsgestüt Kisbér.

Einleitung.

„Lóra termett a magyar“ — frei übersetzt: Zu Pferd ist dem Ungarn am wohlsten — so lautet ein altes ungarisches Sprichwort, welches, obwohl das wilde freie Reiterleben vergangener Zeiten auch im Ungarlande einer nüchterneren Auffassung des Daseins hat weichen müssen, heute noch nicht als eine leere Phrase bezeichnet werden kann. Allerdings haben der Pflug, das Dampfross und die rauchenden Fabrikschlote die Romantik der Puszta arg beschnitten, allerdings verbringt der ungarische Landedelmann nicht mehr sein Leben damit, im verschnürten Rock von einem Gelage zum andern zu reiten, allerdings gehören die berittenen Betyáren, die das auf der öden Haide erbeutete Gold dem unter der Last des Frohndienstes schmachtenden Bauer oder dem unermüdlich darauf los fiedelnden Zigeuner in den Schoss warfen, ebenfalls einer längst verschwundenen Periode an. Aber trotzdem spielt das edle Ross immer noch eine bedeutungsvolle Rolle im Leben der Magyaren, ja ich wüsste in der ganzen Welt ausser England kein Land zu nennen, wo dem Pferde eine so allgemeine und unbestrittene Verehrung entgegengebracht wird, als in Ungarn. Am meisten ist dem Ungarn jedoch das flüchtige, schneidige, ausdauernde Blutpferd ans Herz gewachsen. Diese Vorliebe hat ihre natürliche Erklärung in dem von den Vorfahren ererbten Reiterinstinkt des Ungarvolkes, sowie in der Thatsache, dass das edle orientalische Blut bis in die neuere Zeit die Quelle der Veredelung für die ungarische Landespferdezucht gewesen ist. Kein Wunder daher, dass Ungarn stets als ein Mekka der Pferdefreunde gegolten hat. Und seitdem die erleichterten Verkehrsverhältnisse uns jenes Mekka um ein Bedeutendes näher gerückt haben, lässt sich von Jahr zu Jahr eine Zunahme in der Schar solcher Besucher wahrnehmen, die nur des Pferdes wegen ihre Schritte nach dem Reiche der Stefanskrone lenken. Der eine will die dortigen Zuchtverhältnisse studiren, der andere kommt, um aus dem stets gefüllten Reservoir der ungarischen Zucht zu schöpfen, und wer das gastfreie Land einmal betreten, der kehrt auch gerne wieder. Unter solchen Verhältnissen ist es doppelt befremdend, dass es bisher keinem Fachschriftsteller in den Sinn gekommen, die hippologische Literatur mit einer auf persönlichen Wahrnehmungen und authentischen Daten basirten Schilderung der gesamten ungarischen Pferdezucht zu bereichern. Mir wenigstens war es schon seit Jahren klar, dass ein solches Werk nicht nur von den auswärtigen Freunden und Kunden der ungarischen Pferdeproduktion, sondern auch von den dortigen Fachleuten mit lebhafter Befriedigung begrüsst werden würde. Meine Erwartung, dass sich eine berufene Kraft bereit finden würde, diese allerdings gewaltige Arbeit in Angriff zu nehmen, ging jedoch nicht in Erfüllung und so reifte denn allmählich in mir der Entschluss, nicht eher zu rasten, bevor ich selbst eine historisch-kritische Darstellung der ungarischen Zuchtverhältnisse fertig gebracht. Wohl wissend, dass schon die Beschaffung des zur Bewältigung dieser Aufgabe erforderlichen Arbeitsmaterials ohne thatkräftige Unterstützung der betreffenden Behörden ein Ding der Unmöglichkeit sein würde, wandte ich mich, sobald ich mir über die Hauptsache klar geworden, an das Königl. Ungarische Ministerium für Ackerbau mit der Bitte, das von mir geplante Werk „Ungarns Pferdezucht in Wort und Bild“ unter seinem hohen Schutz nehmen zu wollen. Die Antwort liess nicht lange auf sich warten. Sie lautete folgendermassen:

„Euer Hochgeboren haben dem Leiter der königl. ungarischen Pferdezuchtsanstalten den schätzenswerten Antrag gestellt, ein Werk veröffentlichen zu wollen, welches die hippologische Literatur mit der Beschreibung der königl. ungarischen Pferdezuchtsanstalten bereichern soll.

Das Königl. Ungarische Ackerbauministerium fühlt sich veranlasst, Ihren Vorschlag mit unverhohlener Freude zu begrüssen, indem es vollkommen im Bewusstsein der Tragweite einer Publikation ist, welche nicht nur eine Lücke in der hippologischen Literatur auszufüllen berufen ist, sondern eventuell der ungarischen Pferdezucht durch fachmännische Bekanntgabe ihrer Leistungsfähigkeit vor dem Auslande auch praktischen Nutzen bringen könnte.

Dieses anstrebenswerte Ziel könnte jedoch nur in jenem Falle in Aussicht genommen werden, wenn das geplante Werk sich nicht nur auf die Beschreibung der königl. ungar.

Staatsgestüte und Hengstendepots beschränken, sondern auch die Schilderung grösserer Privatgestüte Ungarns umfassen würde und ausserdem noch durch Skizzirung des auf den Hauptmärkten und in den hervorragendsten Zuchtgegenden des Landes vorfindlichen Pferdematerials charakteristische Streiflichter auf den Zustand und die Leistungsfähigkeit der ungarischen Landespferdezucht werfen würde.

Weiteres müsste die Anforderung gestellt werden, dass dies Werk nicht bloss beschreibender, sondern auch aufklärender Richtung sei, d. h. dass es die gelegentlich den Studienreisen durch Ew. Hochgeboren gemachten Wahrnehmungen ohne jeden Rückhalt frank und frei darlege, damit eventuell die Züchter des Inlandes auch aus diesem Werke Anregungen finden zu richtiger Erkenntnis der noch allenthalben vorhandenen Mängel."

— — — — — — — — — — —

Soweit die ministerielle Zuschrift, die mir ausser manchen anderen Vorteilen noch die bereitwilligste Förderung meiner Forschungen durch alle Organe der königl. ungarischen Pferdezuchtanstalten sowie durch die Pferdezuchtkomites für den Fall zusicherte, dass ich mich mit obigen Anforderungen des Ministeriums einverstanden erklären würde. Selbstverständlich habe ich nicht gesäumt, die mir zu so liberalen Bedingungen angebotene Unterstützung der ersten züchterischen Behörde des Landes mit tiefempfundenem Danke anzunehmen. Dass „Ungarns Pferdezucht in Wort und Bild" zur That geworden, ist demnach in erster Reihe der Einsicht und dem Entgegenkommen der mit der Leitung der Staatspferdezucht betrauten Behörde zu verdanken. Ich verhehle mir jedoch keineswegs, dass es mir kaum je gelungen sein würde, meine von Tag zu Tag grössere Dimensionen annehmende Aufgabe zu einem glücklichen Ende zu führen, wenn ich nicht auf meinen Wanderungen durch die ungarischen und siebenbürgischen Zuchtstätten in jedem Freunde und Züchter des Pferdes einen eifrigen Mitarbeiter gefunden hätte. In sämtlichen Staats-Pferdezuchtanstalten, in allen Privatgestüten, die ich besucht, an jedem Orte, wo der Pferdezucht ein Heim bereitet worden, wetteiferten die Fachgenossen, mir die Arbeit thunlichst zu erleichtern. Unter solchen Umständen gestaltete sich das Herbeischaffen des von mir benötigten massenhaften Materiales zu einer ebenso genussreichen wie nutzbringenden Beschäftigung. Es ist somit nicht die wohlwollende Unterstützung des königlichen Ackerbauministeriums allein, sondern auch — und vielleicht noch mehr — die thätige Mitwirkung der ungarischen Pferdefreunde, die es mir ermöglicht hat, das vorgesteckte Ziel zu erreichen. Indem ich dies rückhaltslos anerkenne, erfülle ich eine angenehme Pflicht. Gleichzeitig aber wird dem

Leser hierdurch ein, wie ich hoffe, beruhigender Einblick in die Genesis meines umfangreichen Werkes gewährt.

Die Thatsache, dass die Geschichte der Königl. Ungarischen Staatsgestüte auch die Geschichte der ungarischen Landespferdezucht ist, hat mir meinen Arbeitsplan klar vorgezeichnet. Ich beginne also mit den Staatsgestüten und Hengstendepots und wende mich sodann der Landespferdezucht zu.

Dass ich in Allem und Jedem das Rechte getroffen haben sollte, werde ich sicher nicht behaupten. Eines aber wage ich zu Gunsten meiner Arbeit vorzubringen und zwar, dass dieselbe von den wärmsten Sympathien für das Land Ungarn und dessen Pferdezucht inspirirt worden ist. Auch wo ich eine tadelnde oder warnende Stimme erheben musste, wird der Leser daher die Unantastbarkeit meiner Beweggründe nicht in Zweifel ziehen dürfen. Trotzdem sei mir gestattet, hier an das bekannte Wort Lichtenbergs zu erinnern: „Es ist unmöglich, die Fackel der Wahrheit durch ein Gedränge zu tragen, ohne Jemand den Bart zu sengen."

Königl. Ungar. Staatsgestüt Kisbér im Jänner 1891.

C. G. Wrangel.

Kisbér.

Geschichte des Gestütes von der Errichtung bis zur Übergabe desselben an den ungarischen Staat.

Die grosse Sturmflut hatte sich verlaufen. So mancher brave Reitersmann, der mit hochgeschwungenem Säbel hinausgeritten war auf die Puszta, ruhte unter dem kühlen Rasen, und scharenweise hatten die flinken Rosse den heimatlichen Boden mit ihrem Blute gedüngt. Nun war Friede. Der Pflug wurde wieder hervorgezogen aus dem Schuppen; der Landmann ging daran, den zerstampften Acker wieder herzurichten zur Empfangnahme der goldigen Saat; der Züchter, die Armee, die Industrie sahen sich vor die Aufgabe gestellt, Ersatz zu schaffen für die Lücken, die der Kampf hinterlassen. Überall regten sich fleissige Hände, aber überall fehlte der treueste Arbeitsgenosse des Menschen, das Pferd. Wie diesem Mangel an brauchbarem Pferdematerial abgeholfen werden könnte, war daher eine Frage, deren Beantwortung keinen Aufschub vertrug. Auf die Privatindustrie durfte indessen vorläufig nicht gezählt werden. Hilfe konnte nur der Staat bieten. Und so beschloss denn die Regierung, der gänzlich darniederliegenden Zucht durch Errichtung eines neuen Staatsgestütes frisches Leben einzuhauchen. Die Wahl einer zu solchen Zwecken geeigneten Lokalität war mit keinen besonderen Schwierigkeiten verknüpft. Hatte sich doch der Staat erst kürzlich durch das bequeme Mittel der Konfiskation in den Besitz der gräflich Kasimir Batthyány'schen Herrschaft Kisbér gesetzt, welche allen hier massgebenden Anforderungen in seltenster Weise entsprach. Es bedurfte somit nur einer kaiserlichen Entschliessung, um Kisbér in eine Zuchtstätte für edles Blut zu verwandeln. Wann diese Entschliessung erfolgte und wie die erste Umgestaltung der früheren Batthyány'schen Herrschaft in ein Militär-Gestüt durchgeführt wurde, ergibt sich aus nachstehenden offiziellen Dokumenten, welche, obwohl für jeden Hippologen von grösstem Interesse, bisher noch nirgends veröffentlicht worden sind.

Wir beginnen mit folgender an das k. k. 3. Armee-Kommando zu Ofen gerichteten Zuschrift des k. k. Armee-Oberkommandos dat. Wien am 9. Juli 1853:

Seine k. k. apostolische Majestät haben vermöge des an den Herrn Finanzminister erlassenen Allerhöchsten Handschreibens de dato 8. Juli laufenden Jahres allergnädigst zu befehlen geruht, dass das zufolge Allerhöchster Entschliessung vom 3. August vorigen Jahres zu einem Militärgestüte bestimmte konfiszirte Gut Kisbér in Ungarn sogleich vollständig und schuldenfrei in das unbeschränkte Eigentum des Militärärars übergeben, und der Religionsfond, insofern er auf diese Realität rechtlichen Anspruch hat, dafür anderweitig entschädigt werde.

Infolge dessen hat der Herr Finanzminister das Präsidium der ungarischen Finanz-Landesdirektion mittelst des abschriftlich beiliegenden Erlasses beauftragt, unverzüglich im Einvernehmen mit dem Armeekommando den Tag, allenfalls den 1. des nächsten Monats festzustellen, an welchem die faktische Übergabe des obigen Gutes inventarisch geschehen wird.

Militärischerseits ist zur Übernahme dieser Realität, der, dem Herrn General-Remontirungs-Inspektor zur Leitung der Militärbeschälanstalten in Ungarn etc., dann speziell zur Etablirung des Militärgestütes in Kisbér zugeteilte Herr Generalmajor von Ritter, ferner ein Geniestabsoffizier oder Hauptmann, und der dortseitige Oberkriegskommissär, oder dessen Adlatus zu bestimmen.

Im Falle der Thunlichkeit wird auch der gegenwärtig auf einer Inspizirungsreise begriffene Herr General der Kavallerie und Remontirungsinspektor Graf Hardegg bei der Übernahme interveniren.

Herr General von Ritter ist anzuweisen, den Vorerhebungen hinsichtlich der Adaptirung des Gutes Kisbér zu Gestütszwecken ununterbrochen sein besonderes persönliches Augenmerk zu schenken und zur gesicherten Durchführung der von dem Armeekommando zu treffenden Einleitungen im Interesse des zu errichtenden Gestütes und des Ärars in loco Kisbér thatkräftig und erfolgreich einzuwirken, zugleich hat das Armeekommando dafür zu sorgen, dass jeder hierauf Bezug nehmende Auftrag unverweilt zum Vollzug gelange.

Der intervenirende Genieoffizier wird bei jedem im Inventar aufgenommenen Wohngebäude anzuführen haben, ob solches zur Unterkunft für Offiziere, Beamte, Parteien oder

Mannschaft vollkommen geeignet sei, oder einer Reparatur oder gänzlichen Umstaltung bedürfe, ferner, in welchem Zustande sich die Stallungen jeder Gattung befinden, ob und in welcher Art insbesondere die Schafstallungen zur vollkommen zweckmässigen Unterbringung der Zuchtpferde hergerichtet werden können, und zwar binnen welcher Zeit.

Man setzt voraus, dass bei der Übergabe auch ein Mitglied der ungarischen Finanz-Prokuratur interveniren werde, welches die Interessen der Zivil- und des Militärärars zu vertreten haben wird.

Ein Paré des Übergabs- resp. Übernahmsaktes ist ohne geringsten Verzug anher einzusenden, um hierauf sowohl wegen Adaptirung des Gutes zu Gestütszwecken, als auch die weiters nötigen Weisungen erlassen zu können.

Der gedachte Besitzstand ist vom Übernahmstage an bis auf weitere hierortige Verfügung in der bisherigen Art, jedoch für Rechnung des Militärärars zu verwalten. Dass diese Verwaltung in jeder Beziehung ordnungsmässig geschehe, darüber hat Herr Generalmajor von Ritter strenge zu wachen, und es ist einem Feldkriegskommissariatischen Beamten die Respizirung zuzuweisen.

Vom Armee-Oberkommando.
Bamberg m. p.
G. M.

Bevor Kisbér mit obigem Erlasse seiner neuen Bestimmung zugeführt wurde, hatten natürlich die betreffenden Behörden genaue Erhebungen darüber gepflogen, ob sich die lokalen Verhältnisse der früheren Batthyány'schen Herrschaft auch zum Betriebe einer ausgedehnten Pferdezucht eigneten. Zu welchem Resultate die Sachverständigen hierbei gekommen, geht aus nachstehenden Dokumenten hervor:

In Entsprechung des hohen Erlasses Nr. 4278 ddo. Wien am 9. Juli l. J. gebe ich mir die Ehre, Euer Excellenz in Beziehung der dem Kasimir Batthyány zugehörig gewesenen, nunmehr dem Staate verfallenen Herrschaft Kisbér zur Errichtung eines neuen Militärgestüts in Ungarn folgendes gehorsamst zur hohen Kenntnis zu bringen.

Laut der vom Kisbérer Wirtschaftskastner abverlangten und ehrfurchtsvoll hier beigeschlossenen Übersichtstabelle, beträgt der Gesamtflächenraum $16\,327^{261}/_{1200}$ ungarische Joch, welche $12\,245^{661}/_{1600}$ niederösterreichische Joche ausmachen.

Hievon entfallen an Äckern, Wiesen und Weiden $7985^{1320}/_{1600}$, an Waldung, Weingärten und sonst unbenützbaren Boden $4260^{951}/_{1600}$, somit zusammen die obige Grundfläche von $12\,245^{663}/_{1600}$ niederösterreichischer Joch.

Im allgemeinen wird zur Ernährung einer Zuchtstute samt ihrer Nachkommenschaft bis in das 4. Lebensjahr mit Hafer, Heu, Stroh und Weide die Grundfläche von 25 niederösterreichischer Joch veranschlagt, in Rücksicht dieser Annahme und mit Bedacht auf die Erhaltung der erforderlichen Zugochsen, könnten künftig zu Kisbér dreihundert (300) Mutterstuten füglich ernährt werden. Die Alimentation dieses Pferdezuchtstandes wird sich jährlich in runden Zahlen berechnen, auf

30 000 Metzen Hafer,
41 400 Zentner Heu,
6 400 Zentner Futter } Stroh und
15 000 Zentner Streu }
900 Joch als Weide.

Zur Erzeugung dieses Futters und zum ganzen Wirtschaftsbetrieb wären versuchsweise 250 Stück Zugochsen beizuschaffen nötig. Und da die Komplettirung des mit 300 Zuchtstuten angenommenen Gestütsetats aus den bestehenden Militärgestüten nur successive erfolgen kann, so könnte die Bodenbewirtschaftung zur Ansammlung der nötigen verspezifizirten Futtervorräte durch das auf der Herrschaft Kisbér vorhandene Wirtschaftspersonal, welches nach der Mitteilung des Mezőhegyeser Wirtschaftsdirektors Hofmann, dem aus seiner früheren Anstellung zu Bábolna die Kisbérer Verhältnisse, sowie der gute Ruf dieser Beamten im allgemeinen bekannt sind, gegenwärtig aus einem Oberbeamten, 3 Wirtschaftskastnern, 2 Ispans (Wirtschaftsbereiter), aus 2 Adjunkten, 1 Rentmeister und 2 Amtschreibern besteht und wodurch diese Herrschaft mit ihren vielen Grundobjekten gut administrirt gewesen zu sein scheint, einstweilen provisorisch in so lange fortbesorgt werden, bis die vorhandenen Gebäude, worunter mehrere Schafstallungen sich befinden, dem Zwecke einer Pferdezucht angepasst, teils die erforderlichen Neubauten hergestellt sein würden.

Welche Gebäude neu aufzuführen wären und wie hoch die Kosten für diesen Neubau wie auch für die anzuschaffenden Gestütseinrichtungen und Wirtschaftsrequisiten entfallen würden, liesse sich nur durch eine spezielle Lokalisirung des dermaligen Bestandes von Kisbér mit einiger Zifferrichtigkeit aproximativ ermitteln; weshalb ich mir erlaube, um Euer Excellenz hochgeneigte Weisung zu ersuchen, ob ich nach beendeter Musterung und Inspizirung des hiesigen Militärgestüts mich für diesen Zweck nach Kisbér verfügen soll?

Als Stand von Chargen für die Etablirung einer Pferdezuchtanstalt in Kisbér mit dem vorbezeichneten Etat von 350 Mutterstuten wird erforderlich sein:

1 Stabsoffizier als Militärgestüts-Kommandant;
1 Secondrittmeister;
2 Ober- } Lieutenants (mit Rücksicht auf die zerstreute Lage des Prädiums);
2 Unter- }

ferner:

1 Unterlieutenant-Adjutant;
1 Rechnungsführer und
1 Tierarzt.

Die Unteroffiziers und Gemeinen würden sich in ihrer Anzahl nach der Örtlichkeit bemessen lassen und ich bin gegenwärtig ausser Stande, dieselben zifferrichtig bestimmen zu können.

Schliesslich glaube ich nur noch Euer Excellenz hohe Aufmerksamkeit auf die gute Lage des Prädiums Kisbér, welches zum grossen Teil ein Hügelland bildet, von mehreren kleinen Bächen durchschnitten ist und einen ansehnlichen Waldstand besitzt, umsomehr lenken zu sollen, als diese Situation für das Gedeihen eines Pferdezuchtbetriebes sehr günstig sich herausstellt und nur noch zum Besten des Militärärars der Wunsch erübrigt, es möge bei Übernahme von Kisbér zur Errichtung eines neuen Militärgestütes sowohl Grund und Boden als auch der Komplex der vorhandenen Gebäude als integrirende Teile in ihrer Vollständigkeit dem Militärärar überantwortet werden.

Graf Hardegg m. p.
General der Kavallerie.

Die nachstehenden vom k. k. General der Kavallerie und Remontirungs-Inspektor Grafen Hardegg an Seine Excellenz den k. k. Herrn wirklichen Geheimrat, Kämmerer, Feldmarschallieutenant und Kriegsminister etc. etc. Anton Freiherr Csorich von Monte Creto am 22. Juli und 9. November 1852 erstatteten Berichte gewähren uns einen näheren Einblick in das Ergebnis dieser Untersuchungen.

Am 9. November 1852 berichtet Graf Hardegg dem Kriegsminister:

„Laut des hohen Kriegsministerialerlasses vom 8. August 1852 Nr. $\frac{3450}{Mk}$ K geruhten Seine k. k. apostolische Majestät mit Allerhöchster Entschliessung vom 3. desselben Monats die Widmung der konfiszirten ungarischen Herrschaft Kisbér zu einem Militärgestüte allergnädigst zu genehmigen. Und zufolge des hohen Rescripts vom 29. Juli 1852 Nr. $\frac{3302}{Mk}$ K gebe ich mir die Ehre, Euer Excellenz über die während meiner Rückreise von Mezőhegyes vorgenommene Besichtigung der Kisbérer Gründe und Gebäude folgende Nachweisungen und weitere Adaptirung dieser Herrschaft für ein Militärgestüt gehorsamst zu hoher Kenntnis zu bringen.

Laut der von dem Herrn Michael Skita, Inspektor der k. k. Staatsherrschaft Kisbér beigebrachten und hier anreihenden Übersicht besteht der Gesamtflächeninhalt dieser Staatsherrschaft aus 12 517 Joch, 610 Quadrat Klafter, das Joch zu 1600 Quadrat Klafter gerechnet.

Von den in dieser Übersicht nachgewiesenen 5 Hauptobjekten ist das Prædium Tarcs gegenwärtig verpachtet und fällt erst mit Georgi 1855 der Herrschaft zur eigenen Benützung wieder anheim.

Die dortige Beschaffenheit des Bodens ist sandig, wenig humusreich, mager und ziemlich ausgesogen, bedarf daher künftig für eine grössere Fruchtbarkeit reichliche Düngung und eine sorgsame Kultur.

Ausser dem Prædium Bakony Tamási, welches vom Zentralpunkt Kisbér bei 3 Stunden gegen Westen an der Pápaer Strasse entfernt und abgesondert liegt, stehen die übrigen Objekte in zusammenhängender Verbindung und die Gründe sind von derselben Bodenbeschaffenheit wie jene zu Bábolna, scheinen ziemlich gut bewirtschaftet und sind für die Ernährung der dort betriebenen bedeutenden Schafzucht eingerichtet.

Der Waldstand, welcher aus 3929 Joch, 189 Quadrat Klafter besteht und meist Eichen- und Buchenstämme in sich begreift, wird besonders in den Urberialwaldungen häufig vom Gemeindevich beweidet und erfreut sich daher nicht jener Kultur, welche für eine erkleckliche Holzbenützung erforderlich ist.

Übrigens glaube ich Euer Excellenz pflichtschuldigst aufmerksam machen zu sollen, dass bei Übernahme der k. k. Staatsherrschaft Kisbér von Seiten des Militärärars zum Behufe eines Militärgestüts der ganze Grundkomplex und namentlich die Waldungen als integrirende Teile zur vollständigen Übernahme aus der Ursache beantragt werden möge, weil nicht nur das neue Gestütsetablissement Kisbér, sondern auch das nahegränzende Bábolna mit den Brenn- und Bauholzbedürfnissen versorgt werden könnten.

Wie gegenwärtig die Aussaat und das Ernteerträgnis, sowie die Futtererzeugung der k. k. Herrschaft Kisbér besteht, geruhen Euer Excellenz aus den beiden hier zuliegenden Ausweisen hochgeneigt zu entnehmen.

Um jedoch zu Kisbér, deren Örtlichkeit ganz besonders für die Pferdezucht geeignet sich darstellt, die Bodenbewirtschaftung für die Erhaltung eines Mutterstutenstandes von 300 Stücken samt Nachwuchs, welcher eine Grundfläche von 7500 Joch beansprucht, einrichten zu können, müsste die Schafzucht, deren Stand sich gegenwärtig auf 8983 Stück beläuft, gänzlich aufgelassen und dahin gestrebt werden, dass die bestehende Flächengrösse der vorhandenen Äcker, Wiesen und Weiden zusammen von 8087 Joch, 1573 Quadrat Klafter das jährliche Erträgnis von

40 641 Metzen Hafer,
48 480 Zentner Heu,
4 593 „ Futterstroh,
19 125 „ Streustroh und
1 500 Joch Weide

für den vorbezeichneten Mutterstutenstand samt Nachwuchs abwerfe. Dass zu dieser Wirtschafts-Einrichtung wenigstens 300 Zugochsen mit den nötigen Ackergerätschaften erforderlich sein werden, glaube ich hier nur nebenbei andeuten zu sollen.

Rücksichtlich der auf der Herrschaft Kisbér gegenwärtig vorhandenen Gebäude muss ich im allgemeinen bemerken, dass sie grösstenteils im schlechten Zustande sich befinden und nur wenige aus ihnen den Gestütszwecken angepasst werden können, wenn namentlich die par neu gebauten Schafställe erhöht und mit der erforderlichen inneren Einrichtung versehen würden.

Über das Vorhandene gibt die angeschlossene Gebäudekonskription die spezielle Nachweisung.

In dem Schlossgebäude zu Kisbér, welches von Seiner k. k. Hoheit dem Herrn Erzherzoge Landesgouverneur für ein Militärrekonvaleszentenhaus die Widmung erhielt, fände der künftige Gestütskommandant und das gesamte Stabspersonale des neuen Gestütes Unterkunft, wenn das noch fehlende gänzlich ausgebaut würde. Sollte jedoch die Widmung dieses Schlosses für ein Rekonvaleszentenhaus permanent verbleiben, so müssten für die Unterkunft des Gestütspersonals mehrere Neubauten errichtet werden.

Als Stallunterkünfte dürfte für das Gestütsetablissement erforderlich sein:

Ein Hengstenstall auf 21 Stücke;

Zwei Stallungen für aufgestellte 4jährige Hengste und Stuten, zu je 80 Stücken;

Drei Laufställe für je 100 Mutterstuten;

Drei Laufställe für die drei-, zwei- und einjährigen Hengste, jeder auf 90 Stücke;

Zwei Laufställe für die Abspänfüllen, ein jeder mit dem Raum für 100 Stück;

Drei Laufställe für die drei-, zwei- und einjährigen Stuten, jeder auf 90 Stücke;

Mehrere Gebrauchpferdestallungen, je nach der Dislocation der einzelnen Gestütsabteilungen;

Ein Krankenstall auf ungefähr 64 kranke Pferde und zwar mit 3 Unterabteilungen für 30 Externisten, für 30 Internisten und für 4 verdächtige.

Endlich dürfte auf den Bau eines Reithauses, einer Schmiede, der erforderlichen Wagenschoppen und sonstigen Depositorien künftig Bedacht zu nehmen sein.

Zur Verfassung genauer und vollständiger Baukostenüberschläge sowohl für die Adaptirung der alten, als auch für Errichtung neuer Bauten, wenn die k. k. Staatsherrschaft Kisbér für den beabsichtigten Gestütszweck von dem k. k. Militärärar wird übernommen worden sein, ist jedenfalls ein sachkundiges technisches Individuum erforderlich, welches bei seiner Dahinbeorderung mit Intervenirung der Generalremontirungs-Inspektion auf das bestehende hohe Zirkularreskript vom 25. Februar 1849 H 730 aufmerksam zu machen wäre.

Und da die Ergänzung des auf 300 Stuten beantragten Zuchtmaterials für Kisbér aus den Erzeugnissen der bestehenden Militärgestütsanstalten und womöglich durch allenfalsigen Ankauf nur allmählich und zwar in der Art ermöglicht werden kann, dass mindestens bei 60 zur Zucht geeignete Stuten alljährlich dahin abgegeben werden können, so wäre in dieser Beziehung sowohl die Bodenbewirtschaftung als auch die Bauführung in ähnlichen Reprisen in Ausführung zu bringen.

Für die Unterkunft der ersten dahin abzugebenden Mutterstuten erlaube ich mir vor allem das Prädium Vasdinnye zu bezeichnen und den pflichtschuldigen Antrag dahin zu stellen, dass vorerst dort die Schafe verkauft, die nötige Zugkraft für die Bodenbewirtschaftung eingerichtet und Unterstände für Mutterstuten und Füllen erbaut werden mögen.

Schliesslich gebe ich mir die Ehre, Euer Excellenz durch die anreihenden Nachweisungen den Salarialstand der Kisbérer Beamten, den reinen Geldertrag dieser Herrschaft, sowie die Situation der betreffenden Örtlichkeiten ehrerbietig zur hohen Kenntnis zu bringen.

Graf Hardegg m. p.
General der Kavallerie.

Man scheint indessen im General-Remontirungs-Inspektorate die Leistungsfähigkeit der zum Staatsgestüt ausersehenen Herrschaft bedeutend überschätzt zu haben, denn es stellte sich bald heraus, dass nicht nur der ursprünglich beantragte Stand von 300 Mutterstuten viel zu hoch gegriffen war, sondern im ersten Jahre auch bei ansehnlicher Reduzirung des dem Gestüte zuzuweisenden Pferdestandes, von auswärts für Anschaffung des erforderlichen Futters vorgesorgt werden müsse.

Welche Massregeln in dieser Beziehung vom Gestüts-Kommando in Antrag gebracht wurden, lehrt uns nachstehendes Dokument.

K. k. Militair-Gestüt zu Kisbér.
Nr. 38.

An
Das k. k. hohe IIIte Armee-Commando
zu
Ofen.

Zur Alimentation des für das hiesige Gestüt bereits zugewiesenen Pferdestandes von 6 Pépinièrehengsten, 52 Stück Mutterstuten, 16 Stück Zug- und Reitgebrauchpferde, 2 Stück 2jährige, 3 Stück 1jährige Hengste, 1 Stück 2jährige, 3 Stück 1jährige Stuten und 3 Stück Abspännfohlen, wozu noch eine Anzahl von 15 bis 20 Stück Stuten aus dem k. k. Militärgestüt zu Bábolna zuwachsen dürften, ist für das Militärjahr 1853/54 bei dem Umstande, dass nach den von der Wirtschaftsdirektion vorgelegten Ausweisen, der in Vorrat befindliche Hafer nicht einmal zur notwendigen Aussaat hinreicht, die Sicherstellung des Quantum von 8000 Metzen Hafer und beiläufig 2000 Zentner Heu erforderlich, und zwar:

5000 Metzen Hafer für das Jahr 1853/54 }
1250 Metzen Hafer als 3monatlich Vorrat } zur Ernährung der Pferde,
1000 Metzen Hafer zur Aussaat,

um für das künftige Jahr die Haferfechsung zu steigern.

Nachdem dermalen der günstigste Zeitpunkt ist, um obausgewiesenes Haferquantum anzukaufen, und dieser Ankauf durch den bei dem Gestüte zum Verkaufe im Vorrate befindlichen Weizen, Gerste und Hirse gedeckt werden könnte, so bittet man gehorsamst, das hohe k. k. Armeekommando geruhe geneigtest bewilligen zu wollen, dass der Ankauf dieses Haferquantums und der Verkauf der dem Gestüte entbehrlichen Körnerfrüchte, nach den in der Umgegend bestehenden Marktpreisen, sogleich eingeleitet werden dürfe, und bringt unter einem zur geneigten Kenntnis: dass die hohe k. k. General-Remontirungs-inspektion wegen Überlassung der erforderlichen 2000 Zentner Heu aus dem Vorrate des k. k. Militärgestütes zu Bábolna, angegangen worden ist.

Kisbér, am 30. September 1853.

Ritter m. p., Generalmajor.

Unter solchen Verhältnissen wird man sich nicht wundern dürfen, dass die Besetzung des Gestütes mit 300 Mutterstuten ein schöner Traum blieb und der Standesausweis pro November 1854 nur einen Stand von 120 Mutterstuten, 80 jungen Stuten, 14 Csikos- oder Dienstreitpferden und 16 Arbeitspferden nachweist.

Zum besseren Verständnis obiger Aussprüche der offiziellen Autoritäten halten wir es für angezeigt, hier einige topographische Daten über die Herrschaft Kisbér einzuschalten. Die Kisbérer Domäne ist im Komorner Komitat und teilweise im Veszprimer Komitat gelegen.

Der Rayon des gegenwärtigen Gestütes grenzt:

Nördlich an das Präsidium der Martinsberger Abtei und an den Tárkányer Hotter;

Östlich an die Gemeinden Csep, Ette, Kethely, Sárkány, Aka und Ács-Teszér;

Westlich an die Gemeinden Szombathely, Ászar und Mezö Örs.

Kisbér selbst ist eine Station der Uj Szöny-Stuhlweissenburger Eisenbahn und steht durch diese in direkter Verbindung mit Wien und Budapest, sowie mit den von Stuhlweissenburg sich abzweigenden Bahnstrecken. Der nächste Fluss ist die bei Komorn in einer Entfernung von etwas mehr als 4 Meilen von Kisbér fliessende Donau. Das Terrain ist gegen Norden und Nordwest flach und eben, nach allen anderen Seiten mehr oder weniger hügelig, der Boden stellenweise sandig, doch sonst fruchtbar. Was das Klima betrifft, kann dasselbe kaum als sehr gesund bezeichnet werden. Im Januar treten unter den Menschen häufig Wechselfieber auf und in der rauhen Jahreszeit werden die Pferde bei den im allgemeinen vorherrschenden kalten Nordwestwinden öfter von katarrhalischen Leiden epizootischen Charakters heimgesucht.

Die Herrschaft zerfällt in 4 Wirtschaftsbezirke und zwar:

Kisbér-Nádasd mit einem Flächeninhalt von	3951 Joch	470	Klafter,
Batthyán „ „ „ „	2010 „	638	„
Vasdinnye „ „ „ „	3059 „	387	„
Tarcs „ „ „ „	2235 „	314	„
Hierzu kommt noch der sehr wildreiche Wald, der einen Flächeninhalt von	2764 „	997	„

hat, südlich von Kisbér gelegen ist und einen Ausläufer des wegen seiner Räuberchronik berüchtigten Bakonyer Waldes bildet.

Das ganze Territorium umfasst somit 11256 Joch, das Joch zu 1600 Quadratklafter gerechnet.

Es ist nicht mit Unrecht behauptet worden, dass von Anfang an ein Glücksstern über Kisbér geleuchtet habe. Wir sagen absichtlich „nicht mit Unrecht", denn als ein seltener Glücksfall darf es wohl bezeichnet werden, dass sich sofort der rechte Mann zu der schwierigen und verantwortungsvollen Organisationsarbeit fand. Dieser Mann, dessen Namen noch heute im ganzen Ungarlande mit dankerfüllter Achtung genannt wird, war der General-Major Franz von Ritter. Ein gewiegter Kenner des Pferdes, ausgerüstet mit einem grossen organisatorischen Talent, einflussreich, rücksichtslos, wo die Interessen des ihm anvertrauten Werkes erforderten, konziliant, wenn er alles im richtigen Geleise sah, glücklich in der Wahl seiner Untergebenen, vereinigte General von Ritter alle Eigenschaften, welche dem Schöpfer einer Institution der hier in Rede stehenden Gattung gewünscht werden konnten. Ritter ging auch mit dem ihm eigentümlichen Feuereifer an die Arbeit. Er kehrte Wien den Rücken und übersiedelte nach Kisbér, wo er ganze fünf Jahre, von 1853 bis 1858, verweilte, um, wie er sich ausdrückte, „stets bei der Hand zu sein".

Zu thun gab's genug. Alles musste von Grund auf neu geschaffen werden. Was vorhanden war, befand sich im Zustande trostloser Verwahrlosung. Dies gilt nicht nur bezüglich der Wohn- und Wirtschaftsgebäude, Stallungen, Gerätschaften u. s. w., sondern auch in Betreff der Viehbestände, Felder, Wiesen und Waldungen. Trotzdem konnte Kisbér schon am 1. Oktober 1853 seine Thätigkeit als Gestüt beginnen. Aber welche Arbeit dies gekostet, lässt sich heute, selbst wenn man in Betracht nimmt, dass die Laufstallungen für Mutterstuten und Abspännfohlen erst im Oktober 1854 fertiggestellt werden konnten, kaum mehr ermessen.

Der Personalstand, mit welchem General Ritter es unternahm, Ordnung in das Chaos zu bringen, war folgender: 1 Rittmeister als Kommandant (Rittmeister Adolf von Traun), 3 Subalternoffiziere (Oberlieutenant Kotschy, Lieutenant Korber und Lieutenant Pfiffner), 1 Rechnungsführer (Lieutenant Rechnungsführer Simnet), 2 Oberschmiede, 8 Unteroffiziere und 35 Gemeine, also in Summa 49 Personen. Als Wirtschafts-Inspektor fungirte ein Herr Skita, welcher jedoch auch auf seinem Gebiete vielfach durch Offiziere ersetzt wurde. So lässt sich z. B. aus dem „Befehlsprotokolle" vom Jahre 1855 entnehmen, dass der genannte Lieutenant Korber stets in Wirksamkeit trat, wenn es galt, Ochsen für das Gestüt anzukaufen, wie denn auch Oberlieutenant Kotschy das Kommando über das Ökonomie-Departement führte. Der Herr Wirtschafts-Inspektor scheint somit eine ziemlich untergeordnete Rolle gespielt zu haben, wohingegen den Offizieren als militärische Mädchen für alles „nichts Menschliches fremd sein durfte".

Ein Gestüt braucht aber bekanntlich auch Pferde, und wo diese in entsprechender Anzahl und Güte herzunehmen sein würden, dürfte dem General Ritter, sowie dem damaligen Herrn General-Remontirungs-Inspektor Heinrich Graf zu Hardegg († am 11. Juni 1854) manche schlaflose Nacht bereitet haben. Hochedel sollte die Zucht in Kisbér sein — darüber war man im Reinen. Edles Zuchtmaterial war indessen im Inlande sehr selten geworden und zu teuern Ankäufen im Auslande fehlte es an den nötigen Geldmitteln. Es ist demnach nicht zu verwundern, dass die erste Aufstellung ziemlich — oder sagen wir es gerade heraus — ungemein bunt ausfiel. Die im September 1853 erfolgte Auflösung des Csapodyschen Gestütes zu Berky wurde zum Ankauf von 22 Stück Pferden englischer und arabischer Rasse benützt, welche Acquisition, obwohl ein Vollbluthengst (Deerslayer) zu derselben gehörte, dem Staate nur 14 000 fl. C.Mz. kostete; weiter wurde geeignetes Zuchtmaterial aus Bábolna, Piber, Mezöhegyes und Lippiza nach Kisbér übersetzt und auch eine Anzahl Stuten verschiedener Abkunft aus dem Auslande bezogen. Wie wenig homogen diese Gesellschaft war, beweisen folgende Aufzeichnungen aus den „Exhibiten-Protokollen" der Jahre 1851—1856: „Am 21. Juni 1854 sind 8 Pepiniére-, 4 junge und 8 dreijährige Stuten aus dem Piberer Gestüt für das diesseitige Militär-Gestüt klassifizirt. Es ist anzuzeigen, ob diese 20 Pferde allhier untergebracht werden können." — „Am 10. Juni 1856 ist Lieutenant Wrbka zur Abholung von 70 Stück Pferden nach Piber abgegangen." — „Am 15. Juni 1856 sind die 5 Pferde Percheroner-Rasse in Kisbér eingetroffen." — „Am 1. August 1856 wird Wachtmeister Hasemann zur Abholung von 8 Stück Mecklenburger Stuten bestimmt." — Am 6. September 1856 sind 29 Stück Pferde vom böhmischen und niederösterreichischen Departement, sowie vom Mezöhegyeser Gestüte in Kisbér eingetroffen." — „Am 10. September 1856 wurden sämtliche englische Stuten vom Ankaufe des Herrn General von Ritter, welche sich in Piber befanden, dann der englische Vollbluthengst Lord Saltoun des Mezöhegyeser Gestüts zum diesseitigen Gestüte transferirt." — „Am 26. Oktober 1856 wird bestimmt, dass die 5 englischen Vollblutstuten, sowie das 2jährige Stutfohlen Orlando bis auf fernere Weisung allhier aufzustellen und täglich mit 1 Portion Hafer und 10 Pfund Heu zu füttern sind." — „Am 9. November 1856 wird gemeldet, dass die irländische Mutterstute Duchessa in gesundem Zustande hierorts eingetroffen ist.“ — „Am 27. November 1856 wird angezeigt, dass 9 Stück Radautzer Stuten englischer Rasse hierorts eingerückt sind.“ — „Am 2. Jan. 1855 bittet das Gestüt um baldigen Erhalt des Nationales der 3 vom Grafen Hunyady erkauften englischen Vollblutstuten.“ — „Am 7. April 1855 teilt die hohe General-Remontirungs-Inspektion dem Gestütskommando mit, dass die in England erkauften Hengste Revolver, Grapeshot und Chief Justice nächster Tage in Kisbér eintreffen werden.“ — „Am 14. Oktober 1855 wird der Pépinière-Beschäler Lismore von Piber nach Kisbér transferirt.“ — „Am 18. Juni 1857 wird gemeldet, dass 10 Stück Mutterstuten in vollkommen gesundem Zustande von Kladrub hierorts eingerückt sind“ u. s. w. u. s. w. Also eine züchterische Olla Podrida! Aus welchen Bestandteilen sich dieselbe zusammensetzte, kann heute, dank der intelligenten Initiative des gegenwärtigen Gestüts-Kommandanten, Herrn Major Eugen von Kolossváry, genau festgestellt werden. Dieser liess nämlich vor einigen Jahren die in zahlreichen offenen (!) Kisten vergrabenen Gestüts-Urkunden sichten und ordnen, und aus dem auf diese Weise gewonnenen Material, ein Kisbérer Gestütsbuch zusammenstellen, welches authentischen Aufschluss über jedes seit der Gründung des Gestüts in Kisbér zur Zucht verwendete Pferd, dessen Abstammung, Leistungen, Verwertung, Nachkommen etc. erteilt. Es war das eine rettende, aber auch eine in elfter Stunde beschlossene That, denn wer weiss, in welchem Käseladen diese für die Geschichte des Gestüts so überaus wichtigen Urkunden einer schmachvollen Vernichtung anheimgefallen wären, wenn man dieselben noch länger in den offenen, jedem papierbedürftigen Gestütsschreiber zugänglichen Kisten hätte liegen lassen. Und da wir die Arbeit preisen, wollen wir auch des fleissigen Arbeiters gedenken, der drei Jahre hindurch mit eiserner Beharrlichkeit und seltenem Pflichteifer, häufig genug mit Aufopferung der nächtlichen Ruhe, forschend und ordnend das Ziel verfolgte, eine empfindliche Lücke in der Kisbérer Zuchtgeschichte auszufüllen. Sein Name ist Johann Gaugl, Wachtmeister der königlich ungarischen Gestütsbranche. Nun, da das Werk vollendet ist, wird ihm die Fachwelt die Anerkennung nicht versagen, dass er auf bescheidenem Platze eine bedeutende Leistung vollbracht hat.

Nachstehend sind sämtliche Hengste angeführt, welche von der Errichtung des Gestütes bis zur Übergabe desselben an den ungarischen Staat in Kisbér zur Zucht verwendet worden sind:

Jahr	Name	Abstammung		Ge- burts- jahr	Grösse in cm	Rasse	Farbe	Anmerkung
		Vater	Mutter					
1853	Deer-slayer.	Blooms-bury.	Esmeralda.	1844	161	**Englisch Vollblut.**	Goldbraun	**Wurde vom Grafen Hardegg um 4500 Fl. C.M. vom Herrn Paul von Csapody zu Herky für Kisbér angekauft.**
„	Asslan.	—	Dahaby, arab. Vollblut.	1836	—	**Oriental.**	Licht-fuchs.	**Wurde von Bábolna nach Kisbér transferirt.**
„	Korei-schan.	Korei-schan, Orig.-Arab. vom Stamme Anazé-Koreischan.	78. Abugress, Piberer Zucht, Arab. Rasse.	1849	**162**	Halbblut-Araber.	Licht-fuchs.	Wurde am 2. Dec. 1853 von Bábolna nach Kisbér transferirt.
1854	Abugress.	Abugress III, Piberer Zucht.	Gidran-Stute, Mezöhegyeser Zucht.	1849	**162**	**Oriental.**	**dito.**	**Wurde 1853 von Mezöhögyes nach Kisbér transferirt.**
„	Dahaby **I.**	**Dahaby** II.	**El Bedavy-Stute,** Bábolna. **Zucht.**	1849	160	Arabisch. Vollblut.	**dito.**	Wurde 1853 von Bábolna nach Kisbér transferirt.
„	Dahaby IV.	**Dahaby, Orig.-Arab.**	Gidran-Stute, Bábolna. Zucht.	—	—	Arabisch.	**dito.**	Wurde 1853 von Bábolna nach Kisbér transferirt.
„	Favory.	**Favory, Karster Rasse, Lippizaner Zucht.**	Moschina v. Conversano Amantina, Karster Rasse.	1848	160	Karster-Rasse.	Schwarz-braun.	**Wurde 1853 von Bábolna nach Kisbér transferirt.**
„	**Favory I.**	**Favory, dito.**	Montedora v. Neapolitano Aquileja, Karster Rasse.	1841	**160**	Karster-Rasse.	**Licht-braun.**	Wurde dem Gestüte Kisbér vom k. k. Hofgestüte Lippiza für die Belegzeit 1854 geliehen.
„	**Furioso I.**	**Furioso. v. Breuve-laire a. d. Miss Turi v. Whale-bone.**	**Bloomfield-Stute, Mezöhegyeser Zucht.**	1845	162	Englische Rasse.	Dunkel-braun.	Wurde 16./10. 1853 von Mezöhegyes nach Kisbér transferirt.
„	Lightfoot.	—	—	—	—	**Englisch Vollblut ?**	—	Von Piber nach Kisbér transferirt.
1855	Chief, früher Chief Justice.	**The Hydra.**	The Lawyer's Lady.	1847	**162**	Englisch Vollblut.	Rostfuchs, stichel-haarig.	1854 vom General Ritter in England um Pfd. St. 430 für Kisbér angekauft.
„	Favory II.	Favory Ratisbona, Orig.-Lippizaner, Schimmel.	Danesia, Original-Lippizaner	1850	160	Original-Lippiza-ner	**Licht-braun.**	30./10. 1854 vom k. k. Oberhof-Stallmeisteramte für Kisbér übernommen.
„	Grepp, auch Grape, früher Grapeshot	**Alarm.**	**Volley.**	1850	**161**	Englisch Vollblut.	**Dunkel-braun.**	1854 vom General Ritter in England um 630 Pfd. St. für Kisbér angekauft.

BUCCANEER.

Jahr	Name	Abstammung		Geburtsjahr	Grösse in cm	Rasse	Farbe	Anmerkung
		Vater	Mutter					
1855	Goldfinder.	Faugh-a-Ballagh.	Liverpool Mare.	1848	—	Englisch Vollblut.	Fuchs.	1854 vom General Ritter in England für Kisbér angekauft.
„	Lord Saltoun.	The Mole.	Ellen Percy.	1841	162	Englisch Vollblut.	Schwarzbraun.	14./11. 1854 von Mezőhegyes nach Kisbér transferirt.
„	Revolver.	Melbourne.	Sally Warfoot.	1849	170	Englisch Vollblut.	Lichtbraun.	1854 vom General Ritter in England für Kisbér angekauft.
„	Romano.	Neapolit. Rasse.	Unbekannt.	1847	170	Neapolit.-Rasse.	Dunkelbraun.	1854 vom ungarischen Beschäl- und Remontirungs-Departement nach Kisbér transferirt.
1856	Lismore.	Seraglio.	v. Interloper a. e. Byron-Stute.	1847	162	Irländ. Halbblut.	Lichtbraun.	Wurde 1852 zu Manchester vom General Ritter um 300 Pfd. St. gekauft. Deckte bis 31./10. 1855 in Piber später in Kisbér.
„	Wilsford, früher The Queen's Own.	Robert de Gorham.	Queen Charlotte.	1851	162	Englisch Vollblut.	Weichselbraun.	1854 vom General Ritter für Kisbér in England angekauft.
„	Vaillant.	Unbekannt.		1853	162	Percheron.	Grauschimmel.	14./6. 1856 vom Fürsten Lobkowitz um 1400 Fl. für Kisbér angekauft.
1857	Clinker.	Turcoman.	Humphrey Clinker Mare.	1847	171	Englisch Vollblut.	Braun.	1857 vom Hengstendepot Klagenfurt nach Kisbér transferirt.
„	Pride of England.	Norfolk Phenomenon.	v. Old Performer der Norfolker Traber-Rasse.	1842	160	Norfolker Traberrasse.	Rotschimmel.	22./6. 1857 von Klagenfurt nach Kisbér transferirt.
„	Troubadour.	Seraglio, engl. Zucht.	Unbekannt.	1852	170	Englische Rasse.	Rotbraun.	26./6. 1857 vom Fürsten Lobkowitz vom k. k. Oberhof-Stallmeisteramt für Kisbér angekauft.
1858	Fernhill.	Ascot.	Arethusa.	1845	162	Englisch Vollblut.	Dunkelbraun.	1858 durch Rittmeister Yates in England um 850 Pfd. St. für Kisbér angekauft.
„	Oakball.	Melbourne.	Maid of Lyme.	1854	162	Englisch Vollblut.	Kastanienbraun.	1858 durch Herrn Rittmeister Yates um 840 Pfd. St. in England für Kisbér angekauft.
„	Valois.	Dauphin.	Maria.	1854	—	Englisch Vollblut.	Sommerrapp.	1853 im Mutterleibe von Piber nach Kisbér transferirt.
1859	Palmoodie.	Melbourne.	Burlesque.	1853	163	Englisch Vollblut.	Kastanienbraun.	1858 in England angekauft und nach Kisbér transferirt.
„	Barbon.	Unbekannt.		1852	170	Percheron.	Apfelschimmel.	14./3. 1859 durch den Fürsten Lobkowitz für Kisbér angekauft.
1860	Atlas	Unbekannt.		1850	175	Percheron.	Grauschimmel.	6./8. 1859 nach Kisbér transferirt.

Jahr	Name	Abstammung		Geburtsjahr	Grösse in cm	Rasse	Farbe	Anmerkung
		Vater	Mutter					
1861	Amati.	Womersley.	Sleight-of-hand Mare.	1854	161	Englisch Vollblut.	Rotfuchs.	21./7. 1858 durch den Fürsten Lobkowitz vom Grafen Batthyány junior um 3000 Fl. C.M. angekauft und 10./10. 1860 nach Kisbér transferirt.
„	Nordstern.	Wildfire.	Fireaway.	1852	162	Norfolker Traber-Rasse.	Schwarzbraun.	30./9. 1860 vom Feldmarschall-Lieutenant Ritter um 363 Pfd. St. in England für Kisbér angekauft.
1862	Teddington.	Orlando.	Miss Twickenham.	1848	170	Englisch Vollblut.	Metallfuchs.	3./2. 1862 durch General Brudermann um 1200 Pfd. St. in England für Kisbér angekauft.
„	Daniel O'Rourke.	Irish Birdcatcher.	Forget-me-not.	1849	—	Englisch Vollblut.	Fuchs.	1862 durch Herrn General von Brudermann in England für Kisbér angekauft.
1863	Sutherland.	Grosvenor.	Common Sense.	1857	171	Englisch Vollblut.	Weichselbraun.	21./11. 1862 durch Herrn Cavaliero um 350 Guinéen in Irland angekauft.
„	Bivouac.	Voltigeur.	Calcutta.	1857	161	Englisch Vollblut.	Weichselbraun.	24./8. 1862 durch Mr. Weatherby von Lord Zetland um 500 Pfd. St. für Kisbér angekauft.
1864	Codrington.	Womersley.	Hampton Mare.	1854	171	Englisch Vollblut.	Licht-Weichselbraun.	2./1 1864 durch Herrn Oberst de Butts von Sir Tatton Sykes um 250 Pfd. St. in England angekauft.
„	Confidence.	Trip von Wildfire.	Tochter der Mutter von Pride of the North.	1856	162	Norfolker Traber-Rasse.	Schwarzbraun.	2./1. 1864 durch Herrn Oberst de Butts um 190 Pfd. St. in England angekauft.
„	Deutscher Michel.	Italian.	Flying Polka.	1856	162	Englisch Vollblut.	Metallfuchs.	Durch die k. k. General-Militär-Gestüts-Inspektion vom Grafen Octavian Kinsky um 2020 Fl. angekauft.
„	Virgilius.	Voltigeur.	Eclogue.	1858	161	Englisch Vollblut.	Kastanienbraun.	Durch Feldmarschall-Lieutenant Ritter um 4020 preussische Thaler vom Erbprinzen v. Schwarzburg-Sondershausen angekauft.
1865	Ephesus.	Epirus.	Enterprise.	1848	170	Englisch Vollblut.	Dunkelfuchs.	Durch Feldmarschall-Lieutenant Ritter um 2000 Fl. vom Grafen Henckel-Donnersmark gekauft und 16./9. 1864 von Mezőhegyes nach Kisbér transferirt.
„	The Czar.	Warlike.	Venture Girl.	1850	175	Englisch Vollblut.	Kastanienbraun.	Durch Feldmarschall-Lieutenant Ritter um 275 Pfd. St. Guinéen in England angekauft.

Jahr	Name	Abstammung Vater	Mutter	Geburts-Jahr	Grösse in cm	Rasse	Farbe	Anmerkung
1865	Buccaneer	Wild Dayrell.	Little Red Rover Mare.	1857	169	Englisch Vollblut.	Kastanienbraun.	1865 durch Oberst de Butts um 2500 Pfd. St. in England angekauft.
„	Bois Roussel.	The Nabob.	Agar.	1861	169	Englisch Vollblut.	Kastanienbraun.	1865 durch Oberst v. Mengen um 50100 Francs von Mr. Delamarre in Frankreich erkauft.
„	Manfred.	Oakball.	Niobe.	1861	170	Englisch Vollblut.	Lichtbraun.	In Kisbér geboren.
„	Young England.	Flageoletto.	Aus einer Shales-Stute.	1862	163	Norfolker Traber-Rasse.	Lichtbraun.	1864 durch Oberst de Butts um 300 Pfd. St. für Kisbér angekauft.
1867	Marco Polo.	Stockwell.	Pauline.	1862	162	Englisch Vollblut.	Rotfuchs.	In Kisbér geboren.
„	Sabreur.	Voltigeur.	Ada.	1857	162	Englisch Vollblut.	Kastanienbraun.	1863 durch Oberst de Butts um 600 Pfd. St. gekauft. 29./4. 1865 von Bábolna nach Kisbér transferirt.
1868	Ostreger.	Stockwell.	Venison-Mare.	1862	170	Englisch Vollblut.	Lichtbraun.	2./9. 1867 durch Oberst v. Mengen um 3154 Pfd. St. in England gekauft.
„	Tarquin.	Voltigeur.	Honeysuckle.	1863	161	Englisch Vollblut.	Kohlrapp.	In Kisbér geboren.
„	Quicksilver.	Performer Norfolker Traber-Rasse.	Wentworth.	1857	160	Norfolker Traber-Rasse.	Rotschimmel.	1./9. 1867 durch Oberst v. Mengen um 450 Pfd. St. in England angekauft.

Das wären die Hengste, welche Kisbér bis zum Übergang des Gestütes in den ungarischen Staatsbesitz zur Zucht benützt hat. Es ist nun recht interessant, in den Grundbuchsblättern nachzulesen, welche Beurteilung die hervorragendsten Individuen unter den hier angeführten Zuchthengsten im Gestüte gefunden haben.

Über Deerslayer, den ersten Vollbluthengst, der in Kisbér gewirkt, heisst es in dem betreffenden Grundbuchsblatte unter der Rubrik: „Vorzüge und Fehler im Bau und Gang: „Mit geradem, gut proportionirtem Kopf, gutem Halsaufsatz, hinlänglichem Widerrist, etwas gesenkt im Rücken, ziemlich gerader Kruppe und gut angesetztem Schweif; etwas steil in der Schulter und flach in der Rippenwölbung; etwas lang im Leib und nicht genügend geschlossen; etwas fein im Fundament; der Gang lebhaft, nicht ganz geregelt, hat viel Adel und Eleganz.“

Das Porträt ist nicht ansprechend. Man meint ordentlich den eleganten, schmächtigen und leichten „Blender“ vor sich zu sehen, wie er mit hochgetragenem Schweif fuchtelnd dahergetänzelt kommt. Nun, seine Zuchtleistungen waren auch darnach; er hat mehr geschadet als genützt.

Ein anderes Bild: Oakball, „von gefälligem und ansehnlichem Exterieur, hübschem geradem Kopf, ziemlich gut angesetzten Ohren und lebhaftem, schönem Auge, schönem Halsansatz mit sehr guter Schulterlage, sehr guter Brust, ziemlich gutem Oberarm, jedoch Rohrbein und Fessel stärker zu wünschen; Widerrist gut; die Rippenwölbung gut, jedoch in den Ellbögen etwas eingezogen; der Rücken ein wenig gesenkt, hingegen die Lendenpartie sehr schön und kräftig; gut geschlossen; runde Kruppe mit ziemlich gutem Schweifansatz; die Stellung der Hinterbeine gut, jedoch etwas leicht in der Fesselung. Der Gang lebhaft und regelmässig. Sehr geistig und gutmütig: seine Produkte ausgezeichnet.“

Revolver wird ebenfalls sehr günstig beschrieben. Speziell hebt das Grundbuchsblatt hervor, dass er „gut fundamentirt“ gewesen.

Mit Bezug auf Polmoodie sind die Gestüte Mezöhegyes und Kisbér nicht ganz einig. Ersteres tadelt die Oberarme, die Röhren, die Fesselung, die Rippenwölbung, das Kreuz, die nicht ganz trockene Beschaffenheit der Sprunggelenke und den kreuzenden Gang; letzteres meint: „der Hengst vereine Eleganz und Korrektheit sowohl im Bau als Gang mit Knochenstärke und sollte nur mehr Tiefe in der Brust haben.“ Die Gutmütigkeit und Zähigkeit Polmoodies, sowie auch seine Fruchtbarkeit werden dagegen in beiden Grundbuchsblättern lobend hervorgehoben.

Von bleibendem hippologischen Interesse ist die Beschreibung Teddingtons, des Siegers im Derby 1851, Doncaster Cup. Ascot Cup, Great Yorkshire, Warwick Cup u. s. w. Es heisst dort: „Der höchste Adel im Kopf und Auge; der Aufsatz schön, aber nicht hoch; Widerrist nicht ausgesprochen; keine besondere Tiefe in der Brust; die Ellbogen etwas eingezogen, die Schulter gut gelagert, aber kurz; der Rücken, die Lendenpartie und die Kruppe voll Kraft, die letztere ein wenig gespalten und bedeutend höher als der Widerrist; die Muskulatur und Sehnen unvergleichlich, die Stellung der Beine korrekt; viel Knochenmasse; der Gang regulär und erhaben; in jeder Bewegung graziös und auffallend geschickt in kurzen Wendungen; die Hufe der Vorderfüsse mit starkem Trachtennachwuchs, schmal und zusammengezogen, alle aber von bester Substanz. Ungewöhnlich menschenfreundlich und fromm, sehr geistig, aber dabei eher timide; war in seinen Leistungen ausserordentlich und hat viele Nachkommen.“

Dieser Nachruf klingt schon ganz anders, als die vorhergehenden. Allerdings gilt derselbe auch einem Hengste, der sich mit den besten seiner Zeit gemessen. Dass Teddington um den billigen Preis von 1200 Pd. St. nach Ungarn verkauft werden konnte, lässt sich nur dadurch erklären, dass er den hochgespannten Erwartungen, die seine Rennleistungen erweckt hatten, nicht ganz entsprochen. Er wurde infolge dessen in seinem Vaterlande als Zuchthengst nie nach Gebühr geschätzt und musste, obwohl er unter seinen Nachkommen so gute Tiere wie Moulsley, Master Richard, Emblem, Emblematic, May Queen und last not least Marigold (Mutter des Derbysiegers Doncaster) zählte, 13 Jahre alt, in die Verbannung gehen. In Kisbér hat er dann noch fünf Jahre gedeckt. Sein Sprunggeld war 100 fl. Während dieser fünf Jahre produzirte er im Gestüte 26 Fohlen und deckte 73 Privatstuten. Teddington ist am 9. September 1866 an Halsentzündung und Drüsenleiden mit nachfolgender Vereiterung der Kehlgangsdrüsen und Blutzersetzung eingegangen.

Mit allem Enthusiasmus, dessen ein Grundbuchsblatt überhaupt fähig ist, wird das Lob Ostreger's gesungen: „Vorzügliches, hochedles Produkt englischer Vollblutzucht. Hoher Adel in allen harmonisch korrekten Körperteilen, unter denen Schulter, Widerrist, Brust und Rippenwölbung nicht schöner und besser sein können; die Fesselung der Vorderfüsse etwas dünn, dafür aber Knochen, Gelenke und Sehnen ungeachtet 42maligen Startens vollkommen rein; die Hufe der Vorderfüsse in der Sohle etwas voll, aber von guter Substanz; die Augen gross und schön; fromm, schnell und ausdauernd; gewann viele Preise in England.“ Und er hat sie redlich verdient, die Vorliebe, welche aus diesen Worten für ihn hervorleuchtet, der brave Ostreger, denn unschätzbar sind die Dienste, welche er der Kisbérer Halbblutzucht geleistet.

Warmes Lob wird auch Bois Roussel gespendet. Von ihm heisst es: „Hochedles Produkt französisch-englischer Vollblutzucht; äusserst eleganter und korrekter Bau und Gang; hinlänglich stark von Knochen; Augen und Hufe sehr gut; die Sehnen der Vorderfüsse haben durch das Rennen gelitten; fromm, schnell, fruchtbar; bespringt die Stute gewöhnlich zweimal; deckt jedoch mit Widerwillen, wenn die Stute ihm nicht sympatisch ist. Bois Roussel wurde am 4. Oktober 1888 um 110 fl. an den Grafen Gustav Degenfeld verkauft.“

Buccaneer's Lebensgeschichte erfordert ein spezielles Blatt, welches wir der Chronik des Jahres 1865 beifügen. Ehre dem Ehre gebührt!

Von Daniel O'Rourke fehlt das Grundbuchsblatt. Ob diese bedauerliche Lücke im Archive des Gestütes ihre Entstehung dem souveränen Gleichmute zu verdanken hat, mit welchem man vordem in Kisbér die wertvollsten Schriftstücke den Weg alles Papiers gehen liess, oder ob dieselbe einem der Sammlerleidenschaft fröhnenden Vollblutfreunde aufs Kerbholz geschrieben werden muss — wer könnte das heute noch ergründen? Für die Zukunft sollte aber doch ähnlichen Verlusten vorgebeugt werden. Überhaupt meine ich, dass in den Gestütskanzleien, wo so viele Schreiber ein beschauliches Dasein führen — ich denke hierbei nicht gerade an Kisbér — auch etwas für die hippologische Wissenschaft geleistet werden könnte. Schon die genaue Führung der Grundbuchsblätter würde viel dazu beitragen, das — wenn ich mich so ausdrücken darf — persönliche Bild der zur Zucht benützten Tiere vor dem Verbleichen und Verschwinden zu bewahren. Noch grössere Dienste aber könnten die Gestüte der Wissenschaft leisten, wenn dieselben sich der geringen Mühe unterziehen wollten, alle den Züchter interessirenden Vorkommnisse und Erfahrungen behufs späterer Verwertung bei Forschungen über Vererbung, Entwicklung der jungen Aufzucht, Nutzeffekt verschiedener Futterstoffe, Fragen der Krankheits- und Gesundheitslehre u. s. w. in einem Tagebuche aufzuzeichnen. Auch die Kranien, wenn nicht die ganzen Skelette bemerkenswerter Zuchtpferde sollten stets aufbewahrt werden. Bisher ist leider in dieser Beziehung so gut wie nichts geschehen. Und doch erscheinen die Gestüte unzweifelhaft dazu berufen, nie versiegende Fundgruben lehrreicher Beobachtungen und Entdeckungen für die hippologische Wissenschaft zu werden.

Sehen wir uns nun das Stutenmaterial an, welches von 1853—69 dem Kisbérer Gestüte einverleibt worden ist. Die Abteilung „Vollblut" enthält folgende Stuten:

Abulay, br. St., geb. 1842 v. Emir Samhan I. a. d. Abulay (arab. Vollbl.) aus dem Gestüte Csapody, samt Saugfohlen von Deerslayer für 700 fl. angekauft (1853—58).

Galopade, d.br. St., geb. 1849 v. Galopade a. d. Emma, aus dem Csapody-schen Gestüt erkauft (1853—61).

Bramarbas, F. St., geb. 1848 von Bramarbas, engl. Vollbl. a. d. Hadban arab. Vollbl., im Csapody'schen Gestüt erkauft (1853—62).

Queen of Beauty, br. St., geb. 1838 v. Saddler a. e. Partisan Mare, von Piber nach Kisbér transferirt (1854—57).

Camelia, br. St., geb. 1843 v. Camel a. d. Zenana v. Sultan, von Piber nach Kisbér transferirt (1854—58).

Loda (früher Bluelight), br. St., geb. 1843 v. Taurus a. d. Lacerta v. Zodiac, in England um 220 Pd. St. angekauft (1854—61).

Apple Blossom, br St., geb. 1844 v. Sir Hercules a. d. Sylph v. Spector, in England angekauft (1854—63).

Cambric, F.-St., geb. 1844 v. Slane a. d. Sire v. Starch, in England angekauft (1854—59).

Selina, br. St., geb. 1846 v. Longsight a. d. Scuftins v. Bran, in England angekauft (1854—62).

Miss Fanny, br. St., geb. 1848 v. Red Deer a. d. Eva v. Lottery, in England angekauft (1854—62).

Model, R. St., geb. 1846 v. Irish Birdcatcher od. Simoon a. d. Urganda v. Teresias, in England angekauft (1854—64).

Anna, br. St., geb. 1839 v. Galopade a. d. Anna v. Catton, vom Grafen Hunyady um 1000 fl. erkauft (1854—58).

Dorothée, br. St., geb. 1839 v. Doctor Syntax a. d. Miss Free v. Merlin, in England erkauft (1854—61).

Maria, br. St., geb. 1842 v. Jereed a. d. Mathilda v. Whisker, von Piber nach Kisbér transferirt (1854—62).

Heroine, F. St., geb. 1846 v. Gladiator a. d. Glimpse v. Glencoe, in England erkauft (1854—63).

Lady Sarah, br. St., geb. 1850 v. Faugh-a-Ballagh a. d. Aura v. Touchstone, in England um 100 Pd. St. erkauft (1854—63).

Frolicsome, br. St., geb. 1848 v. Cotherstone a. d. Cyprian v. Palestro, in England erkauft (1854—70).

Deborah, br. St., geb. 1849 v. Annandale a. d. Sunbeam v. Vanish, in England erkauft (1854—63).

Sampler, br. St., geb. 1847 v. Venison a. d. Specimen v. Rowton, in England erkauft (1854—63).

Countess of Theba, br. St., geb. 1848 v. Simoom a. d. Cassandra v. Priam, um 185 Pd. St., in England erkauft (1854—70).

Nourmahal, br. St., geb. 1844 v. Demetrius a. d. Nourmahal v. Jereed, in Mecklenburg erkauft (1856—58).

Onyx, br. Str., geb. 1849 von Bob Peel a. d. Agathe v. Galopade, von Graf Hunyady erkauft (1856—63).

Opal, br. St., geb. 1850 v. Bob Peel a. d. Agathe v. Galopade, vom Grafen Hunyady gekauft (1856—64).

Czarine, br. St., geb. 1852 v. Hetman Platoff a. d. Maria v. Jereed, im Mutterleib aus England gebracht (1857—58).

Niobe, br. St., geb. 1852 v. Orlando a. d. Sevigne v. Glaucus, von Pibér nach Kisbér transferirt (1857—67).

Black Queen, R. St., geb. 1848 v. Lanercost a. d. Bombina, von Ritter v. Myslowsky um 800 fl. gekauft (1858—61).

Louisa, br. St., geb. 1848 v. Sleight of Hand a. d. Comus Mare, vom Prinzen Rohan um 400 fl. gekauft (1858—62).

Lady Free, d.br. St., geb. 1850 v. Freeman a. d. All-round-my-hat v. Bay Middleton, vom Grafen Henckel um 400 fl. gekauft (1858—62).

Phemia, F. St., geb. 1851 v. Oakley a. d. Phemy v. Touchstone, in England um 28 Pd. St. erkauft (1858—62) u. (1870—72).

Enterprise, lbr. St., geb. 1850 v. Liverpool Junior a. d. Fair Louisa v. Voltaire, von Graf Kinsky erkauft (1860—64).

Flageolette, F. St., geb. 1852 v. Hautboy a. d. Apropos v. Sir Hercules, in England erkauft (1860—66).

Tilly, br. St., geb. 1853 v. Planet a. d. Wiseacre-Mare, in England erkauft (1860—63).

Music, br. St., geb. 1853 v. Slane a. d. Black Bess v. Camel, in England erkauft (1860—66).

Fairy, br. St., geb. 1854 v. Fernhill a. d. Prescription v. Physician, in England erkauft (1860—63).

Wild Rose, d.br. St., geb. 1851, Abstammung unbekannt (1860—61).

Mummery, br. St., geb. 1848 v. Slane a. d. Image v. Langar, vom Fürsten Franz Liechtenstein gekauft (1860—70).

Wee Alice, F. St., geb. 1849 v. Napier oder Freney a. d. Gramachree v. Sir Hercules, vom Fürsten Liechtenstein gekauft (1860—67).

Figdale, br. St., geb. 1855 v. Touchstone a. d. Miss Truth v. Trueboy, vom Baron Zedwitz um 1600 fl. gekauft (1861—63).

Switch, F. St., geb. 1851 v. Ratan a. d. Cossack Maid v. Hetman Platoff, in England angekauft (1861—73).

Thirza, br. St., geb. 1857 v. Surplice a. d. Ferina v. Venison, in England angekauft (1861—72).

Miss Worthington, F. St., geb. 1851 v. Cotherstone a. d. The Wryneck v. Slane, in England angekauft (1861—73).

Schatten, R. St., geb. 1856 v. Lord Saltoun a. d. Miss Fortuna v. Irish Birdcatcher, in Kisbér gezogen (1861—62).

Carlotta, br. St., geb. 1851 v. John o'Gaunt a. d. Esmaralda v. Zinganee, vom Grafen Voss um 100 Louisd'or erkauft (1861—63).

Breviary, br. St., geb. 1855 v. Pyrrhus the First a. d. Rôsary v. Touchstone, in England angekauft (1862—64) u. (1869—73).

Pauline, br. St., geb. 1850 v. Sweetmeat a. d. Bob Logic-Mare, in England um 120 Pd. St. gekauft (1862—70).

Honeysuckle. R. St., geb. 1851 v. Touchstone a. d. Beeswing v. Dr. Syntax. in England um 367 Pd. St. 10 sh. gekauft (1862—70).

The Gem, R. St., geb. 1851 v. Touchstone a. d. The Biddy v. Bran, in England gedeckt von Stockwell angekauft (1862—65), im Jahre 1865 für 900 Pd. St. nach England verkauft.

CAMBUSCAN.

Calliope, F. St., geb. 1851 v. Oakley a. d. Constance v. Partisan, in England angekauft (1862—73).

Donna del Lago (in England Lady of the Lake), br. St., geb. 1858 v. Lord of the Isles a. d. Jeremy Diddler Mare, in England angekauft (1862—74).

Catastrophe, F. St., geb. 1852 v. Pyrrhus the First a. d. Burletta v. Acteon, in England angekauft (1862—75).

Pyrrha, F. St., geb. 1853 v. Pyrrhus the First a. d. Jenny Jumps v. Rococo, in England angekauft (1862—73).

Kate Tulloch, br. St., geb. 1854 v. Turnus a. e. Ishmael Mare, vom Grafen Götzen um 303 Friedrichsd'or gekauft (1862—73).

Doll, F. St., geb. 1854 v. Sleight of Hand a. e. Y. Phantom Mare, in England um 42 Guinéen angekauft (1863—70).

Belinda Banter, br. St., geb. 1859 v. Black Doctor a. d. Bay Banter v. Bay Middleton, in England um 50 Pd. St. gekauft (1863—65).

Waise, lbr. St., geb. 1855 v. Fernhill a. e. Comus-Stute, in England angekauft (1863—66).

Thaya, lbr. St., geb. 1860 v. Rifleman a. e. Pyrrhus the First-Stute, in England angekauft (1863—66).

Ceres, lbr. St., geb. 1859 v. Rifleman a. e. Hampton-Stute, in England angekauft (1863—70).

Azalia, br. St., geb. 1860 v. Rifleman a. e. Sleight of Hand Mare, in England um 135 Guinéen angekauft (1863—71).

Theresa, br. St., geb. 1858 v. King Tom a. d. Molly v. Pantaloon, in England angekauft (1863—81).

Gala, br. St., geb. 1846 v. Galaor a. d. Roulette v. Perion, in England angekauft (1863—67).

Vesta, d.br. St., geb. 1858 v. Augur a. e. Sleight of Hand Mare, in England um 95 Guinéen angekauft (1863—74).

Silly, Sch. St., geb. 1858 v. Rifleman a. e. Comus Mare, in England um 75 Guinéen angekauft (1863—73).

Pamphlet, br. St., geb. 1858 v. The Libel a. e. Hampton-Mare, in England um 180 Guinéen angekauft (1863—70).

Harriet, F. St., geb. 1857 v. Andover a. e. Sleight of Hand Mare, in England um 105 Guinéen angekauft (1863—71).

Minka, br. St., geb. 1857 v. Cossack a. e. Sleight of Hand Mare (Schwester von Sauter la Coupe) in England um 51 Guinéen gekauft (1863—72).

Miranda, br. St., geb. 1857 v. Andover a. e. Muley Moloch Mare, in England um 130 Guinéen gekauft (1863—72).

Toni, Sch. St., geb. 1857 v. Andover a. e. Sleight of Hand mare, in England um 71 Guinéen gekauft (1863—67).

Pampas, F. St., geb. 1857 v. Daniel O'Rourke a. e. Hampton Mare, in England um 105 Guinéen angekauft (1863—73).

Alix, br. St., geb. 1857 v. Alert a. e. Phönyx-Stute, gegen die 2jähr. Vollblutstute Celia vom Fürsten Liechtenstein eingetauscht (1863—77).

Juliet, br. St., geb. 1857 v. Andover a. e. Caster Mare, in England um 145 Guinéen erkauft (1863—77).

Andora, br. St., geb. 1857 v. Andover a. e. Hetman Platoff Mare, in England um 58 Guinéen erkauft (1863—72).

Primmel, br. St., geb. 1853 v. Pyrrhus the First a. e. Hampton Mare, in England um 75 Guinéen erkauft (1863—66?).

Shuffle, Sch. St., geb. 1856 v. Slane a. d. Pass Card v. Sleight of Hand, in England um 100 Pd. St. erkauft (1863—71).

Lotti, F. St., geb. 1856 v. Daniel O'Rourke a. e. Hampton Mare, in England um 61 Guinéen erkauft (1863—73).

Dame Blanche, Sch. St., geb. 1855 v. Fernhill a. e. Sleight of Hand Mare, in England um 70 Guinéen erkauft (1863—71).

Hilda, d.br. St., geb. 1855 v. Fernhill a. e. Lanercost Mare, in England um 115 Guinéen erkauft (1863—66).

The Grecian Queen, br. St., geb. 1854 v. Grecian a. d. Slender v. Longwaist, in England um 50 Pd. St. erkauft (1863—65).

Cricket, Sch. St., geb. 1854 v. The Flying Dutchman a. d. Wicket v. Stumps, in England um 100 Guinéen erkauft (1863—75).

Bianca, Sch. St., geb. 1854 v. Sleight of Hand a. e. Stumps Mare, in England um 155 Guinéen erkauft (1863—70).

Czarine, Sch.br. St., geb. 1854 v. Sleight of Hand a. e. Hetman Platoff Mare, in England um 255 Guinéen erkauft (1863—72).

Sunny, F. St., geb. 1853 v. Pyrrhus the First a. e. Sleight of Hand Mare, in England um 75 Guinéen erkauft (1863—64).

Wicket, Sch. St., geb. 1852 v. Sleight of Hand a. d. Wicket v. Stumps, in England um 195 Guinéen erkauft (1863—71).

Fern, R. St., geb. 1855 v. Fernhill a. e. Comus Mare, in England um 155 Guinéen erkauft (1863—73).

Jerida, br. St., geb. 1851 v. Sleight of Hand a. e. Jereed Mare, in England um 85 Guinéen erkauft (1863—67).

Camilla, F. St., geb. 1852 v. Sleight of Hand a. e. Hampton Mare, in England um 110 Guinéen erkauft (1863—70).

Comina, br. St., geb. 1851 v. Sleight of Hand a. e. Comus Mare, in England um 130 Guinéen erkauft (1863—73).

Blondine, br. St., geb. 1851 v. Cowl a. e. Hampton Mare, in England um 31 Guinéen erkauft (1863—64).

Pandora, Sch. St., geb. 1849 v. Sleight of Hand a. e. Comus Mare, in England um 41 Guinéen erkauft (1863—70).

Hamptonia, F. St., geb. 1849 v. Sleight of Hand a. e. Hampton Mare, in England um 46 Guinéen erkauft (1863—67).

Daphne, F. St., geb. 1859 v. Chief Justice a. d. Heroine v. Gladiator, in Kisbér gezogen (1864—65) u. (1869—73).

Charmian, br. St., geb. 1852 v. Jon a. d. Little Fairy v. Hornsea, vom Grafen Henckel um 1520 fl. erkauft (1864—74).

Flytrap, br. St., geb. 1859 v. Flying Dutchman a. d. Birdtrap v. Birdcatcher, in England um 500 Guinéen erkauft (1865—77).

The Mosquito, br. St., geb. 1852 v. Launcelot a. d. Martha Lynn v. Mulatto, vom Grafen Hatzfeld um 1000 fl. erkauft (1866—70).

Esther, br. St., geb. 1859 v. Oakball a. d. Niobe v. Orlando, in Kisbér gezogen.

Crisis, br. St., geb. 1861 v. Saunterer a. d. Catastrophe v. Pyrrhus the First, in England um 400 Pd. St. gekauft (1866—80).

Fancy, F. St., geb. 1861 v. Orlando a. d. Ossifrage v. Birdcatcher, in England gekauft (1866—83).

Dahlia, br. St., geb. 1861 v. Orlando a. d. Peri v. Birdcatcher. Unbekannt. (1866—83).

Nymphe, F. St., geb. 1862 v. Weatherbit a. d. Miss Worthington v. Cotherstone, im Mutterleibe aus England gebracht (1867—73).

Assiduity, br. St., geb. 1856 v. Stockwell a. d. Plenty v. Bay Middleton, in England um 472½ Pd. St. angekauft (1867—75).

Sophia Lawrence, F. St., geb. 1860 v. Stockwell a. d. Mary Aislabie v. Malcolm, in England um 650 Pd. St. angekauft (1867—75).

Crafton Lass, br. St., geb. 1860 v. King Tom a. d. Mentmore Lass v. Melbourne, vom Grafen Batthyány um 3000 fl. erkauft (1868—79).

Lancelin, br. St., geb. 1858 v. West Australian a. d. Cossack Maid v. Hetman Platoff, vom Grafen Kinsky um 3350 fl. erkauft (1868—80).

Peeress, br. St., geb. 1855 v. Chanticleer a. d. Baroness v. Don John, vom Grafen Batthyány um 4000 fl. erkauft (1868—78).

Herodias, F. St., geb. 1862 v. Amati a. d. Heroine v. Gladiator, in Kisbér gezogen (1868—73).

Palma, F. St., geb. 1864 v. Daniel O'Rourke a. d. Niobe v. Orlando, in Kisbér gezogen (1869—73).

Titania, F. St., geb. 1864 v. Fandango a. d. Miranda v. Andover, in Kisbér gezogen (1869—72).

Clematis, F. St., geb. 1864 v. Daniel O'Rourke a. d. Donna del Lago v. Lord of the Isles, in Kisbér gezogen (1869—73).

Damit hätten wir die Liste der bis zum Übergabsjahre zugewachsenen Vollblutstuten erschöpft. Dass dieselbe ein höchst trübseliges Licht auf die Qualität des ersten Kisbérer Vollblutstammes wirft, wird dem Fachmanne nicht entgangen sein. Man scheint eben zu jener Zeit im Gestüts-Departement nur sehr dunkle Begriffe von der Bedeutung des Wörtchens „Klasse" gehabt zu haben. Wäre es doch sonst nicht möglich gewesen, dass man die sicher nicht leicht zu beschaffenden Staatsgelder dazu verwendete, ganze Schiffsladungen des erbärmlichsten Vollblutmaterials für das neu errichtete Gestüt in England anzukaufen. Wahrscheinlich dachte man „die Masse muss es bringen". In der Vollblutzucht heisst dies aber das Schicksal geradezu herausfordern, und wer sich der Hoffnung hingibt, in England gute Mutterstuten um ein Butterbrot erwerben zu können, dessen Zucht wird stets eine lebende Illustration zu dem bekannten „billig und schlecht" bilden. Den damaligen Leitern der staatlichen Pferdezucht-Anstalten ist es nicht anders ergangen. Von den 108 bis 1869 zugewachsenen, meist um lächerlich niedrige Preise und ohne Rücksicht auf Blut und Leistung angekauften Stuten, haben nicht gar viele dem Gestüte bleibenden Nutzen gebracht. Nennen wir Heroine, Maria, Niobe, Miss Worthington, Calliope, Donna del Lago, Miranda, Honeysuckle, Catastrophe, Alix, Sophia Lawrence, Fancy, Lancelin, Dahlia, Theresa, Sampler, Crafton Lass und Peeress, so dürfte das Verzeichnis der nützlichen Acquisitionen so ziemlich erschöpft sein. Alle übrigen sind spurlos aus den Gestütsregistern verschwunden: viele wurden um ein Spottgeld verkauft, auf die Mehrzahl aber passt nur die lakonische Grabschrift „verdorben und gestorben". Zur Vollblutzucht gehört eben Geld, Glück und — Verständnis.

Dass man auch bei der Anschaffung des zur Begründung des Kisbérer Gestütes erforderlichen Halbblutmateriales vor allem darauf bedacht gewesen zu sein scheint, eine gewisse Menge von Pferden — gleichviel welcher Qualität und welcher Abstammung — zusammenzubringen, ist bereits im vorhergehenden flüchtig erwähnt worden. Der fachmännisch gebildete Leser dürfte aber näheres hierüber erfahren wollen und haben wir uns daher die Mühe nicht verdriessen lassen, auf Grund der Gestütsbücher einen genauen Ausweis über die von 1853—69 für Kisbér angeschafften Halbblutstuten zusammenzustellen. Wer diesen Ausweis einer genauen Durchsicht würdigt, wird sich nicht darüber wundern können, dass es den Leitern der Kisbérer Zucht erst in neuester Zeit gelungen ist, die Nachwirkungen jener „Olla Podrida" zu überwinden und der Halbblutzucht des Gestütes die lange vergeblich angestrebte Gleichmässigkeit in Form und Leistungsfähigkeit zu verleihen.

Ausweis

über die dem Gestüte von 1853—1869 einverleibten Halbblutstuten.

Jahr	Englisch Halbblut	Irländer	Norfolker	Percherons	Mecklenburger	Lippizaner	Lippizaner (arab.)	Piberer Zucht (engl.)	Piberer Zucht (irländ.)	Piberer Zucht (Lippizaner)	Piberer Zucht (arab.)	Radautzer Zucht (engl.)	Radautzer Zucht (arab.)	Csapodyer Gestüt (engl.)	Csapodyer Gestüt (arab.)	Mezöhegyeser Zucht (engl.)	Mezöhegyeser Zucht (Nonius)	Mezöhegyeser Zucht (arab.)	Bábolnaer Zucht (arab.)	Kisbérer Zucht (engl.)	Kisbérer Zucht (Norfolk)	Kisbérer Zucht (Percherons)	Kisbérer Zucht (Römer)	Kisbérer Zucht (Lippizaner)	Kisbérer Zucht (arab.)	Unbekannter Rasse	Summa
1853	—	—	—	—	—	1	—	3	—	—	7	—	—	2	1	—	—	—	2	—	—	—	—	—	—	—	16
1854	1	1	—	—	—	3	1	3	—	—	1	—	—	—	—	—	—	—	8	—	—	—	—	—	—	1	18
1855	—	—	—	—	—	1	—	15	—	—	13	—	—	2	—	—	—	—	11	—	—	—	—	—	—	1	44
1856	1	—	—	3	6	—	—	4	—	—	1	1	7	—	—	—	—	—	1	—	—	—	—	—	—	—	24
1857	—	—	—	—	—	—	—	4	—	—	3	—	—	1	—	—	—	—	—	—	—	—	—	—	—	1	9
1858	1	—	—	1	5	—	—	3	—	—	—	1	—	—	—	—	—	—	—	—	—	—	—	—	—	—	11
1859	1	1	—	5	4	—	—	4	3	—	—	—	—	—	—	—	—	—	2	—	—	—	—	—	—	—	20
1860	2	—	—	—	—	—	—	5	4	—	—	—	—	—	—	—	—	1	—	3	—	—	—	—	5	2	22
1861	3	3	—	—	2	—	—	4	1	—	—	—	2	—	—	—	—	2	—	2	—	—	1	—	1	—	21
1862	4	20	—	—	—	—	—	—	—	—	—	—	—	—	—	—	—	—	—	5	—	—	—	—	—	—	29
1863	8	16	—	—	—	—	—	—	—	1	—	—	—	—	—	—	—	—	—	12	—	—	—	—	—	—	37
1864	—	1	—	—	—	—	—	—	—	—	—	—	—	—	—	—	—	—	—	12	—	1	—	—	—	—	14
1865	—	1	—	—	—	—	—	1	—	—	—	—	—	—	—	—	—	—	—	3	—	—	—	—	—	—	5
1866	—	—	—	—	—	—	—	—	—	—	—	—	—	—	—	—	—	—	—	2	1	—	—	3	—	—	6
1867	—	—	2	—	—	—	—	—	—	—	—	—	—	—	—	—	—	—	—	6	4	1	—	—	—	—	13
1868	—	—	—	—	—	—	—	—	—	—	—	—	—	—	—	1	—	—	—	5	4	—	—	—	—	—	10
1869	—	—	—	—	—	—	—	—	—	—	—	—	—	—	—	—	—	—	—	6	12	—	—	—	—	—	18
Summa	21	43	2	9	17	5	1	46	8	1	25	2	9	5	1	1	—	3	24	56	21	2	1	3	6	5	317

Von dem Pferdemateriale wenden wir uns nun der eigentlichen inneren Geschichte des Gestütes zu.

Wie bereits erwähnt worden, fehlte es anfangs ungefähr an allem, was zur Bewirtschaftung eines Gestütes erforderlich ist, also auch an geeigneten Baulichkeiten. War doch sogar das Schloss vom Festungs-Kommando zu Komorn lange Zeit als Filialspital verwendet worden. Man kann sich darnach leicht vorstellen, in welchem Zustande dasselbe dem Gestüts-Kommando übergeben wurde. Unter solchen Verhältnissen erhält folgende, am 6. Januar 1855 vom „hohen k. k. Armee-Oberkommando zu Wien“ an das Gestüts-Kommando gerichtete Zuschrift, die Bedeutung eines epochemachenden Ereignisses:

„Seine Majestät haben die Ausführung nachstehender Neubauten bewilligt: 2 Laufstallungen für je 100 Mutterstuten, Lokalitäten für die hierbei verwendete Mannschaft, 1 Laufstall für 100 Abspänfohlen, 1 Mannschafts- und 1 Tierspital, 1 gedeckte und 1 offene Reitschule. Diese Bauten müssen bis Ende April 1856 vollendet sein und werden dem Baumeister Singer aus Raab übergeben.“

Bis Ende April 1856 war aber noch weit. Die Eröffnung der ersten Decksaison (1854) dürfte daher dem damaligen Gestüts-Kommandanten Gelegenheit geboten haben, ein sehr vielseitiges esprit d'arrangement zu entwickeln. Leider ist in den Gestüts-Protokollen über diese Sturm- und Drangperiode Kisbérs nicht viel zu finden. Das einzige Ergebnis unserer diesbezüglichen Nachforschungen ist folgender Gestüts-Kommando-Befehl, welcher, da er immerhin ein historisches Interesse beanspruchen kann, hier einfliessen möge:

Vom k. k. Militär-Gestüts-Kommando.

Kisbér, am 30. Januar 1854.

Mittwoch, den 1. Februar hat die Aufstellung nachbenannter Pépinière-Beschäler Vormittags 9 Uhr in den Gestütsabteilungen zu Pula-Batthyán und Vasdinnye zu geschehen und Freitag, den 3. Februar das Belegen seinen Anfang zu nehmen und zwar:

In das Gestüt zu Pula: Die Beschäler Favory, Dahaby II. und Koreischan.

In das Gestüt zu Vasdinnye: die Beschäler Abugress, Furioso I., Dahaby IV. und Asslan und es ist die Belegung genau nach der von Seite der hohen General-Remontirungs-Inspektion mit 7. Januar 1854 sub No. 29 genehmigten Paarungsliste vorzunehmen.

Die dem Pépinière-Beschäler Deerslayer zur Belegung zugeschriebenen Stuten sind in Pula aufgestellt und müssen alldort gehörig abprobirt und die zur Deckung geeigneten unter gehöriger Aufsicht hierher nach Kisbér zu diesem Zwecke gesendet werden.

Das Belegen hat täglich mit Ausnahme der Sonn- und Feiertage, wo nicht belegt werden darf, um 10 Uhr vormittags und zwar auswärts bei den Stallungen unter Aufsicht des Herrn Bereitungsoffiziers, in loco aber in Gegenwart des Herrn Oberlieutenant Kotschy zu geschehen, vorher jedoch hat jede Stute gut abprobirt zu werden. Zum Probiren ist zu Pula Koreischan, zu Vasdinnye Asslan zu verwenden.

Vom 3. Februar treten die zur Belegung bestimmten Pépinièrehengste in die ihnen während der Belegzeit bemessene Hafergebühr.

In Betreff der guten Wartung und Pflege und der angemessenen täglichen Bewegung finde ich zu bemerken notwendig, dass die ausgestellten Hengste nicht bis zur Mastleibigkeit gefüttert werden sollen und selbe nur mit halb Heu und einer Futterstrohportion zu füttern sind, daher von dem der betreffenden Gestütsabteilung angewiesenen Futterstroh das Beste für die Hengste ausgesucht und vorgelegt werden muss. Beim Hinausreiten der Hengste zum Spazieren aus dem Stalle sind selbe eine Viertelstunde im Schritt, sodann eine Viertelstunde im Trab und so abwechselnd durch $1\frac{1}{2}$ Stunden zu bewegen. Sobald selbe vom Spazierenreiten rückkehrend im Stall eingestellt werden, sind sie mit Strohwischen gut abzureiben und sodann zuzudecken, um sie vor jeder Verkühlung zu bewahren. In den Stallungen, wohin die Hengste während der Belegzeit verlegt werden, ist zur Beleuchtung eine Lampe und zur Aufsicht eine Stallwache zu unterhalten.

Die Belegzettel sind täglich nach dem in den übrigen Gestüten bestehenden Formulare nach der Belegung zu verfassen und pünktlich an das Gestütsdepartement einzusenden.

Adolf von Traun m. p.
Rittmeister.

Im Mai desselben Jahres wurde dem Gestüte die hohe Ehre eines Besuches Seiner Kaiserlichen Hoheit des Herrn Erzherzogs Albrecht zu teil. Ob der Erzherzog sich von den dortigen Einrichtungen, sowie von dem damals vorhandenen Pferdemateriale zufriedengestellt gefunden oder nicht, darüber fehlt jede Andeutung in den Akten jener Zeit. Der Umstand, dass der Gestüts-Kommandant einen Tag nach der erzherzoglichen Visitirung missliebig bemerkt, „er habe nicht jene pünktliche Ordnung und Gleichförmigkeit im Dienste vorgefunden, welche zum Gedeihen der Gestüts-Anstalt notwendig sei", gibt jedoch zu der Vermutung Anlass, dass der hohe Besuch keine ungeteilt freudige Stimmung hinterlassen. Die Wirkung desselben scheint indessen eine sehr wohlthätige gewesen zu sein, denn als der Herr Feldmarschall-Lieutenant und General-Remontirungs-Inspekteur Fürst Lobkowitz am 14. Juli 1854 eine Inspizirung des Gestütes vornahm, ging alles am Schnürchen. Der Kommandant konnte daher auch zwei Tage später seinen untergeordneten Organen mitteilen, „Seine Durchlaucht der Herr General-Remontirungs-Inspekteur, Feldmarschall-Lieutenant Fürst Lobkowitz habe über den bei der Musterung der Gestütsanstalt vorgefundenen guten Zustand, sowohl in Bezug der guten Ordnung und Reinlichkeit in den gesamten Lokalitäten, aber auch über das gute Aussehen der sämtlichen Pferde und Mannschaft, wie nicht minder über den guten Stand der Feldfrüchte seine volle Zufriedenheit zu erkennen gegeben und den Auftrag erteilt, auch den sämtlichen Herren Offizieren, Beamten und der Mannschaft des Gestüts und der Beschälabteilung Nr. 2 über den allenthalben vorgefundenen guten Zustand seine Zufriedenheit bekannt zu geben und zugleich zur ferneren Aneiferung für die Mannschaft vom Wachtmeister abwärts in Rücksicht des guten Aussehens der Pferde eine Renumeration von 20 fl. — sage! zwanzig Gulden in C.Mz. anzuweisen."

Fürst Lobkowitz war der Nachfolger des am 11. Juni 1854 verstorbenen Grafen Hardegg.

Am 26. Oktober 1855 wurde der bisherige provisorische Gestüts-Kommandant, Rittmeister von Traun, zum wirklichen Kommandanten ernannt.

Während der ersten Jahre seines Bestehens verfolgte das Gestüt ausschliesslich den Zweck, taugliche Landesbeschäler zu produziren. Im Jahre 1855 aber wurde dieser Rahmen zum grössten Vorteil der Landespferdezucht bedeutend erweitert, indem man gestattete, dass die in Kisbér aufgestellten Pépinière-Beschäler gegen Entrichtung eines entsprechenden Sprunggeldes auch im Besitz von Privatpersonen befindliche Stuten decken durften. Selbstverständlich hielt sich die Decktaxe anfangs innerhalb sehr bescheidener Grenzen. So betrug dieselbe z. B. für Deerslayer, den ersten Vollbluthengst, der in Kisbér zur Verwendung gelangte, nur 100 fl. für Vollblut- und 50 fl. für Halbblutstuten; allerdings ist dies mehr als genug, wenn man bedenkt, dass Buccaneer mit 120 fl. debutirte.

Es folgte nun eine Periode ruhiger und erfolgreicher Arbeit für das Gestüt; jedoch empfahl sich das Jahr 1856 auf eine sehr unangenehme Weise, denn am 12. Dezember musste der General-Remontirungs-Inspektion gemeldet werden, dass die Influenza unter den Pferden des Gestütes ausgebrochen sei, und am 31. Dezember erlag der Vollbluthengst Grapeshot dieser tückischen Krankheit.

Das Jahr 1858 brachte einen neuen Kommandanten. Im Mai genannten Jahres zum Major befördert, wurde v. Traun am 2. Juli zum Adlatus bei der General-Remontirungs-Inspektion ernannt, worauf er das Gestüts-Kommando am 18. Juli dem provisorisch zum Kommandanten ernannten Rittmeister Julius Freiherrn von Bischofshausen übergab und sich bei dieser Gelegenheit mit folgenden Worten von seinen bisherigen Untergebenen verabschiedete: „Indem ich von sämtlichen Herren Offizieren und Beamten, sowie von der gesamten Mannschaft Abschied nehme, sage ich allen jenen, welche durch ihren Fleiss und ihre Thätigkeit mich in meinem hiesigen Wirken unterstützten, wodurch allein es mir möglich geworden, die so schwierige Aufgabe, welche die Errichtung eines neuen Gestütes in sich schliesst, zur Allerhöchsten und der hohen Vorgesetzten Zufriedenheit zu lösen, meinen innigsten und wärmsten Dank, mit der Versicherung, dass es mir in meiner neuen Stellung stets zum Vergnügen gereichen wird, ihnen die gebührende Anerkennung zu zollen."

Der Nachfolger dieses wackeren Mannes stand nur kurze Zeit an der Spitze des Gestütes. Er wurde, nachdem er im Mai 1859 zum Major be-

KISBÉR.

fördert worden, bereits am 23. Februar 1862 durch den Oberstlieutenant Adolf Graf Alberti des 11. Ulanenregiments ersetzt.

1859 war, wie die meisten Kriegsjahre, auch ein Pestilenzjahr. Nach Kisbér führte dasselbe den schlimmsten Gast, der überhaupt ein Gestüt heimsuchen kann, nämlich den Rotz. Zuerst unter den Pferden eines Bauunternehmers zum Ausbruch gelangt, verbreitete sich die Seuche trotz aller aufgebotenen Vorsichtsmassregeln auch im Gestüt. Es scheint jedoch, dass das Übel keine grössere Dimensionen angenommen (40 Pferde sollen daraufgegangen sein), denn in den Gestütsakten wird nur kurz erwähnt, dass sich am 1. September 1859 eine zusammengesetzte Kommission in Kisbér eingefunden habe, um Erhebungen darüber zu pflegen, ob die Wurm- und Rotzkrankheit im Gestüte gänzlich ausgerottet sei. Über Kisbér hat eben stets ein Glücksstern geleuchtet.

Es waren nun sechs Jahre seit der Errichtung des Gestütes verflossen. Während dieser Zeit hatte sich das Vollblutmaterial desselben bedeutend vermehrt. Besass doch Kisbér im Jahre 1860 an Vollblut bereits 33 Stuten und 12 Hengste. Eine Vollblutzucht ohne Probe auf die Güte derselben, ohne Herz und Nieren prüfende Arbeit, von welcher eine Reinigung der Aussaat erwartet werden konnte, erschien aber sogar von dem damaligen bescheidenen Standpunkt der hippologischen Wissenschaft aus betrachtet als ein Unding, und so wurde denn beschlossen, in Kisbér ein Training-Etablissement zu errichten. Ein geeigneter Trainer war nicht schwer zu finden; an brauchbaren Jockeys herrschte ebenfalls kein Mangel; Reitbuben bester Gattung lieferte das Land in Hülle und Fülle, und passende Lokalitäten, sowie eine dem Zweck entsprechende Trainirbahn herzustellen, war schliesslich auch kein Kunststück. Trotzdem muss die Errichtung einer militärischen Trainiranstalt als ein Wagnis bezeichnet werden, und zwar hauptsächlich aus dem Grunde, weil Training und Rennen, wenn wir uns so ausdrücken dürfen, „freie Künste" sind, welche sich schlechterdings nicht in den etwas engen Rahmen des hochehrwürdigen Reglements hineinzwängen lassen. Es hat uns daher auch befremdend angemutet, wenn wir in den Befehlsprotokollen der Kisbérer Rennperiode (1860—67) auf solche Äusserungen stiessen wie: „Der Trainer Bloss hat am 7. d. Mts. mit dem Jockey Robinson, 2 Trainirbuben, 1 zugeteilten Gemeinen und den Rennpferden Esther, Fanny und Dahlia mittelst Eisenbahn-Personenzug zu den heurigen Rennen nach Wien abzugehen" und — meinten wir weiter zu lesen — „in den dortigen Engagements bei strengster Verantwortung auf den ersten Platz einzukommen." Oder: „Laut Bekanntgabe Seiner Excellenz des Herrn General-Militär-Gestüts-Inspektors hat der mittelst

General-Militär-Gestüts-Inspektions-Befehl Nr. 2663 vom 17. Oktober d. J. auf Rechnung der Trainiranstalt geschickte Giese'sche Blister auf folgende Art angewendet zu werden: Ohne Abscheren der Haare wird die leidende Flechse drei Tage hintereinander immer mit einem guten Esslöffel voll eingerieben und es darf ja kein Wasser darauf kommen. Dies zur Wissenschaft und Darnachachtung der Tierärzte und besonders des Trainers Bloss." Oder: „Um den Schweiss der im Training befindlichen Pferde bei den Übungen, in welchen dieselben schwitzen müssen, gehörig zu entfernen, benötigt der Trainer Bloss 12 Stück hölzerne Schweissmesser, welche gegen Vergütung aus der Trainiranstaltskasse vom Bauamte anzufertigen und in der Requisitenrechnung des Trainers in Empfang zu stellen sind" u. s. w. Wie wohl dem in militärischen Dingen sicher gänzlich unerfahrenen Trainer bei der Lektüre aller dieser „Kommando-Befehle" zu Mute gewesen sein mag? —

Das Personal der Trainiranstalt, welches mit 1. November 1860 in die Verpflegung genommen wurde, bestand aus 1 Trainer (Richard Bloss), 1 Jockey (Francis Robinson), 1 Studgroom, vulgo Futtermeister, 6 Stalljungen und 4—6 zur Pferdewartung beigegebenen Gemeinen. Der Staat war augenscheinlich ernstlich gewillt, die Sache rationell zu betreiben, denn er griff tief in seinen Säckel, indem er dem Kisbérer Renn-Etablissement den, besonders zu damaliger Zeit, namhaften Betrag von 30000 fl. bewilligte. Es wurde nun ein Rennstall hergerichtet, eine Trainirbahn angelegt, ein Führerpferd für die Galops (Miss Letty) angeschafft, und, wenn man die traditionelle Genauigkeit des hohen Ärars in Betracht zieht, überhaupt in keiner Richtung geknickert. Trotzdem stellte sich der gehoffte Erfolg nicht ein. Der ärarische Rennstall verschlang stets mehr, als er einbrachte. Die erfolgreichsten Repräsentanten desselben waren die im Jahre 1859 in Kisbér geb. br. Stute Esther v. Oakball a. d. Niobe (Siegerin im Wiener Bürgerpreis 1864 und im Hazafi dij zu Budapest 1864); die ebenfalls in Kisbér gezogene, 1864 geb. F. St. Palma v. Daniel O'Rourke a. d. Niobe (Siegerin im Gestüts-Preis zu Wien 1867); Aesopus, geb. 1862 in Kisbér v. Saunterer a. d. Calliope (Sieger in der Steeple-Chase zu Wien 1866); Mincio, geb. 1859 in Kisbér v. Chief Justice a. d. Countess of Theba (Sieger in Kaiser-Preis 2. Klasse zu Pest 1862); Nanni, F. St., geb. 1863 in Kisbér v. Teddington a. d. Switch (Siegerin im Ambulanten-Zuchtrennen zu Budapest 1866); Paula, F. St., geb. 1863 in Kisbér v. Stockwell a. d. Pauline (Siegerin im Preis der Dreijährigen zu Debreczin 1866 und im Esterházy-Preis zu Budapest 1866); Lucretia, br. St., geb. 1863 in Kisbér v. Voltigeur a. d. Catastrophe (Siegerin im Hazafi-dij zu Budapest 1866); Antonio, F.H., geb. 1864 in Kisbér v. Teddington

a. d. Switch (Sieger in den Triennial Stakes 1866, 67 und 68, zu Budapest 1867). Von diesen sind Esther und Palma dem Gestüte als Mutterstuten und Bivouac sowie Tarquin als Stammbeschäler eingereiht worden. Relativ am günstigsten schnitten die Kisbérer im Jahre 1866 ab, wo ihnen der Preis der Dreijährigen zu Debreczin, der Alföldi-dij ebendaselbst, das Ambulante-Zuchtrennen zu Budapest, der Esterházy-Preis ebendaselbst, der Hazafi-dij, der Damen-Preis zu Pressburg, die Grosse Wiener Steeple-Chase, ein Hürden-Rennen und ein Verkaufs-Rennen zufielen.

Verzeichnis

der aus dem bestandenen Kisbérer Rennstalle hervorgegangenen Sieger.

Alter	Name	Vater	Mutter	Anmerkung
3	Mincio.	Chief Justice.	Countess of Theba v. Simoom.	1862 Pest. Kaiserpreis II. Kl. Sieger nach totem Rennen.
„	Bivouac.	Voltigeur.	Calcutta v. Flatcatcher.	1863 Pest. Batthyány-Hunyady-dij. Totes Rennen mit Comesta. Preis geteilt.
„	Esther.	Oakball.	Niobe v. Orlando.	1864 Wien. Bürgerpreis. 1864 Pest. Hazafi-dij.
6	Erna.	Blackdrop.	Ernestine v. Cobden.	1866 Pressburg. Damenpreis. 1866 Wien. Hürdenrennen.
3	Lucretia.	Voltigeur.	Catastrophe v. Pyrrhus the First.	1866 Pest. Hazafi-dij.
4	Aesopus.	Saunterer.	Calliope v. Oakley.	1966 Wien. Steeple-Chase von 4000 fl.
3	Topaz.	Teddington.	Opal v. Bob Peel.	1866 Wien. Verkaufsrennen. 1866 Pest. Verkaufsrennen.
„	Paula.	Stockwell.	Pauline v. Sweetmeat.	1866 Debreczin. Rennen für Dreijährige.
„	Tarquin.	Voltigeur.	Honeysuckle v. Touchstone.	1866 Debreczin. Alföld-Rennen.
„	Nanni.	Teddington.	Switch v. Ratan.	1866 Pest. Ambulantes Zuchtrennen.
„	Palma.	Daniel O'Rourke.	Niobe v. Orlando.	1867 Wien. Gestütspreis.
„	Antonio.	Teddington.	Switch v. Ratan.	1867 Prag. Triennial Stakes.

Trainer Bloss hatte indessen damals schon einen Nachfolger in der Person des bekannten deutschen Herren-Reiters und nachmaligen Direktors des Berliner Tattersall's, Graf Gustav Götzen, erhalten, welcher nach verschiedenen Irrfahrten und Abenteuern von Egypten nach Österreich verschlagen worden war, hier die Gunst des Feldmarschallieutenants v. Ritter zu erwerben verstanden und schliesslich von diesem als Trainer nach Kisbér geschickt worden war. Graf Götzen verweilte jedoch nicht lange in der anspruchslosen Stellung eines „Leiters der Trainir-Anstalt zu Kisbér" — so lautete sein offizieller Titel — denn er kam am 5. November 1865 und ging am 1. Januar 1867, begleitet von dem schönen Töchterlein des Kommandanten, welches er als seine Gattin nach Spree-Athen entführte.

Welches Pferdematerial der Graf bei seinem Dienstantritt übernahm, zeigt nachstehendes dem Archive entnommene

Verzeichnis

der im Frühjahr 1865 zu Kisbér im Training befindlichen Pferde mit Angabe ihrer Nennungen und Qualifikation.

Name	Abstammung		Geburtsjahr	Angemeldet zum	Qualifikation
	Vater	Mutter			
			Im Training:		
Manfred	Oakball	Niobe	1861	Kaiserpreis II. Klasse in Wien und Pest 1865.	Gegenwärtig gesund, gibt Hoffnung auf gute Resultate.
Sepoy	Voltigeur	Lady Melbourne		Steeple-Chase in ?	Wird die harte Arbeit im Training kaum aushalten. Es bleibt daher zu versuchen, ob sich der Hengst zum Steeple-Chaser eignet.
Marco Polo	Stockwell	Pauline		Kaiserpreis I. Klasse in Wien und Pest und Kasinopreis in Wien 1865.	Gibt alle Hoffnung.
Exact	Saunterer	Catastrophe		Kaiserpreis I. Klasse in Wien und Pest 1865.	Ebenso; ist aber sehr im Wachsen begriffen.
Aesopus	Saunterer	Calliope	1862	Kaiserpreis I. Klasse in Wien und Pest, Eröffnungsrennen, und Kaiserpreis III. Klasse in Wien 1865.	Ist ganz gesund; verspricht schnell zu werden.
Cymon	Backbiter	Honey		Eröffnungsrennen u. Kaiserpreis III. Klasse in Wien 1865.	Ist ganz gesund und auf grösserer Distanz dauerhaft.
Halim	Hamad	Model		—	Verspricht wenig; hat am linken Vorderfuss gelitten.

Name	Abstammung		Geburtsjahr	Angemeldet zum	Qualifikation
	Vater	Mutter			
Faun	Daniel O'Rourke	Thirza	1860	Triennial-Stakes 1865, 66, 67.	Gibt viel Hoffnung.
Tarquin	Voltigeur	Honeysuckle		Triennial-Stakes 1865, 66, 67 und Nemzeti-dij 1866.	Ebenso.
Dahlia	Orlando	Peri	1861	Kasinopreis, Kaiserpreis III. Klasse in Wien, Karolyi-Stakes in Pest 1865.	Ist ganz gesund; gibt viel Hoffnung.
Silk	Kingston	Butterfly		—	Ihr Hufleiden in der Besserung; wird hoffentlich heuer auf die Bahn kommen
Herodias	Amati	Heroine	1862	Kaiserpreis II. Kl., Bürgerpreis, Kaiserpreis III. Klasse in Wien, Nemzeti-dij und Hazafi-dij 1865.	Ganz gesund; gibt viel Hoffnung.
Nymphe	Weatherbit	Miss Warthington		—	Infolge der im Vorjahre überstandenen Krankheit zurückgeblieben.
Perle	Oakball	Opal		Nemzeti-dij 1865.	Minderes Pferd.
Paula	Stockwell	Pauline	1863	Zuchtrennen (1000 fl.) Nemzeti-dij, süd- und norddeutsch. Preis 1866.	Ganz gesund; gibt viel Hoffnung.
Clarine	Amati	Flageolette		Gf. Octavian Kinsky Preis 1867.	Minderes Pferd.
Dudi	Oakball	Apple Blossom			Verspricht gut zu werden.
Hagar	Aghil-Aga	Lady Sarah		—	Minderes Pferd.
Aghil-Aga	Aghil-Aga	—		—	Kein Rennpferd.
Nanni	Teddington	Switch			Versprechen gut zu werden.
Thekla	Oakball	Tilly		Ambulantes Zuchtrennen 1866.	
Virginia	Stockwell	The Gem			
Fröhlich	Daniel O'Rourke	Frolicsome		Zuchtrennen in Pest 1866.	
Lucretia	Voltigeur	Catastrophe			

Name	Abstammung		Geburts-jahr	Angemeldet zum	Qualifikation
	Vater	Mutter			
Antonio	Tedding-ton	Switch	1864	Triennial-Stakes 1866, 67, 68.	Verspricht gut zu werden.
Saul	Daniel O'Rourke	Countess of Theba		dito	Hat von Geburt den rechten Hinterfuss abnorm.
Nasty	Suther-land	Breviary		dito	Versprechen gut zu werden.
Maniac	Tedding-ton	Sampler		Ambulantes Zuchtrennen 1867.	
Pirat	Sabreur oder Un-derhand	Gala		dito	Ebenso.
Myrtle	Fandango	Wicket		dito	Minderes Exterieur.
Mustang	Fandango	Hamp-tonia		Produce-Stakes 1867. Tell auch noch zum süd- u. norddeutschen Preis 1867.	Versprechen gut zu werden.
Alma	Daniel O'Rourke	Calliope			
Tell	Tedding-ton	Pauline			Verspricht sehr viel.

Eine recht stattliche Gesellschaft, teilweise auch vorzügliches Blut, und dennoch kein durchschlagender Erfolg. Das musste dem Finanzminister zu denken geben. Trotzdem wurde noch ein dritter Trainer engagirt. Der Mann hiess Richard Longstaff und hielt am 31. Januar 1867 seinen Einzug in die verwaiste Kisbérer Trainir-Anstalt. An Mitbewerbern dürfte es ihm nicht gefehlt haben. War doch die Stellung eines ärarischen Trainers eine recht behagliche. Longstaff z. B. bezog einen jährlichen Gehalt von 1250 fl., 12 Klafter hartes Holz, 50 Pfd. Brennöl, 76 Ztr. Kuhheu, $\frac{1}{2}$ Joch Grundfläche, eine aus 2 möblirten Zimmern und 1 Küche bestehende Naturalwohnung, 3 fl. Reisediäten per Tag, 1 fl. 6 kr. per Monat Pauschalien für jedes Rennpferd, 5 fl. für seine Fahrten von und zur Eisenbahn, und last not least 10 % vom Bruttogewinn des Rennstalles. Also ganz annehmbare Bedingungen. Unter Longstaff fungirten als: Jockey William Powlett und als Studgroom Cristoph Maw.

Longstaff sollte sich indessen nicht lange der hier erwähnten Bezüge erfreuen. Schon im März 1867 erfolgte ein Erlass des Kriegsministeriums, welcher die Auflösung des Kisbérer Rennstalles verfügte und mit der Bestimmung, dass die Vollblutjährlinge von nun an alljährlich an die Meistbietenden verkauft werden sollten, eine neue Ära in der Geschichte der österreichisch-ungarischen Pferdezucht begründete. Anstatt nur den Kisbérer Zuchtgarten zu befruchten, durfte sich die wunderwirkende Quelle fortan in zahlreichen Kanälen über das ganze Land verbreiten. Der Gewinn, welcher durch diese Massregel dem Staate erwuchs, liegt auf der Hand. Indem er sein einjähriges Vollblutmaterial an Private überliess, die dasselbe weiter aufzogen und auf der Rennbahn ausprobirten, erreichte er den bisher mit der kostspieligen Trainir-Anstalt verfolgten Zweck auf eine ebenso einfache als bequeme und billige Weise, ja es erschien nicht ausgeschlossen, dass sich der Jährlingsverkauf mit der Zeit zu einem recht einträglichen Geschäfte würde entwickeln können. Die Vorteile der neuen Einrichtung lagen aber keineswegs ausschliesslich auf der Seite des Staates, sondern hatten auch die Privaten alle Ursache, den Jährlingsverkauf, der es ihnen ermöglichte, ihre Renn- und Zuchtställe mit dem in Kisbér gezogenen edlen Material zu remontiren, als eine hocherfreuliche Neuerung zu begrüssen.

Die erste Versteigerung fand im Herbste 1867 nach den Wiener Rennen in Kisbér statt. Nach dem uns vorliegenden Verzeichnis über die bei dieser Gelegenheit zum Verkauf gelangten Vollblutpferde, befanden sich unter denselben 1 dreijähr. Hengst (Tell v. Teddington a. d. Pauline v. Sweetmeat), 1 zweijähr. dito (Dante v. Teddington a. d. Switch v. Ratan), 1 zweijähr. Stute (Tullia v. Teddington a. d. Calliope v. Oakley), 6 einjähr. Hengste und 10 einjähr. Stuten.

Indem wir uns vorbehalten, im weiteren Verlauf dieser Arbeit eingehender auf die Kisbérer Jährlingsverkäufe zurückzukommen, wenden wir uns nun wieder der Geschichte des Gestütes zu, in welcher wir bei der Übernahme des Gestüts-Kommandos durch den Grafen Alberti stehen geblieben waren.

Kaum hatte der neue Kommandant die Zügel der Regierung ergriffen, so traten auch die Sorgen und Bitternisse seiner neuen Stellung an ihn heran. Im Oktober des Jahres 1862 brach nämlich in dem soeben fertig gewordenen Laufstalle zu Pula ein, vermutlich von ruchloser Hand angelegtes Feuer aus, welchem nicht nur dieses Gebäude, sondern auch 13 Mutterstuten zum Opfer fielen.

Graf Alberti war ein eifriger Anhänger des auch vom damaligen General-Militär-Gestüts-Inspekteur gehuldigten Abhärtungs-Systems. Die Vollblutstuten blieben während der schönen Jahreszeit Tag und Nacht im Freien; der Austrieb der übrigen Gestüte aber wurde um 5 Uhr früh vorgenommen. Die Haferfütterung fand um $\frac{1}{2}$5 Uhr früh, 11 Uhr vormittags und abends nach dem Eintrieb statt. An besonders warmen Tagen wurden die Gestüte auch über Nacht auf den Weideplätzen belassen, jedoch zum Tränken um 10 Uhr vormittags eingetrieben und erst um 3 Uhr nachmittags wieder hinausgetrieben.

Über die von 1862—1865 für Kisbér bewerkstelligten sehr bedeutenden Ankäufe von Vollblutmaterial geben die vorstehenden Tabellen genauen Aufschluss. Des leichteren Überblicks wegen möge jedoch folgender Ausweis über die Ende Oktober 1864 im Gestüt vorhandenen Zuchtpferde hier einfliessen.

Ausweis

über den Stand der Zuchtpferde mit Ende Oktober 1864.

Als		Pferde
Vollbluthengste: Teddington, Daniel O'Rourke, Oakball, Polmoodie, Virgilius, Bivouac, Deutscher Michel	7	
Norfolker: Pride of England, North Star	2	
Percheron: Atlas	1	10
Mutterstuten	197	
Junge Stuten	16	213
Vollblut-Stuten von früher	26	
„ „ „ Lord Vivian erkauft	5	
„ „ „ Sir Tatton Sykes erkauft	36	
„ junge Stute Daphne	1	
Halbblut, Mutter und junge Stuten englischer Zucht:		
„ von Bismarck	5	
„ „ Clinker	3	
„ „ Grapeshot	1	
„ „ Chief	8	
„ „ Wilsford	5	
„ „ Trevilliam	1	
„ „ Lightfoot	13	
„ „ Tupgill	2	
„ „ Canonball	1	
„ „ Dauphin	1	
„ „ Valois	1	
„ „ Acorn	1	
„ „ Troubadour	1	
„ „ Revolver	10	
„ „ Oakball	1	
„ „ Deerslayer	3	
„ „ Troy	1	
„ „ Bramarbas	1	
„ „ Lord Saltoun	1	
„ Arabischer Zucht von Asslan	1	
„ „ „ „ Abugress	6	
„ „ „ „ Siglavy	2	
„ Englischer Zucht	11	
„ Irländischer Zucht	46	
„ Mecklenburgischer Zucht (englischer Rasse)	9	
„ Römischer Abkunft	1	
„ Lippizaner Abkunft	2	
„ Percheron-Schlag	7	
Summe		223

VERNEUIL.

Am 15. November 1865 traf Buccaneer in Kisbér ein. Wenn die Amerikaner mit Recht behaupten, dass ihr Nationalvermögen in dem Augenblick, als der englische Vollbluthengst Messenger, der Stammvater der amerikanischen Traberrasse, 1788 in New-York landete, einen Zuwachs von mindestens 100 Millionen Dollars erhielt, so dürfen auch die Züchter Österreich-Ungarns geltend machen, dass der Zug, welcher Buccaneer nach Kisbér brachte, der inländischen Vollblutzucht eine nur nach Millionen zu schätzende goldene Saat zugeführt habe, denn nie und nirgends hat sich — der Fall mit Messenger ausgenommen — der Import eines Zuchthengstes so sehr gelohnt, wie derjenige von Buccaneer.

Buccaneer war ein im Jahre 1857 von Lord Dorchester gezogener kastanienbrauner, 169 cm hoher Hengst, mit umstehender Abstammung.

Mit Bezug auf Buccaneer's Stammbaum bleibt zu beachten, dass die Bay Middletons in dem Ruf der Weichheit standen, bis eine Tochter des flüchtigen Sultan-Sohnes, zu Ion geführt, dem grossartigen Vaterpferde Wild Dayrell das Leben schenkte. Ion war ein typisches, väterlicherseits direkt von Sir Peter herstammendes Pferd, welches als „Stichelbraun" beschrieben wird. Als Rennpferd hatte der Hengst das Pech, einem ausserordentlichen Jahrgang gegenüberzustehen. Unter seinen Konkurrenten seien hier nur Lanercost, Don John und Amato genannt, obwohl die Veteranen des englischen Turfs mit leuchtenden Augen daran erinnern, dass man 1838 auf der Bahn zu Doncaster ausser den eben erwähnten Grössen auch Melbourne, Harkaway, Epirus, Beeswing, The Doctor und Mr. Waggs zu sehen bekommen habe. Man wird es unter solchen Umständen Ion kaum zum Vorwurf machen können, dass er sowohl in Derby wie auch in St. Leger nur als zweiter einzukommen vermochte. Sein Sohn Wild Dayrell hatte es in dieser Beziehung bequemer. Er war der beste eines mässigen Jahrganges und gelangte infolge dessen ohne aufreibenden Kampf zu Derby-Ehren. Dagegen sehen wir das Familien-Pech sich in auffallender Weise bei Ion's Grossvater, Paulowitz, geltend machen, denn dieser scheint förmlich auf den zweiten Platz abonnirt gewesen zu sein. Ion's Vater, Cain, war ein gutes Pferd über 2 Meilen, gehörte aber keiner höheren Klasse an, sondern that sich vornehmlich durch eine seltene Treue und Zähigkeit hervor.

Als Jährling ging Buccaneer mit seiner Mutter in den Besitz des Lord Portsmouth über. Im folgenden Jahre betrat er, gesteuert von J. Goater, welcher ihn in allen seinen Rennen ritt, in The first year of the eighth Biennial-Stakes zu Bath und Somerset zum erstenmal die Bahn. Dass seine

Buccaneer 1857

Eltern	Großeltern	Urgroßeltern	4. Generation	5. Generation	6. Generation
Wild Dayrell 1852	Ion 1835	Cain 1822	Paulowitz 1813	Sir Paul 1802	Sir Peter 1784 Pewett 1786
				Evelina 1791	Highflyer 1774 Termagant 1772
			Tochter von 1810	Paynator 1791	Trumpeter 1782 Mark-Antony-Stute
				Tochter von	Delpini 1781 Schwester zu Mary
		Margaret 1831	Edmund 1824	Orville 1799	Beningbrough 1791 Evelina 1791
				Emmeline 1817	Waxy 1790 Sorcery 1808
			Medora 1811	Selim 1802	Buzzard 1787 Alexander-Stute
				Tochter von 1803	Sir Harry v. Sir Peter Volunteer-Stute
	Ellen Middleton	Bay Middleton 1833	Sultan 1816	Selim 1802	Buzzard 1787 Alexander-Stute
				Bacchante 1809	Williamson's Ditto Schwester zu Calomel
			Cobweb 1821	Phantom 1808	Walton 1799 Julia 1789
				Filagree 1815	Soothsayer 1808 Web 1808
		Myrrha 1831	Malek 1824	Blacklock 1814	Whitelock 1803 Coriander-Stute
				Tochter von 1817	Juniper 1805 Sorcerer-Stute
			Bessy 1815	Young Gouty 1805	Gouty 1796 Dungannon-Stute
				Grandiflora 1810	Sir Harry Dimsdale 1800 Pipator-Stute
Tochter von 1841	Little Red Rover 1827	Tramp 1810	Dick Andrews 1797	Joe Andrews 1778	Eclipse 1764 Amaranda 1771
				Tochter von 1790	Highflyer 1774 Cardinal Puff-Stute
			Tochter von 1803	Gohanna 1790	Mercury 1778 Herod-Stute
				Fraxinella 1793	Trentham 1766 Schwester zu Goldfinch
		Miss Syntax 1811	Paynator 1791	Trumpator 1782	Conductor 1767 Brunette
				Tochter von	Mark-Antony 1767 Signora 1762
			Tochter von	Beningbrough 1791	King Fergus 1775 Herod-Stute 1780
				Jenny Mole	Carbuncle 1772 Prince T.Quassaw-Stute
	Eclat 1830	Edmund 1824	Orville 1799	Beningbrough 1791	King Fergus 1775 Herod-Stute 1780
				Evelina 1791	Highflyer 1774 Termagant 1772
			Emmeline 1817	Waxy 1790	Pot 8 os 1773 Maria 1777
				Sorcery 1808	Sorcerer 1796 Cobbea 1802
		Squib 1820	Soothsayer 1808	Sorcerer 1796	Trumpator 1782 Y.-Giantess 1790
				Goldenlocks 1793	Delpini 1781 Violet 1787
			Berenice 1805	Alexander 1782	Eclipse 1764 Grecian Princess 1770
				Brunette	Amaranthus 1766 Mayfly 1771

Rennleistungen ihn nicht über die 2. Klasse erhoben, geht aus folgendem Résumé derselben hervor:

1859.

The First year of the eighth Biennial-Stakes zu Bath and Somerset . 4.
The Mottisfont-Stakes zu Stockbridge . . . . 1.
The July-Stakes zu Newmarket . . . . 1.
Ein Match gegen des Herzogs von Bedford Aliptes zu Newmarket . . 1.
The Molecomb-Stakes zu Goodwood . . . . 1.

1860.

The Derby-Stakes zu Epsom (Thormanby 1, The Wizard 2, Horror 3) . 0.
The Midsummer-Stakes zu Newmarket . . . . 2.
The Drawing Room-Stakes zu Goodwood . . . . 1.
The St. Leger zu Doncaster (St. Albans 1.) . . . 0.
The Don-Stakes zu Doncaster . . . . 1.
The Select-Stakes zu Newmarket (Thunderbolt 1.) . 2.

1861.

The London Bridge-Stakes zu Epsom . . . . 0.
The Landsdown Trial-Stakes zu Bath and Somerset . 1.
The Trial-Stakes zu Ascot . . 1.
The Royal Hunt Cup zu Ascot . . . . 1.
The Craven-Stakes zu Goodwood . . . . 1.
The Chichester Stakes zu Goodwood . . 0.
The Saltram-Stakes zu Plymouth . . . 2.

1862.

The Trial-Stakes zu Salisbury . . . . 1.

Im ganzen lief Buccaneer 19 mal, war 11 mal Sieger und 3 mal zweiter. Grössere Distanzen waren nicht nach seinem Geschmacke, dagegen entwickelte er über kürzere Strecken eine sehr bedeutende Schnelligkeit — „a fine turn of speed“, wie die damalige Turfwelt ihm nachrühmte. Thatsächlich wird heute noch in England behauptet, dass Buccaneer aller Wahrscheinlichkeit nach „das blaue Band des Turfs“ erobert haben würde, wenn es seinem Trainer gelungen wäre, ihn vollkommen fit und gesund zum Pfosten zu bringen. Buccaneer litt aber während seiner ganzen Renn-Carrière an einem sehr störenden Überbein, und lässt sich daher mit grosser Wahrscheinlichkeit annehmen, dass der Hengst eine weit grössere Rennfähigkeit besass, als aus seiner Papierform hervorleuchtet.

Auch das Exterieur des weltberühmten Hengstes hatte nichts besonders Bestechendes. Charakteristisch an demselben war der Mangel an Adel, sowie das Missverhältnis zwischen dem mächtigen Rumpf und dem wenig ausdrucksvollen Pedale. In seinem Grundbuchsblatte wird Buccaneer unter der Rubrik: „Vorzüge und Fehler im Bau und Gang" allerdings sehr vorteilhaft beschrieben. Es heisst dort: „Schulter, Leib und Rücken tadellos; die Muskulatur nicht sehr ausgesprochen; kurzbeinig und von Knochen stark; der Gang auf der Linie aber nicht schön und gebunden; gewann dennoch mehrere Preise und ging zwar als nichtplazirt im St. Leger in England (sic!); Augen und Hufe gut; die Sehnen der Vorderfüsse haben durch das Rennen gelitten." Wir glauben aber trotzdem, dass jeder, der den Vorzug genossen, Buccaneer mustern zu dürfen, uns Recht geben wird, dass der phänomenale Buckel des Wild Dayrell Sohnes den Kenner nicht mit den Mängeln der Gliedmassen desselben zu versöhnen vermochte. Zu Buccaneer's Gunsten wird demnach der alte englische Spruch „Handsome is that handsome does" (Schönheit liegt in den Leistungen) geltend gemacht werden müssen.

Nachdem Buccaneer der Bahn Lebewohl gesagt hatte, wurde er von Lord Portsmouth an den bekannten Züchter Mr. Cookson verkauft, welcher ihn in der Neasham Hall Studfarm aufstellte, wo er im ersten Jahre 45 und im zweiten 50 Stuten gegen eine Taxe von 12 Guinéen deckte. Wie fruchtbar er war, lässt sich daraus entnehmen, dass er während seiner kurzen Zuchtthätigkeit in England nicht weniger als 88 Fohlen zeugte. Die vorzüglichsten dieser Produkte waren: die berühmte Stute Formosa, welche die 2000 Guinéen, die 1000 Guinéen, die Oaks und das St. Leger des Jahres 1868 gewann; See Saw, der Sieger im Cambridgeshire 1868 und im Royal Hunt Cup zu Ascot 1869, Paul Jones, Sieger im Chester Cup und zweiter im St. Leger 1868, und Brigantine, welche die Oaks des Jahres 1869 heimführte. Von 1868 an wäre Buccaneer daher sicher um keinen Preis zu haben gewesen. Zum Glück überlegte sich die österreichische Gestütsverwaltung, welche schon 1863 ihr Augenmerk auf den Hengst gerichtet hatte, die Sache nicht so lange, sondern wurde Buccaneer bereits im Jahre 1865 durch Oberst de Butts für Kisbér erworben. Was der Hengst dem österreichisch-ungarischen Staate eigentlich gekostet, lässt sich schwer mit Genauigkeit angeben. Im Baren zahlte Oberst de Butts 2600 Pd. St., ausserdem aber hatte Kisbér die im Jahre 1862 erworbene Stute The Gem v. Touchstone–The Biddy an England zurückzuliefern. Zu obigen 2600 Pd. St. kommt also der Wert von The Gem, und da diese Stute im Jahre 1862 Mutter von Regalia (Verneuil's Mutter) geworden war, welch letztere sich 1865 als Siegerin in den Oaks einen Namen gemacht hatte, wird man kaum behaupten können, dass der damals noch ziemlich unbeachtete Buccaneer eine billige Acquisition gewesen sei, wohlverstanden, billig in dem Moment, als der Kauf abgeschlossen wurde, denn kaum hatte Buccaneer England verlassen, so trat auch sein unschätzbarer Zuchtwert zu Tage. Das Jahr 1868 brachte die Triumphe Formosa's, See Saw's und Paul Jones', 1869 Brigantine's Sieg in den Oaks, von den Erfolgen Michael de Basco's, Mother Neasham's, Brenda's, Albatross', Yard Arm's, Berserker's, Minna Troil's, Ventnor's u. a. Buccaneer Sprösslinge nicht zu reden. Zu spät sah nun Mr. Cookson ein, dass er, als er Buccaneer über den Kanal ziehen liess, einen nicht wieder gut zu machenden Fehler begangen. Allerdings trat man jetzt von verschiedenen Seiten mit verlockenden Anträgen an die österreichisch-ungarische Gestütsverwaltung heran, welche alle darauf abzielten, den für die englische Zucht verloren gegangenen Schatz wiederzugewinnen, aber, wie es in einer sportlichen Chronik der damaligen Zeit heisst, „The Austrians knew to much for that" — so einfältig waren die Österreicher nicht. Kisbér behielt den Treffer, welchen ihm eine flüchtige Laune der Göttin Fortuna in den Schoss geworfen.

Was Buccaneer für Kisbér und die österreichisch-ungarische Landespferdezucht geleistet, lassen nachstehende Auszüge aus dem Kisbérer Gestütsbuch deutlich erkennen. Buccaneer deckte in Kisbér:

Stuten des Gestüts:

Jahr	Halbblutstuten	Vollblutstuten	Güst geblieben	Verworfen	Fohlen zur Welt gebracht	Hengstfohlen	Stutfohlen	Anmerkung
1866	25	7	8	1	21	11	10	2 Stuten verkauft.
1867	30		2	1	23	7	16	4 Stuten verkauft.
1868	22		4	2	16	12	4	—
1869	10	14	11	1	12	6	6	—
1870	6	9	8	2	5	–	5	—
1871	2	18	4	—	14	6	8	1 Stute umgestanden. 1 verkauft.
1872	8	16	6	1	11	7	4	1 Stute verkauft.
1873	1	10	3	—	3	2	1	5 Stuten verkauft.
1874	—	10	4	—	6	2	4	—
1875	—	10	2	1	6	2	4	1 Stute verkauft.
1876	—	8	2	—	5	3	2	1 Stute umgestanden.
1877	—	9	2	—	7	6	1	—
1878	—	9	2	1	6	2	4	—
1879	—	8	1	1	6	—	6	—
1880	—	10	2	—	8	4	4	—
1881	—	7	—	—	6	3	3	1 Stute umgestanden.
1882	—	6	—	1	5	2	3	—
1883	—	4	1	—	2	—	2	1 Stute verkauft.
1884	—	4	1	—	3	1	2	—
1885	—	3	—	—	3	2	1	—

Privat-Stuten:

Jahr	Privat-Stuten	à Gulden	Summe in Gulden
1866	8	120	960
1867	14	150	2 100
1868	23	150	3 450
1869	31	500	15 500
1870	27	500	13 500
1871	25	500	12 500
1872	21	500	10 500
1873	23	400	9 200
1874	29	400	11 600
1875	25	400	10 000
1876	22	4 Stück à 500 18 „ à 400	9 200
1877	27	400	10 800
1878	27	400	10 800
1879	25	400	10 000
1880	27	2 Stück à 300 25 „ à 400	10 600
1881	21	1 Stück à 200 20 „ à 400	8 200
1882	26	1 Stück à 200 25 „ à 400	10 200
1883	20	400	8 000
1884	21	400	8 400
1885	14	13 Stück à 400 1 „ à 300	5 500
1886	11	400	4 400
		Summa	184 910

Von Interesse ist es auch, zu erfahren, wie viele Vollblutfohlen Buccaneer während seiner Thätigkeit in Kisbér erzeugt hat und welche Beträge der Gestütskasse für verkaufte Buccaneer-Jährlinge auf den jährlichen Auktionen zugeflossen sind.

Jahr	Mit Gestüts- und Privat-Stuten gezeugte Vollblutfohlen	Für Buccaneer-Jährlinge auf der Kisbérer Jährlings-Auktion eingegangener Erlös in fl. Östr. W.
1867	9	—
1868	15	26 200
1869	21	11 940
1870	22	6 550
1871	19	11 975
1872	24	2 425
Übertrag	110 Stück	59 090

Jahr	Mit Gestüts- und Privat-Stuten gezeugte Vollblutfohlen	Für Buccaneer-Jährlinge auf der Kisbérer Jährlings-Auktion eingegangener Erlös in fl. Östr. W.
Übertrag	110	59 090
1873	16	5 695
1874	16	19 760
1875	19	6 200
1876	20	10 000
1877	17	15 100
1878	21	15 200
1879	23	14 500
1880	25	11 850
1881	22	19 150
1882	14	38 950
1883	24	23 100
1884	15	12 550
1885	17	21 050
1886	12	7 550
1887	—	5 000
1888	—	1 020
Summa	371 Stück	285 765

Unter den zahlreichen hervorragenden Rennpferden, die in Österreich-Ungarn und Deutschland nach Buccaneer gefallen sind, dürften folgende die bekanntesten sein:

Amalie von Edelreich, Siegerin im Norddeutschen Derby zu Hamburg 1873.

Bálvány, Sieger im Zukunftspreis von Baden-Baden 1880 und im Bürgerpreis zu Ödenburg 1880.

Brigand, Sieger in der grossen Steeple-Chase zu Wien 1878 und der grossen Pardubitzer Steeple-Chase 1875, 77, 78.

Brigantine, Siegerin in der grossen Steeple-Chase zu Wien 1873.

Budagyöngye, Siegerin im Norddeutschen Derby zu Hamburg 1885.

Cadet, Sieger im Österreichischen Derby 1870.

Canace-Stute, Siegerin im Österreichischen Derby 1873.

Elemér, Sieger im Österreichischen Derby 1880 und im Hertefeld-Rennen zu Berlin 1880.

Falsacappa, Sieger im St. Leger zu Budapest 1872.

Fenék, Sieger im Österreichischen Derby und in der Berliner Union 1886, sowie im Zukunftspreis zu Baden-Baden 1885.

Flibustier, Sieger in der Berliner Union 1870 und im Silbernen Schild zu Berlin 1870.

Gamecock, Sieger im Nemzeti-dij zu Budapest 1873.

Good Hope, Sieger im Österreichischen Derby und in der Berliner Union 1876.

Good Morning, Sieger in der grossen Wiener und der grossen Pardubitzer-Steeple-Chase 1880.

Kisbér, Sieger im Dewhurst-Plate 1875, im Derby zu Epsom und im Grand Prix de Paris 1876.

Lady Patroness, Siegerin im Österreichischen Derby 1874.

Landlord, Sieger im St. Leger zu Budapest 1881.

Nil Desperandum, Sieger im Österreichischen Derby 1878.

Ollyan-nincs, Siegerin im St. Leger zu Budapest 1886.

Picklock, Sieger im Zukunftspreis von Baden-Baden 1878 und in der Berliner Union 1879.

Pirat, Sieger im Norddeutschen Derby zu Hamburg 1877.

Tallós, Sieger im Hertefeld-Rennen zu Berlin 1877, im grossen Preis zu Baden-Baden und im Silbernen Schild 1880.

Ugod, Sieger im Bürgerpreis zu Ödenburg 1887 und im Fenékrennen zu Wien 1888.

Vederemo, Sieger im Österreichischen Derby 1881.

Veronica, Siegerin im St. Leger zu Budapest 1882.

Vinea, Sieger im Österreichischen Derby, im Norddeutschen St. Leger und im Hertefeld-Rennen 1884.

Vordermann, Sieger im Zukunftspreis zu Baden-Baden 1875.

Waisenknabe, Sieger in den Bretby Nursery Stakes zu Newmarket 1874 und im Henckel-Rennen zu Berlin 1875.

Ausserdem wären zu nennen: Andorka, Balzsam, Bendigo, Bibor, Count Zdenko, Dart, Grand Buccaneer, Goura, Kisbér öcsese, Oracle, Pista, Thalma, Triumph, Y. Buccaneer u. v. a.

Von den hier genannten Buccaneer-Sprösslingen haben sich viele bereits als vorzügliche Zuchttiere bewährt. Flibustier z. B. zeugte Künstlerin, die Siegerin im Norddeutschen Derby 1879, sowie die bereits zur Zucht verwendeten deutschen Hengste Trachenberg und Architekt; Waisenknabe ist der Vater von Stronzian, Sieger in der Berliner Union 1884, von Lehetetlen, Sieger im grossen Preis von Baden-Baden 1882, Pity the Blind, Alfons u. a. guten Rennpferden; Triumph zeugte in seinem gleichnamigen Sohne den Sieger im Österreichischen Derby 1889; Kisbér öcsese hat Buzgó, Sieger im Österreichischen Derby 1885, Red Hot und Deceiver das Leben geschenkt; von Y. Buccaneer's Nachkommen haben sich Abenadar, Gabernic, Despot u. a. hervorgethan; Vederemo lieferte dem Turf die nützlichen Pferde Villám, Schweninger und Viceadmiral; Bálvány braucht sich seiner Sprösslinge Babona und Golden Rose nicht zu schämen; Lady

RUPERRA.

Patroness hat in ihrem Sohne Pásztor der Kisbérer Zucht einen fleissig benützten und erfolgreichen Pépinière-Hengst geliefert u. s. w.

Der besseren Übersicht wegen lassen wir hier ein geordnetes Verzeichnis derjenigen Namen folgen, welche der Buccaneerfamilie in der Vollblutzucht besonderen Glanz verliehen haben.

Wild Dayrell 1852
- **Buccaneer** 1857
  - See Saw 1865
    - Discord
    - Bruce
  - Paul Jones 1865
  - Berserker 1866
  - Flibustier 1867
    - Trachenberg
    - Architekt
    - Titian
    - Burgwart
    - Freimaurer
  - Cadet 1867
  - Triumph 1867
    - Triumph
  - Count Zdenko 1867
  - Gamecock 1870
    - Munkás
  - Y. Buccaneer 1870
    - Morteratsch
  - Waisenknabe 1872
    - Lehetetlen
    - St. Gal
    - Strouzian
      - Aspirant
      - Kalksburger
  - Kisbér 1873
    - Kinsky
    - Crafton
    - Harmattan
    - Arcadian
    - Bengali
    - Occident
  - Good Hope 1873
  - Remény 1873
    - Remember
  - Vordermann 1873
  - Pirat 1874
  - Tallós 1874
  - Nil Desperandum 1875
  - Picklock 1876
  - Kisbér öcscse 1877
    - Buzgó
    - Redhot
    - Deceiver
    - Straight
  - Elémer 1877
    - Garlic
  - Vederemo 1878
    - Schweninger
    - Vice Admiral
    - Farinelli
    - Villám
  - Bálvány 1878
    - Bitorlo
  - Vinea 1881
  - Fenék 1883
  - Balzsam 1884
  - Montbar 1885.

Die Gesamtsumme der Gewinnste der Kinder Buccaneer's in England beträgt 67806 Pfd. Sterl., welche sich folgendermassen auf die einzelnen Jahre verteilt:

1866	1470 Pfd. Sterl.
1867	7631 „ „
1868	33714 „ „
1869	11658 „ „
1870	3412 „ „
1871	1376 „ „
1872	320 „ „
1874	410 „ „
1875	1605 „ „
1876	5755 „ „
1878	455 „ „

In Frankreich gewannen die Buccaneer-Sprösslinge 55980 fl. und aus Deutschland hatten sich dieselben, als ihr Vater das Zeitliche segnete, den respektablen Betrag von 354140 fl. geholt.

Die Gewinnstsumme der Kinder Buccaneer's auf den österreichisch-ungarischen Rennbahnen betrug bis zum Schluss des Jahres 1890 nicht weniger als 1185801 fl. auf folgende Summen in den einzelnen Jahren verteilt:

1869 .	2500 fl.
1870	36159 „
1871	40613 „
1872 . . .	56599 „
1873	119534 „
1874	70858 „
1875	33211 „
1876	52691 „
1877 . . .	44875 „
1878	69101 „
1879 . .	41782 „
1880	94169 „
1881 . . .	83527 „
1882 .	39817 „
1883	53737 „
1884 .	79948 „
1885	60822 „

1886	90457 fl.
1887	42645 „
1888	38136 „
1889	22375 „
1890	12295 „
Summa	1185801 fl.

Trotz dieser in hohem Grade imponirenden Zahlen lässt sich nicht behaupten, dass Buccaneer in jeder Beziehung das Ideal eines Pépinière- oder nur eines Vollblutbeschälers gewesen. Rennfähigkeit besassen seine Produkte freilich alle, aber auch wackelige Pedale, und in der Halbblutzucht, welcher die Kisbérer Pépinière-Hengste programmässig sämtlich dienstbar gemacht werden, hat er wenig Erspriessliches geleistet. Für die allgemeine Landespferdezucht bedeutete somit sein am 13. April 1887 erfolgtes Eingehen keinen unersetzlichen Verlust. Der Rennmann dagegen wird es nie vergessen, dass Buccaneer vom Anbeginn seiner Thätigkeit auf ungarischem Boden an, bis in sein hohes Alter, ja, so zu sagen bis zu dem Momente, als er dem Budapester Tierarzneiinstitute zum Vertilgen übergeben wurde, mehr für die heimatliche Rennzucht geleistet hat, als irgend ein vor oder nach ihm zur Zucht verwendeter Beschäler.

Selbstverständlich können wir die Lebensgeschichte Buccaneer's nicht abschliessen, bevor wir uns mit dem ehrenvollsten Blatte derselben, jenem, welches den Namen des Mineral-Sohnes Kisbér trägt, etwas eingehender beschäftigt haben.

Wer wollte es leugnen, dass bei jedem, selbst dem verdientesten Erfolge, auch etwas von Glück gesprochen werden kann? Und je grossartiger der Erfolg, desto bedeutender pflegt der Anteil der wetterwendischen Glücksgöttin an demselben zu sein. Aus Pechvögeln werden keine Napoleons, keine Moltkes oder Bismarcks. Wir glauben uns daher keiner Herabsetzung der Verdienste Buccaneer's schuldig zu machen, wenn wir behaupten, dass eine Reihe von Glücksfällen dazu erforderlich war, um das Gestüt Kisbér die Heimatsstätte eines Siegers im englischen Derby und im Grand Prix de Paris werden zu lassen. Zu diesen glücklichen Umständen zählen wir, dass der 1873 geb. br. H. v. Buccaneer a. d. Mineral v. Rataplan auf der Kisbérer Jährlingsauktion des Jahres 1874 in den Besitz eines Sportsmannes (Herr Al. v. Baltazzi) überging, der nicht nur unternehmend genug war, den vielversprechenden, um 5160 fl. erstandenen Youngster sofort nach England in Training zu geben, sondern auch das Verständnis und die Mittel besass, die diesem Produkte der Kisbérer Zucht innewohnende Rennfähigkeit in rationellster Weise auszunützen. Weiter war es gewiss ein glücklicher Zufall, dass Herr Alexander v. Baltazzi auf die Idee kam, den Hengst, dessen Namen im Jahre 1876 einen Weltruf erlangen sollte, Kisbér zu nennen und schliesslich wird man auch die wohlwollende Fügung des Geschickes darin erkennen, dass von den vielen Vertretern des Jahrganges 1873 gerade Kisbér zu den klassischen Rennen des Jahres 1876 angemeldet wurde. An Glück hat es also in diesem Falle nicht gefehlt.

An Klasse stand Kisbér wohl etwas höher als See Saw. Dagegen wird man an seinem Stammbaum mütterlicherseits tadelnd hervorheben können, dass zwei nahe Birdcatcher-Kreuzungen (Manganese und The Baron) kaum geeignet erscheinen, Stehvermögen zu verleihen. Und thatsächlich haben ja auch die bisher herausgekommenen Kisbér-Sprösslinge keine besondere Stamina an den Tag gelegt. Unserer Meinung nach dürften Voltigeur-, Speculum-, Sweetmeat- oder Parmesan-Stuten am besten zu diesem Sohne Buccaneer's passen. Wir erinnern mit Bezug hierauf speziell an Arcadian, Kisbér's besten Sohn, dessen Mutter, Spinaway, eine Enkelin des Sweetmeat ist.

Nach seinem Siege im Grand Prix startete Kisbér noch als heisser Favorit (mit 2 : 1 auf) in St. Leger zu Doncaster; aber diesmal täuschte er das Vertrauen seiner Anhänger in schmählichster Weise, indem er nur als schlechter Vierter hinter Petrarch, Wild Tommy und Julius Caesar einkam, welche er alle früher leicht geschlagen hatte.

Zwei Jahre später begann er in den Park Paddocks zu Newmarket seine Thätigkeit als Zuchthengst. Viel Rühmliches ist über dieselbe nicht zu berichten. Bis zum Jahre 1886 verblieb Kisbér in England, woselbst er nichts besseres herausbrachte als: Kinsky, Crafton, Arcadian, Lili Maid, Ducat, Kaunitz, Harmattan, Hungarian, Sandal, Martial und Upstart. Er übersiedelte sodann nach Napagedl; jedoch war seines Bleibens auch hier nicht lange, sondern wurde er schon 1888 von Herrn Aristide v. Baltazzi um den Preis von 50000 fl. nach Deutschland (Harzburg) verkauft. Dass die österreichisch-ungarische Vollblutzucht hierdurch einen empfindlichen Verlust erlitten, möchten wir mit Hinblick auf Kisbér's bisherige Zuchtleistungen um so eher bezweifeln, als derselbe einen vertrauenerweckenden Nachfolger in seinem Sohne Arcadian erhalten und überdies weder in Ungarn noch in Österreich so bald ein Mangel an bewährten Vertretern des Buccaneer-Stammes eintreten dürfte.

Einer felsenfesten Gesundheit scheint sich Buccaneer in seinem ungarischen Heim nicht erfreut zu haben; wenigstens wurde er, nach den kurzen

Angaben seines Grundbuchsblattes zu urteilen, sehr häufig von Katarrh der Luftwege heimgesucht. Allerdings können diese Leiden keinen nachteiligen Einfluss auf seine Konstitution ausgeübt haben, denn ganz abgesehen davon, dass Buccaneer das hohe Alter von 30 Jahren erreichte, entwickelte der brave Hengst noch während seiner letzten Lebenszeit eine staunenerregende Zeugungskraft. Erst 1885 begann er schnell und auffallend unter der Last der Jahre zusammenzubrechen. Bald war der früher so stolze und siegesbewusste Recke in eine jammererregende Erscheinung verwandelt, welche man schon aus Achtung vor den für immer an den Namen Buccaneer geknüpften Erinnerungen nicht länger als Gegenstand des allgemeinen Mitgefühls fortvegetiren lassen durfte. Es wurde daher bestimmt, dass „der alte Herr" am 13. April 1887 „behufs Vertilgung dem k. u. Tierarznei-Institute zu Budapest übergeben werden sollte". Der Weg vom Kisbérer Pépinière-Stall bis zur Bahnstation ist nicht weit. Trotzdem brauchte der lebensmüde Buccaneer, der auf diesen seinen letzten Gang das Ehrengeleite des Gestütskommandanten erhielt, geraume Zeit, bevor er den bereitstehenden Waggon erreichte. Nachdem der Kommandant dem mitfolgenden Tierarzt noch einmal ans Herz gelegt hatte, ja darauf zu achten, dass dem „Alten" die schwere Stunde möglichst erleichtert werde, wurde der Befehl gegeben, die Waggonthür zu schliessen. Bis dahin hatte Buccaneer alles stumpf und gleichgiltig mit sich geschehen lassen. Als aber die Thür zugeschoben wurde, schien er zu begreifen, dass jetzt der Moment gekommen sei, Abschied zu nehmen von Kisbér, von der Stätte seines Wirkens und seiner Triumphe. Sich zusammenraffend hob er den ergrauten Kopf in die Höhe und wieherte laut und kräftig in die laue Frühlingsluft hinaus. Das war Buccaneer's letzter Gruss an Kisbér.

Der heute nach der ungarischen Vollblut-Pépinière pilgernde Pferdefreund findet daselbst das Skelett des unvergesslichen Hengstes aufgestellt.

Beinahe gleichzeitig mit Buccaneer und zwar am 27. August 1865, kam der 1861 in Frankreich von Mr. Delamarre gezogene br. Hengst Bois Roussel v. The Nabob a. d. Agar nach Kisbér. Bois Roussel, der in der Poule des Produits, dem Prix de l'Empereur und dem französischen Derby die Blüte der französischen Vollblutzucht in den Staub gestreckt hatte, wurde durch den Obersten Ferdinand von Mengen um den billigen Preis von 50100 Frcs. für Kisbér erstanden. Die Hoffnungen, welche die Vollblutzüchter an den Ankauf dieses Hengstes knüpften, sollten indessen nicht in Erfüllung gehen. Für die Vollblutzucht hat Bois Roussel so gut wie nichts geleistet. Desto erfolgreicher war er dagegen auf dem Gebiete der Halbblutzucht und leiten speziell mehrere der besten Kisbérer Halbblut-Mutterstuten ihre Herkunft auf den französischen Derby-Sieger des Jahres 1864 zurück. Obwohl etwas leicht, zeichnen sich dieselben alle durch Adel und korrekte Formen aus.

1867 kam der von Mr. Bryan gezogene br. Hengst Ostreger, geb. 1862 v. Stockwell a. e. Venison-Stute, nach Kisbér. Von der Rennbahn brachte dieser Hengst den Ruf eines zähen und schnellen Pferdes mit ins Gestüt. Allerdings waren genannte Eigenschaften erst ziemlich spät bei ihm zu Tage getreten. Hatte er es doch als Zweijähriger in sieben Rennen nur einmal, und als Dreijähriger nach fünf Niederlagen ebenfalls nur zu einem, noch dazu nicht besonders glänzenden Siege gebracht. Ostreger scheint indessen eine spät reifende Frucht gewesen zu sein, denn er gewann im Jahre 1866 das Chelmsford Handicap, The Great Suffolk Handicap, ein Handicap zu Goodwood, die Champagne Stakes zu Brighton und noch zwei andere Rennen, sämtlich unter „top weight". Noch besser erging es ihm als Fünfjährigen. Während dieser seiner letzten Saison startete er fünfzehnmal, wurde sechsmal Erster, dreimal Zweiter und viermal Dritter, wobei noch besonders hervorgehoben zu werden verdient, dass mehrere dieser Siege in sehr vornehmen Rennen, wie z. B. die Craven Stakes zu Goodwood und der Chesterfield Cup, sowie gegen Pferde guter Klasse erkämpft wurden. In Anbetracht dieser Leistungen und der vortrefflichen Abstammung (Stockwell × Venison, Camel, Whisker) des Ostreger's ist der vom damaligen General-Militär-Gestüts-Inspektor, Oberst von Mengen, für ihn gezahlte Preis, 3154 Pfd. St., nicht übertrieben zu nennen.

Die ersten Ostreger-Sprösslinge erschienen im Jahre 1871 auf der Rennbahn. Wie er selbst ein ausserordentlich schönes Pferd war, dessen Rücken, Schultern, Gurtentiefe und Strammheit den Kenner in Entzücken versetzten, zeigten auch seine Fohlen höchst ansprechende Formen, verbunden mit einer gewissen Schnelligkeit. Diesen Vorzügen stand aber meist ein entschiedener Mangel an Herz gegenüber. Es kann daher nicht Wunder nehmen, dass Ostreger ziemlich bald das Vertrauen der Vollblutzüchter einbüsste. Trotzdem und obwohl er nicht sehr fruchtbar war, gelang es ihm wiederholt, einen hervorragenden Platz unter den Erzeugern siegreicher Rennpferde einzunehmen. Im Jahre 1876 verdienten seine Nachkommen sogar 29448 fl. Man wird daher seinen besten Vollblutprodukten — es seien hier nur Labancz (auch als Vaterpferd bekannt), Hirnök, Harmat, Whim, Kronprinz, Erzsi, Dagmar, Outrigger, Csapodár und vielleicht noch die beiden Steepler Sajnos und Satin genannt — die Verwendbarkeit nicht absprechen können. Unbestrittenen und bleibenden Ruhm hat Ostreger indessen nur auf dem Gebiete der Halbblutzucht erworben. Hier glänzte er als Stern erster Grösse und lange noch werden die von ihm erzeugten, durch Grösse, Adel, starke Beine und korrekte Formen hervorragende Produkte, welche teils als Mutterstuten in das Kisbérer Halbblutgestüt einrangirt worden sind, teils als Landesbeschäler nützliche Verwendung gefunden haben, dem Namen Ostreger ein ehrendes Andenken in den Annalen der ungarischen Pferdezucht sichern. Bilden doch die 19 Ostreger-Stuten, welche Kisbér heute noch besitzt, einen wahren Schatz für das dortige Halbblutgestüt.

Das Ende Ostreger's war ein höchst ungewöhnliches. Er wurde am 18. Juni 1881 in seiner Box aus unbekannt gebliebener Ursache von einem plötzlichen Schrecken erfasst und rannte so heftig mit dem Kopf gegen die Mauer an, dass er sich eine tötliche Verletzung zuzog.

Das Jahr 1869 brachte jene tiefeinschneidende, durch die inzwischen vollzogene Zweiteilung der Monarchie herbeigeführte Umwälzung in den bisherigen Verhältnissen der ungarischen Staatspferdezuchtanstalten, welche damit begann, dass letztere aus dem Reichseigentum in den Besitz der königlich ungarischen Krone übergingen. Für Kisbér, wie für die übrigen in der ungarischen Reichshälfte gelegenen staatlichen Zuchtanstalten sank mit diesem Ereignisse „die alte gute Zeit" ins Grab, um einer neuen Ära Platz zu machen, Bevor wir aber, den Thatsachen Rechnung tragend, das Blatt umwenden, wollen wir doch noch die Akten über das alte Kisbér schliessen.

Der erste Zweig, welcher sich von dem zur Umpflanzung bestimmten Stamme löste, war der Gestütskommandant Oberst Graf Alberti. Nachdem derselbe bereits im Juli 1869 um seine Versetzung in den Ruhestand eingekommen war, wurde ihm am 1. August genannten Jahres in der Person des damaligen Majors Otto von Soëst ein Nachfolger gegeben. Es galt nun, Abschied zu nehmen, und diess that Graf Alberti in einem überaus herzlich gehaltenen Gestüts-Befehle, welcher allen Offizieren und Beamten, speziell aber dem Tierarzte Flohr, die wärmste Anerkennung für den viele Jahre hindurch bewährten Fleiss und Diensteifer ausspricht.

Diesem ersten Abschiedsschreiben folgte bald das zweite. Am 28. Oktober 1869 erschien nämlich folgender General-Gestüts-Inspektions-Befehl:

„Durch die mit der Allerhöchsten Entschliessung vom 24. Oktober l. J. erfolgte Ernennung eines neuen Inspektors der k. k. Militärabteilungen in den königl. ung. Staats-Pferdezuchtanstalten hört mein Wirken als k. k. General-Gestütsinspektor nunmehr auch in den Ländern der ungarischen Krone auf.

Nicht bloss die Pflicht, sondern auch ein wirkliches Bedürfnis meines Herzens ist es, was mich veranlasst, bei meinem gänzlichen Verlassen eines Wirkungskreises, in welchem ich mich durch Jahre mit Freude und Hingebung für den Dienst bewegte, insbesondere den Herren Kommandanten, dann aber auch allen übrigen Herren Offizieren, Beamten und der gesamten Mannschaft für ihre bei jeder Gelegenheit an den Tag gelegte treue und häufig mit Aufopferung verbundene erspriessliche Pflichterfüllung, mit welcher Sie mich alle in dem Streben nach Erzielung der bestmöglichen Resultate mit dem Aufwande aller Ihrer Kräfte und bei allen Gelegenheiten unterstützten, sowohl im Namen des allerhöchsten Dienstes als auch in meinem eigenen den tiefgefühlten Dank auszusprechen.

Ich bin vollkommen überzeugt, dass jeder von Ihnen, meine Herren, auch unter den gegenwärtig geänderten, vielleicht schwierigeren Verhältnissen bemüht sein wird, dem Staate nach bestem Willen und Gewissen auch fernerhin erfolgreiche Dienste zu leisten und den guten Ruf, welchen sich die Anstalten zu erringen verstanden haben, aufrecht zu erhalten.

Mit gedrücktem Herzen nehme ich hiermit von allen Abschied und füge nur noch meine wärmsten und aufrichtigsten Wünsche für das persönliche Wohl eines jeden Einzelnen bei.

Mengen, m. p.
Oberst.

Zum Militär-Inspektor der königl. ungarischen Pferdezuchts-Anstalten und des kroatisch-slavonischen Hengsten-Depôts wurde der Oberst von Gradwohl ernannt.

Zu derselben Zeit, nämlich am 27. Oktober 1869, trat im kgl. ung. Ministerium für Landwirtschaft, Industrie und Handel, eine aus Vertretern genannten Ministeriums, den Gestüts-Kommandanten und anderen fachkundigen Personen bestehende Kommission zusammen, um, wie es in dem betreffenden Einberufungsschreiben heisst, „die an den kgl. ung. Staatsgestüten in Bezug auf die Pferdezucht anzuwendenden Grundprinzipien festzusetzen, das gegenseitige Dienstesverhältnis des in der Gestüts-Branche dienenden Militärs und der Zivilbeamten zu regeln und den Plan der künftigen Bewirtschaftung der Gestüts-Güter zu bestimmen“.

Es erübrigte jetzt nur, den Tag für die definitive Übergabe des Gestütes zu bestimmen. Eigentümlicherweise enthalten die Gestütsprotokolle über diesen historischen Akt keine wie immer gearteten Daten. Nur in dem sogenannten „Exhibiten-Protokolle“ des Jahres 1869 findet man die vom 20. Dezember datirte lakonische Notiz: „Gestüts-Übergabe wird am 28. Dezember l. J. stattfinden.“ In knapperer Form ist ein die mannigfaltigsten Interessen berührendes bedeutsames Ereignis wohl selten angekündigt worden.

Welches Pferdematerial am 28. Dezember 1869 in Kisbér den Bevollmächtigten der ungarischen Krone übergeben wurde, ist nachstehend ersichtlich gemacht.

KISBÉR ÖCSCSE

Als:	Hengste									Stuten							Gebrauchspferde beim					
		Pépinière																Gestüts-			Oekonomie-	
																		Departement:				
																		Reit-				
	Summarisch	im Gestüte	(Mincio) seit 6 Jahren vermietet beim Hrn. Oberstlt. Br. Wesselényi	Probier-	3 jährig	2 jährig	1 jährig	Abspänn-	Saug-	Mutter-	Junge	3 jährig	2 jährig	1 jährig	Abspänn-	Saug-	uneingeteilte	Zug-	Dienst	Csikos	Zugpferd	Dienstreitpferd
Vollblut . .	102	7	1	—	—	—	—	19	—	58	2	—	1	—	14	—	—	—	—	—	—	—
Halbblut . .	475	1	—	3	—	24	28	31	2	125	18	30	43	38	50	4	1	10	11	7	47	2
Percheron .	17	1	—	—	—	1	2	2	—	5	3	—	—	1	1	—	—	1	—	—	—	—
Summe	594	9	1	3	—	25	30	52	2	188	23	30	44	39	65	4	1	11	11	7	47	2

Vor der eigentlichen Übergabe war durch das Los bestimmt worden, welche von den in Kisbér aufgestellten 3jährigen Hengsten der österreichischen Reichshälfte zufallen sollten. Dieser Vereinbarung ist es zu danken, dass die jungen Kisbérer Hengste Oakball 3, 13, 15 und 18, Daniel O'Rourke 5, Polmoodie 1 und 4, The Czar 3 und 4 und Pride of England 4 zur Abgabe an die österreichische Gestüts-Verwaltung gelangten.

Damit haben wir die Geschichte des Gestütes Kisbér von der Errichtung bis zur Übergabe desselben an den ungarischen Staat zum Abschluss gebracht. Unsere weiteren Forschungen und Betrachtungen gelten

Kisbér als königl. ungarisches Staatsgestüt.

Der ungarische Staat de facto in Kisbér Rechtsnachfolger derjenigen Macht, welche die Batthyány'sche Herrschaft während der ungarischen Revolution konfiszirt hatte, dies war die zunächst durch die Übernahme des Gestütes geschaffene, eigentümliche Sachlage. Dass Ungarn einen solchen Rechtstitel nicht gelten lassen konnte, liegt auf der Hand. Kisbér wurde daher für 1700000 fl. durch die ungarische Regierung von der Familie Batthyány abgelöst. Nun war der konfiszirte Besitz auch de jure Eigentum der Stefans-Krone.

Dieser ersten versöhnenden That folgte die ernste, rastlose, alle Gebiete des Gestütswesens umfassende Reformarbeit. Und wiederum hatte Kisbér Glück, denn der Mann, dem diese Arbeit anvertraut wurde, Ministerialrat Franz Kozma von Leveld, kann heute, nachdem mehr als 20 Jahre seit seinem Amtsantritt verflossen, mit berechtigtem Selbstbewusstsein auf die Thatsache hinweisen, dass Ungarns Züchter in ihm den Begründer und erfolgreichsten Förderer ihres zur hohen Blüte gelangten Gestütswesens erblicken.

Ursprünglich Offizier, später Gutsbesitzer und Pferdezüchter, hatte Herr v. Kozma, welcher im Jahre 1867 als Vorstand der landwirtschaftlichen Sektion und 1868 als Leiter der damals noch dem Kriegsministerium unterstehenden Sektion für Pferdezucht ins Ackerbauministerium berufen worden war, bisher gar keine Erfahrung im Verwaltungsdienste gesammelt. Ob er diesen anfänglichen Mangel an bureaukratischer Routine schwer empfunden, vermögen wir nicht anzugeben. Wir konstatiren nur, dass er mit einem wahren Feuereifer an seine Reformarbeit ging. Wie aus dem Vorstehenden zu entnehmen, unterstand das ganze Gestütswesen vom Tage der Übergabe an dem königl. ungarischen Ackerbau-Ministerium, dessen Zuchtdepartement wieder Ministerialrat v. Kozma mit ziemlich unbeschränkter Machtvollkommenheit leitete. Herr v. Kozma hatte daher in der Hauptsache freie Hände. Wurde hierdurch das Gefühl der Verantwortlichkeit bei dem gewissenhaften Manne erheblich gesteigert, so erleichterte es doch auch die Aufgabe des Organisators in jeder Beziehung, zumal letzterer genau wusste, was er wollte. Wie not dies that, lehrt ein Blick auf die damaligen Verhältnisse in den ungarischen Staatspferdezucht-Anstalten. Das Pferdematerial bildete eine Musterkarte aller möglichen und unmöglichen Rassen, und das Menschenmaterial, welches mit dieser bunten Gesellschaft der Landespferdezucht auf die Beine helfen sollte, bestand zum grossen Teil aus von der Pike auf avancirten alten Dienern, die wenig mehr als den blinden militärischen Gehorsam gelernt hatten, in Fragen der Zucht, Rassenkenntnis, Gestütsorganisation und Volkswirtschaft aber einen äusserst kindlichen Standpunkt einnahmen. Es gab somit genug zu thun, und was zu thun war, musste Herr v. Kozma ohne oder mit passiver Beihilfe genannter „alter Herren“ selbst besorgen. Unter solchen Umständen ist es nicht zum verwundern, dass sich in der Leitung des ungarischen Gestütswesens eine ohne Gegenstück dastehende Zentralisation herangebildet hat. In Deutschland ist der Gestütskommandant ein selbständiger Züchter, dessen Initiative nur durch die dem betreffenden Gestüte zugewiesene Zuchtaufgabe beschränkt ist; in Frankreich entscheidet der im regsten Verkehr mit den Züchtern stehende Depot-Kommandant über die Verteilung der Landbeschäler, wodurch demselben ein nicht unbedeutender Einfluss auf die Entwicklung der Landespferdezucht eingeräumt erscheint. Nicht so in Ungarn; hier muss sogar in den unbedeutendsten Dienstesangelegenheiten an die Entscheidung des Ministeriums appellirt werden; die Gestüts- und Depot-Kommandanten sind nur vollziehende

Organe; die Paarung, die Art und Weise der Aufzucht, die Ein- und Ausrangirung des Zuchtmateriales, die Verteilung der Landbeschäler, die Fütterungsnormen — mit einem Worte alles, was über den Rahmen des ohnedies nicht dem Belieben der kommandirenden Offiziere überlassenen, mechanischen, alltäglichen Dienst hinausgeht, bestimmt das Ministerium, resp. Herr v. Kozma mit teilweiser Unterstützung der in seinem Departement angestellten Beamten.

Es ist hier nicht der Ort, die Vor- und Nachteile einer solchen Organisation kritisch zu beleuchten. Für unsere Zwecke genügt es zu konstatiren, dass dieselbe, als Ministerialrat v. Kozma sein Amt antrat, ein Gebot der Notwendigkeit war.

Eine der ersten und wichtigsten Reformen, welche ungefähr gleichzeitig mit dem Übergang der Gestüte in den ungarischen Staatsbesitz ins Leben trat, bestand in der vollkommenen Trennung des Gestütskommandos und der Wirtschaftsleitung, indem der bisher dem Gestütskommandanten untergeordnet gewesene Wirtschaftsdirektor ersterem gleichgestellt wurde. Gegen diese Massregel, die den Gestütskommandanten eine grosse Last abnahm, wäre gewiss nichts einzuwenden gewesen, wenn man zugleich mittelst eines Federstriches dem Gestüte vollständige Unabhängigkeit von der Wirtschaft hätte verleihen können. Da dies aber nicht möglich, sondern das Gestüt was Futter, Weiden und Streustroh betrifft, andere Existenzbedingungen zu verschweigen, gänzlich auf die Wirtschaft angewiesen ist, hat die absolute Gleichstellung des Gesütskommandanten und des Wirtschaftsdirektors auch ihre gewichtige Bedenken, welche alle in der traurigen Erfahrung wurzeln, dass es nicht gut thut, von zwei an einem Strange ziehenden Menschen eine Illustration des bekannten „Zwei Herzen und ein Schlag“ zu verlangen. Von dem Grundsatze ausgehend, dass die Wirtschaft des Gestütes wegen da ist und nicht umgekehrt, huldigte daher schon damals so mancher Fachmann der Ansicht, dass es sich empfehlen würde, den Wirtschaftsdirektor in allen den Dienstbetrieb und die Bedürfnisse des Gestütes berührenden Fragen dem Gestütskommandanten unterzuordnen.

Wenn die obgenannten Reformen sich mittelst eines einfachen Ukases ins Werk setzen liessen, so war die Purifizirung der Zuchtställe eine Aufgabe, welche viel Nachdenken, viel Zeit und grosse materielle Opfer erheischte. Die Hebung der bisher ziemlich kritiklos betriebenen Kisbérer Vollblutzucht war schliesslich nur eine Geldfrage und solche pflegen bekanntlich in dem modernen Staatshaushalt nicht zu den schwierigsten gezählt zu werden. Anders jedoch verhielt es sich mit der Halbblutzucht. Diese war zu sehr von dem schleichenden Gifte der heterogenen Blutmischungen inficirt, um von heute auf morgen der neuen zielbewussten Zuchtrichtung dienstbar gemacht werden zu können. Am leichtesten liess sich noch Ersatz für die nicht entsprechenden Hengste schaffen. Einen verzüchteten Stutenstamm aber wird man nicht so bald los. Da heisst es mit unglaublicher Geduld und Aufmerksamkeit, von Jahrgang zu Jahrgang, sozusagen schrittweise, dem vorgesteckten Ziele zustreben. Wie langwierig ein solcher Reinigungsprozess ist, beweist die Thatsache, dass derselbe in Kisbér, obwohl im Jahre 1870 eingeleitet, heute noch nicht als vollständig abgeschlossen bezeichnet werden kann.

Die sich als dringend notwendig herausstellende Ausmerzung ungeeigneten Zuchtmateriales, sowie der Wunsch, die Qualität auf Kosten der Quantität zu heben, führte bereits im Anbeginn der neuen Ära zu einer nicht unbedeutenden Verminderung des Gestütsstandes und zwar von 594 Stück im Jahre 1869 auf 459 Stück 1870.

Um nun trotz der bei der Übernahme in sämtlichen ungarischen Staats-Gestüten stattgefundenen Reduzirungen den Stand der Landbeschäler in den k. ung. Hengsten-Depots, den Anforderungen der Landespferdezucht entsprechend, thunlichst vermehren zu können, sah sich das Ackerbauministerium veranlasst, sämtliche Privatzüchter zur Anmeldung ihrer etwa verkäuflichen Hengste aufzufordern. Infolge dessen wurden 123 Hengste zum Verkaufe angemeldet, wovon jedoch 12 Stück — als noch nicht zuchtreif — nicht berücksichtigt werden konnten. Die vom Ministerium für die ankaufenden Organe ausgefertigte Instruktion hatte folgenden Wortlaut:

„Nachdem die Reiseroute von den betreffenden Gestütskommandanten nach eigenem Gutdünken festgestellt ist, sind die einzelnen Offerenten nach Thunlichkeit von dem Termine der Untersuchung zu verständigen und beginnt dann die Bereisung sämtlicher in den betreffenden Ankaufsrayone fallenden Stationen nach der geographischen Reihenfolge.

Die einzelnen Hengste werden einer in jeder Beziehung strengen Musterung unterzogen, wobei folgende Punkte als unerlässliche Erfordernisse eines eventuellen Ankaufes zu gelten haben:

1. Muss der Hengst mindestens $3^1/_2$ Jahre alt sein und darf er anderseits das 8. Lebensjahr nicht überschritten haben, welches Alter genau konstatirt werden muss. Unter dem Minimalalter findet ein Ankauf keinesfalls statt, von dem Maximalalter aber könnte auch nur in einzelnen ganz besonderen Fällen, wo der betreffende Hengst entweder in einem Staatsgestüt mit Vorteil zu verwenden oder ausserordentlich preiswürdig zu erstehen wäre, abgesehen werden.
2. Soll die Abkunft desselben wenigstens im ersten Grade mit Bestimmtheit nachgewiesen werden und hieraus ersichtlich sein, dass derselbe von konstanter Rasse abstammt.

   Ein besonderes Augenmerk ist aber
3. darauf zu richten, ob die Individualität des Hengstes seiner Abstammung entspricht, d. h. ob er ohne Erbfehler, in guter Kondition ist, einen in allen Teilen ebenmässigen kräftigen Bau und regelmässigen freien Gang besitzt; endlich sind
4. auch die nach demselben eventuell vorhandenen Fohlen zu besichtigen, da konstatirte Individualpotenz als besonders günstiger Umstand zu gelten hat.

Ist die Eignung zum Landesbeschäler von sämtlichen Mitgliedern der gemischten Kommission anerkannt oder in Fällen, wo keine Vertreter der Pferdezuchtskomites erschienen sind, vom leitenden Militärorgane und dem Tierarzte einhellig befunden worden, so ist mit dem Eigentümer oder dessen Stellvertreter bezüglich des Preises zu unterhandeln. Hierbei hat als Prinzip zu gelten, dass ein nicht vollkommen geeignetes Tier auch nicht um den geringsten Preis und auch vollkommen geeignete nur preiswürdig angekauft werden sollen, bei welchem Anlasse das k. Ministerium zu bemerken fand, dass die in den Anboten eingestellten Preise meistens zu hoch gegriffen erscheinen und durch die Umsicht der Herren Delegirten wohl durchgehends auf das richtige Mass zurückgeführt werden dürften. Das k. Ministerium sieht sich nicht veranlasst, unüberschreitbare Maximalpreise festzusetzen, da der Preis lediglich doch nur durch die Eignung und den reellen Wert der einzelnen Tiere bedingt wird; es muss jedoch mit Rücksicht auf das zur Verfügung stehende Budget dennoch bemerken, dass bis zur Höhe von 800 fl. per Stück den verschiedenen Qualifikationen genügender Raum geboten sein dürfte, und diese Grenze nur in solchen Fällen überschritten werden könnte, wo der Ankauf einzelner ausgezeichnet edler Hengste besondere Vorteile in Aussicht stellen würde.

Sollte sich insbesondere ein oder der andere englische Vollbluthengst zur Verwendung in einem Staatsgestüte auf das Halbblut eignen, so ist dies besonders hervorzuheben und könnte man sich in diesem Falle selbst bis zu einem Preis von 2000 fl. einlassen.

Auf Grund der im obigen Sinne vorgenommenen Besichtigung und Unterhandlung ist dann über die Eignung und über den vereinbarten oder den geforderten und gebotenen Preis ein von sämtlichen Delegirten zu unterzeichnendes Protokoll zu verfassen und ungesäumt in Vorlage zu bringen.

In diesem Protokolle kann — falls im Komite divergirende Ansichten herrschen sollten — jedes einzelne Mitglied sein Seperatvotum abgeben.

Das k. Ministerium wird sodann — nach Massgabe der zu diesem Zwecke verfügbaren Dotation — diese Vorschläge allsogleich in Erwägung ziehen und nach Einlangen sämtlicher Berichte die betreffende Entscheidung sowohl dem Eigentümer als auch den betreffenden Kommandanten ungesäumt bekannt geben.

Damit aber die endgültig beschlossenen Ankäufe seiner Zeit ohne Umstand und mit möglichster Beschleunigung durchgeführt werden können, ist in den Berichten das dermalige Domizil des Verkäufers oder seines Bevollmächtigten, sowie auch das Steueramt bei welchem derselbe den Kaufschilling zu erheben wünscht, genau anzugeben."

Solche Ankäufe von der Landespferdezucht entstammenden Hengsten haben seither alljährlich stattgefunden, jedoch werden seit einigen Jahren nicht nur volljährige Hengste, sondern auch einjährige Hengstfohlen angekauft und letztere sodann bis zu ihrem 3. Jahre in Mezöhegyes aufgezogen, worauf sie entweder als Landbeschäler einrangirt oder nach erfolgter Kastrirung öffentlich versteigert werden.

In Kisbér selbst herrschte zu jener Zeit eine rege Thätigkeit. Allerdings trieb dieselbe bisweilen sonderbare Blüten. So wird man sich z. B. kaum eines Lächelns erwehren können, wenn man bei Durchsicht der älteren Gestütsakten auf ein vom 8. April 1870 datirtes, an das Ackerbauministerium gerichtetes Schreiben des damaligen Gestüts-Kommandanten stösst, in welchem letzterer „sich die Frage erlaubt, ob es bei dem jährlich an Zahl so sehr zunehmenden Vollblutmateriale und daher entsprechend geringerem Bedarfe der inländischen Rennstall-Besitzer, zur besseren Rentabilität des Gestütes nicht vielleicht zweckmässig und vorteilhaft sein würde, entweder auch norddeutsche oder ausländische Sportsmen im allgemeinen zur Lizitation der hiesigen Vollblutjährlinge zuzulassen, nachdem das Erträgnis der Auktion sich hierdurch unzweifelhaft um mehr als die Hälfte heben würde." Wir haben diesen gewiss sehr wohlgemeinten Vorschlag aus dem Grunde hier wiedergegeben, weil uns derselbe als eine beredte Äusserung der vor zwanzig Jahren in der Gestütsbranche vorherrschenden Auffassung von der Aufgabe der Staatspferdezuchtanstalten der Beachtung wert erschienen ist. Heute würde es wohl keinem Gestütsoffizier mehr einfallen, die Anno dazumal speziell in den offiziellen Kreisen allgemein gehuldigte Ansicht zu vertreten, dass die Gestüte ihrer selbst willen und nicht zum Nutz und Frommen der allgemeinen Landespferdezucht aus Staatsmitteln erhalten werden.

Die Leitung der Kisbérer Vollblutzucht ruhte übrigens seit der Übergabe an die ungarische Krone in guten Händen. Dies machte sich unter anderem auch dadurch bemerkbar, dass schon 1872 beschlossen wurde, dem mit jedem Jahre eifriger umworbenen Buccaneer ein zweites Vaterpferd I. Klasse zur Seite zu stellen. Der Auftrag, diesen Ankauf zu bewerkstelligen, fiel dem gewesenen englischen Sprachlehrer, nachmaligem Jockeyklub-Sekretär, Starter, Sport-Journalisten und Pferdeagenten Mr. Francis Cavaliero zu und niemand hätte in diesem Falle das Vertrauen der ungarischen Regierung besser rechtfertigen können, denn das Ergebnis der Bemühungen Mr. Cavaliero's war die Erwerbung Cambuscan's, eines Hengstes, der seinen Namen mit goldenen Lettern in die Annalen der ungarischen Vollblutzucht eingetragen hat.

Wir beginnen die Geschichte dieses ausserordentlichen Vaterpferdes mit dem Stammbaum desselben (siehe nächste Seite).

Cambuscan wurde im September 1872 durch Mr. Francis Cavaliero von Lord Stamford um den Preis von 5500 Guinéen erkauft. In seinem Heimatlande war der Hengst neunzehnmal auf der Bahn erschienen und dabei, zwei Walkovers eingerechnet, neunmal siegreich geblieben. Als Zweijähriger startete er nur in zwei Rennen, den July-Stakes und den Croome-Stakes zu Newmarket, welche er beide gewann. Im folgenden Jahre war er jedoch wenig vom Glück begünstigt, denn obwohl er neunmal, darunter im Derby und St. Leger, startete, gelang es ihm nur zwei Siege zu erfechten, von denen keinem bedeutender Wert beigemessen werden kann. Auch als Vierjähriger begnügte er sich mit zwei bescheidenen Siegen, und nachdem er noch im folgenden Jahre zweimal erfolglos zum Start gegangen war, wurde er aus dem Training genommen.

Cambuscan (1861).

Fuchshengst, gezogen im königl. englischen Hofgestüte zu Hampton Court.

Newminster 1848	Touchstone 1831	Camel 1822	Whalebone 1807	Waxy 1790	Pot 8 os 1773 Maria 1777
				Penelope 1798	Trumpator 1782 Prunella 1788
			Tochter von 1812	Selim 1802	Buzzard 1787 Alexander-Stute 1790
				Maiden 1801	Sir Peter 1784 Phenomenon-Stute 1788
		Banter 1826	Master Henry 1815	Orville 1799	Beningbrough 1791 Evelina 1791
				Miss Sophia 1805	Stamford 1794 Sophia 1798
			Boadicea 1807	Alexander 1782	Eclipse 1764 Grecian Princess 1770
				Brunette	Amaranthus 1766 Mayfly 1791
	Beeswing 1833	Dr. Syntax 1811	Paynator 1791	Trumpator 1782	Conductor 1767 Brunette 1771
				Tochter von	Marc Anthony 1767 Signora 1767
			Tochter von	Beningborough 1791	King Fergus 1775 Herod-Stute 1780
				Jenny Mole	Carbuncle 1772 Prince T'Quassaw-Stute
		Tochter von 1817	Ardrossan 1809	John Bull 1789	Fortitude 1777 Xantippe 1779
				Miss Whip 1793	Volunteer 1780 Wimbleton 1783
			Lady Eliza 1813	Withworth 1805	Agonistes 1797 Jupiter-Stute 1792
				N. Y. Z's Mutter 1798	Spadille 1784 Silvia 1783
The Arrow 1850	Slane 1833	Royal Oak 1823	Catton 1809	Golumpus 1802	Gohanna 1790 Catherine 1795
				Lucy Gray 1804	Timothy 1794 Lucy 1789
			Tochter von 1818	Smolensko 1810	Sorcerer 1796 Wowski 1797
				Lady Mary	Beningbrough 1791 Highflyer-Stute
		Tochter von 1819	Orville 1799	Beningbrough 1791	King Fergus 1775 Herod-Stute 1780
				Evelina 1791	Highflyer 1774 Termagant 1769
			Epsom Lass	Sir Peter 1784	Highflyer 1774 Papillon 1769
				Alexina 1788	King Fergus 1775 Lardella 1780
	Southdown 1833	Defence 1824	Whalebone 1807	Waxy 1790	Pot 8 os 1773 Maria 1777
				Penelope 1798	Trumpator 1782 Prunella 1788
			Defiance 1816	Rubens 1805	Buzzard 1787 Alexander-Stute 1790
				Little Folly 1806	Highland Fling 1798 Harriet 1799
		Feltona 1819	X. Y. Z. 1808	Haphazard 1797	Sir Peter 1784 Miss Hervey 1775
				Tochter von 1793	Spadille 1784 Sylvia 1783
			Janetta 1803	Beningbrough 1791	King Fergus 1775 Herod-Stute 1780
				Tochter von 1787	Drone 1777 Contessina 1787

Die Erwerbung Cambuscan's für Rechnung des ungarischen Staates war mit einigen Schwierigkeiten verknüpft. Sein Besitzer, Lord Stamford, erklärte nämlich, dass er nur sein ganzes, aus 29 Stuten, 19 Fohlen und den 4 Hengsten Cambuscan, Citadel, The Peer und Newcastle bestehendes Gestüt in Bausch und Bogen um den fixen Preis von 20000 Pfd. St. hergeben werde. Cambuscan allein sei ihm nicht feil. Da der edle Lord nicht zu bewegen war, von dieser überraschenden Forderung abzustehen, blieb Mr. Cavaliero nichts anderes übrig, als bei der ungarischen Regierung um die Erlaubnis nachzusuchen, das ganze Stamford'sche Gestüt ankaufen zu dürfen. Wie vorauszusehen, ging die Regierung auf diesen Vorschlag nicht ein. Zäh, wie der echte Engländer es stets bei der Verfolgung seiner Pläne zu sein pflegt, gab aber Cavaliero den Gedanken, Cambuscan für Ungarn zu erwerben, trotzdem nicht auf, sondern konzentrirte er nun seine Bemühungen darauf, den von Lord Stamford aufgestellten Bedingungen durch Herbeischaffung eines anderen Käufers für das ganze Gestüt zu entsprechen. Dies gelang. Ein Mr. Jee erklärte sich bereit, nicht nur die 20000 Pfd. St. als Kaufschilling zu erlegen, sondern auch Cambuscan an Mr. Cavaliero abzutreten.

Der einzige Name Kincsem genügt, um Cambuscan's in der ungarischen Pépinière erworbene Verdienste in strahlendem Lichte erscheinen zu lassen. Man wird jedoch bei der Abschätzung des von Cambuscan an den Tag gelegten Zuchtwertes nicht übersehen dürfen, dass dieser brave Hengst ausser „der Wunderstute" noch sehr viele andere vorzügliche Pferde produzirt hat, z. B. in England Onslow und den 2000 Guinéen-Sieger Camballo, in Ungarn die gegenwärtig in Kisbér aufgestellten Vollblutbeschäler Pásztor, Czimer und Milon und ausserdem zahlreiche wertvolle Stuten, von welchen eine, Altona a. d. Sophie Lawrence, ebenfalls in Kisbér zur Zucht verwendet worden ist.

Da indessen Cambuscan hauptsächlich als Vater der unvergleichlichen Kincsem zu grösserer Berühmtheit gelangt ist und letztere ausserdem die grossartigste Leistung der ungarischen Vollblutzucht verkörpert, halten wir es für unsere Pflicht, den Lebenslauf dieser phänomenalen Stute hier, wenn auch nur flüchtig, zu skizziren.

Kincsem wurde am 17. März 1874 zu Tapio Szént-Marton, dem Privatgestüte des Herrn Ernst von Blaskovics, geboren. Ihr Pedigree war folgendes:

GUNNERSBURY.

Kincsem.

Waternymph (1860)				*Cambuscan* (1861)			
Mermaid (1853)		Cotswold (1853)		The Arrow (1850)		Newminster (1848)	
Seaweed (1841)	Melbourne (1839)	Aurora (1848)	Newcourt (1840)	Southdown (1836)	Slane (1833)	Beeswing (1833)	Touchstone (1831)
Seakale Slane	Tochter v. Humphrey Clinker	Lady Pantaloon	Sylph Sir Hercules	Fellona Defence	Tochter v. Royal Oak	Tochter v. Dr. Syntax	Banter Camel
Seabreeze Camel Orville-Stute Royal Oak	Golumpus-Stute Cervantes Clinkerina Comus	Octaviana Zinganee Idalia Castrel	Fanny Legh Spectre Peri Whalebone	Janetta X. Y. Z. Defiance Whalebone	Epsom Lass Orville Smolensko-Stute Catton	Lady Eliza Ardrossan Beningbrough-St. Paynator	Boadicea Master Henry Selim-Stute Whalebone

Als Jährling kam Kincsem unter die Leitung des in Göd (Ungarn) etablirten Public-Trainers Robert Hesp, der damals wohl nicht ahnte, welchen Edelstein er in diesem leichten und etwas hochbeinigen Stutfohlen in Händen bekommen hatte.

Schon am 31. Juni 1876 betrat die Wunderstute zum erstenmal die Bahn und obwohl sich ihre Rennkarrière auf vier Jahre erstreckt und 54 gegen englische, französische, deutsche und einheimische Pferde ausgefochtene Rennen umfasst, hat sie nie eine Niederlage erlebt. Das ist mehr, als von irgend einem anderen Rennpferde gesagt werden kann, denn wenn auch z. B. der berühmte Eclipse unbesiegt geblieben, startete derselbe doch nur 18 mal, davon 4 mal in einem Walkover; Eclipse's Leistungen stehen demnach weit hinter denen der ungarischen Stute zurück.

Als Zweijährige erfocht Kincsem 10 Siege im Gesamtwerte von 22 962 ½ fl. und zwar:

Am 21. Juni 1876	im	ersten Criterium zu Berlin	1387 ½	fl.
„ 2. Juli	„	„ Vergleichspreis zu Hannover . . .	1200	„
„ 9. „	„	„ Criterium zu Hamburg	1512 ½	„
29. „	„	„ Erinnerungsrennen zu Doberan . .	1375	„
„ 20. Aug.	„	„ Louisa-Rennen zu Frankfurt a. M. .	1687 ½	„

Am 31. Aug. 1876	im	Zukunftspreis zu Baden-Baden	2750	fl.
„ 2. Okt.	„	„ Bürgerpreis zu Ödenburg	4300	„
„ 15. „	„	„ Rennen der Zweijährigen zu Budapest	2250	„
„ 22. „	„	„ Kladruber Preis zu Wien	3300	„
„ 29. „	„	„ Kladruber Criterium zu Prag . . .	3200	„
		Summa	22962 ½	fl.

Wie aus obiger Zusammenstellung ersichtlich, scheute die herrliche Stute schon damals nicht den Kampf mit den Produkten der ausländischen Zucht.

Noch grossartiger waren ihre Erfolge als Dreijährige. Sie startete und siegte:

Am 27. April 1877	in den Trial-Stakes zu Pressburg . . .	5012 ½	fl.
„ 6. Mai „	im Nemzeti-dij zu Budapest	5315	„
„ 8. „ „	im Hazafi-Dij zu Budapest	3300	„
„ 21. „ „	im Österreichischen Derby zu Wien . .	16950	„
„ 24. „ „	in den Trial-Stakes zu Wien	3020	„
„ 27. „ „	im Kaiserpreis I. Klasse zu Wien . . .	5350	„
„ 24. Juni „	„ Grossen Preis von Hannover	5600	„
„ 9. Juli „	„ Renard-Rennen zu Hamburg	2750	„
„ 3. Sept. „	„ Grossen Preis von Baden-Baden Ehrenpreis und	12850	„
„ 8. „ „	„ Wäldchen-Preis zu Frankfurt a. M. . .	3800	„
„ 29. „ „	„ Staatspreis zu Ödenburg	1625	„
„ 30. „ „	„ Staatspreis zu Ödenburg .	1000	„
„ 7. Okt. „	„ St. Leger zu Budapest . .	4675	„
„ 9. „ „	„ Stutenpreis zu Budapest. .	2150	„
„ 14. „ „	„ Freudenauer Preis zu Wien .	1650	„
„ 21. „ „	„ Kaiserpreis III. Klasse zu Prag .	1150	„
„ 23. „ „	„ Kaiserpreis II. Klasse zu Prag . . .	3525	„
	Summa 1 Ehrenpreis und	79222 ½	fl.

welche Gewinnste in 17 Rennen erfochten wurden.

Man glaubte nun ziemlich allgemein, dass Kincsem's bisher ununterbrochene Siegeslaufbahn ihr Ende erreicht habe, erreicht haben müsse. Es kam aber anders. Bereits am 22. April 1878 bewies Kincsem den Zweiflern, dass sie es noch immer verstand, den jungfräulichen Glanz ihres Schildes vor jedem Flecken zu bewahren. Und als sie Ende Oktober desselben Jahres ihr Winterquartier bezog, durften sie mit grösserem Rechte als je „die Unbesiegbare“ genannt werden, denn der Sommer hatte sie nach England und Frankreich geführt, wo sie auf Pferde anerkannt hoher Klasse gestossen war.

Es soll indessen nicht geleugnet werden, dass Kincsem während dieser Campagne ganz ausserordentlich vom Glück begünstigt wurde. In ihrem einzigen Rennen auf englischem Boden, dem Goodwood Cup zu Goodwood, hatte sie nämlich nur zwei Gegner, Pageant und Lady Golightly, abzufertigen, alle sonst noch genannten Pferde, darunter solche Grössen wie Hampton, Petrarch, Verneuil, Chamant, Thurio, Lord Clive u. a., waren gestrichen worden. Verneuil, der erst um 12^{45} Vm. am Entscheidungstage aus dem Rennen schied, erschien sogar auf der Bahn, wo er ca. eine Stunde in nächster Nähe vom Sattelplatze herumgeführt wurde. Die Ursache seiner Gefechtsuntüchtigkeit lag in einer durch äussere Gewalt hervorgerufenen Anschwellung des linken Sprunggelenkes. Ob der Franzose, falls frisch und wohlauf, im Stande gewesen wäre, der Ungarin das Prädikat „die Unbesiegbare“ zu entreissen, ist eine Frage, welche heute kaum mehr die Erörterung lohnt. Nichtsdestoweniger sei hier bemerkt, dass man zu jener Zeit in England allgemein der Ansicht war, Verneuil könne Kincsem nicht die 13 lb geben, welche letztere im Goodwood Cup von ihm zu beanspruchen hatte, wohingegen sich die Sachlage unter Geschlechtsgewicht voraussichtlich sehr ungünstig für Kincsem gestaltet haben würde. Über den Verlauf des Rennens berichtete der Korrespondent der seither eingegangenen englischen Sportzeitschrift „Bell's Life“ wie folgt: „Kincsem, die ungarisch gezogene Stute, siegte vergangenen Donnerstag im Goodwood Cup über ihre zwei einzigen Gegner — Pageant und Lady Golightly. Seit dem Tage, an welchem ich diese grosse und schnittige Stute in Newmarket zum erstenmal zu Gesicht bekommen, habe ich ihr bei jeder Gelegenheit eine gewisse Chance im Goodwood Cup zugesprochen, allerdings nur in Berücksichtigung ihrer äusseren Erscheinung und Aktion. Sie ist eine der besten Geher, die je eine Bahn betreten, und obwohl wir nichts über die Klasse wissen, welcher die in Österreich-Ungarn und Deutschland von ihr geschlagenen Tiere angehören, brauchte sie doch nur sich sehen zu lassen, um alle Kenner zu ihren Gunsten einzunehmen. Vorigen Samstag schrieb ich folgendes: „Kincsem's Antecedentien sollten uns mahnen, vorsichtig mit ihr umzugehen, denn sie hat noch nie eine Niederlage erlitten. Auch wenn wir zugeben, dass kontinentale Rennpferde in der Regel den unsrigen an Güte nachstehen, dürfen wir doch nicht übersehen, dass sie eine Enkelin des Newminster's ist und somit auf väterlicher Seite direkt von dem braven alten

Touchstone und der berühmten Beeswing abstammt. Ausserdem ist kaum anzunehmen, dass sich unter den vielen Pferden aller Altersklassen, die sie in ca. 30 Siegen bezwungen, kein einziges befunden haben sollte, welches den Vergleich mit den im Goodwood Cup zu erwartenden Startern auszuhalten vermöchte.“ Kincsem ist ein Dunkelfuchs mit Stern, gute 16 hands (= 168 cm) hoch, mit kolossaler Länge, grossartigen Schultern, einem edlen Kopf, muskulösem Hals und grosser Breite über den Hüften. Obwohl sie ein wenig leicht in den hinteren Rippen erscheint, zeigt sie doch grosse Tiefe im Brustkasten; ihre Arme und Unterschenkel sind lang und kräftig und sie steht korrekt auf gut geformten, gesunden und reinen Extremitäten. Wenn sie sich in Bewegung setzt, spitzt sie die Ohren, hebt den Schweif und segelt dahin mit einem langen, flachen, weitausgreifenden Stride, welcher auf ausserordentliche Schnelligkeit schliessen lässt und ausserdem so mühelos von statten geht, dass er nicht so bald nachlassen dürfte. Ihr etwas altmodischer Trainer Hesp liess sie aus Furcht vor dem zudringlichen Mob an einem entlegenen Punkte der Bahn satteln. Trotzdem fehlte es ihr nicht an kritisch musternden Besuchern. Einige derselben erklärten, sie sei „ein leichtes, hochbeiniges Vieh, ein Weed“, andere konnten sie nicht genug loben. Trainirt war sie bis zur Vollkommenheit und geritten wurde sie mit Ruhe und Umsicht; dass sie gesiegt, hat sie aber nicht nur diesen Umständen, sondern in erster Reihe ihren eigenen Verdiensten zu verdanken. Überhaupt kann kein herabsetzendes Wort gegen Kincsem's Leistung vorgebracht werden, denn auch ihre Gegner waren vorzüglich trainirt und gesund wie Metall.“

So weit der englische Berichterstatter, aus dessen Worten zu entnehmen ist, dass man in England der herrlichen Stute volle Gerechtigkeit hat widerfahren lassen.

Kincsem wurde in den Jahren 1876, 1877 und 1878 (also auch im Goodwood Cup) nur von dem Jockey Madden geritten. Einige Augenzeugen wollten behaupten, dass Madden bei seinem Ritte im Goodwood Cup einen ebenso überflüssigen als grausamen Gebrauch von Sporn und Peitsche gemacht habe. Bei näherer Besichtigung der Stute liess sich jedoch nur ein einziger Spornstich an derselben entdecken. Gar energisch kann sie demnach kaum getrieben worden sein. Madden war während seiner Lehrzeit Stallbub in Thomas Dawson's Etablissement zu Tupgill gewesen. Als er nun nach mehrjähriger Abwesenheit wieder in England erschien, erinnerte man sich in den dortigen Trainer- und Jockeykreisen an eine Episode aus der Lehrzeit des jetzt berühmten Jockeys, in welcher dieser viel Schneid gezeigt hatte. Wie bekannt, herrscht in Rennställen der sehr praktische Brauch, die Thüren offen zu lassen, während die Pferde bei der Arbeit sind. Gewöhnlich wird dann ein zum Reiten noch wenig verwendbarer Lad beauftragt, die Tauben, Hühner und sonstiges Federvieh davon abzuhalten, dem Stalle einen Besuch abzustatten. Eines schönen Morgens besorgte der kleine Madden dieses Ehrenamt, aber als Mr. Dawson mit seinem String nach Hause kam, hatte das Geflügel sich's in allen Krippen bequem gemacht. Aufgebracht über diese Nachlässigkeit des Jungen, griff Dawson zu seinem Eschenstock und applizirte dem zukünftigen Jockey ein paar tüchtige Hiebe. Wer beschreibt nun sein Erstaunen, als der Knirps, anstatt demütig seine Prügel hinzunehmen, sich in Gefechtspositur stellte. „So was dulde ich nicht, merken Sie sich das, Mr. Dawson", ertönte es von den Lippen des wie ein schneidiger Kampfhahn anrückenden Kleinen. Und der berühmte Trainer merkte es sich, denn von dem Tage an war Madden sein erklärter Liebling.

Weniger schön von Madden war es, dass er seiner ersten Liebe nicht treu blieb, sondern nachdem er Kincsem 42mal zum Sieg gesteuert, seine auf ihrem Rücken erworbene Kenntnis ihrer Eigentümlichkeiten dazu benützen wollte, den Stolz der Unbesiegten zu beugen. Doch das gehört in die Geschichte des Jahres 1879, und schliesslich wird man es einem Jockey kaum übel nehmen können, wenn er mit dem Refrain „Das Geschäft bringt's mal so mit sich", über alle sentimental-idealistischen Anwandlungen zur Tagesordnung übergeht.

Wir wollen nun den Ereignissen nicht weiter vorauseilen, sondern vorerst die im Jahre 1878 von der Wunderstute heimgeführten Siege verzeichnen. Kincsem lief und siegte also als Vierjährige:

Am	22. April	1878	im	Eröffnungsrennen zu Wien	1160	fl.
„	25. „	„	„	Praterpreis zu Wien	1025	„
„	5. Mai	„	„	Staatspreis zu Pressburg	1462 ½	„
„	14. „	„	„	Staatspreis II. Klasse zu Budapest	2737 ½	„
„	16. „	„	„	Kisbérer Preis zu Budapest	3487 ½	„
„	19. „	„	„	Staatspreis I. Klasse zu Budapest	4550	„
„	26. „	„	„	Staatspreis II. Klasse zu Wien	3250	„
„	28. „	„	in	den Trial-Stakes zu Wien	2475	„
„	30. „	„	im	Staatspreis I. Klasse zu Wien	5450	„
„	1. Aug.	„	„	Goodwood-Cup zu Goodwood, Ehrenpreis und	4800	„
„	18. „	„	„	Grand Prix de Deauville	7760	„

Am 3. Sept. 1878	im	Grosser Preis von Baden-Baden, Ehrenpreis und	10800	fl.
„ 29. „	„	Staatspreis zu Ödenburg	1700	„
„ 20. Okt.	„	Ritterpreis zu Budapest	1625	„
„ 22. „	„	Stutenpreis zu Budapest	1950	„
		Summa 2 Ehrenpreise und	54232 ½	fl.

Unter den hier genannten Rennen verdienen ausser dem bereits vorher besprochenen Goodwood Cup noch der Grand Prix de Deauville und der grosse Preis von Baden-Baden besondere Erwähnung. In ersterem liess nämlich Kincsem fünf französische Pferde hinter sich und im letzteren entging sie mit knapper Not einer Niederlage. Das kam so. Im Verlaufe von drei Wochen von Goodwood nach Deauville und von Deauville nach Baden-Baden gebracht, konnte Kincsem am 3. September im grossen Preis von Baden-Baden unmöglich mit der Frische starten, welcher sie bedurfte, um den in vorzüglicher Kondition herausgebrachten Prince Giles I. des Grafen Henckel unter allen Umständen sicher zu halten. Kenner behaupten sogar, dass Kincsem schon in Deauville um 10 Pfd. schlechter war, als in Goodwood, und nun noch die lange Eisenbahnfahrt vom Meere bis zur Oos! Es kann daher nicht Wunder nehmen, dass das Endergebnis ein totes Rennen mit dem Henckel'schen Hengste wurde. Nun hiess es: teilen oder entscheiden? — Zum Glück forderte Herr v. Blaskovics, der seiner Stute den Ruhm der Unbesiegbarkeit wenn irgend möglich erhalten wollte, den Entscheidungslauf. — Und er that recht, auf die Zähigkeit seiner herrlichen Stute zu bauen, denn obwohl das entscheidende Rennen noch an demselben Tage stattfand und Kincsem nicht nur ganz ausser Form, sondern ausserdem angegriffen von dem harten Kampf mit ihrem Gegner war, schlug sie denselben nun leicht um fünf Längen. Der Schild blieb blank. Ja, die Wunderstute vermochte noch vor Ablauf der Saison drei weitere Siege zu erkämpfen. Fünfjährig lief und siegte Kincsem 12mal, und zwar ausschliesslich auf österreichisch-ungarischen und deutschen Bahnen.

Am 28. April 1879	im	Staatspreis zu Pressburg	1425	fl.
„ 4. Mai „	„	Graf Karolyi-Stakes zu Budapest	2025	„
„ 6. „ „	„	Staatspreis II. Klasse zu Budapest	3337 ½	„
„ 8. „ „	„	„ I. „ „	4700	„
„ 18. „ „	„	„ II. „ „ Wien	3200	„
„ 20. „ „	„	„ I. „ „ „	5100	„
„ 17. Juni „	„	Silbernen Schild zu Berlin, Ehrenpreis und	6450	„

Am 25. Aug. 1879	im	Ehrenpreis Sr. K. H. des Landgrafen von Hessen	775 fl.
„ 2. Sept. „	„	Grossen Preis von Baden-Baden, Ehrenpreis und	11150 „
„ 29. „ „	„	Staatspreis zu Ödenburg	1550 „
„ 19. „ „	„	Ritterpreis zu Budapest	1575 „
„ 21. Okt. „	„	Stutenpreis zu Budapest	2000 „
		Summa 3 Ehrenpreise und	43287½ fl.

Zusammen 54 Siege mit 6 Ehrenpreisen und 199705 fl.

Einer obiger Siege erhielt ein ziemlich sensationelles Gepräge. Es galt, den grossen Preis von Baden-Baden im Kampf gegen die norddeutsche Derbysiegerin Künstlerin zu erobern. Künstlerin, welche von demselben Jockey Madden geritten werden sollte, der Kincsem 42mal zum Sieg gesteuert hatte, zählte einen grossen Anhang unter den von nah und fern herbeigeeilten Fachleuten. Man wollte eben nicht an die Unbesiegbarkeit der Ungarin glauben und zudem hatte sich in eingeweihten Kreisen das Gerücht verbreitet, Wainwright, Kincsem's neuer Jockey, sei bestochen worden. In Wirklichkeit lag gegen Wainwright nichts anderes vor, als dass er einige Worte mit einem fremden Stalljungen gewechselt hatte, aber trotzdem erachtete es Trainer Hesp für geraten, diesmal Busby auf die Stute zu setzen. Allerdings hatte Busby Kincsem nie geritten, jedoch durfte man darauf bauen, dass er sich genau an die ihm erteilte Instruktion halten werde, und diese Erwägung gab den Ausschlag. Der arme Wainwright musste also zusehen, wie der Triumph, auf den er ein sicheres Anrecht zu haben geglaubt, einem Rivalen in den Schoss fiel, denn wiederum kam, sah und siegte Kincsem. Nach Ungarn zurückgekehrt, erfocht die Wunderstute noch drei Siege, die letzten. Sie sollte den grünen Rasen nicht mehr betreten. Endlich hatte doch irgend eine Schraube in dem bisher so widerstandsfähigen Mechanismus nachgegeben und Herr v. Blaskovics musste sich wohl oder übel dazu bequemen, die Henne mit den goldenen Eiern einer anderen Bestimmung zuzuführen. Kincsem wanderte nach Kisbér zu Verneuil. Aber dieser erste Schritt auf der neuen Laufbahn führte zu einem negativen Resultat. Im folgenden Jahre wiederum nach Kisbér, jedoch diesmal zu Buccaneer, geführt, brachte Kincsem am 1. Jänner 1882 auf dem Bahnhof zu Ofen — sie befand sich gerade auf der Fahrt nach der ungarischen Vollblut-Pépinière — ein Stutfohlen zur Welt, welches unter dem Namen Budagyöngye 1885 das norddeutsche Derby heimführte. Am 4. Jänner 1883 gebar Kincsem wieder ein Stutfohlen nach Buccaneer, welches den Namen Ollyan-nincs erhielt und sich als Dreijährige das St. Leger zu Budapest holte. In demselben Jahre wurde die berühmte Stute von einem chronischen Nasenausfluss heimgesucht und konnte sie infolge dessen nicht gedeckt werden. Statt dessen wurde sie, als das Übel der sofort eingeleiteten tierärztlichen Behandlung nicht weichen wollte, zur Beobachtung nach dem königl. Staatsgestüte Fogaras (Alsó Szombatfalva) geführt und dort durch den Mezőhegyeser Chef-Tierarzt Neumann einer Operation unterzogen, welche die Wurzel des Leidens — eine Knochenauftreibung an der Nasenscheidewand — definitiv beseitigte, so dass Kincsem, vollständig wiederhergestellt, im Februar 1885 von Buccaneer gedeckt werden konnte. Das Resultat dieser Paarung ward Talpra Magyar. In den folgenden zwei Jahren wanderte Kincsem zu Doncaster nach Kisbér von welchem Hengste sie 1886 den mit Recht sehr hochgehaltenen, aber bald eingegangenen Kincs-ör und 1887 die nie gestartete Kincs brachte. Im letzteren Jahre befand sich die Wunderstute wiederum in Kisbér, um hier zum drittenmal von Doncaster gedeckt zu werden. Es sollte aber nicht mehr dazu kommen, denn am 17. März nachts, also gerade an ihrem 14. Geburtstag, erlag die Unbesiegte den Folgen eines Wurmaneurysma. Kincsem hatte während ihrer zwei letzten Lebensjahre häufig an Verdauungsstörungen gelitten. Als sie am 12. März unter heftigen Kolikerscheinungen erkrankte, konnte man daher anfangs noch die Hoffnung hegen, dass die sofort angewandten Heilmittel wiederum von günstiger Wirkung sein würden. Es zeigte sich aber bald, dass man es diesmal mit einem sehr ernsten Falle zu thun habe. Der Gestütskommandant beeilte sich nun im Einverständnis mit Herrn v. Blaskovics auf telegraphischem Wege einen Professor des Budapester Tierarzneinstituts zur Konsultation nach Kisbér zu berufen. Doch auch dieser vermochte die Grundursache des Leidens nicht zu beheben. — Kincsem's letzte Stunde hatte geschlagen.

Sofort nach ihrem Eingehen wurde die Stute, in einer Kiste verpackt, nach Budapest geschickt, um in dem dortigen Tierarzneiinstitute seciert zu werden. Der Sektionsbefund ergab als Todesursache: durch Ansiedlung von Sclerostomum armatum (bewaffnetes Hornmaul) hervorgerufene Thrombose und Embolie in der aneurysmatischen Gekrösarterie, welche zu Verstopfung der Arterie, oedematösen, entzündlichen und hämorrhagischen Prozessen in den Darmhäuten, Paralyse derselben und Stauungen in den Gekrösvenen, sowie in der Pfortader geführt hatten.

Kincsem's Skelett wurde im Budapester Tierarzneiinstitute aufgestellt;

CRAIG MILLAR.

die Hufe aber, welche sie jedem Rivalen gezeigt, der es gewagt, mit ihr um die Siegespalme zu ringen, werden als kostbare Andenken in der Familie ihres Züchters und Besitzers verwahrt.

Dies ist in kurzen Worten geschildert die Lebensgeschichte der unvergleichlichen ungarischen Stute, die den charakteristischen Namen Kincsem (mein Schatz) trug.

Cambuscan war ein sehr fruchtbarer Hengst. Im Durchschnitt haben 86 % der von ihm gedeckten Stuten empfangen. Adel, Schnitt, Herz und Ausdauer besassen nahezu alle seine Nachkommen. Anderseits darf nicht verschwiegen werden, dass der Hengst neben diesen Vorzügen auch die ihm anhaftenden Mängel, wie leichter Knochenbau, steile Stellung der Sprunggelenke und Rückbiegkeit, mit grosser Sicherheit vererbte. Ausserdem sei zur Charakterisirung seines Zuchtwertes erwähnt, dass dieser im allgemeinen bei seinen Töchtern durchschlagender als bei den Söhnen zu Tage trat, obwohl er in Pásztor und Czimer zwei sehr nützliche Söhne und Nachfolger hinterlassen hat.

Cambuscan's Ende war ein höchst trauriges. Im Jahre 1878 von der tückischen periodischen Augenentzündung heimgesucht, büsste er bald darauf das Augenlicht ein, erkrankte sodann 1882 an einem chronischen Nasenausfluss und wurde am 13. Juli desselben Jahres vertilgt.

Über seine Verwendung geben die nachstehenden Tabellen genauen Aufschluss:

Für Stuten im Gestüt:

Jahr	Deckte Stuten	Gäst geblieben	Verworfen	Fohlen zur Welt gebracht	Hengstfohlen	Stutfohlen	Anmerkung
1873	24	—	1	17	11	6	1 umgestanden.
1874	22	4	—	12	3	9	5 verkauft.
1875	10	—	2	6	3	3	6 verkauft.
1876	23	4	—	17	6	11	2 verkauft.
1877	14	2	—	12	8	4	1 umgestanden.
1878	9	3	—	6	3	3	1 verkauft.
1879	12	2	1	8	4	4	1 verkauft.
1880	10	3	1	6	2	4	
1881	*) —	—	—	—	—	—	
	124	18	5	84	40	44	17

Für Privatstuten:

Jahr	Deckte Stuten	à Gulden	Summe in Gulden
1873	21	400	8 400
1874	10	400	4 000
1875	18	400	7 200
1876	13	2 à 500, 11 à 400	5 400
1877	25	400	10 000
1878	30	400	12 000
1879	22	400	8 800
1880	20	10 à 200, 10 à 400	6 000
1881	*) —	—	—
1882	17	4 à 300, 13 à 400	6 400
	176		68 200

1871—79 wurde dem Gestüte, wie aus dem weiter unten folgenden Stuten-Ausweise zu ersehen, auch eine bedeutende Anzahl höchst wertvoller Vollblut-Mutterstuten zugeführt.

Im Jahre 1878 kam der Hengst Kalandor (während seiner Rennlaufbahn „Schwindler“ genannt), stichelhaariger Metallfuchs, 173 cm, geb. in Kisbér 1872, v. Adventurer a. d. Mineral v. Rataplan, als Pépinière-Hengst nach Kisbér.

Kalandor, der bei der Jährlings-Auktion 1873 vom Grafen Otto Stockau um 3505 fl. ö. W. erstanden worden war, betrat die Bahn erst als Dreijähriger. Seinen grössten Triumph feierte er 1875 zu Berlin, indem er die Union heimführte, jedoch verdient auch erwähnt zu werden, dass es ihm gelang, im Norddeutschen Derby totes Rennen mit Palmyra zu laufen. Als Vierjähriger lief er nur einmal und noch dazu ohne Erfolg.

In Kisbér ist Kalandor beinahe ausschliesslich zur Halbblutzucht verwendet worden. Auf diesem Gebiete hat er sich aber sehr nützlich erwiesen. Die meisten seiner Produkte zeichneten sich durch grosse Formenschönheit, hervorragende Länge und besondere Ausdauer aus, welchen Vorzügen nur der etwas leichte Knochenbau als Mangel gegenübersteht. Hiervon zeugen heute noch die 9 Kalandor-Stuten, welche zum Stande der Kisbérer Halbblut-Mutterstutenherde gehören.

Das Jahr 1879 erhielt eine tief einschneidende Bedeutung für sowohl Kisbér's wie die gesamte ungarische Vollblutzucht durch die Erwerbung Verneuil's.

*) Wegen Krankheit nicht zum Decken verwendet.

Verneuil (St. B. Fr. Tome IV pag. 395) stichelhaariger Lichtmetallfuchs, 174 cm, geb. 1874 in Chamant, Frankreich, wurde durch Mr. Francis Cavaliero um 7800 Pfd. St. für Kisbér erkauft. Nachstehend seine Stammtafel.

Verneuil
1874.

Regalia 1862	The Gem 1851	Touchstone 1831	Camel 1822 — Whalebone, Selim-Stute
			Banter 1826 — Master Henry, Boadicea
		The Biddy 1839	Bran 1831 — Humphrey Clinker, Velvet
			Idalia 1815 — Peruvian, Musidora
	Stockwell 1849	The Baron 1842	Birdcatcher 1833 — Sir Hercules, Guiccioli
			Echidna 1838 — Economist, Miss Pratt
		Pocahontas 1837	Glencoe 1831 — Sultan, Trampoline
			Marpessa 1830 — Muley, Clare
Mortemer 1865	Comtesse 1855	The Baron od. Nuncio 1839	Plenipotentiary 1831 — Emilius, Harriet
			Ally 1818 — Partisan, Jest
		Eusebia 1839	Emilius 1820 — Orville, Emily
			Mangel Wurzel 1823 — Merlin, Morel
	Compiègne 1858	Fitz Gladiator 1850	Gladiator 1833 — Partisan, Pauline
			Zarah 1835 — Reveller, Rubens-Stute
		Maid of Hart 1846	The Provost 1836 — The Saddler, Rebecca
			Martha Lynn 1837 — Mulatto, Leda

Welche ausserordentliche Zähigkeit diesem Produkte der französischen Vollblutzucht innegewohnt, geht schon daraus hervor, dass Verneuil 31 mal gestartet, 11 mal gesiegt, 10 mal zweites, 3 mal drittes Pferd geworden und 7 mal unplazirt gelaufen ist. Seine Renngewinnste betrugen im ganzen 194 212½ Francs.

Er lief:

1876.

Prince of Wales's Stakes (gel. 6 Pferde; 1. Monachus, 2. Touchet, 3. Hyndland)	6
Glasgow Stakes (gel. 4 Pferde; 2. Zucchero, 3. Cannon Ball)	1
Wentworth Stakes; (gel. 3 Pferde; 1. Lady Golightly, 3. Kilmarnock) .	2
Buckenham Produce Stakes (gel. 4 Pferde; 2. Silvio, 3. Hyndland) . .	1
Criterion Stakes (gel. 8 Pferde; 1. Jongleur, 3. Tallós)	2

1877.

Poule d'Essay (gel. 8 Pferde; 1. Fontainebleau, 2. Bataille) 3
Prix du Jockey-Club (gel. 8 Pferde; 1. Jongleur, 3. Strachino) . . 2
Prix du Cèdre (gel. 4 Pferde; 2. Strachino, 3. Pornic) 1
Prix Seymour (gel. 3 Pferde; 2. La Jonchère, 3. Vicomtesse) 1
Grand Prix de Paris (gel. 7 Pferde; 1. St. Christophe, 2. Jongleur, 3. Strachino) 4
Drawing Room Stakes, Goodwood (ging über die Bahn) 1
Grand St. Leger de France, Caen (gel. 4 Pferde; 1. Stracchino, 2. Nouméa) 3
Prix Spécial, Deauville (gel. 3 Pferde; 2. Ploërmel, 3. St. Cloud) . . . 1
Grand Prix de Deauville (gel. 7 Pferde; 1. Vinaigrette, 3. Mondaine) . 2
Prix Royal Oak (gel. 5 Pferde; 1. Jongleur, 3. Ravisseur) 2
Prix de Villebon (gel. 5 Pferde; 1. Valérien, 3. Giboulée) . . . 2
Select Stakes, Newmarket (gel. 4 Pferde; 1. Jongleur, 2. Placida) . . 3
Cambridgeshire Stakes (gel. 34 Pferde; 1. Jongleur, 2. Belphoebe, 3. Gladia) 0
Jockey-Club Cup (gel. 3 Pferde; 2. Belphoebe, 3. St. Christophe) . . 1

1878.

Prix du Cadran (gel. 5 Pferde; 1. St. Christophe) 2
Claret Stakes (gel. 3 Pferde; 1. Thunderstone, 3. Winchilsea) 2
City and Suburban (gel. 28 Pferde; 1. Sefton, 2. Advance, 3. Manoeuvre) 0
Epsom Gold Cup (gel. 5 Pferde; 1. Hampton, 3. Lord Clive) 2
Gold Vase (gel. 2 Pferde; 2. Lady Golightly) 1
Gold Cup (gel. 4 Pferde; 2. Silvio, 3. St. Christophe) 1
Alexandra Plate (gel. 4 Pferde; 2. St. Christophe, 3. Queen of Cyprus) 1
Prix Gladiateur (gel. 4 Pferde; 2. Augusta, 3. Pifferari) 1
Champion Stakes (gel. 7 Pferde; 1. Jannette, 2. Silvio, 3. Kaleidoscope) 0
Her Majesty's Plate (gel. 5 Pferde; 1. Hampton, 3. Winchilsea) . . 2
Jockey-Club Cup (gel. 6 Pferde; 1. Silvio, 2. Insulaire, 3. Start) . . . 0

1879.

Gold Cup (gel. 6 Pferde; 1. Isonomy, 2. Insulaire, 3. Touchet) . . . 0

Das sind Leistungen, die den hohen Preis, welchen die ungarische Regierung für Verneuil bezahlte, vollauf rechtfertigen, denn dieselben kennzeichneten den Hengst als eines der besten Pferde, welche in neuerer Zeit auf französischen und englischen Bahnen über längere Distanzen gestartet worden. Ausserdem entsprach Verneuil im Exterieur den höchsten Anforderungen. Er war die verkörperte Widerlegung des landläufigen Geredes von den „schmalen, hochbeinigen Vollblutspinnen". Wo ist der Halbblut- oder Karrenhengst, der eine ähnliche Tiefe, eine so mächtige Hinterhand, so muskulöse Unterarme und Unterschenkel, so starke Knochen — mit einem Worte, in gleich hohem Grade das Idealbild konzentrirter Kraft hätte aufweisen können?

Wie leicht begreiflich, fehlte es nicht an Liebhabern, welche den herrlichen Hengst gerne um jeden Preis erstanden hätten. So telegraphirte ein reicher Amerikaner bald nach Verneuil's Sieg im Ascot Cup an — „Graf Lagrange, Jockey-Club, Paris" — dass er 10000 Pfd. St. für den Hengst biete. Unglücklicherweise war der Graf damals schwer krank, was zur Folge hatte, dass er drei oder vier Monate hindurch nicht in den Klub kam. Dem Portier des Klubs aber fiel es während dieser ganzen Zeit nicht ein, das Telegramm an die Privatadresse des Grafen zu befördern, sondern liess er dasselbe ruhig so lange liegen, bis der Adressat einmal wieder im Klub erschien. Mittlerweile war aber Verneuil durch Vermittlung des Trainers T. Jennings um 7800 Pfd. St. an die ungarische Regierung verkauft worden. Man kann sich unschwer vorstellen, in welche Stimmung der Graf geriet, als er erfuhr, dass die Nachlässigkeit eines Klubdieners ihm runde 2200 Pfd. St. gekostet hatte.

Seine Thätigkeit als Deckhengst begann Verneuil in der Saison 1880. Nehmen wir zuerst seine Vollblutprodukte vor, so werden wir wohl Metallist den Ehrenplatz einräumen müssen. Dieser Hengst, der jetzt selbst als Beschäler im Gestüte des Grafen Emerich Hunyady aufgestellt ist, war nämlich ein ausserordentlich erfolgreiches Rennpferd. Gewann er doch von den 60 Rennen, an denen er teilgenommen, nahezu die Hälfte, so dass er seinem Besitzer im ganzen die nette Summe von 80361½ fl. ö. W. heimtragen konnte. Weitere hervorragende Verneuils waren: Goliath, der Sieger im grossen Wiener Handicap 1886, Pajzán, Si, Manfred, Schönbrunn, Algy und Zsarnok, gegenwärtig Hauptbeschäler im königl. ungarischen Staatsgestüte zu Mezöhegyes, Cintra, Oroszlán, St. Wolfgang, Aba, Missy u. m. a. Trotz diesen unzweifelhaften und bedeutenden Zuchterfolgen, geriet der Franzose ziemlich bald in Misskredit bei den Züchtern, oder richtiger gesagt bei den Trainern. Obwohl Verneuil z. B. am Schlusse der Saison 1886 an der Spitze der gewinnreichen Vaterpferde stand, erfolgten darauf nicht mehr als elf Anmeldungen zu ihm, der noch in der vorhergehenden Saison über vierzig Stuten gedeckt hatte. Der haupsächlichste Vorwurf, den man ihm in Turfkreisen machte, war, dass seine Produkte schwer zu arbeiten waren und oft drei bis vier Jahre alt werden mussten, bevor sie begannen, ihre

Kosten hereinzubringen. Dann hielten sie allerdings länger als die Sprossen irgend eines anderen in Österreich-Ungarn aufgestellten Vollblut-Vaterpferdes, aber für den Rennstallbesitzer ist es leider nicht gleichbedeutend, ob sein Pferd bereits als Zweijähriges einen Teil der Kosten hereinbringt oder ob er noch ein paar Jahre warten und die Vorauslagen sich vergrössern sehen muss, bis der Gaul anfängt, sich nützlich zu machen. Anderseits ist auch die Zahl jener Verneuil-Kinder, die wenig oder gar nichts geleistet haben, ziemlich bedeutend. Von 66 Stuten, die in der Zeit von 1881—1885 Produkte von dem Franzosen gebracht haben, können bloss 29 auf siegreiche Kinder verweisen, während die Verneuil-Sprossen von 23 dieser Stuten überhaupt nicht die Bahn betreten haben. Und dabei sind fast nur sehr gute Stuten zu Verneuil geschickt worden. Es ist demnach nicht zu bestreiten, dass die Zahl und Güte der auf die Bahn gebrachten Verneuil-Kinder in keinem günstigen Verhältnisse steht zur Zahl der Mutterstuten, welche ihm zugewiesen worden sind und insbesondere zur Klasse derselben. Nichtsdestoweniger lässt sich die Vernachlässigung, welche Verneuil in den letzteren Jahren erdulden musste, vom Standpunkte der Zucht nicht rechfertigen, denn die Vorzüge seiner Produkte hielten den Mängeln derselben gewiss die Wage. Die Berliner „Sport-Welt" schrieb mit Bezug hierauf in einem Nachruf, den sie dem hochverdienten Hengste widmete, folgendes: „In einer Zeit, wo alles in Stücke ging und Österreichs Derbypferde kaum je die Saison überdauerten, in einer solchen Zeit war es vor allem Verneuil, dessen Pferde eine ganz ausserordentliche Ausdauer und eiserne Konstitution zeigten, und nur die Namen Metallist und Pajzán brauchen angeführt zu werden, um den Beweis hierfür zu erbringen. War Metallist der bessere Brotverdiener, so steht Pajzán noch jetzt in aktueller Thätigkeit auf des Nachbarlandes Rennbahnen, und der Hengst, der im Wiener Derby als letzter Aussenseiter so hervorragend lief, der gegen Potrimpos nur um einen Kopf zu Hamburg erlag, der in zahllosen Schlachten ehrenvoll bestand, er läuft noch heute, vier Jahre später, und Generation um Generation hat Verneuil's ausgezeichneter Sohn überdauert."

Ja wohl, die Verneuil-Produkte waren zumeist treue Pferde, die einen nicht geringen Grad von Rennfähigkeit an den Tag legten und in der Regel auch Stehvermögen besassen. Ausserdem aber lieferte er gut gebaute, starkknochige Mutterstuten und kann daher sein Einfluss auf die inländische Vollblutzucht nicht hoch genug angeschlagen werden. Eben deshalb dürfte auch folgende nach dem Rennkalender zusammengestellte Liste der von den Produkten Verneuil's in Österreich-Ungarn gewonnenen Summen von Interesse für den Leser sein:

Siegreiche Pferde	Zahl der Siege	II. Geld	Gewinne	Totale: Gewinnende Pferde	Totale: Siege	Totale: II. Geld	Totale: Summe
1883.							
Metallist	4	3	7378.33				
Müvész	1	2	1430.83	2	5	5	8809.16
1884.							
Metallist	5	1	10600.—				
Goliath	4	2	4515.—				
Faneur	2	1	1907.50				
Speranza	1	3	1890.—				
Müvész	1	1	1110.—				
Henriette-St.	1	—	1000.—				
Galante-II.	—	1	200.—	7	14	9	21222.50
1885.							
Metallist	4	4	17770.—				
Partagas	2	—	6390.—				
Goliath	2	—	4051.67				
Galante-II.	3	2	3675.—				
Si	3	—	3280.—				
Turolla	2	—	2200.—				
Pajzán	2	—	2136.67				
St. Julien	2	1	2093.33				
Barège	1	1	1350.—				
Ahasverus	1	—	1000.—				
Gillette	—	2	545.—				
Viva	—	1	500.—				
Cipoletta	—	2	400.—				
Madeira	—	1	70.—	14	22	14	45461. 67
1886.							
Metallist	6	6	21807.92				
Goliath	3	2	9961.25				
Sí	4	4	9760.—				
Pajzán	2	2	8865.—				
Zománcz	7	4	8090.—				
Cintra	3	2	6210.—				
Algy	4	—	4770.—				
Mövész	2	4	3600.—				
Viva	1	4	2750.—				
Walzer	1	—	1000.—				
Verdillac	1	—	1000.—				
St. Julien	1	—	950.—				
Silverwing	—	1	10.—	13	35	29	78774.17
1887.							
Cintra	7	1	25157.50				
Metallist	6	2	18578.33				
Pajzán	5	6	12527.50				
Si	4	5	9080.—				
Scapegoat	4	2	7530.—				
Zománcz	3	1	2605.—				
Goliath	1	2	2002.50				
Veglia	—	3	1985.—				
St. Wolfgang	1	—	1545.—				
Trulla	1	1	1540.—				
Althotas	1	1	1335.—				

Siegreiche Pferde	Zahl der Siege	II. Geld	Gewinne	Totale: Gewinnende Pferde	Siege	II. Geld	Summe
Heureuse	1	1	1220.—				
Jós	1	1	1250.—				
Tréfás	1	—	1042.50				
Chudenitz	1	—	995.—				
Babám	—	2	860.—				
Speed	—	1	760.—				
Malvoglio	—	2	445.—				
Verneuil	1	—	390.—				
Művész	—	1	330.—				
March	—	1	330.—				
Ború	—	1	135.—	22	38	34	91643.33

1888.

Siegreiche Pferde	Zahl der Siege	II. Geld	Gewinne	Gewinnende Pferde	Siege	II. Geld	Summe
Cintra	4	2	18652.50				
Oroszlán	4	4	12757.50				
St. Wolfgang	4	5	12270.—				
Si	5	9	10230.—				
Pajzán	4	5	9580.—				
Zsarnok	1	2	6032.50				
Metallist	2	—	4300.—				
Babám	3	1	3560.—				
Althotas	2	2	2610.—				
Jós	2	3	2656.66				
Vidor	2	1	2188.33				
Aba	1	1	2140.—				
Trulla	1	1	2140.—				
Chudenitz	1	2	1820.—				
Veglia	1	1	1800.—				
Schönbrunn	2	—	1660.—				
Kit	1	1	1250.—				
Missy	1	1	1190.—				
March	1	—	1000.—				
Tréfás	—	2	885.—				
Valus	—	2	785.—				
Speed	1	—	770.—				
The Light of the Harem	—	1	290.—				
Volapük	—	1	180.—				
Madeira	—	1	62.50	25	43	48	100809.99

1889.

Siegreiche Pferde	Zahl der Siege	II. Geld	Gewinne	Gewinnende Pferde	Siege	II. Geld	Summe
St. Wolfgang	6	4	10128.33				
Pajzán	4	2	8275.—				
Aba	1	2	6263.75				
Schönbrunn	4	4	7180.—				
Missy	2	1	4285.—				
Gönczöl	4	1	4266.67				
Valus	2	—	4000.—				
Vidor	3	1	3226.67				
Kincstár	1	4	2875.—				
Chudenitz	2	1	2705.—				
Jós	2	1	2690.—				
Arran	1	3	1935.—				
Oroszlán	—	3	941.67				
Speed	1	1	580.—				
March	—	1	410.—				
Tréfás	—	1	150.—	16	33	30	59912.09

DONCASTER.

Siegreiche Pferde	Zahl der Siege	II. Geld	Gewinne	Totale: Gewinnende Pferde	Totale: Siege	Totale: II. Geld	Totale: Summe
			1890.				
Schönbrunn	7	4	18812.50				
Kincstár	3	7	5775.—				
Si	1	1	1495.—				
Gönczöl	1	2	2620.—				
Vidor	1	—	1620.—				
St. Wolfgang	1	—	1500.—				
Vert Galant	1	—	1450.—				
Marie Thérèse	1	—	990.—				
Theseus	1	—	960.—				
Alter Draher	—	1	140.—				
March	—	1	110.—				
Aba	—	1	77.50				
Chudenitz	—	1	70.—				
Kit	—	1	20.—	14	17	19	38640.—
						Gesamt-Summe	445272.91

Schliesslich sei noch bemerkt, dass die Produkte Verneuil's in der Zeit von 1883—89, auf den österreichisch-ungarischen Bahnen 191 Rennen und dabei eine Gewinnstsumme von weit über 400000 fl. zu verzeichnen haben.

Vielleicht noch mehr als in der Vollblutzucht, hat Verneuil sich in der Halbblutzucht bewährt. Im Kisbérer Halbblutgestüt hat er sehr durchschlagend gewirkt. Gemeine Stuten passten nicht für ihn; wurde er mit solchen gepaart, so erhielt das Produkt nebst anderen Mängeln — wie knieenge Vorderbeine, Anlage zu französischer Stellung und fehlerhafte Sprunggelenke — meist steile Schultern. Mit edlen, ganz besonders mit Cambuscan-Stuten, leistete er aber Vorzügliches. Seine Halbblutprodukte dieser Abstammung zeigen bei hervorragender Mächtigkeit der Formen nahezu den Typus des Rennpferdes, welch letzterer auch in dem weit ausgreifenden, flachen Galoppsprung zu Tage tritt, und können somit als das Prototyp einer glücklichen Verschmelzung von Adel und Masse hingestellt werden.

Im Jahre 1890 waren 12 Töchter des Verneuil im Kisbérer Halbblutgestüte als Mutterstuten thätig. Es steht daher zu erwarten, dass sein Blut in der Halbblutzucht nicht so bald aussterben wird, zumal in den Staats-Hengsten-Depots auch mehrere seiner Söhne das Vertrauen der Züchter erworben haben.

Einen tiefen Schatten auf vorstehendes, im grossen ganzen höchst ansprechende, Bild des mächtigen Franzosen wirft die menschenfeindliche Gesinnung, die derselbe, besonders seit dem Jahre 1881 an den Tag gelegt hat. Verneuil war der reine Menschenfresser, und ihm zu nahen ein Wagstück, das dem betreffenden meist einen mehr oder weniger empfindlichen Denkzettel eintrug. Der Hengst sann beständig auf Unheil; hatte er keinen Menschen zur Hand, an dem er sein Mütchen kühlen konnte, so wütete er gegen leblose Dinge — Bäume, Mauern, den eigenen Schatten u. s. w. — oder auch fügte er sich selbst empfindliche Bisswunden zu. Seine Fütterung und Wartung, sowie die Aufgabe, ihn vor ernstem Schaden zu bewahren, gestalteten sich unter solchen Verhältnissen zu überaus schwierigen und unangenehmen Verrichtungen. Bald gab es diesen bald jenen Unfall zu beklagen. So blieb er z. B. kurze Zeit vor seinem Tode bei dem Versuch, einen in seinem Auslauf stehenden Baum zu erklettern, mit einem Vorderfuss zwischen zwei starken Ästen hängen und kann es geradezu als ein Wunder bezeichnet werden, dass dieser Spass ihn nicht den Fessel gekostet. Dafür gelang es ihm um so besser, den Armknochen eines vorwitzigen Reitbuben zu zermalmen. Wie tief auch die ungarische Gestüts-Verwaltung das Eingehen des wertvollen Hengstes beklagt haben mag — dass seine Wärter ihm keine Thräne nachgeweint, lässt sich mit ziemlicher Gewissheit annehmen.

Verneuil ist am 22. August 1890 zu Kisbér einem mit Magenberstung endigenden Kolikanfalle erlegen. Über seine Verwendung im Gestüte geben nachstehende Tabellen übersichtlichen Aufschluss.

Für Stuten des Gestütes.

Jahr	Deckte Stuten	Güst geblieben	Verworfen	Fohlen zur Welt gebracht	Hengstfohlen	Stutfohlen	Anmerkung
1880	18	8	2	6	4	2	Vor dem Abfohlen ausser Stand gebracht 2 Stuten.
1881	14	5	—	7	6	1	Vor dem Abfohlen aurser Stand gebracht 2 Stuten.
1882	17	2	2	13	5	8	
1883	18	5	—	10	3	7	Vor dem Abfohlen ausser Stand gebracht 3 Stuten.
1884	16	2	1	13	9	4	
1885	27	9	3	15	8	7	
1886	26	4	3	19	8	11	
1887	27	2	—	21	15	6	
1888	23	6	—	15	7	8	Vor dem Abfohlen ausser Stand gebracht 2 Stuten.
1889	23	2	2	17	8	9	Vor dem Abfohlen ausser Stand gebracht 2 Stuten.
1890	24	—	—	—	—	—	
Summe	233	45	13	136	73	63	

Für Privatstuten.

Jahr	Deckte Stuten	à Gulden	Summe in Gulden
1880	21	2 à 500, 17 à 400, 2 à 200	8 200
1881	17	16 à 400, 1 à 200	6 600
1882	24	22 à 400, 2 à 200	9 200
1883	26	25 à 400, 1 à 500	10 500
1884	35	1 à 500, 33 à 400, 1 à 200	13 900
1885	14	1 à 1000, 10 à 400, 2 à 300, 1 gratis	5 600
1886	9	1 à 500, 6 à 400, 2 à 200	3 300
1887	11	9 à 400, 2 à 200	4 000
1888	14	10 à 400, 1 à 500, 2 à 450, 1 à 200	5 600
1889	19	1 à 500, 15 à 400, 3 à 200	7 100
1890	20	1 à 500, 9 à 400, 8 à 200, 2 à 100	5 900
Summe	210		79 900

Aus obiger Tabelle ergibt sich so recht deutlich, welche Zurücksetzung Verneuil seitens der Privatzüchter in Österreich-Ungarn erfahren. Leider lässt sich dieser Fehler jetzt nicht mehr gut machen. Gegen das unerbittliche „Zu spät" des Todes gibt es keinen Appell.

Ein Jahr später als Verneuil, d. h. Oktober 1880, kam der 1876 vom Grafen Forgách gezogene kastanienbraune Hengst Harry Hall v. Kettledrum a. d. Honesta v. Voltigeur nach Kisbér. Harry Hall's Rennleistungen schienen zu guten Hoffnungen bezüglich seines Zuchtwertes zu berechtigen. Hatte er doch dreizehnmal gelaufen und darunter siebenmal den ersten, zweimal den zweiten und einmal den dritten Platz behauptet. Dass die königl. ungarische Regierung den Hengst um 6000 fl. vom Baron Isidor Majthényi für Kisbér erwarb, musste aber dennoch als ein Wagestück bezeichnet werden, denn erstens hatte Harry Hall mit der einzigen Ausnahme des St. Legers in Pest kein Rennen höherer Klasse bestritten und zweitens liess sein Exterieur unendlich viel zu wünschen übrig. Es zeigte sich auch bald genug, dass diejenigen Recht gehabt, welche dem Kettledrum-Sohne die Qualifikation zum Pépinière-Beschäler abgesprochen hatten. Harry Hall erlebte in Kisbér ein kolossales Fiasko, so dass er sich schliesslich glücklich schätzen durfte, der Transferirung in das Hengsten-Depot zu Stuhlweissenburg würdig erachtet zu werden.

Allbrook, br. H., 168 cm, geb. 1866 in England v. Wild Dayrell a. d. Elizabeth, gehört ebenfalls zu den in Kisbér verwendeten Pépinière-Beschälern, die keine bleibenden Spuren im Gestüte hinterlassen haben. Seine auf den englischen Bahnen gezeigte Form war, obwohl keineswegs besonders glänzend, auch nicht schlecht zu nennen. Was den damaligen Gestüts-Kommandanten Oberst O. v. Soest veranlasste, Allbrook vom Grafen Hugo Henckel um 3000 fl. für Kisbér zu erwerben, steht jedoch nicht im Renn-Kalender verzeichnet, sondern hat seine Begründung in dem Umstande, dass der Hengst im Henckelschen Gestüte den später daselbst als Deckhengst aufgestellten Oroszvár gezeugt und hierdurch den Beweis eines gewissen Zuchtwertes erbracht hatte. Allbrook vermochte indessen in Kisbér keine annähernd gleichwertige Karte auszuspielen. Er wurde daher in seinem neuen Heim beinahe ausschliesslich zur Halbblutzucht verwendet. Nennenswerte Erfolge hat er aber wie gesagt auch auf diesem Gebiete nicht errungen.

Eine Acquisition ganz anderer Klasse war diejenige des Fuchshengstes **Ruperra**, geb. 1876 v. Adventurer a. d. Lady Morgan, dessen Bild und Pedigree wir hier einschalten.

Ruperra 1876.

Lady Morgan 1865								*Adventurer* 1859							
Morgan-la-Faye 1852				Thormanby 1857				Palma 1840				Newminster 1848			
Miami 1844		Cowl 1842		Alice Hawthorn 1838		Melbourne oder Windhound 1847		Francesca 1829		Emilius 1820		Beeswing 1833		Touchstone 1831	
Diversion	Venison	Crucifix	Bay Middleton	Rebecca	Muley Moloch	Phryne	Pantaloon	Miss Fanny's Mutter	Partisan	Emily	Orville	Tochter v.	Dr. Syntax	Banter	Camel
Folly Defence	Fawn Partisan	Octaviana Priam	Cobweb Sultan	Cervantes-Stute Lottery	Nancy Muley	Decoy Touchstone	Idalia Castrel	Buzzard-Stute Orville	Parasol Walton	Whiskey-Stute Stamford	Evelina Beningbrough	Lady Eliza Ardrossan	Beningbrough-St. Paynator	Boadicea Master Henry	Selim-Stute Whalebone

Ruperra wurde im Jahre 1883 vom Grafen Ivan Szapáry um 3000 Guinéen für die ungarische Regierung angekauft und in Kisbér als Pépinière-Beschäler aufgestellt. Die Leistungen dieses Hengstes auf der Rennbahn waren nicht so hervorragend, dass man ihn zur ersten Klasse hätte zählen können, jedoch berechtigten dieselben ihn immerhin einen ehrenvollen Platz unter den Vertretern seines Jahrganges einzunehmen. Ruperra startete als Zweijähriger viermal. Schon sein Debut in den Ascot Biennial Stakes gestaltete sich zu einem Triumph, indem es ihm gelang, dieses Rennen mit drei Längen zu gewinnen. In den July Stakes zu Newmarket schlug er seinen späteren Kisbérer Stallgenossen Gunnersbury, Rayon d'Or und mehrere andere gute Pferde. In den Rous Memorial Stakes, sowie im Middle Park Plate enttäuschte er dagegen seine Anhänger. Als Dreijähriger startete Ruperra zwölfmal. Nachdem er unplazirt in den Two Thousand Guineas und im Derby gelaufen, gelang es ihm in den Great Yorkshire Stakes die gefeierte Stute Wheel of Fortune in den Staub zu strecken, eine Leistung, die ihm mit Recht hoch angerechnet worden ist. Einen zweiten Sieg erfocht er noch in den Doncaster Stakes, wohingegen er in den Prince of Wales Stakes, im St. Leger, in den Sussex Stakes und in den Grand Duke Michael Stakes mit „dem undankbarsten aller Plätze" — dem zweiten — vorlieb nehmen musste. Als Vierjähriger startete Ruperra nur zweimal und zwar im Royal Hunt Cup und im Alexandra Plate zu Windsor. Im ersteren blieb er unplazirt, im letzteren wurde er von Thurio mit einer Kopflänge geschlagen. Der Hengst schied somit mit Ehren von dem Schauplatze seiner bisherigen Thätigkeit.

Nach Kisbér gebracht, wollte es ihm anfangs nicht gelingen, die Gunst der Züchter zu erringen. Man fand ihn zu leicht, tadelte die lose Verbindung zwischen der letzten Rippe und der Kruppe und meinte, er wäre das Geld nicht wert, das er gekostet. Aber schon sein erstes Produkt, Jericho, die aus einer überaus mässigen Stute stammte, machte in wirksamer Weise Stimmung für ihren Erzeuger, und als er nun gar die beiden Derbykandidaten Rusnyák und Rajta Rajta herausbrachte, von welchen letzterer wie bekannt thatsächlich das Derby des Jahres 1888 gewann,*) schlug das Misstrauen, das ihm die Züchter anfangs entgegengebracht hatten, mit einemmale in das Gegenteil um. Man wetteiferte förmlich, ihm die besten Stuten zuzuführen. Und genau so erging es ihm in der Halbblutzucht. Ruperra produzirte eben sowohl im Vollblut wie im Halbblut grosse und edle Fohlen mit vorzüglichen Gängen. Allerdings zeigten dieselben häufig auch minder gute Rücken und Lenden, angedrückte Ellbogen und fehlerhafte Hufe, namentlich Bock- und Zwanghufe, welche Mängel jedoch die Popularität der im grossen ganzen äusserst ansprechenden und leistungsfähigen Ruperra-Kinder nicht wesentlich zu beeinträchtigen vermochte.

Leider war dem braven Adventurer-Sohne keine lange Thätigkeit im Gestüte beschieden. Ein heftiger Kolikanfall machte seinem Dasein schon im Jahre 1889 ein Ende.

*) 1891 hat ein anderer Sohn von ihm, Achilles II, das österreichische Derby gewonnen.

Wir kommen nun zu den Pépinière-Hengsten, die sich heute noch in Kisbér befinden. Es sind dies: Kisbér-öcscse, Gunnersbury, Craig Millar, Doncaster, Bálvány, Pásztor, Balzsam, Czimer, Milon, Sweetbread, Biró, Edgar, Baldur und Galaor.

Kisbér-öcscse (deutsch: Bruder zu Kisbér), br. H., geboren 1877 zu Kisbér v. Buccaneer a. d. Mineral v. Rataplan und bei der Jährlings-Lizitation im Jahre 1878 von Herrn von Gyürky um 12000 fl. erstanden, ein Zuchthengst, der den preussischen Oberlandstallmeister Graf Lehndorff zu der Äusserung veranlasste: „Ich hätte nicht den Mut gehabt, diesen Hengst als Hauptbeschäler in einer Staats-Pépinière aufzustellen," vermochte wegen seines mangelhaften Vorderpedales den Training nicht auszuhalten und wurde deshalb, obwohl er in England als vielversprechendes Rennpferd ausprobirt worden sein soll, ohne je in einem öffentlichen Rennen gestartet zu haben, dem Gestüte überwiesen, d. h. die ungarische Regierung kaufte ihn 1880 um 15000 fl. zurück. Trotz jenes, mit dem Prinzip der Vollblutzucht nicht in Übereinstimmung zu bringenden Makels, fand Kisbér-öcscse anfangs ein warmes Entgegenkommen bei den Züchtern, das sich noch steigerte, als der Hengst schon in der ersten Zeit seiner Thätigkeit (1882) in Buzgó den Derbysieger des Jahres 1885 herauszubringen vermochte. Wurden doch im Herbste genannten Jahres ausser zu Doncaster zu keinem Hengste so viele Stuten angemeldet, als zu Kisbér-öcscse. Aber der hinkende Bote kam nach. Es stellte sich bald heraus, dass der Hengst den meisten seiner Nachkommen das ihm selbst so verhängnisvoll gewordene gebrechliche Vorderpedal als fatales Erbteil mit auf den Lebensweg gab. Obwohl seine Produkte beinahe alle eine gewisse Rennfähigkeit zeigten — wir erinnern nur an Kegy-úr, Hetyke, Red Hot, Csalóka u. a. — schmolz daher die Zahl der Züchter, die ihm noch eine Stute anzuvertrauen wagten, so schnell zusammen, dass er sich bereits im Jahre 1887 mit 2, sage zwei Stuten begnügen musste. Gegenwärtig ist Kisbér-öcscse auf dem Gebiete der Vollblutzucht nur mehr ein Lückenbüsser. In der Halbblutzucht hat er dagegen recht nützliche Dienste geleistet und verdient besonders hervorgehoben zu werden, dass die Erbfehler, die ihn in der Vollblutzucht unmöglich gemacht haben, bei seinen Halbblutprodukten verhältnismässig selten zu Tage zu treten pflegen.

Ganz ähnlich wie das Los Kisbér-öcscse's, hat sich dasjenige des im Jahre 1881 von Mr. Francis Cavaliero um 20000 fl. in England erkauften Hengstes Gunnersbury gestaltet.

Gunnersbury, der 1876 von Baron Lionel Rothschild gezogen worden, hat folgenden Stammbaum aufzuweisen:

Gunnersbury 1876.

Fuchshengst, 178 cm.

Hippia 1864								*The Hermit* 1864							
Daughter of the Star 1844				King Tom 1851				Seclusion 1857				Newminster 1848			
Evening Star 1839		Kremlin 1836		Pocahontas 1837		Harkaway 1834		Miss Sellon 1851		Tadmor 1846		Beeswing 1833		Touchstone 1831	
Bertha 1821	Touchstone 1831	Francesca 1829	Sultan 1816	Marpessa 1830	Glencoe 1831	Tochter von 1823	Economist 1825	Belle Dame 1839	Cowl 1842	Palmyra 1838	Ion 1835	Tochter von 1817	Dr. Syntax 1811	Banter 1826	Camel 1822
Rubens Bondicea	Camel Banter	Partisan Ms Fanny's Mutt.	Selim Bacchante	Muley Clare	Sultan Trampoline	Nabocklish Miss Tooley	Whisker Floranthe	Belshazzar Ellen	Bay Middleton Crucifix	Sultan Hester	Cain Margaret	Ardrossan Lady Eliza	Paynator Beningbrough-St.	Master Henry Boadicea	Whalebone Selim-Stute

Wie aus diesem Pedigree zu ersehen, ist Gunnersbury eine äusserst fashionabel gezogener Hengst. Das alte englische Sprichwort „blood will tell“ ist aber bei ihm zu Schanden geworden, denn auf der Bahn hat er trotz Hermit und Hippia und zahlreichen rennfähigen Geschwistern so gut wie gar nichts geleistet. Er lief:

1878.

In den Woodcote Stakes	3.
„ „ July Stakes	2.
„ „ Chesterfield Stakes	3.
Im Middle Park-Plate	3.

1879.

Unplazirt in The 2000 Gs. Stakes, The Great Eastern Railway Stakes und The Burwell Stakes.

Vierjährig startete Gunnersbury kein einzigesmal. Er verliess die Bahn ohne je gesiegt zu haben. Forscht man nun nach den Ursachen, die dieses Fiasko herbeigeführt, so findet man, dass Gunnersbury nicht nur ein im hohen Grade unzuverlässiges Pferd war, sondern ausserdem häufig an Nasenbluten, ein von Hermit ererbtes Übel, zu leiden hatte. Zu Gunnersbury's Gunsten sprachen demnach nur sein Blut und sein durch Adel, Stärke und Grösse glänzendes Exterieur, obwohl letzteres durch eine unangenehm auffallende Hochbeinigkeit in den Augen des Kenners viel an Harmonie verliert. Als einziger im Lande existirender Sohn des Hermit wurden ihm indessen anfangs trotz allem dem zahlreiche Stuten zugeführt. Aber nur anfangs, denn „handsome is that handsome does“ (Schönheit liegt in den Leistungen), und wie schön auch die Gunnersbury-Sprösslinge sich dem Auge darstellen mochten, entpuppten sie sich doch nahezu alle sehr bald, als höchst unzuverlässige Gesellen, von denen ihre Besitzer die bittersten Enttäuschungen zu gewärtigen hatten. Es sei hier nur an Biró und Filon erinnert, von welchen ersterer die Unzuverlässigkeit, letzterer die Disposition zu Nasenbluten ihrem Erzeuger zu verdanken gehabt. Auch seine sonst sehr hervorragende Tochter Trudom ist von dem Familienübel ereilt worden. Unter solchen Verhältnissen muss es im Interesse der ungarischen Vollblutzucht als ein Glück bezeichnet werden, dass die Akten über Gunnersbury's Wert oder Unwert im Kreise der Züchter bereits geschlossen worden sind. Man weiss jetzt, was man von ihm zu erwarten hat und glaubt nicht mehr, dass er am Ende doch noch vererben werde, was er selbst nie besessen.

Leider hat sich der „schöne“ Hengst im Halbblut noch weniger als im Vollblut bewährt. Besonders störend wirken bei seinen Halbblutprodukten die kurzen, ordinären Kruppen. Es kann somit kaum als ein schwer zu verwindender Verlust bezeichnet werden, dass Gunnersbury zu Beginn der Decksaison 1890 wegen Berührung mit einer rotzverdächtigen russischen Stute zu einer sechsmonatlichen Quarantäne in einem entlegenen Maierhof verurteilt, und demzufolge ein ganzes Jahr ausser Thätigkeit gesetzt worden ist.

Im Jahre 1883 wurde der St. Leger-Sieger Craig Millar durch den Grafen Iván Szapáry um 60 000 fl. von Mr. Hume-Webster in England für die Kisbérer Pépinière erkauft.

Wir beginnen die Charakteristik dieses in mehr als einer Beziehung hervorragenden Hengstes mit dessen Stammbaum (s. S. 89).

Auf väterlicher Seite stammt Craig Millar somit von dem berühmten Blair Athol ab, dessen Nachkommen sich durch bedeutende, allerdings meist nur auf kürzere Distanzen beschränkte Rennfähigkeit ausgezeichnet haben. Craig Millar's eigene Leistungen waren indessen, wie aus nachstehendem Verzeichnis ersichtlich, höchst achtbare. Er lief:

1874.

July Stakes (gel. 5 Pferde, 1. Camballo, 3. Garterly Bell, 4. Balfe, 5. Mirliflor) 2.
Chesterfield Stakes (gel. 7 Pferde, 1. Balfe, 2. Dreadnought, 3. Claremont) 0.
Molecombe Stakes (gel. 3 Pferde, 2 Fille du Ciel, 3. Telescope) . . . 1.
Buckenham Post Produce Stakes (gel. 3 Pferde, 2. Yorkshire Bride, 3. br. H. v. Skirmisher a. d. Vertumna) . . . . 1.

SWEETBREAD.

Craig Millar 1872.

Fuchshengst, 169 cm.

Miss Roland 1863.								*Blair Athol* 1862.							
Miss Bowzer 1856				Fitz Roland 1855				Blink Bonny 1854				Stockwell 1849			
Mangosteen 1814		Hesperus 1819		Stamp 1842		Orlando 1841		Queen Mary 1843		Melbourne 1834		Pocahontas 1837		The Baron 1842	
Mustard 1824	Emilius 1820	Plenary 1837	Bay Middleton 1833	Receipt 1836	Emilius 1820	Vulture 1833	Touchstone 1831	Tochter von 1849	Gladiator 1833	Tochter von 1825	Humphrey Clinker 1822	Marpessa 1830	Glencoe 1831	Echidna 1838	Birdcatcher 1833
Merlin Morel	Orville Emily	Emilius Harriet	Sultan Cobweb	Rowton Sam.-Stute	Orville Emily	Langar Kite	Camel Banter	Plenipotentiary Myrrha	Partisan Pauline	Cervantes Golumpus-Stute	Comus Clinkerina	Muley Clare	Sultan Trampoline	Economist Miss Pratt	Sir Hercules Guiccioli

A Post Sweepstakes (gel. 5 Pferde, 1. Mirliflor, 2. Earl of Dartrey, 3. Ladylove, 5. Maude Victoria) . . . . 4.

Home-bred Foal Stakes (gel. 5 Pferde, 2. Moriturus, 3. Yorkshire Bride, 4. Julian, 5. Velveteen) . . . . 1.

1875.

The 2000 Gs. Stakes (gel. 13 Pferde, 1. Camballo, 2. Pic-nic, 3. Breechloader) 0.

St. James's Palace Stakes (gel. 3 Pferde, 1. Bay of Naples, 3. Garterly Bell) 2.

A Post Sweepstakes (gel. 2 Pferde, 2. Earl of Dartrey) . . . . 1.

St. Leger Stakes (gel. 13 Pferde, 2. Balfe, 3. Earl of Dartrey) . . . 1.

Newmarket Derby (gel. 6 Pferde, 1. Galopin, 3. Balfe, 4. Pic-nic, 5. Saint Leger, 6. New Holland) . . . . 2.

1876.

Ascot Gold Cup (gel. 6 Pferde, 1, Apology, 3. Forerunner, 4. Talisman, 5. The Ghost, 6. Balfe) . . . . 2.

Edinburgh Gold Cup (gel. 3 Pferde, 1. Controversy, 3. Thunder) . . 2.

Doncaster Cup (gel. 5 Pferde, 2. Controversy, 3. Bersaglier) . . . . 1.

Her Majesty's Plate (gel. 8 Pferde, 1. Charon, 2. La Coureuse, 3. Lilian) 0.

Jockey Club Cup (gel. 6 Pferde, 1. Braconnier, 2. John Day, 3. Hopbloom) 0.

Craig Millar hat somit nicht am Derby teilgenommen, auch traf er im St. Leger nicht mit Galopin, dem Derbysieger des Jahres 1875, zusammen, der ihn übrigens im Newmarket Derby über die sehr schwierigen $1\frac{1}{2}$ Meilen der Beacon Bahn ohne Schwierigkeit abfertigte. Anderseits wird berücksichtigt werden müssen, dass die berühmte Stute Apology ihn im Ascot Cup nur mit einer halben Länge zu schlagen vermochte. Obwohl nicht zur allerersten Klasse zählend, darf Craig Millar daher immerhin als der zweitbeste seines Jahrganges bezeichnet werden. Er war nicht nur sehr schnell, sondern besass auch ein eminentes Stehvermögen, was im Verein mit der Thatsache, dass sein Halbbruder Silvio im Derby und St. Leger zu siegen vermochte, viel dazu beigetragen hat, Blair Athols Aktien zu verbessern.

Bis zum Jahre 1882 bei seinem Besitzer, Mr. Hume Webster, im Gestüte zu Marden Deer Park aufgestellt, gelang es Craig Millar im Heimatlande nicht die Gunst der Züchter zu erwerben. Unter anderem wurde ihm vorgeworfen, dass seine Fruchtbarkeit zu wünschen übrig lasse. Dieser Umstand dürfte Mr. Hume Webster dazu bewogen haben, die Anträge des Grafen Szápáry nicht zurückzuweissen.

Leider lässt sich von Craig Millar's Wirken in Kisbér ebenfalls nichts besonderes Lobenswertes sagen. Abgesehen davon, dass der Blair Athol-Sohn thatsächlich seinem Berufe nicht mit jener Exaktheit nachkommt, die man von einem guten Beschäler verlangen muss, hat er bisher kein einziges zur Derby-Klasse gehörendes Pferd produzirt. So waren z. B. seine besten Kinder Viadal, Drágám, Cabotin, Hüseg, Kardos, Dersffy, Resolute und Vép, allerdings recht nützliche Tiere, aber zu klassischen Ehren vermochte es keines derselben zu bringen. Es hat überhaupt noch keinen Craig Millar gegeben, der über 2400 Meter ein reell gutes Pferd gelaufen wäre. So sehr der Vater als Rennpferd durch Stehvermögen glänzte, ist doch bei seinen Kindern nichts davon zu bemerken. Rennfähigkeit, harmonische Formen und hoher Adel, kann den Craig Millar-Produkten dagegen ebenso wenig wie eine gesunde Konstitution und bedeutende Widerstandskraft abgesprochen werden. Zum grossen Leidwesen der Gestütsverwaltung vererbt sich Craig Millar im Halbblut sehr schlecht. Besonders auffallend ist, dass unter seinen Halbblut-Produkten alle möglichen Haarfarben vorkommen.

Mit grossen Hoffnungen wurde die im Jahre 1885 erfolgte Erwerbung Doncaster's begrüsst. Hatte doch dieser Hengst nicht nur das englische Derby 1873 gewonnen, sondern ausserdem in England bereits einen bedeutenden Zuchtwert an den Tag gelegt. Als die ungarische Regierung ihn für den verhältnismässig billigen Preis von 5000 Pfd. St. vom Herzog von Westminster erstand, wurde dieselbe daher allseitig zu der, wie es damals den Anschein hatte, überaus gelungenen Acquisition beglückwünscht. Ein schöner Hengst — die unzweifelhaft bei ihm vorhandene Rückbiegigkeit war man geneigt ihm zu verzeihen — ein Derbysieger und ein bewährtes Vaterpferd — was hätte man noch mehr verlangen können? Und dennoch ist es heute eine Thatsache, dass sich der Hengst nicht mehr jener Gunst erfreut, die ihm während der ersten Zeit seiner Thätigkeit auf ungarischem Boden in so reichem Masse entgegengebracht wurde. Doch wir wollen den Ereignissen nicht vorgreifen, sondern lieber mit dem ersten Abschnitte der Lebensgeschichte dieses grossen Stockwell-Sohnes beginnen.

Doncaster's Pedigree hat folgendes Aussehen:

Doncaster.

Fuchshengst, gez. 1870 von Sir Tatton Sykes in Sledmere, Yorkshire.

Marigold 1860								Stockwell 1849							
Tochter von 1851				Teddington 1848				Pocahontas 1837				The Baron 1842			
Tochter von 1844		Ratan 1841		Miss Twickenham 1838		Orlando 1841		Marpessa 1830		Glencoe 1831		Echidna 1838		Irish Birdcatcher 1833	
Lisbeth 1828	Melbourne 1834	Tochter von 1831	Buzzard 1821	Electress 1819	Rockingham 1830	Vulture 1833	Touchstone 1831	Clare 1824	Muley 1819	Trampoline 1825	Sultan 1816	Miss Pratt 1825	Economist 1825	Guiccioli 1823	Sir Hercules 1826
Phantom Elizabeth	Humphr. Clinker Cervantes-Stute	Picton Selim-Stute	Blacklock Miss Newton	Election Stamford-Stute	Humphr. Clinker Medora	Langar Kite	Camel Banter	Marmion Harpalice	Orville Eleanor	Tramp Web	Selim Bacchante	Blacklock Gadabout	Whisker Floranthe	Bob Booty Flight	Whalebone Peri

Vornehm wie sein Stammbaum waren auch seine Leistungen. Er lief:

1873.

In The 2000 Gs. Stakes (gel. 10 Pferde, 1. Gang Forward, 2. Kaiser, 3. Suleiman) . . . . 0.

In The Derby Stakes (gel. 12 Pferde, Gang Forward u. Kaiser t. ren. 2.) 1.

In The St. Leger Stakes (gel. 8 Pferde, 1. Marie Stuart, 3. Kaiser) . 2.

In The Grand Duke Michael Stakes (gel. 5 Pferde, 1. Flageolet, 2. Andred, 3. Cobham, 5. Laird of Holywell) . . . . 4.

In The Newmarket Derby (gel. 5 Pferde, 1. Kaiser, 2. Boïard, 3. Andred) 0.

1874.

In The Ascot Gold Cup (gel. 6 Pferde, 1. Boïard, 2. Flageolet tot. ren.) 2.

In The Goodwood Cup (gel. 6 Pferde, 2. Kaiser, 3. Miss Toto . . . 1.

1875.

In The Ascot Gold Cup (gel. 5 Pferde, 2. Aventurière, 3. Nougat, 4. Montargis, 5. Peut-être) . . . . 1.

In The Alexandra Plate (gel. 7 Pferde, 2. Scamp, 3. Feu d'Amour) . . 1.

Gegen Ende des Jahres 1875 wurde Doncaster von seinem bisherigen Besitzer Mr. Merry, um 12 000 Guinéen an den Trainer Robert Peck und bald darauf von diesem um 14 000 Guinéen an den Herzog von Westminster verkauft, welch' letzterer ihn dem Gestüte Eaton Hall einverleibte. In diesem Gestüte zeugte Doncaster unter anderen Bend Or (Derbysieger und Vater des berühmten Ormonde), Country Dance, Dreamland, Muncaster, Myra, Thora, Town Moor, Farewell u. a. m. Was Bend Or und Muncaster geleistet, ist allbekannt, dagegen wird bei der Beurteilung von Doncaster nicht übersehen werden dürfen, dass dessen übrigen englischen Produkte keiner besonderen Klasse angehörten. Dieser Umstand, sowie der gegen Doncaster erhobene Vorwurf der Unfruchtbarkeit erklären, dass der Herzog von Westminster — der es ja „Gott sei Dank nicht nötig hat“ — den herrlichen Hengst im Jahre 1885 nach Ungarn ziehen liess. Nun, unfruchtbar ist Doncaster keineswegs, aber was ihm mit dem denkbar besten Stuten Material in England nicht möglich gewesen, hat er auch in seiner neuen Heimat nicht zu leisten vermocht. Seine Kinder sind meist weiche Pferde, die die Strapazen einer anstrengenden Laufbahn nicht auszuhalten vermögen. Äusserst bestechend als Jährlinge, müssen sie häufig schon nach dem zweiten Jahre, fast immer aber nach dem dritten, ausrangirt werden. Ausserdem erhält die Mehrzahl als Erbteil des Vaters leichte Schienbeine und Rückbiegigkeit mit auf den Lebensweg. Alles dies hat die Doncaster-Kinder nicht verhindert unter begünstigenden Umständen viel Geld zu verdienen, aber gut in der rechten, wir möchten sagen züchterischen, Bedeutung des Wortes sind sie darum als Stamm betrachtet doch nicht. Am besten haben sich bisher noch Trésor, Kincs-ör, Prado und Csalfa bewährt. Zu grossen Hoffnungen berechtigt daher Doncaster um so weniger, als er gegenwärtig schon wohlgezählte 20 Jahre am Nacken trägt.

Wir würden indessen eine Ungerechtigkeit gegen den ruhmgekrönten Veteranen begehen, wenn wir nicht hervorhöben, dass er der Kisbérer Halbblutzucht ein sehr nützlicher Beschäler gewesen ist. Werden nur bei der Paarung seine schwächsten Partien — Rücken und Vorderbeine — berücksichtigt, so erzeugt er im Halbblutgestüt zumeist korrekt gebaute, mächtige, noble Pferde, welche bei den Gestüts-Lizitationen zu Pest zu unglaublich hohen Preisen wie warme Semmel abzugehen pflegen.

Im Jahre 1884 schied der bisherige Gestütskommandant, Oberst v. Soest, aus seiner Stellung und wurde provisorisch durch den Herrn Rittmeister Eugén v. Kolossváry ersetzt, der am 24. Februar 1885 seine definitive Ernennung erhielt.

Die jüngsten für die Kisbérer Pépinière in England bewerkstelligten Ankäufe der ungarischen Regierung sind Sweetbread und Baldur.

Ersterer darf ohne Weiteres als der teuerste Vollblutbeschäler bezeichnet werden, der je eine Box in Kisbér bezogen hat; wohlgemerkt nicht positiv sondern relativ der teuerste, denn Verneuil kostete 9000 Pfd. St., während Graf Jván Szapáry für Sweetbread nur 7000 Pfd. St. bezahlte. Aber in dem einen Fall findet man den hohen Preis vollkommen gerechtfertigt, während man in dem anderen sich bemüssigt fühlt in dem Stammbaume, den Leistungen, dem Exterieur nach einer Erklärung für denselben zu forschen. Forschen wir also:

Sweetbread.

Schw.-br. Hengst, geb. 1879 in England.

Peffar 1871								*Brown Bread* 1862							
Caller Ou 1858				Adventurer 1859				Brown Agnes 1857				Weatherbit 1842			
Haricot 1847		Stockwell 1849		Palma 1840		Newminster 1848		Miss Agnes 1850		West Australian 1850		Miss Letty 1834		Sheet Anchor 1832	
Queen Mary	Mango oder Lanercost	Pocahontas	The Baron	Francesca	Emilius	Beeswing	Touchstone	Agnes	Irish Birdcatcher	Mowerina	Melbourne	Miss Fanny's Mutter	Priam	Morgiana	Lottery
Gladiator Plenipotentiary-St.	Emilius Mustard	Glencoe Marpessa	J. Birdcatcher Echidna	Partisan Miss Fanny's Mutter	Orville Emily	Dr. Syntax Ardrossan-Stute	Camel Banter	Clarion Annette	Sir Hercules Guiccioli	Touchstone Emma	Humphrey Clinker Cervantes-Stute	Orville Buzzard-Stute	Emilius Cressida	Muley Miss Stephenson	Tramp Mandane

Dieses Pedigree ist unzweifelhaft ein sehr achtunggebietendes und speziell wird es Sweetbread hoch angerechnet werden, dass er auf väterlicher Seite von der berühmten Agnes- und auf mütterlicher Seite von der nicht minder gepriesenen Queen Mary-Familie abstammt, aber weder sein Vater noch auch seine Mutter zählen zu den fashionablen Sternen des englischen Stud book's; Brown Bread hat kein klassisches Rennen gewonnen. Seine besten Leistungen sind die zwei Niederlagen, die er der ruhmgekrönten Caller Ou, der Siegerin in 34 Queen's Plates zugefügt. Dass er im Besitz eines ganz ausserordentlichen Stehvermögens gewesen, soll demnach nicht bestritten werden, Schnelligkeit hat er dagegen nie gezeigt. Im Gestüte Stanton-Shifnal, wo er zu 30 Gs. deckte, zeugte er unter anderen Siegern: Tartine, Pic-nic (Zweite in den 2000 Gs.), Mary White, Whitebait, Courtesy, Broadside, Home Made, Beauty Bright, Wafer, Bordelaise, Pearline und Sophietina. Wie man sieht, mit der alleinigen Ausnahme von Pic-nic, keine besonders glänzende Gesellschaft. Was wiederum Sweetbreads Mutter, Peffar, betrifft, so steht dieselbe seit 1881 in Kisbér, wo sie bisher nichts besseres als Metcalf gebracht hat.

Wir kommen nun zu Sweetbread's eigenen Leistungen. Er lief:

1881.

In The Stanley Stakes (gel. 9 Pferde, 1. Kermesse, 2. Isabel, 3. br. H. v. Cremorne a. d. Chaplet) . . . . 0.
In A Maiden Stakes (gel. 5 Pf., 1. Caballo, 2. Philibeg tot. ren., 4. Goodness) 2.
In A Maiden Plate (gel. 10 Pferde, 2. Biretta, 3. Gavilan) . . . . 1.
In The Prince of Wales's Nursery Plate (gel. 15 Pferde, 1. Vista, 3. Medicus) 2.
In The Scurry Nursery Stakes (gel. 12 Pferde, 1. br. Stute v. Speculum a. d. Hedge Rose, 2. Paragon, 3. Vale) . . . . 0.
In The Scurry Nursery Handicap (gel. 12 Pferde, 1. Hemlock, 2. Paragon, 3. Vale) . . . . 0.

1882.

In The Royal Hunt Cup Handicap (gel. 20 Pferde, 2. Edensor, 3. F. H. v. See Saw a. d. Peine de Coeur) . . . . 1.
In The Hardwicke Stakes (gel. 5 Pferde, 1. Tristan, 3. Poulet) . . . 2.
In The St. Leger Stakes (gel. 14 Pferde, 1. Dutch Oven, 2. Geheimniss, 3. Shotover) . . . . 0.
In The Newmarket Derby (gel. 5 Pferde, 1. Shrewsbury, 2. Palermo, 3. Dutch Oven) . . . . 0.
In A Three Yrs. old Handicap (gel. 8 Pferde, 1. Whin Blossom, 2. Bulbul. 3. Dean Swift) . . . . 0.

1883.

In The City and Suburban Handicap (gel. 18 Pferde, 1. Roysterer, 2. Lowland Chief) . . . . 3.
In The Royal Stakes (gel. 14 Pferde, 1. Lowland Chief, 3. Rout) . . 2.
In The Visitor's Plate (gel. 7 Pferde, 2. Bulbul, 3. Lizzie) . . . . . 1.
In The Visitor's Plate (gel. 9 Pferde, 2. Sutler, 3. Bolero) . . . . . 1.
In The Chesterfield Cup (gel. 11 Pf., 1. Vibration, 3. Mc Mahon, 4. Geheimniss) 2.
In The Cesarevitch Stakes (gel. 22 Pferde, 1. Don Juan, 2. Hackness, 3. Cosmos, 4. Tonans) . . . . 0.
In Her Majesty's Plate (gel. 3 Pferde, 2. Ishmael, 3. Lowland Chief) . 1.

1884.

In The Stewards' Cup (gel. 23 Pferde, 2. Duke of Richmond, 3. Ishah 1.
In The Alexandra Plate (gel. 3 Pferde, 1. Hauteur, 2. Perdita) . . . 3.
In The Liverpool Autumn Cup (gel. 15 Pferde, 1. Thebais, 2. Goggles, 3. Amalfi) . . . . 4.
In The Lancashire Cup (gel. 9 Pferde, 1 Corunna, 3. Prestonpans, 4. Energy) 2.

1885.

In The Lincolnshire Handicap (gel. 21 Pf., 1. Bendigo, 2. Bird of Freedom, 3. Mc Mahon, 4. Hermitage) . . . . 0.
In The Royal Hunt Cup (gel. 20 Pferde, 1. Eastern Emperor, 2. Corunna, 3. Fulmen) . . . . 0.

Fünf Jahre hindurch im Training und auf der Bahn gewesen zu sein, ist schon an und für sich eine so bedeutende Leistung, dass ein Pferd, das solches zu Stande gebracht, was Gesundheit der Konstitution, allgemeine Widerstandsfähigkeit und „Nerv“ anbelangt, keines anderen Nachweises bedarf. „Klasse“ lässt sich aber aus dem vorstehenden Verzeichnis nicht herauslesen und „Klasse“ ist's was den Marktpreis des modernen Vollblutpferdes in erster Reihe bedingt. Sweetbread war ein mittelmässiges Handicap-Pferd, weder mehr noch weniger.

Zuchtleistungen hatte der Hengst aber noch nicht aufzuweisen, als er in den Besitz des ungarischen Staates überging.

Unter solchen Umständen wird der Züchter das Exterieur des neuen Kisbérer Vollblutbeschäler einer um so genaueren Musterung unterziehen. Wir fürchten jedoch, dass das Ergebnis dieser Musterung kaum geeignet sein wird, dem Hengste in Ungarn die Wege zu ebnen. Ist doch das Missverhältnis zwischen Rumpf und Untergestell bei Sweetbread ein so auffallendes, dass man seiner Rennleistungen gedenkend, sich unwillkürlich an das alte englische Sprichwort „They run in all forms“ (Gelaufen wird in allen Formen) erinnert.

Selbstverständlich schliesst dies alles nicht aus, dass Sweetbread möglicherweise im Besitze eines eminenten Zuchtwertes ist; aber bis auf's Weitere steht man in dieser Beziehung noch vor einem Fragezeichen und 7000 Gs. für ein Fragezeichen ist viel Geld. Indessen wer's hat, kann sich ja einen solchen Einsatz in „The lottery of breeding“ erlauben. Überhaupt gehören Geschäfte dieser Gattung in die Kategorie der Geschmackssachen und über Geschmackssachen soll man bekanntlich nicht streiten.

Der neueste Zuwachs aus England, der in Kisbér Aufnahme gefunden, ist

Baldur.

F.-H., gez. 1883 vom Herzog von Westminster in England.
(Durch Herrn Sektionsrat v. Luczenbacher für 1700 Pfd. St. für Kisbér angekauft.)

Freia 1873				*Doncaster* 1870			
Thor'sday 1864		Hermit 1864		Marigold 1860		Stockwell 1849	
Manganese	Thormanby	Seclusion	Newminster	Ratan-Stute	Teddington	Pocahontas	The Baron

Gegen Baldur's Herkunft lässt sich sicher nichts einwenden und was sein Exterieur betrifft, hat ihm dasselbe, obwohl sein Vorderpedal keineswegs korrekt zu nennen ist, mehrere Preise auf englischen Hengstenschauen eingetragen. Adel und Nerv wird der Kenner indess stets an ihm vermissen, wozu sich noch der Umstand gesellt, dass Baldur ebenso wie seine Geschwister auf der Bahn so gut wie gar nichts geleistet hat. Er lief:

1885.

In The Walton Two Yrs. old Race of 100 sov. (gel. 9 Pf.) 1. Lisbon, 2. Osprey . . . . 3.

In The Chetwynd Plate of 200 sov. (gel. 9 Pf.) 1. Lowdown, 2. Kiss Not, 3. St. Valentine . . . . 0.

In The Brighton Nursery Handicap Plate of 250 sov. (gel. 7 Pf.) 2. Craig North, 3. Wild Notes . . . . 1.

1886.

In The Epsom High-weight Handicap of 200 sov. (gel. 12 Pf.) 1. Ripon, 2. Criterion . . . . 3.

In The Surbiton Handicap of 800 sov. (gel. 17 Pf.) 1. Tyrone, 2. Repentant, 3. Present Times. . . . . 0.

In The Welter Plate of 103 sov. (gel. 4 Pf.) 2. Bird of Eve, 3. Mc Mahon . . . . 1.

In A Mid-Weight Handicap of 150 sov. (gel. 5 Pf.) 1. Plantagenet, 2. Sandpiper, 3. The Countess . . . . 0.

In The Hassocks Plate of 200 sov. (gel. 10 Pf.) 1. Plantagenet, 2. Merry Duchess, 3. Recluse . . . . 0.

1887.

In The Great Welcomes Handicap of 400 sov. (gel. 6 Pf.) 1. Plantagenet, 2. Greenwich . . . 3.

GALAOR.

In The Welter Handicap of 200 sov. (gel. 4 Pf.) 1. Greenwich, 3. Cwicchelm, 4. Jane . . . . 2.

In The Belmont Stakes (Handicap) of 5 sov. each, with 100 sov. added. (gel. 9 Pf.) 1. Gules, 2. Cymbalaria, 3. Hugo . . . 0.

In The Welter Handicap Plate of 100 sov. (gel. 6 Pf.) 1. Stackpole, 2. Hungarian . . . . 3.

In The Welter Handicap of 150 sov. (gel. 9 Pf.) 1. Hygiene, 2. Hungarian, 3. Mohawk . . . . 0.

Als Rennpferd ist Baldur demnach kaum zu klassifiziren, weshalb er auch trotz seines vornehmen Stammbaumes kaum berufen erscheint, Verwendung in der Vollblutzucht zu finden.

Einer ganz anderen Klasse gehört der ebenfalls im Herbste 1890 nach Kisbér gekommene **Galaor** an, der in Paris auf öffentlicher Auktion um den Preis von 110 000 Frcs. von Herrn v. Luczenbacher für Rechnung der ungarischen Regierung erstanden worden ist.

Galaor.

D.br. H., gez. 1885 von Mons. A. Lupin in Frankreich.

<table>
<tr><td colspan="8">Fidéline 1871</td><td colspan="8">Isonomy 1875</td></tr>
<tr><td colspan="4">Finlande 1858</td><td colspan="4">Dollar 1860</td><td colspan="4">Isola Bella 1868</td><td colspan="4">Sterling 1868</td></tr>
<tr><td colspan="2">Fraudulent 1843</td><td colspan="2">Ion 1835</td><td colspan="2">Payment 1848</td><td colspan="2">The Flying Dutchman 1846</td><td colspan="2">Isoline 1860</td><td colspan="2">Stockwell 1849</td><td colspan="2">Whisper 1857</td><td colspan="2">Oxford 1857</td></tr>
<tr><td>Deceitful 1835</td><td>Venison 1833</td><td>Margaret 1831</td><td>Cain 1822</td><td>Receipt 1836</td><td>Slane 1833</td><td>Barbelle 1836</td><td>Bay Middleton 1833</td><td>Bassishaw 1847</td><td>Ethelbert 1850</td><td>Pocahontas 1837</td><td>The Baron 1842</td><td>Silence 1848</td><td>Flatcatcher 1845</td><td>Honey Dear 1844</td><td>Ir. Birdcatcher 1833</td></tr>
<tr><td>Defence
Lady Stumps</td><td>Partisan
Fawn</td><td>Edmund
Medora</td><td>Paulowitz
Paynator-Stute</td><td>Rowton
Sam-Stute</td><td>Royal Oak
Orville-Stute</td><td>Sandbeck
Darioletta</td><td>Sultan
Cobweb</td><td>Prime Warden
Miss Whinney</td><td>Faugh-a-Ballagh
Espoir</td><td>Glencoe
Marpessa</td><td>Ir. Birdcatcher
Echidna</td><td>Melbourne
Secret</td><td>Touchstone
Decoy</td><td>Plenipotentiary
My Dear</td><td>Sir Hercules
Guiccioli</td></tr>
</table>

Vornehm an und für sich ist obiger Stammbaum in Kisbér doppelt hoch zu schätzen, weil derselbe neues Blut in dem vom Newminster Blute in geradezu bedrohlicher Weise überfluteten Pépinière-Stall gebracht hat.

Galaor's Leistungen auf der Bahn sind so hervorragend, dass ihm ohne Widerrede ein Platz in der ersten Klasse des französischen Vollblutes gebührt. Er lief:

1887.

Im Prix Triennial (gel. 11 Pf.) 1. Stuart, 2. Loeffler, 3. Princess Palatine . . . . 0.
Im Grand Criterium (gel. 9 Pf.) 1. Stuart, 2. Bégonia . . . . . 3.
Im Prix de la Salamandre (gel. 14 Pf.) 2. Folie, 3. Walter Scott, 4. Empire . . . . 1.

1888.

Im Prix du Nabob (gel. 7 Pf.) 1. Walter Scott, 2. La Rientort . 3.
In der Poule d'Essai des Poulains (gel. 8 Pf.) 1. Reyezuelo, 2. Saint Gall, 3. Wotan . . . . 0.
Im Derby Francais (gel. 12 Pf.) 1. Stuart, 2. Saint Gall, 4. Carlo 3.
Im Prix de Juin (gel. 4 Pf.) 2. Sapajou, 3. Empire 1.
Im Grand Prix de Paris (gel. 6 Pf.) 1. Stuart, 2. Crowberry, 3. Saint Gall . . . . 4.
Im Derby du Pin (gel. 2 Pf.) 2. Boucanier . . . . 1.
Im Grand Saint Leger de France, 2. Dauphin, 3. Melbourne . 1.
Im Prix Hocquart (gel. 3 Pf.) 2. Empire, 3. Bavarde . . . . . 1.
Im Grand Prix de Deauville (gel. 8 Pf.) 2. Le Sancy, 3. Van Diemens Land, 4. Firmin . . . . 1.
Im Prix Royal Oak (gel. 5 Pf.) 2. Sibérie, 3. Murcie . . . 1.
Im Prix d'Octobre (gel. 7 Pf.) 2. Sibérie, 3. Catharina, 4. Dauphin 1.
Im Prix de la Forét (gel. 9 Pf.) 1. Catharina, 3. Fontanas, 4. Bavarde 2.

1889.

Im Prix Dollar (gel. 3 Pf.) 2. Phocéen, 3. Empire . . . . 1.
Im Prix Biennial (gel. 3 Pf.) 2. Dauphin, 3. Saint Gall . 1.
Im Prix Triennial (gel. 2 Pf.) 2. Sibérie . . . 1.
Im Prix de Deauville, ging über die Bahn . . . 1.
Im Prix de Seine-et-Marne (gel. 2 Pf.) 2. Empire . . . . . . 1.
Im Grand Prix de Deauville (gel. 6 Pf.) 1. Le Sancy, 3. Diamant, 4. Gullane . . . . 2.
Im Prix de Chantilly (gel. 4 Pf.) 2. Prétendant, 3. Chopine . 1.
Im Prix du Prince Orange (gel. 3 Pf.) 1. Achille, 3. Tantale 2.

1890.

Im Prix Dollar (gel. 7 Pf.) 1. Sultan, 2. Dogarresse, 4. Phocéen 3.
Im Prix de la Seine (gel. 4 Pf.) 1. Master Gillam, 3. Pflégethon 2.

Im Prix de la Coupe (gel. 5 Pf.) 1. Prix Fixe, 3. Dauphin, 4. Sultan II. 2.
Im Prix de Courbevoie (gel. 2 Pf.) 2. Carmaux . . 1.

In diesen 27 Rennen hat Galaor die Gesamtsumme von 318150 Frcs. verdient. Ausserdem darf wohl rühmend hervorgehoben werden, dass der Hengst, obgleich er sich vier Jahre hinter einander mit den Besten seiner Zeit gemessen, keinerlei Schaden an seinen Knochen und Sehnen erlitten hat. Bei dieser Gelegenheit sei auch erwähnt, dass der in deutschen Sportblättern gegen ihn erhobene Vorwurf, er sei ein schlimmer Roarer, zum mindestens stark übertrieben erscheint. Allerdings lässt er beim Galopiren ein durch das Athmen verursachtes Geräusch vernehmen, aber die richtige technische Bezeichnung für dieses Geräusch dürfte nicht Roaren, sondern „Highblowing“ sein, wofür wir im Deutschen keinen entsprechenden Ausdruck besitzen.

Galaor's Exterieur ist ein im hohen Grade ansprechendes. Ein nobleres Vaterpferd wird man nicht so bald zu sehen bekommen. Schon die vornehme schwarzbraune Farbe nimmt zu seinen Gunsten ein. Mustert man ihn aber genauer, so wird man finden, dass die ganze Vorhand, besonders der Kopf, der Hals, die idealisch schöne Schulterpartie, die wunderbare Tiefe und das sehnige, trotz einer anstrengenden Rennlaufbahn unbeschädigt gebliebene, Vorderpedal, den höchsten Anforderungen entsprechen. Die Rückenlinie könnte allerdings etwas vollkommener sein und dasselbe gilt von der Rippenbildung, auch ist der Hengst ein klein wenig überbaut, doch wo ist das Pferd, an dessen Körperformen nichts auszusetzen wäre — und fände man ein solches Wundertier, wer bürgte dafür, dass dasselbe dann auch in anderen nicht minder wichtigen Beziehungen das Urbild der Vollkommenheit sein würde?

Alle übrigen noch in Kisbér thätig gewesenen oder gegenwärtig noch aufgestellten Deckhengste und zwar Pásztor, Czimer, Balzsam, Milon, Bálvány, Elemér, Biró, Edgar, Merry Andrew und Morgan sind Inländer.

Welche Fortschritte die ungarische Vollblutzucht in jüngster Zeit gemacht, lässt sich am besten aus der Thatsache entnehmen, dass jenes Wörtchen „Inländer“, weit entfernt noch die frühere abschreckende Wirkung auf den Züchter auszuüben, einen entschieden vertrauenerweckenden Klang erhalten hat. Es ist eben vielen „Inländern“ gelungen, bald nach ihrem Übertritt in's Gestüt durch einen vielversprechenden Sprössling Reclame für sich zu machen. Wir erinnern nur an Pásztor's Tochter Adria, an die von Bálvány gezeugten schneidigen Stuten Jó-leány, Babona und Well-shot n. m. a. Allerdings haben jene Hengste seither wenig gethan, um ihren hierdurch begründeten guten Ruf aufrecht zu erhalten.

Pásztor besitzt folgenden Stammbaum:

Pásztor.

Fuchshengst, gez. 1881 von Herrn E. v. Blaskovics.

Lady Patroness 1871				*Cambuscan* 1861			
Louise Bonne 1860		Buccaneer 1857		The Arrow 1850		Newminster 1848	
Lady Louisa	Lambton	Little Red Rover-Stute	Wild Dayrell	Southdown	Slane	Beeswing	Touchstone

Pásztor gewann seinem Besitzer 1883 den Oedenburger Bürgerpreis, das damals bedeutendste Rennen für Zweijährige in der österreichisch-ungarischen Monarchie. Dieser Sieg darf wohl als seine beste Leistung bezeichnet werden, da sich unter den von ihm geschlagenen guten Pferden auch der spätere Derbysieger Vinea befand. An dem österreichischen Derby nahm Pásztor nicht teil, dagegen lief er Zweiter im Norddeutschen Derby. Den Abschluss seiner Renn-Laufbahn bildeten zwei schöne Siege und zwar in Wien der Staatspreis I. Klasse über 3200 Meter und in Budapest das St. Leger. Als vierjähriger konnte Pásztor nicht herausgebracht werden.

Im Ganzen ist Pásztor dreizehnmal gelaufen, darunter siebenmal siegreich.

Nachstehend das genaue Verzeichnis seiner Leistungen:

1883.

Rennen der Zweij. zu Budapest, 1500 fl. (gel. 8 Pf., 2. Metallist, 3. Sunrise . . 1.

Kladruber Preis, 2000 fl. (gel. 9 Pf., 2. Sunrise, 3. Enzesfeld) . . 1.

Trial Stakes, 2500 fl. (gel. 9 Pf., 2. Cambus, 3. Jauerling) . . . . 1.

Bürgerpreis zu Oedenburg, 10000 Frcs. in Gold (gel. 7 Pf., 2. Czimer, 3. Misa) . . . . 1.

Kladruber Preis, 2000 fl. (gel. 6 Pf., 1. Metallist, 2. Czimer) . . . . 3.

Zukunftspreis, Baden-Baden, 20000 M. (gel. 14 Pf., 1. Gabernie, 2. La Meuse) 0.

1884.

Egyesult nemzeti dij, Budapest, 7000 Frcs. in Gold (gel. 4 Pf., 1. Metallist 2. Vinea) . . . . 3.

Ambulantes Rennen, Budapest, 3000 fl. (gel. 3 Pf., 2. Dart, 3. Donna Elvira) 1.

Union Rennen, Berlin, 10000 M. (gel. 6 Pf., 1. Czimer, 2. Vinea) . . 3.

Norddeutsches Derby, 20000 M. (gel. 9 Pf., 1. Stronzian, 3. Czimer) . 2.
Badener Jubiläumspreis, 40000 M. (gel. 8 Pf., 1. Florence, 2. Imposant, 3. Niklot) . . . . 0.
St. Leger Handicap, Baden-Baden, 1000 M. (gel. 12 Pf., 1. Telephon, 2. Millerjung) . . . . 0.
Staatspreis I. Klasse, 5000 fl. (gel. 5 Pf., 2. Frangepan, 3. Jewess) . 1.
St. Leger, Budapest, 2000 fl. (gel. 4 Pf., 2. Jewess, 3. Enzesfeld) 1.

Der Gesamtbetrag der von Pásztor erzielten Gewinnste belief sich auf 25 364 fl. und 2800 Mark.

Pásztor ist ein höchst ansprechender Hengst von starkem Knochenbau und grosser Tiefe, an welchem kaum Etwas auszusetzen wäre, wenn seine Vorhand, namentlich Hals und Schulter, nicht einiges zu wünschen übrig liessen. Jene Mängel haben den Cambuscan Sohn aber nicht verhindert gute, sehnige Rennpferde zu produziren, die im Training nicht so bald versagen. Leider zeigen die meisten seiner Kinder ein schlechtes Temperament. Trotzdem halten wir es nicht für unmöglich, dass sich Pásztor als einer der besten Vollblut-Reproduktoren Österreich-Ungarns entpuppen werde, denn seine Produkte **Adria**, **Lovelace**, **Helena** und **Csendes** berechtigen unzweifelhaft zu sehr hochgespannten Erwartungen. Auch in Halbblut schlägt Pásztor sehr gut durch; seine Halbblutkinder sind alle auffallend starkknochige Tiere, denen man den verdrehten Hals, wenn sie denselben von ihrem Vater als Erbteil mit auf den Lebensweg erhalten haben, gerne verzeiht. Pásztor und Czimer wurden zusammen von der ungarischen Regierung mit 30 000 fl. bezahlt.

Czimer kam im Jahre 1889 von Mezöhegyes nach Kisbér. Väterlicherseits ein Halbbruder zu Pásztor, ist Czimer ebenfalls ein Produkt der Blascovisc'schen Zucht. Seine Abstammung und Rennleistungen findet der Leser nachstehend angegeben.

Czimer.

Fuchshengst, gez. 1881 von Herrn E. v. Blascovics.

Lenke 1868				*Cambuscan* 1861			
Gipsy Girl 1858		Cotswold 1853		The Arrow 1850		Newminster 1848	
Cestrea	Weatherbit	Aurora	Newcourt	Southdown	Slane	Beeswing	Touchstone

Rennleistungen:

1883.

Zukunftspreis, Baden-Baden, 20000 M. (gel. 14 Pf., 1. Gabernie, 2. La Meuse) . . . . 0.
Jugendpreis, Baden-Baden, 4000 M. (gel. 9 P., 1. Gernot, 2. Fancy Fair, 3. Lator) . . . . 0.
Maidenrennen, Wien, 800 fl. (gel. 8 Pf., 2. Flytrap, 3. Silverhair) . 1.
Handicap, Wien, 1500 fl. (gel. 9 Pf., 2. Flory, 3. Lator) . 1.
Bürgerpreis, Ödenburg, 10000 fl. (gel. 7 Pf., 1. Pásztor, 3. Misa) 2.
Zweijährigen-Rennen, 5000 Frcs. (gel. 8 Pf., 1. Misa, 2. Metallist, 3. Edgar) 0.
Kladruber Rennen, 2000 fl. (gel. 6 Pf., 1. Metallist, 3. Pásztor) . . . 2.

1884.

Staatspreis II. Klasse, Wien, 3000 fl. (gel. 6 Pf., 1. Metallist, 2. Enzesfeld) 2.
Produce Stakes, Budapest, 2250 fl. (ging über die Bahn) . . . . . 1.
Staatspreis I. Klasse, Budapest, 10000 fl. (gel. 4 Pf., 1. Pierrot, 3. Edgar) 2.
Österreichisches Derby, Wien, 22000 fl. (gel. 10 Pf., 1. Vinca, 2. Stronzian) 3.
Buccaneer Rennen, Wien, 5000 fl. (gel. 10 Pf., 2. Kéthely, 3. Attala) . 1.
Staatspreis III. Klasse, Wien, 2000 fl. (gel. 2 Pf., totes Rennen mit Metallist) 1.
Union Rennen, Berlin, 10000 M. (gel. 6 Pf., 2. Vinea, 3. Pásztor) . . 1.
Norddeutsches Derby, Hamburg, 20000 M. (gel. 9 Pf., 1. Stronzian, 2. Pásztor 3.

Czimer hat demnach an 15 Rennen teilgenommen und 6 davon gewonnen. Seine Renngewinnste betrugen 13 990 fl. und 19 000 Mark.

In der Vollblutzucht hat der Hengst so gut wie gar nichts geleistet. Wir wüssten ausser dem anspruchslosen Poray keinen Sieger von ihm zu nennen. In der Halbblutzucht scheint er sich jedoch besser bewähren zu wollen.

Wenig mehr ist von Balzsam zu sagen, welcher Hengst übrigens Kisbér, wo er nur seit 1889 zur Zucht verwendet gewesen ist, bereits verlassen hat und gegenwärtig bei dem Grafen J. Szapáry in Taskony, Szolnoker Comitat, als Mietshengst benützt wird. Balzsam, der im Jahre 1884 geboren ist, stammt von Buccaneer a. d. Lionne v. Lord Lyon. Nennenswerte Rennleistungen hat der Hengst nicht aufzuweisen. Dagegen darf er sich rühmen in Kisbér einige sehr schöne Halbblutfohlen hinterlassen zu haben.

Eigentum des ungarischen Staates sind weiter noch die in Kisbér aufgestellten Vollblut-Deckhengste Biró und Edgar, die dem ungarischen Staate zusammen 20 000 fl. gekostet haben.

Was Biró in der Zucht zu leisten im Stande sein wird, ist heute noch eine offene Frage, da er erst 1891 zu decken begonnen. Vorläufig lässt sich nur konstatiren, dass der Hengst durch seinen mächtigen, obwohl etwas hochbeinigen, Körperbau den Kenner für sich einnimmt und zudem auf Grund seiner bewiesenen ausserordentlichen Leistungsfähigkeit unbedingte Anempfehlung verdienen würde, wenn er kein Gunnersbury wäre und auf der Bahn nicht eine geradezu niederträchtige Launenhaftigkeit an den Tag gelegt hätte. Heute ein Held, Morgen ein feiger Schuft, so ging es in lieblicher Abwechslung seine ganze Renn-Karrière hindurch. Nur ein Schmerz ist Biró's Anhängern erspart geblieben: — an dem Erbübel der Hermit-Familie, dem Nasenbluten, hat der Hengst nie gelitten.

Biró's Stammtafel hat folgendes Aussehen:

Biró.

Br. H., gez. 1885 von Herrn Johann Frohner im Gestüte Karolinenhof.

Birdcage 1868				*Gunnersbury* 1876			
Lovebird 1857		Rogerthorpe 1853		Hippia 1864		Hermit 1864	
Psyche	Newminster	Jeremy Diddler Stute	The Hero	Daughter of the Star	King Tom	Seclusion	Newminster

Seine Rennleistungen waren:

1887.

Rennen der Zweijährigen zu Budapest, 1000 fl. (gel. 7 Pf., 1. Viadal, 2. Mollinary, 3. Cabotin) . . . . 0.

Handicap der Zweijährigen zu Budapest, 5000 Frcs. (gel. 12 Pf., 1. Trulla, 2. Tegetthoff, 3. Echo) . . . . 0.

1888.

Handicap zu Wien, 1000 fl. (gel 6 Pf., 2. Gemma, 3. Jós) . . . . . 1.

Krieau-Rennen, Wien, 1000 fl. (gel. 3 Pf., 2. Chudenitz, 3. Analyse) 1.

Viadukt-Rennen, Wien, 1000 fl. (gel. 2 Pf., 2. Analyse) . . . . . . 1.

Zsupán-Rennen, Wien, 3000 fl. (gel. 7 Pf., 1. Agnat, 2. Deceiver, 3. Hungaria) 0.

Batthyány-Hunyady-Preis, Budapest, 200 k. k. Dukaten (gel. 5 Pf., 1. Deceiver, 3. Agnat) . . . . 2.

Importpreis, Budapest, 2000 fl. (gel. 3 Pf., 1. Metallist. 3. Veglia) . . 2.

Staatspreis, Budapest, 10000 Frcs. (gel. 5 Pf., 2. Ugod, 3. Metallist) . 1.

Österreichisches Derby, Wien, 20000 fl. (gel. 8 Pf., 1. Rajta-Rajta, 2. Ugod 3. Hungaria) . . . . 0.
Staatspreis, Wien, 5000 fl. (gel. 6 Pf., 1. Rajta-Rajta, 2. Hungaria) . . 3.
Präsidentenpreis, Budapest, 4000 fl. (gel. 8 Pf., 1. Cintra, 2. Pajzán) . 3.
Budapester Preis, 5000 fl. (gel. 7 Pf., 1. Cintra, 3. Metallist, 4. Lord Ernest) 2.
Staatspreis, Wien, 5000 fl. (gel. 5 Pf., 2. Oroszlán, 3. Cintra, 4. Volapük) 1.
Jubiläumspreis, Wien, 25000 fl. (gel. 8 Pf., 1. Padischah, 2. Pajzán, 3. Cintra 4. Schweninger) . . . . 0.
Totalisateur Handicap, Wien, 4000 fl. (gel. 9 Pf., 1. Cintra, 2. Viceadmiral, 3. Altenburg) . . . . 4.
Internationaler Preis, Wien, 7000 fl. (gel. 5 Pf., 2. Cintra, 3. Pajzán, 4. Lord Ernest) . . . . 1.
St. Leger, Budapest, 5000 fl. (gel. 4 Pf., 1. Viceadmiral, 3. Oroszlán, 4. St. Wolfgang) . . . . 2.

1889.

Praterpreis, Wien, 2000 fl. (gel. 4 Pf., 1. Babona, 2. Rusnyák, 3. Siess) 0.
Wasserturm-Rennen, Wien, 2000 fl. (gel. 6 Pf., 2. Pajzán, 3. Viceadmiral) 1.
Lusthaus-Rennen, Wien, 3000 fl. (gel. 4 Pf., 1. Sz. Gál, 2. Galvanic, 4. Nevtelen . . . . 3.
Fenék-Rennen, Wien, 4000 fl. (gel. 5 Pf., 1. Bitorló, 3. Filou, 4. Trudom) 2.
Kincsem-Handicap, Wien, 3000 fl. (gel. 6 Pf., 1. Babona, 3. St. Gellert) 2.
Damenpreis, Budapest, 650 k. k. Dukaten (gel. 6 Pf., 1. Viceadmiral, 2. Kincstár, 3. Chudenitz) . . . . 4.
Staatspreis, Budapest, 5000 Frcs. (gel. 3 Pf., 1. Pajzán, 3. Viceadmiral) 2.
Staatspreis, Budapest, 10000 Frcs. (gel. 4 Pf., 2. Babona, 3. Willich) . 1.
Cambuscan-Rennen, Wien, 3000 fl. (gel. 6 Pf., 1. Kincs-ör, 2. Vöfély, 4. Babona) . . . . 3.
Rajta-Rajta-Rennen, Wien, 5000 fl. (gel. 2 Pf., 1. Triumph) . . . . 2.
St. Stephanspreis, Budapest, 31000 fl. (gel. 12 Pf., 1. Resolute, 2. Duchess, 4. Simplicius, 5. Galvanic) . . . . 3.
Budapester Preis, 5000 fl. (gel. 3 Pf., 2. Triumph, 3. Kardos) . . . 1.

Im Ganzen hat Biró an 30 Rennen teilgenommen, von denen er 9 gewann. Seine Renngewinnste betrugen 37105 fl.

Ob es mit den Zielen und Aufgaben einer staatlichen Vollblut-Pépinière in Einklang gebracht werden kann, wenn dieselbe Deckhengste verwendet, die, wie Biró in der Prüfung einen ebenso entschiedenen als bedenklichen Temperamentfehler an den Tag gelegt haben, ist eine Frage, auf welche es

PÁSZTOR.

unserer Meinung nach, nur eine Antwort gibt. Der Umstand, dass Biró thatsächlich eine bedeutende Rennfähigkeit besessen, vermag an dieser Auffassung nichts zu ändern. Im Blute oder den Nerven liegende, Generation nach Generation hervortretende Gebrechen, wie: weiche, schlaffe oder besonders reizbare Konstitution, schlechte Verdauung, fehlerhafte Gänge, unkorrekte Stellung der Gliedmassen, Mangel an Herz, bösartiges Temperament, nervöse Leiden, sowie schliesslich alle unzweifelhaft ererbten Übel, müssen unbedingt auch im Vollblut zur Ausschliessung des betreffenden Tieres führen. (Vergl. „Das Buch vom Pferde" von Graf C. G. Wrangel, Band II, 2. Aufl., Seite 527.)

Gleichzeitig mit Biró wurde der ebenfalls in Karolinenhof gezogene Hengst Edgar v. Ostreger a. d. Veile für Rechnung des ungarischen Staates erworben und in Kisbér aufgestellt.

Edgar.

Br. H., gez. 1881 von Herrn Johann Frohner.

Veile 1864				*Ostreger* 1862			
Daniela O'Rourke 1857		Teddington 1848		Tochter von 1849		Stockwell 1849	
Roxana	Dan. O'Rourke	Miss Twickenham	Orlando	Wedding Day	Venison	Pocahontas	The Baron

Über Edgar's Rennleistungen ist nicht viel zu sagen. Er lief als Zweijähriger 10 mal, siegte aber nur 1 mal und zwar im Rennen der Zweijährigen zu Wien, was ihm mit zwei ausserdem errungenen zweiten Plätzen den Betrag von 1950 fl. eintrug. Als Dreijähriger startete er 14 mal und siegte 3 mal, nämlich im Kladruber Preis zu Prag, im Versuchsrennen zu Budapest und im Staatspreis zu Budapest. Seine Gewinnstsumme betrug in diesem Jahre 4280 fl. Vierjährig lief er 15 mal, begnügte sich aber mit nur 2 Siegen (Przedswit Handicap zu Wien und Tribünen Preis zu Budapest) und wurde 4 mal Zweiter; Gewinnst 4871 fl. Fünfjährig startete er 11 mal, siegte 4 mal und wurde 5 mal Zweiter, jedoch war er damals schon zum Hürdenpferd degradirt und zog sich als solches mit einem Gewinnst von 6050 fl. für immer von der Bahn zurück.

Welche Eigenschaften ihm die Qualifikation zum Pépinière-Beschäler in Kisbér erworben haben, vermögen wir demnach nicht anzugeben.

Die Reihe jener Deckhengste, die, obwohl im Privatbesitz, Aufnahme in der Kisbérer Pépinière gefunden haben, eröffnen wir mit dem von 1887 bis inclusive 1890 in dem genannten Staatsgestüt aufgestellt gewesenen Hengsten Bálvány.

Bálvány, der dem Herrn Nicolaus von Blaskovics gehört, ist folgender Abstammung:

Bálvány.

Fuchshengst, gez. 1878 von Herrn Nicolaus v. Blaskovics.

Lady Florence 1862				*Buccaneer* 1857			
Lady Melbourne 1852		Newminster 1848		Tochter von 1841		Wild Dayrell 1852	
Raillery	Melbourne	Beeswing	Touchstone	Eclat	Little Red Rover	Ellen Middleton	Ion

Ein sehr vielversprechender Zweijähriger — er gewann im Jahre 1880 das Hamburger Criterium, das Louisa-Rennen zu Frankfurt a. M., den Zukunftspreis zu Baden-Baden, den Bürgerpreis zu Ödenburg, den Kladruber-Preis zu Wien und das Rennen des Zweijährigen zu Pest — schien er berufen, eine grosse Rolle in den klassischen Wettkämpfen des nächsten Jahres zu spielen. Doch die dunklen Mächte, denen man „the glorious uncertainty of the turf" zu verdanken hat, liessen es nicht dazu kommen. Bálvány zog sich im Training ein Sehnenleiden zu, welches in nötigte, die Box zu hüten, anstatt an dem frischen, fröhlichen Ringen seiner Altersgenossen teilzunehmen. Als Vierjähriger wurde er allerdings wieder herausgebracht, aber seine Versuche, sich in den Rous Memorial Stakes zu Ascot, sowie im Juli Handicap zu Newmarket verspätete Lorbeeren zu holen, misslangen vollständig. Damit hatte seine Rennlaufbahn ihren Abschluss gefunden. Er übersiedelte in's Gestüt, wurde kurze Zeit von der österreichischen Regierung mietweise in Stadl verwendet und bezog im Jahre 1887 eine Box im Kisbérer Pépinière-Stall.

Bálvány galt und gilt teilweise noch jetzt, seitdem Kisbér das Land wieder verlassen und Kisbér öcsese den in ihn gesetzten Erwartungen nicht entsprochen hat, für den berufensten Vertreter seines Vaters Buccaneer. Ob er aber in Wirklichkeit der glänzenden Zukunft entgegengeht, die ihm prophezeit worden ist, muss bis auf's Weitere als eine offene Frage bezeichnet werden, wenigstens lassen seine bisherigen Produkte, wie z. B. Golden Rose, Jó-leány, Babona, Well-shot, Phönix, Idolo, Kiserlét, Bitorló, Csövar u. a., obwohl zum Teil sehr nützliche Tiere, noch kein definitives Urteil über seinen Wert als Vaterpferd zu. Vorläufig kann nur konstatirt werden, dass seine Kinder früh reif werden und somit eine baldige Ausnutzung auf der Rennbahn gestatten. Möglich ist es aber immerhin, dass der mit einem ausgezeichneten Pedigree, starken Beinen, grosser Tiefe und mächtigen Formen ausgestatteten Bálvány, das Zeug in sich hat, Grosses für die ungarische Vollblutzucht zu leisten. Nur müsste er sich hiermit ein wenig beeilen, denn das Vertrauen der Züchter ist unter Umständen mit einer ebenso schnell aufblühenden wie rasch dahin welkenden Blume zu vergleichen.

Milon ist ebenfalls so ein „Zukunftshengst“, über dessen Zuchtwert sich noch nichts Rechtes sagen lässt. Beginnen wir mit seiner Abstammung, so finden wir, dass er im Besitz folgender Stammtafel ist:

Milon.

Fuchshengst, gezogen 1880 im königl. ungar. Staatsgestüt Kisbér.

Mildred 1868				*Cambuscan* 1861			
Merry-go-round 1862		Rataplan 1850		The Arrow 1850		Newminster 1848	
Maypole	Trumpeter	Pocahontas	The Baron	Southdown	Slane	Beeswing	Touchstone

Ein nobleres Pedigree wird man nicht leicht zusammenstellen können. Mit den Rennleistungen sieht es aber bei Milon recht windig aus. Was er als Rennpferd war, hat er überhaupt nur zum Teil in der Öffentlichkeit gezeigt, da ihm beim letzten Galop vor dem Derby ein Blutgefäss barst, so dass er gar nicht an diesem klassischen Rennen teilnehmen konnte. Nun will man allerdings aus dem Umstande, dass seine Stallgenossin Cambrian bereits früher aus dem Derby gestrichen worden war, den Schluss ziehen, dass Milon zu Hause sich als ein ganz hervorragendes Rennpferd bewährt habe, aber was uns betrifft, bringen wir allen private-trials ein so entschiedenes Misstrauen entgegen, dass wir den hier erwähnten Ansichten und Entschliessungen des Söllinger'schen Stalles keinerlei Beweiskraft mit Bezug auf Milon's thatsächlicher Rennfähigkeit einräumen können. Wir meinen, je weniger man von Milon's Rennleistungen spricht, um so besser.

Im Exterieur zeigt der Hengst viel Adel; etwas mehr Länge in der Kruppe wäre ihm jedoch zu wünschen und ebenso könnte es seinem Äusseren nicht schaden, wenn er auf kürzeren Beinen durch die Welt ginge. Indessen — einen gewissen Eindruck wird Milon trotz jener und anderer Mängel auf jeden Pferdeliebhaber machen, denn er ist entschieden, was der Laie „ein schönes Pferd" zu nennen pflegt.

Es heisst aber nicht vergebens: „Schönheit liegt in den Leistungen". Milon's Zukunft als Vollblut-Vaterpferd hängt daher in erster Linie davon ab, ob es ihm gelingen wird, bessere Produkte herauszubringen, als es Hadur, Ischl, Pajtas und Kate gewesen.

Ausser Bálvány und Milon haben noch folgende im Privatbesitz stehende Vollblutbeschäler vorübergehend Aufnahme im Kisbérer Pépinière-Stall gefunden: des Grafen Béla Zichy's br. H. Elemér, geb. 1877 v. Buccaneer a. d. Elspeth v. Blair Athol (Sieger im österreichischen Derby 1880); des Baron Sigm. Uechtritz's d.b. H. Merry Andrew v. Chippendale a. d. Jubilant und Herr v. Luczenbacher's br. H. Morgan v. Springfield a. d. Morgiana. Von einer näheren Beschreibung dieser Hengste dürfen wir wohl um so eher absehen, als dieselben noch nicht in die Lage versetzt worden sind, in Kisbér Spuren ihrer dort entwickelten Thätigkeit zu hinterlassen.

Dieser Einzelbeschreibung der hervorragendsten Kisbérer Hauptbeschäler lassen wir nun der besseren Übersicht wegen einen Ausweis über sämtliche seit dem Übergabsjahre bis auf den heutigen Tag in Kisbér zur Zucht verwendeten Vaterpferde folgen.

Deckte vom Jahre	Name	Abstammung		Geburtsjahr	Grösse in cm	Rasse	Farbe	Anmerkung
		Vater	Mutter					
1870	Roland	Roland	unbekannt	1859	—	Norfolk-traber	Fuchs	1870 durch Oberst v. Soest in Hannover um 110 Friedrichsdor gekauft.
„	Wolfsberg	Virgilius	Bay Letti	1866	—	Englisch Vollblut	Braun	—
„	Mincio	Chief Justice	Countess of Theba	1859	—	„	—	Kisbérer Zucht. Vertilgt bevor Beginn der Decksaison.
1871	Diophantus	Orlando	Equation	1858	—	„	Fuchs	1870 in Engl. angekauft.

Deckte vom Jahre	Name	Abstammung		Geburts-Jahr	Grösse in cm	Rasse	Farbe	Anmerkung
		Vater	Mutter					
1871	Palestro	Fitz Gladiator	Lady Saddler	—	—	Engl. Vollblut	—	In Mezőhegyes verwendet, deckte für Kisbér einige Stuten.
„	Highflyer	Old Pretender	Heroine	1865	—	Norfolk-traber	dunkelbraun	1870 in England angekauft.
„	Highflyer II	Shales	Champion-Stute	1867	—	„	braun	1871 durch Oberst v. Soest in England um 450 Pfd. angekauft.
1872	Pride of England	Pride of England	60 Sutherland	1869	—	Norfolk	„	Kisbérer Zucht.
1873	Cambuscan	Newminster	The Arrow	1861	—	Engl. Vollblut	Fuchs	1872 durch Mr. Cavaliero in England um 5500 Pfd. angekauft.
„	Kettledrum	Kataplan	Hybla	1858	—	„	—	
„	Jackson	—	—	—	—	—	—	—
1875	Furioso	Furioso V	614 Abugress IV	1871	—	Engl. Halbblut	braun	1874 v. Mezőhegyes transferirt.
1876	Palestro	Palestro	361 Nonius LV	1873	—	„	dunkelbraun	v. Mezőhegyes transferirt.
„	Game Cock	Buccaneer	Game Pullet	1870	—	Engl. Vollblut	braun	1876 1./1. vom Graf F. Nádasdy um 1200 fl. gekauft.
„	Count Zdenko	Buccaneer	Caster-Stute	1867	—	„	Fuchs	1875 vom Graf F. Nádasdy um 10000 fl. angekauft.
1877	Remény	Buccaneer	Catastrophe	1873	—	„	dunkelbraun	1877 vom Graf Zdenko Kinsky um 15000 fl. angekauft.
„	Macbeth	Macbeth	622 Nonius II	1874	—	Engl. Halbblut	braun	1876 v. Mezőhegyes transferirt.
„	Sutherland	Sutherland I	690 North Star I	1874	—	„	dunkelbraun	1976 von Mezőhegyes.
1878	Strabanzer	Buccaneer	Lady Elizabeth	1873	—	Engl. Vollblut	Fuchs	1877 vom Baron Majthényi um 3000 fl. angekauft.
„	Kalandor	Adventurer	Mineral	1872	—	„	„	1878 aus dem Radautzer Gestüt durch Tausch für Kisbér erworben.
1879	Hajnal	Ostreger	47 Revolver	1875	—	Engl. Halbblut	„	Kisbérer Zucht.
„	Virgilius	Virgilius	96 Nordstern	1879	—	„	dunkelbraun	Vom Stuhlweissenburger Depôt nach Kisbér transferirt.

Deckte vom Jahre	Name	Abstammung		Geburtsjahr	Grösse in cm	Rasse	Farbe	Anmerkung
		Vater	Mutter					
1880	Verneuil	Mortemer	Regalia	1874	174	Engl. Vollblut	Fuchs	1879 vom Graf Lagrange in Frankr. um 7800 Pfd. (106340 fl.) angekauft.
"	Prince Paris	The Duke	Abbess	1870	—	"	braun	Von Baron B. Wesselény gemietet.
1881	Gunnersbury	Hermit	Hippia	1876	173	"	Fuchs	1881 durch Mr. F. Cavaliero in England um 20000 fl. angekauft.
"	Kisbér öcsese	Buccaneer	Mineral	1877	172	"	braun	Kisbérer Zucht.
"	Harry Hall	Kettledrum	Honesta	1876	164	"	"	1880 v. Baron J. Majthényi um 6000 fl. angekauft.
"	Förgeteg	Furioso V	141 Ostreger	1877	—	Engl. Halbblut	"	Kisbérer Zucht.
"	Zivatar	North Star III	80 Furioso	1877	—	"	"	Kisbérer Zucht.
1883	Allbrook	Wild Dayrell	Elizabeth	1866	168	Engl. Vollblut	dunkelbraun	1883 v. Graf Hugo Henckel um 3000 fl. angekauft.
"	Craig Millar	Blair Athol	Miss Roland	1872	169	"	Fuchs	1883 durch Graf J. Szapáry in England um 6000 Pfd. (86371 fl.) angekauft.
"	Ruperra	Adventurer	Lady Morgan	1876	176	"	"	1883 durch Graf J. Szapáry in England um 3000 Pfd. (43156 fl.) angekauft.
1884	Taurus	Scottish Chief	Chilham	1879	168	"	"	1883 vom Herrn v. Baltazzi um 15000 fl. durch Herrn Ministerialrat v. Kozma angekauft.
"	Cambusier	Cambuscan	Crisis	1874	—	"	—	Kisbérer Zucht.
"	Hullám	Cambuscan	73 Nonius	1880	—	Engl. Halbblut	Fuchs	Kisbérer Zucht.
1885	Doncaster	Stockwell	Marigold	1870	169	Engl. Vollblut	"	1884 vom Herzog v. Westminster in Engl. durch Graf Ivan Szapáry um 5000 Pfd. (71 523 fl.) angekauft.
1886	Milon	Cambuscan	Mildred	1880	—	"	"	Vom Rittmeister Söllinger gemietet.
"	Pásztor	Cambuscan	Lady Patroness	1881	—	"	"	Vom Herrn v. Blaskovics gezogen.
1887	Bálvány	Buccaneer	Lady Florence	1878	169	"	"	Vom Herrn Miklós v. Blaskovics gemietet.

Deckte vom Jahre	Name	Abstammung		Geburtsjahr	Grösse in cm	Rasse	Farbe	Anmerkung
		Vater	Mutter					
1888	Indian Star	Apollyon	Factory Girl	1871	172	Engl. Vollblut	braun	Eigentum des Grafen F. Zichy.
1889	Balzsam	Buccaneer	Lionne	1884	168	„	dunkelbraun	1888 vom Herrn v. Blaskovics um 5000 fl. angekauft.
„	Czimer	Cambuscan	Lenke	1881	167	„	Fuchs	1885 vom Herrn v. Blaskovics angekauft durch Ministerialrat v. Kozma.
„	Sweet Bread	Brown Bread	Peffar	1879	171	„	dunkelbraun	1888 in England um 79000 fl. angekauft durch Graf J. Szapáry.
1890	Elemér	Buccaneer	Elspeth	1877		„	braun	Vom Graf Zichy in Kisbér aufgestellt.
1891	Morgan	Springfield	Morgiana	1883	—	„		Zur Ausnützung vom Sekt.-Rat von Luczenbacher hier aufgestellt.
„	Merry Andrew	Chippendale	Jubilant	1885		„	dunkelbraun	dito vom Baron Uechtritz.
„	Galaor	Isonomy	Fidéline	1885	—	„	„.	1890 in Paris um 110000 Frcs. durch Herrn Sektionsrat v. Luczenbacher angekauft.
„	Baldur	Doncaster	Freia	1883	—	„	Fuchs	1890 in England um 1700 Pf. St. durch Herrn Sektionsrat v. Luczenbacher angekauft.
„	Biró	Gunnersbury	Birdcage	1885	—	„	braun	1890 vom Herrn J. Frohner um 12000 fl. angekauft.
„	Edgar	Ostreger	Veile	1881	—	„	„	1890 vom Herrn J. Frohner um 8000 fl. angekauft.

Die in Kisbér von 1854—1890 als Stammbeschäler verwendeten Hengste nach den Rassen geordnet:

Jahr	Engl. Vollblut	Engl. Halbblut	Norfolktraber	Percheron	Lipizzaner	Neapolitaner	Araber	Unbek. Rasse	Summa
1854 bis 1868	29	—	4	3	1	1	1	—	39
1869 bis 1890	36	7	5	—	—	—	—	1	49
Summa	65	7	9	3	1	1	1	1	88

Unsere nächste Aufgabe ist, auch das seit 1870 in Kisbér benützte Mutterstuten-Material zu registriren.

Zu diesem Zwecke geben wir nachstehend einen

Ausweis

über die von 1870—1890 im Gestüte verwendeten, nicht mehr vorhandenen Vollblut-Mutterstuten.

Mrs. Stratton, br. St., geb. 1863 v. Orlando a. d. Catawba v. Cowl, in England gekauft (1870—71).

Beeswing, br. St., geb. 1863 v. Newminster a. d. The Sphynx v. The Ugly Buck, in England gekauft (1870—79).

Florican, br. St., geb. 1864 v. Newminster a. d. The Belle v. Slane, gezogen in England und vom Grafen Paul Festetics erkauft (1870—80).

Lady Elizabeth, br. St., geb. 1865 v. Trumpeter a. d. Miss Bowzer v. Hesperus, in England gekauft (1870—78).

Imperatrice, br. St., geb. 1859 v. Orlando a. d. Eulogy v. Euclid, in England gekauft (1871—83).

Turterette, br. St., geb. 1862 v. Ben-y-Ghlo a. d. Christiana v. Nutwith, (1871—74).

Honey Bee, schw. St., geb. 1862 v. King of Trumps a. d. Honey Dew v. Touchstone, in England gekauft (1871—82).

Mineral, F. St., geb. 1863 v. Rataplan a. d. Manganese v. Birdcatcher, in England gekauft (1871—78).

The Czar, F. St., geb. 1866 v. The Czar a. d. 41 Fanny v. Kossuth, in Kisbér gezogen (1871—74).

Silkstone, br. St., geb. 1859 v. Touchstone a. d. Snowdrop v. Galanthus, in England um 430 Guinéen 10 shillings gekauft (1872—80).

Gratitude, br. St., geb. 1860 v. Newminster a. d. Charity v. Melbourne, in England um 1050 Guinéen gekauft (1872—79).

Thalestris, br. St., geb. 1860 v. Kingston a. d. Virago v. Pyrrhus the First, aus England importirt und in Budapest um 2500 fl. gekauft (1872—78).

Firefly, F. St., geb. 1860 v. Orlando a. d. Twitter v. Alarm, in England um 400 Guinéen samt Saugstütel gekauft (1872—81).

Deception, F. St., geb. 1860 v. Orlando a. d. Trickstress v. Sleight-of-Hand, in England geboren und in Budapest vom Königl. Ministerium um 2100 fl. erkauft (1872—83).

Donna Maria, F. St., geb. 1858 v. King Tom a. d. Ma Mie v. Jerry, von Herrn P. v. Aczél angekauft (1873—74).

CZIMER.

East Sheen, br. St., geb. 1858 v. Kingston a. d. Miss Slick v. Muley Moloch, vom Herrn P. v. Aczél erkauft (1873—75).

Fantail, br. St., geb. 1860 v. Woodpigeon a. d. Beechnut v. Nutwith, vom Herrn Peter v. Aczél angekauft (1873—77).

New Victoria, br St., geb. 1863 v. West Australian a. d. Calcavella v. Birdcatcher, vom Herrn Peter v. Aczél angekauft (1873—82).

Caroline, br. St., geb. 1861 v. Ivan a. d. Coquette v. Napier, vom Herrn Peter v. Aczél angekauft (1873—81).

Merry-go-round, F. St., geb. 1862 v. Trumpeter a. d. Maypole v. Sweatmeat, vom Herrn Peter v. Aczél gekauft (1873—82).

Java, br. St., geb. 1866 v. West Australian a. d. Juliette v. Surplice, in Frankreich gezogen, vom Herrn Peter v. Aczél gekauft (1873—83).

Mildred, F. St., geb. 1868 v. Rataplan a. d. Merry-go-round v. Trumpeter, vom Herrn Peter v. Aczél gekauft (1873—86).

Pearlfeather, br. St., geb. 1865 v. Newminster a. d. Bess Lyon v. Longbow, in England gezogen und in Budapest von dem königl. Ministerium um 2150 fl. erkauft (1874—76).

Affinity, br. St., geb. 1867 v. Young Melbourne a. d. Potash v. Voltigeur, in England samt 2 anderen Stuten um 23680 fl. erkauft (1877—86).

Moonlight, br. St., geb. 1869 v. Ostreger a. d. Oakleaf v. Touchstone, beim Herrn Peter v. Aczél gezogen und samt First Lady um 3500 fl. vom Baron L. Simonyi erkauft (1879—82).

First Lady, br. St., geb. 1867 v. Cotswold a. d. The Lady of the Lake v. Teddington, beim Herrn Peter v. Aczél gezogen und samt Moonlight um 3500 fl. von Baron L. Simonyi erkauft (1879—88).

Mistigris, F. St., geb. 1873 v. Ostreger a. d. Cheshire Witch v. Pantaloon, gezogen beim Grafen L. Apponyi (1880—82).

Erzsi, br. St., geb. 1874 v. Ostreger a. d. Imperatrice v. Orlando, gezogen in Kisbér und vom Grafen Paul Festetics angekauft (1880—82).

Elspeth, F. St., geb. 1870 v. Blair Athol a. d. Tamara v. Weatherbit, gezogen beim Fürst J. Liechtenstein und von der Rennkompagnie „General Hope" angekauft (1880—83).

Bimbó, br. St., geb. 1874 v. Ostreger a. d. Fancy v. Orlando, vom Grafen Paul Festetics angekauft (1880—88).

Miss Ellis, br. St., geb. 1871 v. Lord Clifden a. d. Cavriana v. Longbow, oder Mountain Deer, in England gezogen und vom Grafen P. Festetics gekauft (1880—88).

Chillag, F. St., geb. 1872 v. Lord Clifden a. d. Creslow v. King Tom, vom Grafen P. Festetics erkauft (1880—89).

Orange Lily, F. St., geb. 1878 v. Blair Athol a. d. Crinon v. Newminster geboren in England und für das Gestüt im Vereine mit 4 anderen Stuten, ihrem eigenen und 4 anderen Fohlen um 40000 fl. erworben (1883—89).

Miss Edith, F. St., geb. 1878 v. Doncaster a. d. Edith v. Newminster, in England um 420 Guinéen erkauft (1888).

Friendless, br. St., geb. 1877 v. Brown-Bread a. d. Nameless v. Blinkhoolie, in England um 500 Guinéen erkauft (1888—89).

Elsa, br. St., geb. 1874 v. Gladiateur a. d. Isilia v. Newminster, in England gezogen und von Herrn Gabor Beniczky gekauft, Ankaufspreis samt Fohlen und Chilham mit Fohlen 8000 fl. (1881—85).

Agnes Ethel, br. St., geb. 1878 v. Galopin a. d. Agnes Sorel v. King Tom, in England um 500 Guinéen erkauft (1881—86).

Patti, br. St., geb. 1865 v. Compromise a. d. Vignette v. Italian, beim Grafen J. Hunyadi geboren und vom Baron A. Bánffy um 1000 fl. erkauft (1882—84).

Renown, F. St., geb. 1877 v. Doncaster a. d. Fame v. Trumpeter, in England als Zugabe beim Ankaufe von Craig Millar gekauft (1883—84).

Merry Bells, F. St., geb. 1872 v. Saunterer a. d. Minster Bell v. Newminster, in England geboren und im Verein mit 4 anderen Stuten, ihrem eigenen samt 4 Fohlen um 40000 fl. in Budapest übernommen (1883—86).

Claret Wine, F. St., geb. 1872 v. Windham a. d. Nectarina v. Claret, in England geboren und im Vereine mit 4 anderen Stuten, ihrem eigenen samt 4 Fohlen um 40000 fl. in Budapest übernommen (1883—88).

Ara, br. St., geb. 1880 v. Buccaneer a. d. Affinity v. Young Melbourne, in Kisbér gezogen (1883—88).

Aus welchen Stuten die Kisbérer Vollblut-Mutterstuten-Herde im Jahre 1890 bestand, welche Rennleistungen und Nachkommen jede einzelne Stute gehabt, zu welchen Preisen diese als Jährlinge verkauft worden und welche grösseren Rennen sie später gewonnen, findet der Leser nachstehend angegeben:

Verbena,

F. St., gez. 1867 vom Grafen Josef Hunyady v. Compromise a. d. Vignette v. Italian a. d. Martingale v. The Saddler. Von Graf Iván Szapáry um 5000 fl. angekauft. 164 cm.

Rennleistungen:

1869 Budapest. Zweijähriges Rennen, Staatspreis. (11 Pferde liefen. 1. Triumph, 2. Louisa, 3. Concession, 4. Volta, 5. Lady Sarah) 0

1870 Budapest. Nemzeti-dij. (7 Pf. l. 2. Count Zdenko, 3. Polgár, 4. Louisa) . . 1
„ „ Hazafi-dij. (6 Pf. l. 1. All-my-Eye, 3. Louisa) 2
„ Kaschau. Staatspreis II. Kl. (3 Pf. l. 1. Louisa) 2
„ „ Staatspreis I. Kl. (3 Pf. l. 1. Horror, 2. Louisa) 3
„ Prag. Kaiserpreis I. Kl. (4 Pf. l. 1. Count Zdenko, 2. Cadet, 4. Advocate) . 3
„ Budapest. Ritterpreis. (5 Pf. l. 1. Chief, 2. Irrlicht, 3. Concession) 0
„ Wien. Kleines Handicap. (6 Pf. l. 2. Irrlicht, 3. Consideration) 1

1871 Budapest. Damenpreis. (3 Pf. l. 2. Beindlstierer, 3. Margit) 1
„ Pressburg. Handicap. (8 Pf. l. 1. Braemar, 2. Ameise, 3. Siesta) 0
„ Budapest. Esterházy-dij. (3 Pf. l. 2. Bajadère, 3. Aeneas) 1
„ „ Batthyanyi-Hunyady-dij. (6 Pf. l. 1. Braemar, 2. My Uncle) . . 0
„ Wien. Damenpreis. (3 Pf. l. 2. Consideration, 3. Lady Florence) 1
„ Klausenburg. Staatspreis. (4 Pf. l. 1. Lenke, 2. Kurucz) 3
„ „ Trostrennen. (4 Pf. l. 2. Magnolia, 3. Szegény legény) . . . 1
„ Debreczin. Grosses Handicap. (8 Pf. l. 1. Lanschütz, 2. Bajadère, 3. Nádor) 0
„ „ Preis der königl. Freistadt Debreczin. (6 Pf. l. 2. Nádor) . . 1
„ Budapest. Grosses Handic., Jockey-Club-Preis. (6 Pf. l. 1. Oracle, 3. F.-H. v. Cotswold) 2
„ „ Stutenpreis. (5 Pf. l. 1. Concession, 2. Andorka, 3. In View) 0

1872 Wien. Handicap. (9 Pf. l. 1. La Giroflée, 2. Ziska) 3
„ Budapest. Damenpreis. (5 Pf. l. 1. Lanschütz, 3. Cadet) 2
„ „ Náko-dij. (3 Pf. l. 1. Beindlstierer, 2. Horror) 0
„ Prag. Kaiserpreis II. Kl. (5 Pf. l. 1. Einsiedler, 2. Andorka) 3
„ Budapest. Grosses Handicap, Jockey-Club-Preis. (12 Pf. l. 2. Caprice, 3. Oracle) 1
„ Wien. Handicap. (8 Pf. l. 2. Aspirant, 3. Libella) 1

1873 Budapest. Hürdenrennen. (4 Pf. l. 1. Olga) 0
„ Wien. Welterstakes. (4 Pf. l. 2. Otto, 3. Bim) 1
„ Pressburg. Steeple-Chase. (5 Pf. l. 1. Anarkali, 2. Ecce, 3. Bajadère) . . . 0
„ „ Steeple-Chase. (5 Pf. l. 1. Bajadère, 2. Anarkali, 4. Messman) . 3
„ Pest. Welter-Stakes. (3 Pf. l. 1. Bajnok, 2. Andorka) 3
„ „ Grosse Steeple-Chase. (3 Pf. l. 1. Brigantine, 2. Ignatz) 0
„ Wien. Grosse Wiener Steeple-Chase. (5 Pf. l. 1. Brigantine, 2. Ecce, 3. Anarkali) 0
„ „ Steeple-Chase-Handicap. (7 Pf. l. 1. Serjeant Bouncer, 2. Anarkali, 3. Lady Flora) 0
„ Prag. Kladruber Steeple-Chase. (5 Pf. l. 1. Brigantine, 2. Ignatz, 3. Mlle Giraud) 0
„ Wien. Preis d. Industriellen. (11 Pf. l. 1. Aspirant, 2. Professor, 3. Strassburg, 4. Krischna) 0
„ Debreczin. Grosses Handicap. (3 Pf. l. 2. Rubicon, 3. Vivacity) 1
„ „ Preis der königl. Freistadt Debreczin. (3 Pf. l. 1. Prince Paris) 2
„ Budapest. Grosses Handicap. (4 Pf. l. 2. Professor, 3. Kurucz) 1
„ „ Steeple-Chase. (Ging über die Bahn) 1

1874 „ Flachrennen. (Ging über die Bahn) 1
„ Wien. Welter-Stakes. (4 Pf. l. 2. Drum Major) 1
„ Pressburg. Damenpreis. (3 Pf. l. 2. Drum Major, 3. Bar-le-Duc) 1
„ Budapest. Graf Károlyi-Stakes. (3 Pf. l. 2. Prince Paris, 3. Drum Major) . 1
„ Kaschau. Staatspreis I. Kl. (5 Pf. l. 1. Babér, 3. Prince Paris) 2
„ Klausenburg. Staatspreis. (3 Pf. l. 1. Babér, 2. Prince Paris) 3

Zuchtleistungen:

1876 Cambuscan. Stute. 1700 fl. Wild Duck.
1877 Game Cock. Hengst. 1300 fl. Vadonez.
1878 Buccaneer. Hengst. 3400 fl. Vederemo. (Öster. Derby 1881.)
1879 „ Stute. 5100 fl. Veronica. St. Leger u. Stutenpreis 1882.)
1880 „ Stute. 8100 fl. Vienna.
1881 „ Hengst. 6100 fl. Vinca. (Öster. Derby 1883, Norddeutsch. St. Leger 1883.)
1882 „ Güst.
1883 Buccaneer. Verworfen.
1884 „ Hengst. 15 050 fl. Verrina.
1885 „ Hengst. 4150 fl. Veritas.
1886 „ Hengst. 5000 fl. Vucina.
1887 Doncaster. Stute. †
1888 „ Hengst. †
1889 „ Güst.
1890 Kisbér öcscse. Güst.
1891 „ Stute.
1892 „

Cataclysm,

br. St., gez. 1872 von Lord Falmouth, v. Lord Lyon a. d. Hurricane v. Wild Dayrell a. d. Midia v. Scutari. Durch Mr. Cavaliero in England mit Affinity um 23 096 fl. 71 kr. angekauft. 167 cm.

Rennleistungen:

1874	York.	The Convivial Stakes. (8 Pferde liefen. 2. Seymour, 3. Hieroglyphic, 4. Skotzka	1
„	Newmarket.	The Home-bred Produce Stakes. (4 Pf. l. 2. New Holland, 3. br. H. v. Skirmisher, 4. Friar Tuck)	1
„	„	A Sweepstakes. (2 Pf. l. 1. Balfe)	2
1875	„	Newmarket Biennial Stakes. (8 Pf. l. 1. Earl of Dartrey, 2. br. H. v. Macaroni, 4. Pompys)	3
„	„	The Newmarket International Free Handicap. (11 Pf. l. 1. Peeping Tom, 2. Seymour, 3. Conseil)	0
„	„	The Great Eastern Railway Handicap. (15 Pf. l. 1. Coeruléus, 2. Slumber)	3
„	„	The Autumn Handicap. (12 Pf. l. 1. Modena, 2. Lady Patricia, 3. Quiver)	0
„	„	Her Majesty's Plate. (9 Pf. l. 1. Louise Victoria, 2. Figaro II, 3. Nougat)	0
„	Northampton.	The Great Northamptonshire Stakes. (6 Pf. l. 1. Prodigal, 2. Lauzun)	3
„	Newmarket.	Newmarket Biennial Stakes. (3 Pf. l. 1. Earl of Dartrey, 3. Timour)	2
„	„	A Handicap Plate. (11 Pf. l. 1. Tangerine, 2. La Coureuse, 3 Patagon)	0
„	„	The Cesarewitch Stakes. (29 Pf. l. 1. Rosebery, 2. Woodlands, 3. Merry Duchess)	0
	„	The First Welter Handicap. (12 Pf. l. 1. Eberhard, 2. Tartine, 3. Skotzka)	0
„	„	The Ancaster Welter Handicap Plate. (6 Pf. l. 1. Lina, 2. Ironstone)	3

Zuchtleistungen:

1878 Güst.
1879 Cambuscan. Hengst. 1250 fl. Epouseur.
1880 „ Hengst. Kétbely. (Freudenauer Handicap. Taurus Handicap 1873.
1881 „ Hengst. 1100 fl. Rigoletto.
1882 Harry Hall. Hengst. 850 fl. Kéter.
1883 Kisbér öcscse. Stute. 1950 fl. Carissima.
1884 Ruperra. Hengst. †
1885 „ Hengst. 4000 fl. Rajta-Rajta. (Österr. Derby 1888.)
1886 Gunnersbury. Stute. 1800 fl. Gond.
1887 „ Stute. 5000 fl. Attaque.

1888 Gunnersbury. Hengst. 3500 fl. Czimbalmos.
1889 Ruperra. Stute. 2800 fl. Sorella.
1890 Ruperra. Güst.
1891 Pásztor.
1892 „

Babér (früher Bijou),

br. St., gez. 1870 in Kisbér, v. Ely a. d. Beeswing v. Newminster a. d. Sphinx v. The Ugly Buck. Durch die Rennkompagnie „General Hope" 1880 v. Graf F. Nádasdy um 8000 fl. angekauft. 165 cm.

Rennleistungen:

1872 Wien. Kladruber Preis. (8 Pferde liefen. 1. br. H. v. Peon, 2. Totalisateur, 3 Rentmeister) 0
1873 Wien. Handicap. (12 Pf. l. 1. Woodroof, 2. Anonyma, 4. Indigo) 3
„ Pressburg. Engerauer Handicap. (11 Pf. l. 1. Otto, 2. Professor, 3. Red Rover) 0
„ Budapest. Hazafi-dij. (4 Pf. l. 2. br. St. v. Buccaneer a. d. Canace, 3. Idalia) 1
„ Wien. Preis des Jockey-Club. (11 Pf. l. 1. br. St. v. Buccaneer a. d. Canace, 2. Game Cock) 3
„ „ Henckel-Stakes. (7 Pf. l. 2. Krischna, 3. Harzburg) 1
„ Prag. Kaiserpreis I. Kl. (4 Pf. l. 2. Totalisateur, 3. Redwing) 1
„ Budapest. St. Leger. (4 Pf. l. 2. Hohenau, 3. Elspeth) 1
„ „ Stutenpreis. (3 Pf. l. 1. Elspeth) 2
1874 „ Staatspreis I. Kl. (4 Pf. l. 1. Hochstapler, 2. Game Cock, 3. Aspirant) 0
„ Wien. Kaiserpreis II. Kl. (5 Pf. l. 1. Game Cock, 3. Aspirant) 2
„ „ Kaiserpreis I. Kl. (5 Pf. l. 1. Hochstapler, 2. Game Cock, 3. Marschall) 0
„ Kaschau. Staatspreis II. Kl. (5 Pf. l. 2. Firefly, 3. Tápió) 1
„ „ Staatspreis I. Kl. (5 Pf. l. 2. Verbena, 3. Prince Paris) 1
„ Ödenburg. Staatspreis. (3 Pf. l. 2. Totalisateur, 3. Princess Caroline) . . . 1
„ Debreczin. Staatspreis. (3 Pf. l. 2. Firefly, 3. Bajnok) 1
„ „ Staatspreis. (2 Pf. l. 2. Whim) 1
„ Klausenburg. Staatspreis. (3 Pf. l. 2. Prince Paris, 3. Verbena) 1
„ Budapest. Ritterpreis. (3 Pf. l. 1. Lady Patroness, 3. Hohenau) 2
„ Wien. Freudenauer Preis. (4 Pf. l. 1. Lady Patroness, 3. Dorothée) . . . 2
1875 Pressburg. Staatspreis. (6 Pf. l. 1. Schwindler, 2. Hector, 3. Hastings) . . . 0
„ Budapest. Staatspreis II. Kl. (4 Pf. l. 1. Lady Patroness, 2. O Weh, 3. Prince Paris) 0
„ Wien. Kaiserpreis II. Kl. (7 Pf. l. 1. Schwindler, 2. Indian Star, 3. O Weh) 0
„ „ Trial-Stakes. (7 Pf. l. 1. Hector, 2. Konotoppa, 3. Renée) 0
„ „ Kaiserpreis I. Kl. (7 Pf. l. 1 Hastings, 2 Talisman, 3 Hippona) . . 0

Zuchtleistungen:

1877 Game Cock. Hengst.
1878 Buccaneer. Stute. Miss Playdell. (Staatspreis 1881.)
1879 Game Cock. Güst.
1880 „ Stute. 950 fl. Bar oue
1881 Buccaneer. Hengst. †
1882 Kisbér öcscse. Hengst. 2000 fl. Buzgó. (Öster. Derby 1885.)
1883 Kisbér öcscse. Hengst. Laurel.
1884 Craig Millar. Güst.
1885 „ Hengst. 10050 fl. Bachelier.
1886 „ Güst.
1887 Kisbér öcscse. Güst.
1888 „ Güst.
1889 „ Verworfen.
1890 „ (Verkauft.)

Altona,

F. St., gez. 1875 in Kisbér, v. Cambuscan a. d. Sophie Lawrence v. Stockwell a. d. Mary Aislabie v. Malcolm. Durch Graf J. Sztáray 1880 um 6020 fl. angekauft. 167 cm.

Rennleistungen:

1877 Wien. Sweep-Stakes. (9 Pferde liefen. 2. Violante, 3. Rosanne) 1
„ Debreczin. Rennen für Zweijährige. (6 Pf. l. 1. Tallér, 3. Hungaria) . . . 2
„ Budapest. Kladruber Preis. (8 Pf. l. 2. Sabinus, 3. Hélène) 1
„ Wien. Trial-Stakes. (5 Pf. l. 2. Phoebe, 3. Tallér) 1
„ Prag. Prager Criterium. (7 Pf. l. 1. Berlick, 3. Phoebe) 2
„ „ Kladruber Preis. (5 Pf. l. 2. Rosanne, 3. Hungaria) 1
1878 Wien. Totalisateur Preis. (4 Pf. l. 2. Oroszvar, 3. Illusion) 1
„ Budapest. Vereinigter Nemzeti-dij. (5 Pf. l. 1. Sabinus, 3. Bolygo) 2
„ „ Hazafi-dij. (6 Pf. l. 2. Sorenza, 3. Mdlle Buccaneer) 1
„ „ Staatspreis I. Kl. (3 Pf. l. 1. Kincsem, 3. Konotoppa) 2
„ Wien. Preis von 1500 fl. (2 Pf. l. 2. Pfeil) 1
„ Debreczin. Staatspreis. (3 Pf. l. 2. Tallér, 3. Banilla) 1
„ „ Staatspreis. (3 Pf. l. 2. Wild Rover, 3. Banilla) 1
„ Klausenburg. Staatspreis. (2 Pf. l. 2. Banilla) 1
„ „ Staatspreis. (2 Pf. l. 2. Banilla) 1
„ Ödenburg. Festetics-Preis. (2 Pf. l. 2. Wild Rover) 1
„ Wien. Jockey-Club-Pokal. (4 Pf. l. 2. Tallér, 3. Pfeil) 1
„ Budapest. Stutenpreis. (2 Pf. l. 1. Kincsem) 2
1879 Wien. Praterpreis. (5 Pf. l. 1. Harry Hall, 2. Little Digby, 3. Chelsea) . . 0
„ Pressburg. Carlburger-Preis. (3 Pf. l. 1. Tállos, 3. Wild Rover) 2
„ Budapest. Széchényi-dij. (3 Pf. l. 2. Szélvész) 1
„ Wien. Esterházy-dij. (2 Pf. l. 1. Confrater) 2
„ „ Freudenauer Handicap. (9 Pf. l. 1. Blankenese, 2. Confrater, 3. Nil Desperandum) 0
„ Debreczin. Staatspreis. (1. Confrater, 2. Cobweb) 3
„ „ Welter Stakes. (2 Pf. l. 1. Trompeter) 2
„ Klausenburg. Staatspreis. (2 Pf. l. 2. Sárgacsikó) 1
„ Wien. Handicap. (5 Pf. l. 1. Tállos, 2. Nil Desperandum) 3
„ Budapest. Handicap. (5 Pf. l. 1. Nil Desperandum, 3. Kedves) 2
1880 Pressburg. Pressburger Handicap. (7 Pf. l. 2. Picklock, 3. Check) 1
„ Budapest. Handicap. (5 Pf. l. 2. Surema, 3. Cobweb) 1
„ „ Széchényi-dij. (2 Pf. l. 1. Confrater) 2
„ Wien. Staatspreis I. Kl. (6 Pf. l. 1. Berzençze. 2. Vadonez) 3
„ „ Freudenauer Handicap. (9 Pf. l. 1. Rifleman, 2. Picklock) 3
„ „ Beaton-Handicap. (4 Pf. l. 2. Dagmar, 3. Ilona) 1
„ Debreczin. Staatspreis. (3 Pf. l. 2. Pista, 3. Vadonez) 1
„ „ Welter Stakes. (2 Pf. l. 1. Lord Chudleigh) 2
„ Klausenburg. Staatspreis I. Kl. (3 Pf. l. 2. Dagmar) 1
„ Ödenburg. Stutenpreis. (3 Pf. l. 1. Renata, 2. Cobweb) 3

Zuchtleistungen:

1882 Verneuil. Hengst. †
1883 „ Hengst. 7850 fl. Althotas.
1884 Verneuil. Gust.
1885 „ Hengst. 2850 fl. Alpari.

1886 Verneuil. Hengst. 6050 fl. Aba. (Union Rennen 1889, Silb. Schild 1891.)
1887 „ Hengst. 1900 fl. Alces.
1888 Craig Millar. Stute (Mutter-). Alkony.
1889 Craig Millar. Stute. 3500 fl. Alster.
1890 „ Güst.
1891 „ Hengst.
1892 Galaor.

Chilham,

F. St., gez. 1867 in England von Mr. Godding, v. Thunderbolt a. d. Icicle v. Oulston a. d. Crystal v. Pantaloon. Von G. v. Beniczky durch das k. ung. Ackerbauministerium 1881 angekauft. Preis samt Fohlen und Elsa mit Fohlen 8000 fl. 165 cm.

Rennleistungen:

1869 Chelmsford. The Great Baddow Two Years Old Stakes. (7 Pferde liefen. 1. Capsule, 2. Wheat-ear, 3. Agate) 0
„ Canterbury. A Selling Handicap. (4 Pf. l. 2. Falstaff, 3. Queen of Darkness, 4. Hawthorn) 1
„ „ The Barham Downs Stakes. (3 Pf. l. 2. Gladice, 3. Falstaff) . . 1
„ West Drayton. The Stand Plate. (8 Pf. l. 1. The Baroness, 2. Professor Anderson, 3. Mr. Pitt) 0
„ Gravesend. The Coverstone Plate. (3 Pf. l. 1. Falstaff, 3. The Piper) . . . 2
„ Hampton. The South-Western Stakes. (8 Pf. l. 2. Glen Stuart, 3. Hilda) . . 1
„ „ The Juvenile Stakes. (12 Pf. l. 1. Prude, 2. Lincoln, 3. Roxana, 4. Honfleur) 0
„ Bromley. The Beckenham Stakes. (9 Pf. l. 1. Goldhanger, 2. Matlock, 3. Agate, 4. Forest Lass) 0
„ „ A Selling Handicap Plate. (10 Pf. l. 1. Chère et Belle, 2. Finisterre) 3
„ Kingsbury. The Kingsbury Nursery Plate. (10 Pf. l. 1. Mimus, 2. Piccadilly, 3. Matlock) 0
1870 Epsom. The Nursery Plate. (11 Pf. l. 1 The Boy, 2. Stockdale, 3. dkl.br. St. v. Cramond) 0
„ Bromley. The Bromley Spring Handicap. (11 Pf. l. 1. Capsicum, 2. Magdala, 3. Virginia Creeper) 0
„ Harpenden. A. Handicap Plate. (14 Pf. l. 1. Election, 2. Lady Greensleeves, 3. Thunderstorm) 0
„ Epsom. The Durdans Stakes. (8 Pf. l. 1 Gladness, 2. Betty, 3. Star Thistle) . 0
„ Hampton. The Manor Plate. (12 Pf. l. 1. Flash, totes Rennen für den 2. Platz mit Lady Macbeth, 3. Wilful) 2
„ „ The Visitor's Plate. (6 Pf. l. 1. Flash, 2. Wilful, 3 Juanita) . . 0
„ West Drayton. The Members' Plate. (6 Pf. l. 2. Victress, 3. Chère et Belle) . 1
„ „ A. Handicap Plate. (6 Pf. l. 1. Jersey, 3. Vivandière, 4. Antias, 5. Filou) 2
„ Egham. The Egham Stakes. (5 Pf. l. 1. Lord Berkeley, 2. Tangerine, 3. De la Motte, 4. Breach of Promise) 5
„ „ The Denham Claiming Handicap Plate. (7 Pf. l. 1. Oxygen, 2. Master Dick, 3. Light Cloud) 0
„ Oxford. The Stand Plate. (2 Pf. l. 1. Agnes) 2
1871 Plymouth. The Ivybridge Cup. (3 Pf. l. 2. Theory, 3. Venice) 1
„ „ The Mamhead Stakes. (3 Pf. l. 1. Squib, 2. Hyperion) 3
„ Totnes. The Town Plate. (3 Pf. l. 1. Beaune, 2. The Warder, 3. Metaphor . 0
„ „ The Tradesmen's Plate. (6 Pf. l. 1. Succession, 2. Thornettle) . . 3
„ Cranmore. The Cranmore Open Stakes. (7 Pf. l. 1. Bordeaux, 2. Grau Darling, 3. Leonidas) 0

1872 Inpens. T. Inpens All-aged Selling Race. (4 Pf. l. 1. Brisbaue, 2. Sly Girl) . 3
„ Plymouth. T. Ivy Bridge Cup. (7 Pf. l. 1. Succession, 2. Milkmaid, 3 Theory) 0
„ Totnes. T. Tradesmen's Plate. (6 Pf. l. 1. Altesse, 3. Succession, 4. Whaddon) 2

Zuchtleistungen:

1879 Scottish Chief. Hengst. Taurus. (Öster. Derby 1882.)
1880 Buccaneer. Stute. Chimère.
1881 Cambuscan. Hengst. † (kreuzlahm).
1882 Buccaneer. Stute. 2300 fl. Verona
1883 Verneuil. Stute. 1600 fl. Cipoletta.
1884 „ Gůst.
1885 Verneuil. Hengst. 3100 fl. Chudenic.
1886 Doncaster. Gůst.
1887 „ Stute (Mutter-). Csallán.
1888 Ruperra. Gůst.
1889 Doncaster. Hengst. 1500 fl. †
1890 Sweet Bread. Gůst. (Verkauft.)

Scythian Princess,

F. St., gez. 1871 in England von Mr. H. Jones, v. Thormanby a. d. Tomyris v. Sesostris a. e. Glaucus Stute. Erkauft 1881 mit Fohlen samt Gunnersbury durch Mr. Cavaliero um 34814 fl. 167 cm.

Rennleistungen:

1873 Newmarket. A. Maiden Plate. (13 Pf l. 1. Polyhymnia, 2. Pacha, 3. br. W. v. Caractacus) 0

Zuchtleistungen:

1882 Petrarch. Stute. 5000 fl. Italy. (Zukunftspreis Baden-Baden 1884. Union-Rennen, Berlin 1885.)
1883 Gunnersbury. Hengst. 5100 fl. Buccsány. (Budapester Preis 1886.)
1884 Craig Millar. Stute. 11200 fl. Fidelity.
1885 Gunnersbury. Hengst. 3000 fl. Szerény.
1886 Gunnersbury. Stute. 4300 fl. Fabiuity.
1887 Craig Millar. Stute. 10000 fl. Magpie.
1888 Doncaster. Hengst. †
1889 „ Hengst. †
1890 Craig Millar. Gůst.
1891 Gunnersbury. Gůst.
1892 Baldur.

Peffar,

F. St., gez. 1871 in England von Mr. W. I'Anson, v. Adventurer a. d. Caller Ou v. Stockwell a. d. Haricot v. Mango oder Lanercost. Durch Mr. Cavaliero 1881 vom Mr. Blenkiron mit Maria Theresa und zwei Saugfohlen um 2200 Pfd. angekauft. 166 cm.

Rennleistungen:

Keine.

Zuchtleistungen:

1881 Pero Gomez. Hengst. 9400 fl. Gil Perez.
1882 Scottish Chief. Hengst. 9600 fl. Metcalf. (Trial Stakes 1884. 1885.)
1883 Buccaneer. Stute. 6800 fl. Pearl.
1884 „ Stute. 6000 fl. Promesse.
1885 „ Stute. 2050 fl. Irén.
1886 Buccaneer. Stute. †
1887 Kisbér öcsese. Stute. 2000 fl. †
1888 „ Stute. 3400 fl. Piroska.
1889 Verneuil oder Craig Millar. Hengst. †
1890 „ Gůst.
1891 „ Stute.
1892 Kisbér öcsese.

BALZSAM.

Villám,

schw.br. St., gez. 1873 von Graf Alexander Bethlen, v. Cotswold a. d. Vignette v. Italian a. d. Martingale v. The Saddler. Durch G.-M. v. Horváth um 2500 fl. angekauft. 165 cm.

Rennleistungen:

1876 Klausenburg. Staatspreis. (4 Pferde liefen. 1. Othello, 2. Zelia) 3
„ „ Trostrennen. (3 Pf. l. 1. Zelia, 3. Syrene) 2

Zuchtleistungen:

1881 Güst.
1882 Kisbér öcsese. Hengst. 3535 fl. Villány.
1883 Kalandor. Stute. 1250 fl. Electric.
1884 Ruperra. Stute. †
1885 „ Hengst. 3000 fl. Fönr.
1886 Ruperra. Hengst. †
1887 „ Stute. 2000 fl. Weanermadl.
1888 Craig Millar. Güst.
1889 Ruperra. Güst.
1890 Sweet Bread. Güst. (Verkauft.)

Maria Theresa,

br. St., gez. 1873 in England von Baron Rothschild, v. King Tom a. d. Duchess v. Voltigeur a. d. Bay Celia v. Orlando. Durch Mr. Cavaliero 1881 vom Mr. Blenkiron mit Peffar und 2 Saugfohlen um 2200 Pfd. angekauft. 170 cm.

Rennleistungen:

1875 Chester. The Vale Royal Stakes. (7 Pferde liefen. 1. dkl.br. St. v. Adventurer, 2. Turquoise, 4. Simplicity) 3
„ Newmarket. A. Selling Stakes. (5 Pf. l. 1. Prophète, 2. Chorister, 4. Napier, 5. Cupid's Bow) 3
„ „ A. Selling Stakes. (4 Pf. l. 1. Laird of Glenorchy, 3. Mouse, 4. F.St. v. Parmesan) 2
1876 Croydon. The Stroud Green Plate. (2 Pf. l. 1. Banshee) 2
„ Sandown Park. A. Handicap Plate. (7 Pf. l. 1. Lady Atholstone, 2. Daisy, 3. Miss Patrick) 0
„ Liverpool. The Wavertree Handicap. (8 Pf. l. 1. Oxonian, 2. Jonville, 3. Fremantle) 0

Zuchtleistungen:

1881 Dutch Skater. Stute. 5000 fl. Favorita.
1882 Scottish Chief. Stute. †
1883 Verneuil. Stute. 850 fl. Madeira.
1884 Craig Millar. Hengst. 2200 fl. Szegény Legény.
1885 Gunnersbury. Güst.
1886 Craig Millar. Stute. 2100 fl. Csillagom.
1887 Craig Millar. Hengst. †
1888 „ Güst.
1889 Kisbér öcsese. Hengst. Berlö.
1890 Craig Millar. Verworfen.
1891 „ od. Kisbér öcsese. Stute.
1892 Doncaster.

Rub-a-Dub,

dklbr. St., gez. 1868 in England von Mr. W. S. Crawford, v. Rataplan a. d. Tightfit v. Teddington a. e. Gladiator Stute. Durch H. Sekt.-Rat v. Luczenbacher 1882 um 500 Pfd. angekauft. 163 cm.

Rennleistungen:

1870 Leamington and Warwickshire Hunt Meeting. The Enville Plate. (16 Pferde l. 1. Seringapatam, 2. Consternation, 3. Atlas) 0
" A. Handicap Sweepstakes. (7 Pf. l. 1. Sophie, 2. Herod, 3. br. H. v. Stockwell) 0

Zuchtleistungen:

1882 Scott. Chief. Hengst. 6200 fl. Osborne.
1883 " Hengst. 1850 fl. Riadó.
1884 Gunnersbury. Verworfen.
1885 Ruperra. Hengst. 1250 fl. Rusnyák. (Taurus Handicap 1888.)
1886 Gunnersbury. Güst.
1887 Ruperra. Hengst. 5500 fl. Reporter.
1888 Gunnersbury. Güst.
1889 Ruperra. Hengst. 11000 fl. Rupert.
1890 " Hengst. †
1891 Pázstor. Verworfen.
1892 "

Themis,

br. St., gez. 1870 in England von Mr. J. Newton, v. Lord Lyon a. d. Fairy Footstep v. Newminster a. d. Harriott v. Gladiator. Durch H. Sekt.-Rat v. Luczenbacher 1882 um 630 Pfd. angekauft. 164 cm.

Rennleistungen:

Keine.

Zuchtleistungen:

1882 Rosicrucian. Stute. 2150 fl. Thesis.
1883 " Güst.
1884 Verneuil. Stute. †
1885 " Hengst. 2550 fl. Tréfás.
1886 " Hengst. †
1887 Verneuil. Stute. 3500 fl. Artemis.
1888 " Hengst. 3250 fl. Tourist.
1889 " Hengst. 1800 fl. Takaros.
1890 Kisbér öcscse. Güst. (Verkauft.)

Apollinaris,

br. St., gez. 1873 in England von Mr. Gee, v. Lord Clifden a. d. Potash v. Voltigeur a. d. Alkali v. Slane. Durch H. Sek.-Rat v. Luczenbacher 1882 um 500 Pfd. in England angekauft. 160 cm.

Rennleistungen:

1875 Newmarket. The Newmarket Two Years Old Plate. (10 Pf. l. 1. Merry Duchess, 2. King of the Vale, 3. br. H. v. Julius) 0
" " A. Free Handicap Nursery. (14 Pf. l. 1. Lettice, 2. Sorceress, 3. Victoria) 0
" Shrewsbury. The Caldecot Nursery. (8 Pf. l. 1. Slander, 2. The Rhine, 3. Philip Green) 0

Zuchtleistungen:

1882 King Alfred. Hengst. †
1883 Rosicrucian. Stute. 5100 fl. Waterrose.
1884 Kisbér öcscse. Güst.
1885 " Stute. 5100 fl. Aqua viva.
1886 Doncaster. Verworfen.
1887 Kisbér öcscse. Stute. 2050 fl. Julia II.
1888 Kisbér öcscse. Hengst. †
1889 " Stute. 2250 fl. Anni.
1890 Verneuil. Güst.
1891 " Hengst.
1892 Kisbér öcscse.

Nova,

br. St., gez. 1876 in England von Mr. J. Watson, v. Favonius a. d. Edith of Lorne v. Lord of the Isles a. d. Kitten v. Foxberry. Durch H. Sekt.-Rat v. Luczenbacher um 500 Pfd. angekauft. 162 cm.

Rennleistungen:

1879 Carlisle. The Cumberland Plate. (8 Pferde liefen. 1. Mistress of The Robes, 2. Constantine, 3. Skelgate Maid, 4. Brown George) 0
„ „ The Lowther Handicap. (7 Pf. l. 1. Winnie, 3. Trapper, 4. Skelmorlie) 2
„ Doncaster. The Portland Plate. (13 Pf. l. 1. Hackthorpe, 2. Rowlston, 3. Towerand Sword) 0
„ Western Meeting at Ayr. The Ayrshire Handicap. (8 Pf. l. 1. Peter, 2. Umbria, 3. Ronaleyn) 0
„ „ „ The Ayr Gold Cup. (6 Pf. l. 1. Umbria, 2. Constanstantine, 3. Ronaleyn) 0
„ Lothians' Racing Club. The Lothians' Handicap. (4 Pf. l. 1. Omega, 2. Glenara, 3. Tam Glen) 4
1880 Catterick Bridge. The Hornby Castle Handicap Plate. (10 Pf. l. 1. Skelgate Maid, 2. Dorothea, 3. Poacher) 0
„ Manchester. The Salford Borough Cup. (11 Pf. l. 1. Hellespont, 2. Reconciliation, 3. Bouncing Bessie, 4. Lace Shawl) 0
„ „ The De Trafford Welter Cup. (8 Pf. l. 1. Reconciliation, 2. Rosemount, 3. Laurel Leaf, 4. King Sheppard) 0
„ Newton. The Great Newton Cup. (11 Pf. l. 1. Mycenae, 2. Laurel Leaf, 3. br. H. v. Pero Gomez, 4. Rosemount) 0
„ „ The Lancashire Cup. (9 Pf. l. 1. Espada, 2. Omega, 3. New Laund, 4. Barley Sugar) 0
„ Newcastle. The Stewards' Cup. (2 Pf. l. 1. Leven) 2
„ Manchester. A. Mile Selling Handicap. (9 Pf. l. 1. Flotsam, 2. Elderberry, 3. Heath Bird) 4
„ „ The Thursday Handicap Plate. (9 Pf. l. 1. Assegai, 2. Chevronel, 3. Princess Louise, 4. Thrintoft) 0
1881 Thirsk. The Hampleton Plate. (10 Pf. l. 1. Thrintoft, 2. Cairngorm, 3. br. St. v. Speculum, 4. br. H. v. Kaiser) 0
„ Durham. The Durham Handicap. (5 Pf. l. 1. Heath Bird, 3. Hagioscope) . . 2
„ „ The North Durham Handicap. (3 Pf. l. 1. Evening Chimes, 2. Cracknel) 3
„ Catterick Bridge. The Craven Handicap Plate. (12 Pf. l. 1. Knight of Athol, 2. Candahar) 0
„ „ The Brough Hall Handicap. (11 Pf. l. 1. The Rowan, 2. Waveney, 3. br. St. v. Speculum) 0

Zuchtleistungen:

1883 Scottish Chief. Stute. †
1884 „ Hengst. †
1885 Kalandor. Stute. †
1886 Buccaneer. Güst.
1887 Doncaster. / Kisbér öcscse. } Güst.
1888 Doncaster. Verworfen.
1889 „ „ Zwillinge.
1890 nicht gedeckt.
1891 Gunnersbury. Verworfen Zwillinge.
1892 „

Marie Galante,

br. St., gez. 1873 in England von Sir R. W. Bulkeley, v. Macaroni a. d. Curaçoa v. The Cure a. d. Tasmania v. Melbourne. Angekauft 1883 durch Graf Iván Szapáry für d. Kincsem-Lotterie; nach der Verlosung im Vereine mit 4 anderen Stuten, ihrem eigenen und 4 anderen Fohlen um 40000 fl. für das Gestüt erworben. 164 cm.

Rennleistungen:

Keine.

Zuchtleistungen:

1883 Springfield. Hengst. Ledér.
1884 „ Stute. †
1885 Buccaneer. Stute. 1350 fl. Lisbeth.
1886 Doncaster. Güst.
1887 „ Stute. 1700 fl. Macte.
1888 Doncaster. Hengst. 2050 fl. Malacompra
1889 „ Stute. 2500 fl. Galantine.
1890 „ Stute. †
1891 Craig Millar. Hengst.
1892 Petrarch.

L'Éclair,

F. St., gez. 1877 in England von Fürst Gustav Batthyány, v. Hermit a. d. Lightning v. Thunderbolt a. d. May Queen v. Newminster. Erkauft durch Graf J. Szapáry 1883 für d. Kincsem-Lotterie, nach der Verlosung im Vereine mit 4 anderen Stuten und 5 Fohlen um 40000 fl. für das Gestüt übernommen. 171 cm.

Rennleistungen:

1879 Epsom. A. Maiden Plate. (14 Pferde liefen. 1. Polly Carrew, 2. Attainder, 3. F.St. v. Sterling) 0
„ Newmarket. A. Maiden Plate. (18 Pf. l. 1. The Shaker, 2. Susquehana, 3. Edmonstone) 0
„ „ The Second October Nursery Stakes. (15 Pf. l. 1. Cipolata, 2. Brilliancy, 3. School Boy) 0
„ „ The Bretby Nursery. (15 Pf. l. 1. Zealot, 2. Belfry, 3. Castillon) 0
1880 „ The Bretby Plate. 10 Pf. l. 1. Silverstreak, 2. Chelford, 3. Magdalene) 4
„ Ascot. The Coronation Stakes. (9 Pf. l. Totes Rennen um den 2. Platz) . . 1
„ „ The Ascot High-weight Plate. (10 Pf. l. 1. Scapegrace, 2. Sword Dance, 3. Ellangowan) 0
„ Newmarket. The Beaufort Stakes. (5 Pf. l. 1. Reguard, 2. Repique, 4. Attalus, 5. Goneaway) 3
„ Brighton. The Ovingdean Welter Handicap. (9 Pf. l. 1. Grace, 2. Marc Antony, 3. Emma Melbourne) 0
1881 Newmarket. The Visitors' Plate. (20 Pf. l. 1. Lincolnshire, 2. Napoleon the Fifth, 3. Khabara) 0
„ „ The Newmarket Spring Handicap. (7 Pf. l. 1. Elf King, 2. Commandant, 3. Kühleborn) 0
„ Ascot. The Ascot High-weight Plate. (7 Pf. l. 1. Sword Dance, 3. Kühleborn) 2
„ Newmarket. The Second Welter Handicap. (4 Pf. l. 1. Spurs. 2. Nankin, 3. Fetterless) 4

1881 Goodwood. The Goodwood Corinthian Plate. (12 Pf. l. 1. Sword Dance, 2. Kühleborn) 3
" Newmarket. The Great Eastern Railway Handicap. (23 Pfd. l. 1. John Ridd, 2. War Horn, 3. Atalanta) 0

Zuchtleistungen:

1883 Verworfen (in England).
1884 Galopin. Gust.
1885 Craig Millar. Hengst. 4900 fl. Baleno.
1886 Doncaster. Hengst. †
1887 " Güst.
1888 Doncaster. Stute. †
1889 " Stute. 3900 fl.
1890 " Hengst. †
1891 " Stute.
1892 Galopin.

Duchess of Edinburgh,

F. St., gez. 1874 in England von Mr. H. Jones, v. Blair Athol a. d. Eastern Princess v. Surplice a. d. Tomyris v. Sesostris. Durch H. Ministerialrat v. Kozma 1886 um 6150 fl. angekauft. 170 cm.

Rennleistungen:

1876 Newmarket. A. Maiden Plate. (15 Pferde liefen. 1. Bonny Bell, 2. Baldacchino, 3. F.H. v. Friponnier) 0

Zuchtleistungen:

1887 Kisbér. Stute. 5000 fl. Duchess of Kisbér.
1888 Kisbér öcscse. Hengst. 2250 fl. Ejjeli ör.
1889 Kisbér öcscse. Stute. 850 fl. Doucette.
1890 Sweet Bread. Stute.
1891 " Güst.
1892 " od. Galaor.

Risk,

F. St., gez. 1878 in England von Mr. J. H. Houldsworth, v. Adventurer a. d. Miss Marion v. Marionette a. d. Laverna v. Tom Tulloch. Durch H. Sekt.-Rat v. Luczenbacher 1888 um 700 Pfd. angekauft. 167 cm.

Rennleistungen:

1880 Ascot. A. Maiden Plate. (8 Pf. l. 1. Capuchin, 2. Chelsea, 3. Sea Foam) . . 0
" Newmarket. The Creterion Nursery Stakes. (10 Pf. l. 1. Geologist, 2. Thora, 3. Erostratus) 0

Zuchtleistungen:

1888 Güst.
1889 Dacbloon. Zwillinge verworfen.
1890 Doncaster. Hengst.
1891 Doncaster. Stute.
1892 Bendigo.

Spinning Jenny,

br. St., gez. 1878, in England von Lord Falmouth v. Scottish Chief a. d. Spinaway v. Macaroni a. d. Queen Bertha v. Kingston. Durch Sekt.-Rat v. Luczenbacher um 595 Pfd. angekauft. 160 cm.

Rennleistungen:

1880 Newmarket. A. Selling Plate. (14 Pf. l. 1. Jessie, 2. Macaroon, 3. Sheila) . 0

Zuchtleistungen:

1888 Marden. Stute. 2250 fl. Mennyasszony.
1889 „ Hengst. 1700 fl.
1890 Gunnersbury. Stute.
1891 Sweet Bread. Hengst. †
1892 Gunnersbury.

Minever,

br. St., gez. 1878 in England von Mr. J. Alington, v. Lord Lyon a. d. Scarf v. Fazzoletto a. d. Blue Bell v. Heron. Durch H. Sekt.-Rat v. Luczenbacher 1888 um 700 Pfd. angekauft. 167 cm.

Rennleistungen:

1881 Epsom. The Egmont Plate. (9 Pferde liefen. 1. Chevronel, 2. Goggles, 3. Acnone) 0
„ Hampton. The South Western Stakes. (9 Pf. l. 1. Victoria II, 2. The Rajah, 3. Costa) 0

Zuchtleistungen:

1888 Coeruleus. Hengst. 3350 fl. Czongor.
1889 The Lambkin. Güst.
1890 Gunnersbury. Hengst.
1891 Kisbér őcscse. Güst.
1892 Galaor.

Snapshot,

d.br. St., gez. 1880 in England von Mr. Wilkinson, v. General Peel a. e. Weatherbit Stute v. Birdcatcher a. d. Miss Whip v. Brother to Bird on the Wing. Durch H. Sekt.-Rat v. Luczenbacher 1888 um 1400 Pfd. angekauft. 168 cm.

Rennleistungen:

1882 Alexandra Park. A. Plate. (5 Pferde liefen. 1. Rhineland, 2. Lady Hampton) 3
„ Newmarket. A. Plate. (12 Pf. l. 1. Court Minstrel, 3. Nihilism) 2
1883 Manchester. The Salford Borough Handicap Plate. (18 Pf. l.) 1. Middlethorpe, 2. Roysterer, 3. Jovial, 4. Helicon) 0
„ Alexandra Park. The Alexandra Gold Cup. (4 Pf. l. 1. Moccolo, 2. Middleman) 3
„ Kempton Park. The Prince of Wales' Cup. (16 Pf. l. 1. Rout, 2. Laceman, 3. The Shaker) 0
„ „ The Kempton Park Mid-weight Handicap Plate. (4 Pf. l. 1. Galvanic, 3. Wellington, 4. Bolero) 2
„ Huntingdon. The Peel Handicap. (6 Pf. l. 1. Simnel, 2. Sorellina, 3. Athol Maid, 4. Jumbo, 6 Old Oats) 5
„ Warwick. The Hinchingbrook Welter Handicap. (6 Pf. l. 1. Cumberland, 2. Skye, 3. Miss Elizabeth, 5. Reflector, 6. Manchester Square) 4
„ Kempton Park. The Middlesex All-aged Selling Plate. (5 Pf. l. 1. Isabeau, 2. Fetterless, 3. Belle Lurette, 5. Gentle Alice) 4
„ Newmarket. A. Maiden Riders' Plate. (11 Pf. l. 1. Adanapaar, 2. Cylinder, 3. Radames) 0
„ Newmarket. A. Selling Plate. (6 Pf. l. 1. Nautilus, 2. Export, 3. Magician) . 0
1884 Epsom. A. Selling Welter Handicap. (10 Pf. l. 1. Sunshine, 2. Scotch Pearl, 3. Little Wretch) 0
„ Alexandra Park. The Palmer's Green Plate. (7 Pf. l. 1. Craigforth, 2. Who-can Tell, 3. Campfollower) 0

Zuchtleistungen:

1888 Fitz James. Hengst. 7000 fl. General Consul.
1889 Macheath. Stute. 11500 fl.
1890 Doncaster. Hengst.
1891 „ Verworfen.
1892 Galaor.

Gaydene,

d.br. St., gez. 1879 in England von Mr. W. J. Dore, v. Albert Victor a. d. Flora Macdonald v. Scottish Chief a. d. May Flower v. Thormanby. Durch H. Sekt.-Rat v. Luczenbacher 1889 um 913½ Pfd. angekauft. 169 cm.

Rennleistungen:

1881 Epsom. The Hyde Park Plate. (9 Pferde liefen. 1. Comely, 3. Marion) . . 2
„ Bath. Biennial Stakes. (7 Pf. l. 1. Geheimniss, 3. br. St. v. Craig Millar) . . 2
„ Epsom. The Woodcote Stakes. (5 Pf. l. 1. Dunmore, 2. Purple and Scarlet, 3. br. H. v. D'Estournel) 0
„ Worchester. The Great Whitley Stakes. (3 Pf. l. 1. F.H. v. See Saw, 3. br. St. v. Adventurer) 2
„ „ The Coventry Stakes. (4 Pf. l. 1. F.H. v. See Saw, 3. Sir Robert) 2
„ Sandown Park. The Great Kingston Two Years Old Plate. 9 Pf. l. 1. Isabeau, 2. Incognita, 3. Bulbul) 0
„ Brighton. A. Maiden Plate. (10 Pf. l. 1. Sweet Bread, 2. Biretta, 3. Gavilan) 0
„ „ The Cliftonville Plate. (6 Pf. l. 2. Whitechapel, 3. Towchester Lass) 1
„ York. The Badminton Plate. (9 Pf. l. 2. br. St. v. George Frederick, 3. Anthem) 1
„ „ The North of England Biennial Stakes. (2 Pf. l. 1. Amalfi) . . . 2
„ Derby. The Harrington Plate. (8 Pf. l. 2. Herne the Hunter, 3. Saucy) . . 1
„ Worchester. The Nursery Handicap. (9 Pf. l. 1. Flamingo, 2. schw. H. v. Zekiel Homespun, 3. Pretext) 0
„ Liverpool. The Downe Nursery Handicap. (6 Pf. l. 2. Paradise, 3. Canzonette, 4. Crataegus, 5. Garlic, 6. Bassinette) 1
„ Warwick. The Grendon Nursery Handicap Plate. (13 Pf. l. 1 Rout, 2. Shabrack, 3. Clodoche) 0
1882 Newmarket. The Thousand Guineas Stakes. (6 Pf. l. 1. St. Marguerite, 2. Shotover, 3. Nellie) 0
„ Chester. The Earl of Chester's Welter Plate. (7 Pf. l. 2. Chanoine, 3. Sir Joseph, 4. Minar, 5. Abaua) 1
„ „ The Prince of Wales' Welter Handicap-Cup. (8 Pf. l. 2. Leeds, 3. King Archibong, 4. Linnaeus) 1
„ Ascot. The Rous Memorial Stakes. (9 Pf. l. 1. Retreat, 2. Wolseley, 3. Carlyle) 0
„ Liverpool. The Bickerstaffe Stakes. (Ging über die Bahn.) 1
„ Goodwood. The Drayton High-weight Handicap. (12 Pf. l. 1. Reputation, 2. Transition, 3. Chichester) 0
„ „ The Nassau Stakes. (2 Pf. l. 1. St. Marguerite) 2
„ Lincoln. The Great Tom Stakes. (8 Pf. l. 2. The Jilt, 3. Yorkshire Lad) . 1
„ Liverpool. The Croxteth Cup. (11 Pf. l. 1. Linnaeus, 2. Sir Joseph, 3. Courier) 0
„ Derby. The Derby Cup. (13 Pf. l. 1. Beauty, 2. Golden Eye, 3. Theophrastus) 0
„ „ The Chatsworth Plate. (20 Pf. l. 1. Downpour, 2. Dreamland, 3. Eastern Empress, 4. Adrastus) 0
„ Four Oaks Park. The Newport Five Furlongs Handicap Plate. (9 Pf. l. 1. Lowland Lad, 2. Zil Zellah, 3. Sir Joseph) 0

1883 Chester. The Chester Trades Cup. (6 Pf. l. 1. Biserta, 2. Beauty, 3. Saucy Boy, 4. Greenbank) 0
" Manchester. The Salford Borough Handicap Plate. (18 Pf. l. 1. Middlethorpe, 2. Roysterer, 3. Jovial, 4. Helicon) 0
" Epsom. The Egmont Plate. (16 Pf. l. 1. Reputation, 2. Laceman, 3. Hornpipe) 0
" Western Meeting at Ayr. The Stewards' Cup. (5 Pf. l. 1. Minar, 2. Lady Adelaide, 3. Greek Maid, 5. Chronometer) 4
" " The Ayrshire Handicap. (9 Pf. l. 1. Strelitzia, 2. Mc Mahon, 3. Hesperian) 0
" " The Consolation Welter Plate. (7 Pf. l. 1. Strathblane, 2. Newton, 3. br. H. v. Blue Gown) 0
" Shrewsbury. The Cleveland Welter Handicap. (12 Pf l. 2. Pavillac, 3. Minar) 1
1884 Chester. The Chester Cup. (11 Pf. l. 1. Havock, 2. Louisd'or, 3. Sophist, 4. Ironclad) 0
" Epsom. A. Heigh-weight Handicap. (7 Pf. l. 1. Hentland, 2. Dean Swift, 3. Mate, 4. Isabeau) 0
" Sandown Park. The Surbiton Handicap. (9 Pf. l. 1. Laceman, 2. Knight Errant, 3. Fritz) 0
" Leicester. The Leicestershire Cup. (17 Pf. l. 1. Prism, 2. Dispair, 3. Ivanhoe, 4. Brag, 5. Keir) 0
1885 Liverpool. The Prince of Wales' Cup. (16 Pf. l. 1. Lovely, 2. Canzoni, 3. Rosy Morn, 4. Ordovix) 0
" " The Hylton Cup. (13 Pf. l. 1. Pillery, 2. Arbaces, 3. Mallow, 4. Broxbourne) 0
" Four Oaks Park. The Pagel Handicap. (8 Pf. l. 1. Gwendraeth, 2. Young Hopeful, 3. Lady Jenny) 0
" Windsor. The Thames Handicap. (9 Pf. l. 1. Ballerina, 2. Bagpipe, 3. Dartmouth) 0

Zuchtleistungen:

1889 Galopin. Stute. 3000 fl. Gallop gay.
1890 St. Gatien.
1891 Pásztor. Stute.
1892 Biró.

Capella,

br. St., gez. 1879 in England in Bonehill Gestüt, v. Cathedral a. d. Young Lady v. Young Melbourne a. d. My Lady v. Lampton. Durch Sekt.-Rat v. Luczenbacher 1889 um 601 Pfd. angekauft. 158 cm.

Rennleistungen:

Keine.

Zuchtleistungen:

1889 Muncaster. Stute. 1600 fl.
1890 " Hengst. †
1891 Craig Millar. Stute.
1892 "

Romp.

br. St., gez. 1880 in England von Mr. W. I'Anson, v. Beauclerc a. d. Bobbin Around v. Newminster a. d. Babat the Bowster v. Annandale. Durch II. Sekt.-Rat v. Luczenbacher 1889 um 601 Pfd. angekauft. 170 cm.

BIRÓ.

Rennleistungen:

Keine.

Zuchtleistungen:

1889 Saraband. Stute. | 1891 Sweet Bread. Stute.
1890 „ Stute. | 1892 „

Vertumna,

br. St., gez. 1881 in England v. Ihrer Majestät der Königin, v. Springfield a. d. Simplex v. Young Melbourne a. d. Ayacanora v. Y. Birdcatcher. Durch Sekt.-Rat v. Luczenbacher 1889 um 1050 Pfd. angekauft. 170 cm.

Rennleistungen:

1883 Newmarket. The First Oktober Two Years Old Plate. (5 Pferde liefen. 1. Gamelius, 2. See See, 3. Königin, 5. Philosopher) 4

Zuchtleistungen:

1889 Petrarch. Hengst. 6000 fl. Portland. | 1891 Doncaster. Güst.
1890 Bend Or. Hengst. | 1892 Highland Chief.

Nyil,

br. St., gez. 1885 in England von Mr. Chaplin, v. Hermit a. d. Nyl Gau v. Musjid a. d. Bas Bleu v. Stockwell. Durch H. Sekt.-Rat v. Luczenbacher 1889 um 525 Pfd. angekauft. 158 cm.

Rennleistungen:

Keine.

Zuchtleistungen:

1889 Harvester. Stute. 2250 fl. Harvest. | 1891 Craig Millar. Stute.
1890 Paradox. Stute. | 1892 „

Miss Maria,

br. St., gez. 1879 in England von Lord Falmouth, v. Scottish Chief a. d. Silver Ring v. Blair Athol a. d. Silverhair v. Kingston. Durch H. Sekt.-Rat v. Luczenbacher 1890 um 1100 Pfd. angekauft.

Rennleistungen:

Keine.

Zuchtleistungen:

1889 Cylinder. | 1891 Bend Or. Stute.
1890 | 1892 St. Simon.

Pallas,

F. St., gez. 1881 in England v. Mr. A. Hoole, v. Wisdom a. d. Quick Stream v. Trumpeter a. d. Quick March v. Rataplan. Durch H. Sekt.-Rat v. Luczenbacher 1890 um 300 Pfd. angekauft. 164 cm.

Rennleistungen:

1883 Four Oaks Park (Birmingham). The Castle Bromwich Two Years Old Plate. (9 Pferde liefen. 2. Pillery, 3. Priscilla) 1

„ Croydon. The Two Years Old Plate. (9 Pf. l. 1. Hegdehog, 2. Scottish Earl, 3. Vesper) 0

„ Alexandra Park. The Totteridge Nursery Handicap. (20 Pf. l. 1. Hermitage, 2. Queen of Scotland, 3. Orangeman) 0

„ Warwick. The Spa Nursery Handicap. (12 Pf. l. 2. Just in Time, 3. Hypsiphyle) 1

1884 Kempton Park. The Richmond Mid-Weight Handicap Plate. (10 Pf. l. 1. Drakensberg, 2. First Fiddle, 3. Hopeful) 0

„ Worcester. The City Welter Handicap Plate. (5 Pf. l. 2. Gang Warily, 3. Dutch Roll, 4. Ate, 5. Ella) 1

„ Egham. The Duke of Edinburgh Handicap. (4 Pf. l. 2. Ella, 3. Mabel, 4. Periosteum) 1

„ „ The Surrey and Middlesex Stakes. Handicap. (6 Pf. l. 1. Postscript, 2. Espada) 3

„ Alexandra Park. The Municipal Welter Handicap. (5 Pf. l. 1. Madame Neruda, 2. Adanapaar, 3. Algill) 0

„ Worcester. The City Welter Handicap Plate. (7 Pf. l. 2. Phryne, 3. Old Gold, 4. Picador) 1

„ Warwick. The Guy Welter Handicap Plate. (12 Pf. l. 1. Trap, 2. Lowestoft, 4. Tyndrum) 3

1885 Kempton Park. The Richmond Mid-Weight Handicap. (12 Pf. l. 1. Chaperon, 2. Shrivenham, 3. Carronald) 0

„ Harpenden. The High Firs Welter Handicap. (5 Pf. l. 1. Chaperon, 2. Grayling) 3

„ Worchester. The City Welter Handicap Plate. (7 Pf. l. 2. Isabeau, 3. Eloquence) 1

1886 Bath. The Worchester Welter Plate. (7 Pf. l. 1. Redbridge, 2. Waidmarian, 3. Attadale) 0

„ Four Oaks Park. The Sutton Welter Handicap Plate. (5 Pf. l. 1. Syston) . 0

„ Worcester. The Worcester Autumn Handicap. (6 Pf. l. 2. Carronald, 3. Nelly Farren) 1

„ Warwick. The Guy Welter Handicap. (5 Pf. l. 1. Malvern, 2. Gwendraeth, 3. The Dream, 5. Buy-a-Broom) 4

1887 Salisbury. The Stewards' Plate. (4 Pf. l. 1. Ripa, 2. Swift) 3

1888 Bath. The Kelston Stakes. (4 Pf. l. 1. Trevelyan, 3. High Jinks) 2

„ Lewes. The Mile Selling Race. (6 Pf. l. 1 Stackpole, 2. Coriander) 3

Zuchtleistungen:

1890 Gildroy. Hengst. 1891 Royal Hampton. Stute. 1892 Pásztor.

Princess Matilda,

br. St., gez. 1882 in England von Mr. W. I'Anson, v. Beauclerc a. d. Blue Light v. Rataplan a. d. Borealis v. Newminster. Durch II. Sekt.-Rat v. Luczenbacher in England um 500 Pfd. angekauft. 163 cm.

Rennleistungen:

1884 Stockton. Zetland Biennial Stakes. (8 Pferde liefen. 1. Thuringian Queen, 2. br. St. v. Mr. Winkle, 3. Ruby, 4. Mr. Jingle 0

Zuchtleistungen:

1890 Exile II. Hengst. 1891 Bread Knife. Stute. 1892 Craig Millar.

Edith,

d.br. St., gez. 1882 in England von Mr. R. Peck, v. Muncaster a. d. Duchess of Albany v. Pretender a. d. Miss Livingstone v. The Flying Dutchman. Durch H. Sekt.-Rat v. Luczenbacher in England 1890 um 700 Pfd. angekauft. 163 cm.

Rennleistungen:

1884 Windsor. The Royal Plate. (8 Pf. l. 1. Present-Times, 2. Laverock, 3. Vacillation) 0
„ Kempton Park. The Queen Elizabeth Stakes. (4 Pf. l. 2. Pun, 3. Grip Fast) 1
„ Brighton. The Corporation Stakes. (3 Pf. l. 1. Debenture, 2. Laverock) . . 3
„ Lewes. The Nevill Plate. (5 Pf. l. 1. Monte-Rosa, 2. Castagnette, 4. gr. St. v. Ambergris, 5. Jona) 3
„ Doncaster. The Glasgow Plate. (9 Pf. l. 1. Harmattan, 2. Balvarran) . . . 3
„ Manchester. The Lancaster Nursery Handicap. (10 Pf. l. 1. br. H. v. Nuneham, 2. Pearl Diver, 3. Beryl, 4. Hautaine) 0
1885 Croydon. The Mile Selling Race. (10 Pf. l. 2. Helicon, 3. Hungarian) . . . 1
„ Windsor. The Stand Stakes. (8 Pf. l. 1. Corinia, 2. Isabeau, 3. Cylinder) . . 0

Zuchtleistungen:

1890 Merry Hampton. Stute. 1891 Merry Hampton. Stute. 1892 Galaor.

Zelika,

F. St., gez. 1882 in England von Mr. Lumley Hodgeson, v. Syrian a. d. Setapore v. Sundeelah a. d. Sabre v. Thormanby. Durch Sekt.-Rat v. Luczenbacher in England um 800 Pfd. angekauft. 171 cm.

Rennleistungen:

1884 Shrewsbury. The Haughmond Plate. (3 Pf. l. 1. Poste restante, 2. dkl.br. St. v. Dutch Skater) 3

Zuchtleistungen:

1890 Saraband. Stute. † 1891 Royal Hampton. Hengst. 1892 Doncaster.

Csallán,

F. St., gez. in Kisbér 1887 v. Doncaster a. d. Chillam v. Thunderbolt a. d. Icicle v. Oulston. 171 cm.

Rennleistungen:

Keine.

Zuchtleistungen:

1891 Sweet Bread. Stute. 1892 Sweet Bread.

Alkony,

F. St., gez. 1888 in Kisbér, v. Craig Millar a. d. Altona v. Cambuscan a. d. Sophia Lawrence v. Stockwell. 168 cm.

Rennleistungen:
Keine.

Zuchtleistungen:
1892 Galaor.

Aus obigem Verzeichnis der gegenwärtig in Kisbér zur Zucht aufgestellten Vollblutstuten tritt dem Fachmanne die betrübende Tatsache entgegen, dass die ungarische Gestütsverwaltung in letzterer Zeit bei ihren Ankäufen von Mutterstuten sehr wenig vom Glück begünstigt gewesen ist. Lässt sich doch unter den seit 1882 zugewachsenen 23 Stuten kaum ein halbes Dutzend (Rub-a-Dub, Themis, Apollinaris, Snapshot, Gaydene, L'Eclair ?) nennen, das heute als eine lohnende Erwerbung bezeichnet werden könnte. Allerdings halten sich die für diese Stuten angelegten Preise relativ innerhalb recht bescheidener Grenzen, aber erstens erscheinen mehrere derselben trotzdem unverhältnismässig hoch, wenn man den in den Renn- und Zuchtleistungen liegenden Marktwert der betreffenden Stute in Betracht zieht und zweitens kann es unmöglich die Aufgabe der staatlichen Pépinière sein, mit einem Materiale zu arbeiten, welches, ob billig oder nicht, an Zuchtwert bedeutend hinter jenem zurücksteht, das in den grösseren Privatgestüten des Landes anzutreffen ist.

Napoleon III. äusserte einmal mit Bezug auf die französische Pferdezucht: „Der Staat soll nur das thun, was dem Privaten zu leisten unmöglich ist." Dieser Ausspruch gilt auch für Ungarn. In dem Augenblicke, wo Kisbér nicht mehr im besten Sinne des Wortes die Schatzkammer der ungarischen Vollblutzucht bildet, hat es seine Existenzberechtigung als Vollblutgestüt verloren.

Von der Überzeugung ausgehend, dass die ungarische Gestütsverwaltung in dieser Beziehung vor einem unerbittlichen „Entweder—Oder" steht, können wir es nicht unterlassen auch darauf hinzudeuten, dass die Mehrzahl der Kisbérer Vollblutstuten entweder gar keine oder doch nur sehr schwache Rennleistungen aufzuweisen hat. Diese Thatsache scheint uns den staatlichen Zuchtbetrieb in direktem Widerspruch zu dem Grundprinzip der Vollblutzucht zu stellen und hierin erblicken wir eine direkte Schädigung jener Interessen, deren Förderung mit Recht als eine der wichtigsten Aufgaben Kisbérs bezeichnet wird. Es ist uns natürlich wohl bekannt, dass so manche Vollblutstute, die nie auf der Bahn sichtbar gewesen, Grosses in der Zucht geleistet hat; aber Ausnahmen vermögen die Regel nicht umzustossen, und am allerwenigsten darf der Staat durch sein Beispiel den Privatzüchter dazu verleiten, bei der Zucht auf sogenannte Glücksfälle zu zählen. Man lese nur nach, was Graf Lehndorff in seinem „Handbuch“ Seite 204—221 über die Benützung von Stuten mit hochtönenden Pedigrees aber ohne eigene Leistungen schreibt. Diese wenigen Seiten des vortrefflichen Werkes enthalten unserer Ansicht nach eine ebenso klare wie niederschlagende Antwort auf die Frage, was Kisbér von solchen Stuten wie Alkony, Csallán, Princess Matilda, Miss Maria, Romp, Capella, Minever, Spinning Jenny, Risk, Duchess of Edinburgh u. m. a. zu erwarten hat.

Von den 22 englisch gezogenen Vollblut-Mutterstuten, die 1889 in Kisbér aufgestellt waren, haben sich bisher eigentlich nur drei — Cataclysm, Chilham und Scythian Princess — in der Zucht bewährt; Rub-a-Dub, Marie Galante, Peffar, Apollinaris und Themis sind der bescheidenen Mittelklasse zuzuzählen; drei — Nova, L'Eclair und Duchess of Edinburgh — haben das in sie gesetzte Vertrauen schmählich getäuscht und alle übrigen müssen noch den Beweis erbringen, dass sie das Geld wert waren, das sie dem ungarischen Staate gekostet. Weit mehr Glück als mit den Engländerinnen hat Kisbér mit den inländisch gezogenen Stuten, Verbena und Babér gehabt, indem erstere zwei und letztere (in Kisbér gezogen) einen Derby-Sieger gebracht; auch die beiden Inländerinnen, Villám und Altona, können sich ohne Weiteres neben den importirten Stuten sehen lassen. Wir glauben, dass das ungarische Ackerbau-Ministerium gut thun würde, diesen Thatsachen die ihnen gebührende Beachtung zu schenken. Wertvolle Mutterstuten käuflich zu erwerben, ist auf allen Zuchtgebieten eine Aufgabe, wie sie schwieriger kaum gedacht werden kann. In der Vollblutzucht wird dieselbe aber nur durch das Zusammenwirken besonders günstiger Umstände ermöglicht. Einem Agenten die Weisung zu erteilen: „Reisen Sie nach England und kaufen Sie uns Vollblut-Mutterstuten 1. Klasse“, muss mithin als ein ziemlich aussichtsloses Beginnen bezeichnet werden, welches nur in dem Falle, dass während der Anwesenheit des betreffenden Herrn in England ein angesehenes Gestüt zur Auflösung gelangt, mit einiger Wahrscheinlichkeit auf Erfolg zählen könnte. Trifft ein solcher Fall nicht ein, so bleibt dem Agenten in der Regel nur die Wahl zwischen älteren Mutterstuten, die sich in irgend einer Richtung nicht bewährt haben und jungen Stuten, die noch keine Zuchtleistungen aufzuweisen vermögen. Die ersteren sind zumeist Unglückstiere, unter deren Namen im Stud book die ominösen Worte „güst“, „verworfen“, „Zwillinge“ zu lesen sind (Siehe „Nova“) und die letzteren besitzen eine verzweifelte Ähnlichkeit mit den Zahlen in der kleinen Lotterie

— ein Haupttreffer ist nicht unbedingt ausgeschlossen, aber die Nieten dominiren in unheimlicher Weise. Diese Thatsachen sind selbstverständlich den vielen fremden Regierungen und Privatpersonen, die zu den Kunden des englischen Vollblutmarktes gehören, nicht unbekannt geblieben. Eine Ankaufs-Mission, die in's Blaue hineinoperirt, oder eine solche, die sich behufs Lösung ihrer Aufgabe nur auf private Verbindungen in züchterischen Kreisen stützt, gehört daher auch gegenwärtig zu den grössten Seltenheiten. Man hat eben allseitig die Erfahrung gemacht, dass der englische Vollblutmarkt viel zu gross ist, um von einer einzelnen Person, dieselbe möge noch so gut informirt sein, vollkommen übersehen werden zu können. Aus diesem Grunde hat Frankreich ein Verfahren eingeschlagen, welches wir der ungarischen Regierung dringend empfehlen möchten. Die französische Regierung steht in dauernder Verbindung mit der weltbekannten Turf-Firma Weatherby (Old Burlington Street, London), die nicht nur mit der Herausgabe des General Stud book's und des Racing-Calendar's, sowie mit der Führung der Sekretariats- und Kassa-Geschäfte des englischen Jockey-Clubs betraut ist, sondern ausserdem ein förmliches Bankhaus unterhält, in welchem die meisten Rennstallbesitzer und grösseren Züchter ein auf ihre Einsätze, Reugelder und Gewinnste basirtes Conto haben. Dass eine solche Firma, deren Geschäfte und Verbindungen den gesamten Renn- und Zuchtbetrieb umfasst, besser als irgend eine Privatperson über die sich ergebenden Gelegenheiten zu günstigen Ankäufen unterrichtet sein muss, liegt auf der Hand. Die Auftraggeber der Herren Weatherby pflegen daher auch meist gut und verhältnismässig billig zu kaufen. Was die französische Regierung betrifft, besteht zwischen ihr und genannter Firma die Verabredung, dass letztere Meldung erstattet, sobald Hengste oder Stuten von passender Klasse und Herkunft zu haben sind. Daraufhin entsendet dann die französische Gestüts-Verwaltung einen geeigneten Beamten, der die betreffenden Tiere besichtigt und falls dieselben konveniren, die Herren Weatherby ermächtigt, den Kauf entweder sofort oder nach weiteren Verhandlungen abzuschliessen. Für diese ihre Mühwaltung bezieht die Firma 10 % des Ankaufspreises. Wir sind der Meinung, dass Jeder, der dauernd auf den englischen Vollblutmarkt angewiesen ist, dem hier erwähnten Beispiele der Franzosen folgen sollte, und wäre es auch nur, um der Notwendigkeit enthoben zu werden, binnen einer meistenteils nach Wochen, selten nach Monaten zu bemessenden Frist eine Aufgabe erledigen zu müssen, zu deren befriedigender Lösung — abgesehen von nicht mit in Rechnung zu nehmenden, besonderen Glücksfällen — ein ständiger Aufenthalt in England unerlässlich erscheint. Ausserdem aber sichert die Vermittlung der Firma Weatherby dem betreffenden Auftraggeber alle Vorteile, die sich bei Ankäufen von Zuchtmaterial aus einer genauen Personal- und Lokalkenntnis, zuverlässigen Informationen und langjährigen Erfahrungen ziehen lassen. Befinden sich doch die Mitglieder der Familie Weatherby bereits seit einem Jahrhundert im Besitz eines Privilegiums, das ihnen einen genaueren Einblick in die Kulissen der Renn- und Zuchtwelt gestattet, als selbst den gewiegtesten Kennern der einschlägigen Verhältnisse zu Gebote steht. Wir sprechen hier aus eigener Erfahrung, denn der Schreiber dieser Zeilen kaufte in England im öffentlichen Auftrage durch Vermittlung der Firma Weatherby nicht weniger als 27 Vollblutpferde, (Hengste und Stuten), unter welchen sich King Alfred, der zweite im englischen Derby 1868, Billesdon, der nachherige Erzeuger des deutschen Derbysiegers Cäsar, und Crécy, der Sieger im skandinavischen Derby 1876 nebst mehreren anderen, später mit grösstem Nutzen zur Zucht verwendeten Pferden befanden.

Vom Vollblut wenden wir uns dem Halbblutmateriale zu, das, wie bereits erwähnt, in Kisbér ausschliesslich aus Stuten besteht.

Um dem Leser ein möglichst klares Bild von der Entwicklung der Kisbérer Halbblutzucht zu geben, beginnen wir unsere Schilderung derselben mit einem

Ausweis

über die dem Gestüte von 1870—1888 einverleibten Mutterstuten.

Jahr	Kisbérer Zucht (englisch)	Kisbérer Zucht (Norfolk)	Mezőhegyeser Zucht (englisch)	Mezőhegyeser Zucht (Nonius)	Summe	Jahr	Kisbérer Zucht (englisch)	Kisbérer Zucht (Norfolk)	Mezőhegyeser Zucht (englisch)	Mezőhegyeser Zucht (Nonius)	Summe
1870	3	—	—	—	3	1880	1	—	—	—	1
1871	19	10	—	—	29	1881	5	—	—	—	5
1872	5	5	—	—	10	1882	6	—	—	—	6
1873	12	6	—	—	18	1883	2	—	—	—	2
1874	3	—	—	—	3	1884	4	—	—	—	4
1875	8	3	—	—	11	1885	1	—	—	—	1
1876	3	1	16	1	21	1886	1	—	—	—	1
1877	2	—	4	—	6	1887		—	—	—	
1878	4	—	4	1	9	1888	4	—	—	—	4
1879	3	—	1	—	4	zus.	86	25	25	2	138

Diesem Ausweise ist zu entnehmen, dass die frühere Mischzucht schon im Jahre 1870 einem festen Zuchtplan zu weichen, begonnen hatte. Noch vermögen allerdings die Norfolker sich zu behaupten, aber ihre Tage sind gezählt, und vom Jahre 1880 an, hört auch die Zufuhr von Mezőhegyes auf, so dass nunmehr das Kisbérer Halbblut rein englischer Zucht im alleinigen Besitz des Terrains verbleibt.

Welchen Typus das heutige Kişbérer Halbblutpferd repräsentirt, ist den beigegebenen Abbildungen einer Kisbér-öcscse- und einer Verneuil-Stute zu entnehmen.

Wie bei der durch die Verhältnisse gebotenen Verwendung von im Blut und Bau verschiedenartigen Vollbluthengsten ganz selbstverständlich, kann bei dem Kisbérer Halbblut von einer sozusagen mathematischen Ausgeglichenheit nicht die Rede sein. So gleichen z. B. die Kisbérer-öcscse und die Verneuil-, die Pásztor- und die Ruperra-Produkte einander im Exterieur nur sehr wenig. Hohen Adel, stattliche Grösse und aussergewöhnliche Leistungsfähigkeit haben aber alle in Kisbér gezogene Halbblutpferde gemeinsam; ja, wir wagen zu behaupten, dass es gegenwärtig in ganz Europa kein Halbblutgestüt giebt, dessen Produkte in dieser Beziehung den Vergleich mit dem Kisbérer Pferde auszuhalten vermöchte. Das ist immerhin ein Resultat, auf welches die ungarische Gestütsverwaltung mit um so grösserem Recht stolz sein kann, als die Kisbérer Halbblutzucht nicht nur sehr jungen Datums ist, sondern auch infolge der buntscheckigen Grundelemente mit bedeutenden Schwierigkeisen zu kämpfen gehabt hat.

Wollen wir nun die einzelnen in der Kisbérer Halbblutheerde vertretenen Familien charakterisiren, so werden wir folgende Beobachtungen zu verzeichnen haben. Die Ostreger Stuten machen sich durch Adel, Grösse, starke Knochen und korrekte Formen bemerkbar; die Reményi-Stuten haben einen hübschen „Kragen“ und schönen Rumpf, sind aber etwas leicht in den Vorderbeinen und zeigen wenig Aktion. Die Verneuil-Stuten passen ganz in den Rahmen des Rennpferdes — voll Adel und Kraft, von mächtigen Formen und mit einem herrlichen Galoppsprung; die besten haben Cambuscan-Stuten zu Müttern. Die Gunnersbury-Stuten zeigen wenig Familienähnlichkeit. Die Bois-Roussel-Stuten sind etwas leicht, besitzen aber durchgehend Adel und korrekte Formen. Die Cambuscan-Stuten fallen dem Kenner durch ihre strammen Beine und ihren Adel auf, lassen aber in der Bildung des Rückens einiges zu wünschen übrig, ein Fehler, der nebstbei gesagt, bisher durch die Paarung mit Verneuil erfolgreich bekämpft werden konnte. Die meist etwas leichten Kalandor-Stuten glänzen durch geradezu fabelhafte Gänge und hohen Adel; dagegen ist Adel gerade nicht die starke Seite der Kisbér öcscse-Stuten, am meisten lassen sie denselben im Hals und Kopf vermissen; das Mittelstück jedoch pflegt jedoch von tadellosem Bau zu sein; ausserdem sind die Stuten dieses Stammes, obwohl schwache Traber, im Besitz einer vorzüglichen Galopaktion.

EDGAR.

Im Jagdfelde und vor der Front den höchsten Anforderungen entsprechend, zum Teil auch im leichten Zuge von schwer zu übertreffender Verwendbarkeit, geniessen die Produkte der heutigen Kisbérer Halbblutzucht mit Recht des grössten Ansehens in allen jenen Kreisen, wo man gewohnt ist, viel vom Pferde zu verlangen. Die hie und da laut gewordene Befürchtung, dass die ununterbrochene Zufuhr von Vollblut eine die Leistungsfähigkeit beeinträchtigende Verfeinerung des Knochengerüstes zur Folge haben werde, hat sich bisher nicht bestätigt. Man werfe nur einen Blick auf das Portrait der Verneuil-Stute und man wird zugeben müssen, dass der von diesem Produkte vertretene Typus noch sehr weit von der gefürchteten Überveredlung entfernt ist. Überdies sind dicke Knochen und feste Knochen keineswegs synonyme Begriffe. Selbst wenn das Kisbérer Halbblut mit der Zeit vollständig den Typus eines Halbblutpferdes verlieren sollte, ist es daher noch lange nicht gesagt, dass die hieraus resultirende Verfeinerung des Knochengerüstes auch eine Verringerung der allgemeinen Leistungsfähigkeit herbeiführen würde. Nun bleibt aber wohl zu beachten, dass ein einziger Hengst wie Verneuil, obwohl Vollblut, mehr für Beibehaltung eines harmonischen Gleichgewichtes zwischen Blut und Masse zu leisten vermag, als jeder noch so ideale Halbbluthengst. Und kann man, wie Verneuil's Erfolge bewiesen haben, überhaupt mit Vollblut einer befürchteten oder bereits eingetretenen Verfeinerung entgegentreten, so liegt kein Grund vor, von dem bisher in Kisbér befolgten Zuchtsystem abzuweichen, denn erstens sind massige Vollbluthengste keineswegs so selten als häufig ohne Kenntnis der einschlägigen Verhältnisse angenommen wird, und zweitens pflegen solche, wenn ohne hervorragende Rennleistungen, auch zu verhältnismässig billigen Preisen zu haben zu sein. Mangel an geeigneten Vatertieren dürfte daher bei einiger Umsicht seitens der leitenden Faktoren kaum je eintreten. Auch das Problem dieser Zucht ist also durch Verwendung passender Hengste zu lösen.

Dass das Kisbérer Halbblut bei dem gegenwärtig befolgten Zuchtsystem in nicht gar ferner Zukunft nur mehr durch eine rein theoretische, oder richtiger gesagt, konventionelle Definition der Begriffe Voll- und Halbblut, von dem in Stud book registrirten Vollblute zu unterscheiden sein wird, unterliegt keinem Zweifel. Wir glauben aber, dass weder die Züchter noch die Konsumenten eine Gefahr für ihre Interessen in dieser Eventualität erblicken. Für hochveredeltes, korrekt gebautes, gängiges, leistungsfähiges Halbblutmaterial von stattlicher Grösse und genügender Knochenstärke hat die ungarische Landespferdezucht stets ausgiebige Verwendung und ebenso lässt sich in den Kreisen des reitenden und fahrenden Publikums von Jahr zu Jahr eine Steigerung der Nachfrage nach möglichst edel gezogenen Gebrauchspferden wahrnehmen. Dies trat unter anderem in auffallender Weise auf der vorjährigen Auktion der ungarischen Staatsgestüte in Budapest zu Tage. Dort wurde nämlich für 18 überzählige 4jährige Stuten aus dem Kisbérer Gestüte ein Durchschnittspreis von 1070 Gulden erzielt, zu welchem Resultate eine Taurus-Stute mit 1700, eine Kisbér öcsese-Stute mit 1550, eine Cambusier-Stute mit 1490 und eine Verneuil-Stute mit 1660 fl. beitrugen. Dem Kisbérer Halbblut scheint demnach die sehr weit getriebene Veredlung in den Augen des Konsumenten eher genützt als geschadet haben. Dies ist übrigens sehr natürlich, denn bei jeder Gelegenheit erbringt das Kisbérer Pferd neue Beweise für die Richtigkeit des altenglischen Sporting-Sprichwortes „Blod will tell“. In Holics z. B., wo alljährlich vom k. und k. Militär-Reitlehrer-Institute Rennen mit den besten, der Jagdabteilung des Institutes zugewiesenen, Stuten der ungarischen Staatsgestüte angeordnet werden, vermögen die Mezöhegyeser absolut nicht gegen die Kisbérer aufzukommen. Die am 16. November 1890 zu Holics stattgefundene gegenseitige Erprobung der Kisbérer und Mezöhegyeser Stuten, lieferte in dieser Beziehung ein geradezu charakteristisches Ergebnis. Es sei uns daher gestattet, dem offiziellen Rennberichte folgende Einzelheiten über dasselbe zu entnehmen:

Flachrennen. Dist. 2400 Met. Offen für Stuten der königl. ungar. Staatsgestüte zu Kisbér und Mezöhegyes, welche vom königl. ungar. Ackerbau-Ministerium der Jagdabteilung zugewiesen sind. Normalgewicht 80 Kilogr. Ehrenpreis dem Ersten gegeben von der königl. ungar. Regierung. Ehrenpreis dem Zweiten.

Kisbérer 5j. F.St. v. Verneuil 80 Kg. . . . . (Oblt. v. Schobeln) 1
„ 5j. F.St. v. Kisbér öcsese 80 Kg. . . . (Oblt. Bar. De Pont) 2
Mezöhegyeser a. br. St. v. Furiosa-Wilsford 80 Kg. (Oblt. Sypniewski) 3
„ 6j. br. St. v. Nonius-Ostreger 80 Kg. . . (Lt. Schindelar) 0

Leicht mit fünf Längen gewonnen. Schlechter Dritter.

Leistungen dieser Gattung werden aber den Produkten der Kisbérer Halbblutzucht um so höher angerechnet werden müssen, als das Mezöhegyeser Halbblut bekanntlich auch „nicht von schlechten Eltern ist“.

Stand der Halbblut-Mutterstuten in Kisbér im Jahre 1890.

Allbrook-Stute:

Nr. 89. Dbr. geb. in Kisbér 1884 a. d. 143 Ostreger.

Summe 1 Stück.

Bois Roussel-Stuten:

Nr.	37.	Rf. geb. in Kisbér	1876	a. d.	133	Nordstern.
„	38.	Lf. „ „	1876	„	78	Doctress.
„	39.	Lbr. „ „	1876	„	134	The Czar.
„	75.	Lbr. „ „	1882	„	117	The Czar.
„	76.	Lkbr. „ „	1882	„	58	Sutherland.
„	77.	Lbr. „ „	1880		125	Diophantus.
„	81.	Dbr. „ „	1883	„	79	Furioso.
„	83.	Rf. „ „	1883	„	78	Palestro.
„	85.	Lbr. „ „	1883	„	81	Furioso.
„	112.	Lbr. „ „	1881	„	134	The Czar.
„	114.	Rbr. „ „	1881	„	51	Jackson.
„	148.	Lbr. „ „	1879	„	122	Polmoodie.
„	149.	Lbr. „ „	1879	„	49	Justice to Kisbér.
„	150.	R. „ „	1879	„	94	Manfred.

Summe 14 Stück.

Cambuscan-Stuten:

Nr.	87.	Lf. geb. in Kisbér	1880	a. d.	40	Polmoodie.
„	91.	Lbr. „	1874	„	128	Augusta, Mecklenburger Zucht.
„	92.	Lf. „ „	1875		61	Sutherland.
„	103.	Lrf. „ „	1877		131	Revolver.
„	105.	Lbr. „ „	1878	„	178	Virgilius.
„	107.	Lf. „ „	1877	„	62	Bois Roussel.
„	117.	Lf. „ „	1881	„	67	Ostreger.
„	118.	Rf. „ „	1873	„	76	Buccaneer.
„	119.	Lbr. „ „	1874	„	70	Polmoodie.

Summe 9 Stück.

Cambusier-Stute:

Nr. 130. Lf. geb. in Kisbér 1885 a. d. 181 Virgilius.

Summe 1 Stück.

Count Zdenko-Stuten:

Nr.	131.	Lbr. geb. in Kisbér	1878	a. d.	122	Polmoodie.
„	132.	Lbr. „	1878		105	Nordstern.

Summe 2 Stück.

Diophantus-Stuten:

Nr. 125. Lbr. geb. in Kisbér 1875 a. d. 122 Polmoodie.
„ 126. Lbr. „ „ 1877 „ 85 Furioso V.
„ 127. Lbr. „ „ 1873 „ 121 Polmoodie.
„ 129. Lf. „ „ 1874 „ 92 Polmoodie.
„ 136. Lbr. „ „ 1878 „ 82 Furioso V.

Summe 5 Stück.

Eredmény-Stuten:

Nr. 61. Kbr. geb. in Mezöhegyes 1879 a. d. 343 Revolver.
„ 62. Rbr. „ „ 1879 „ 141 North Star.

Summe 2 Stück.

Förgeteg-Stuten:

Nr. 71. Lbr. geb. in Kisbér 1882 a. d. 141 Ostreger.
„ 88. Lbr. „ „ 1882 „ 21 Y. England.
„ 113. Lbr. „ „ 1883 „ 100 Cambuscan.
„ 122. Wbr. „ „ 1883 „ 53 Tarquin.
„ 158. Wbr. „ „ 1884 „ 118 Cambuscan.

Summe 5 Stück.

Furioso-Stuten:

Nr. 79. Kbr. geb. in Mezöhegyes 1873 a. d. 672 North Star I.
„ 82. Lbr. „ in Kisbér 1878 „ 43 Polmoodie.
„ 84. Lbr. „ „ 1875 „ 114 Daniel O'Rourke.
„ 90. Lbr. „ „ 1879 „ 119 Cambuscan.
„ 146. Rsch. „ in Mezöhegyes 1881 „ 110 Grizzly Boy.
„ 147. Lbr. „ in Kisbér 1879 „ 129 Diophantus.
„ 151. Lf. „ in Mezöhegyes 1880 „ 110 Grizzly Boy.

Summe 7 Stück.

Game Cock-Stuten:

Nr. 40. Lbr. geb. in Kisbér 1877 a. d. 55 Polmoodie.
„ 63. Lkbr. „ „ 1877 „ 48 North Star.

Summe 2 Stück.

Gunnersbury-Stuten:

Nr. 64. Lbr. geb. in Kisbér 1884 a. d. 48 North Star.
„ 104. Lf. „ „ 1883 „ 114 Daniel O'Rourke.
„ 133. Lbr. „ „ 1885 „ 133 Nordstern.
„ 138. Lf. „ „ 1884 „ 114 Daniel O'Rourke.

Summe 4 Stück.

Hajnal-Stute:

Nr. 56. Wbr. geb. in Kisbér 1880 a. d. 146 Nordstern (hies. Zucht).

Summe 1 Stück.

Kalandor-Stuten:

Nr. 96. Rbr. geb. in Kisbér 1879 a. d. 65 Ostreger.
„ 97. Wbr. „ „ 1885 „ 83 Furioso.
„ 98. Lbr. „ „ 1882 „ 57 Sutherland.
„ 99. Lf. „ „ 1880 „ 142 Ostreger.
„ 100. Dbr. „ „ 1885 „ 134 The Czar.
„ 102. R. „ „ 1879 „ 79 Furioso IX.
„ 108. R. „ „ 1879 „ 178 Virgilius.
„ 110. Rf. „ „ 1884 „ 142 Ostreger.
„ 111. Rf. „ „ 1879 „ 142 Ostreger.

Summe 9 Stück.

Kisbér öcscse-Stuten:

Nr. 50. Kbr. geb. in Kisbér 1882 a. d. 99 Wilsford.
„ 74. Lbr. „ „ 1885 „ 138 Ostreger.
„ 93. Lbr. „ „ 1885 „ 37 Bois Roussel.
„ 106. Lf. „ „ 1885 „ 40 Game Cock.
„ 166. Dbr. „ „ 1883 „ 69 Palestro.
„ 167. Dbr. „ „ 1883 „ 144 Ostreger.
„ 168. Wbr. „ „ 1883 „ 138 Ostreger.

Summe 7 Stück.

Nonius-Stute:

Nr. 73. Rf. geb. in Mezöhegyes 1872 a. d. 695 Revolver.

Summe 1 Stück.

North Star-Stuten:

Nr. 46. Dbr. geb. in Mezöhegyes 1875 a. d. 172 Nordstern.
„ 72. R. „ „ 1871 „ 825 Grey Comus.

Summe 2 Stück.

Ostreger-Stuten:

Nr. 49. Wbr. geb. in Kisbér 1881 a. d. 133 Nordstern.
„ 65. Lbr. „ „ 1882 „ 107 Cambuscan.
„ 66. Lf. „ „ 1875 „ 151 Bois Roussel.
„ 67. Lf. „ „ 1876 „ 68 Chief.
„ 95. Wbr. „ „ 1882 „ 76 Buccaneer.
„ 101. Lkbr. „ „ 1882 „ 81 Furioso V.
„ 123. Lf. „ „ 1881 „ 91 Cambuscan.
„ 137. Lbr. „ „ 1878 „ 99 Wilsford.
„ 139. Lkbr. „ „ 1882 „ 93 Tarquin.
„ 140. Agr. „ „ 1878 „ 95 Manfred.
„ 143. Dbr. „ „ 1877 „ 99 Wilsford.

Nr. 141. Lf. geb. in Kisbér 1881 a. d. 78 Palestro.
„ 145. Lbr. „ „ 1878 „ 40 Polmoodie.
„ 152. Lf. „ „ 1880 „ 64 Deutsche Michel.
„ 153. Rf. „ „ 1880 „ 118 Cambuscan.
„ 154. Lbr. „ „ 1880 „ 42 Polmoodie.
„ 155. Lbr. „ „ 1880 „ 82 Furioso V.
„ 163. Rf. „ „ 1881 „ 118 Cambuscan.

Summe 18 Stück.

Palestro-Stuten.

Nr. 68. Lbr. geb. in Mezőhegyes 1872 a. d. 369 Nonius.
„ 69. Kbr. „ „ 1873 „ 345 Nonius.
„ 78. Lbr. „ „ 1873 „ 260 Nonius II.
„ 86. Lbr. „ „ 1875 „ 317 Nonius.
„ 109. Lbr. „ in Kisbér 1877 „ 70 Polmoodie.
„ 115. Lf. „ 1877 „ 47 Revolver.

Summe 6 Stück.

Polmoodie-Stuten.

Nr. 41. Lkbr. geb. in Kisbér 1872 a. d. 148 Lizzy (irl.).
„ 42. Rbr. „ „ 1873 „ 49 Justice to Kisbér.

Summe 2 Stück.

Remény-Stuten:

Nr. 54. Lbr. geb. in Kisbér 1878 a. d. 81 Furioso V.
„ 55. Lbr. „ „ 1881 „ 74 Nonius.
„ 94. Lkbr. „ „ 1881 „ 37 B. Roussel.
„ 120. Lbr. „ „ 1878 „ 74 Nonius.
„ 134. Lf. „ „ 1881 „ 73 Nonius II.
„ 156. Lkbr. „ „ 1879 „ 123 North Star II.
„ 157. Dkbr. „ „ 1880 „ 50 Codrington.

Summe 7 Stück.

Ruperra-Stute:

Nr. 80. Wbr. geb. in Kisbér 1884 a. d. 80 Furioso IX.

Summe 1 Stück.

Tarquin-Stute:

Nr. 53. R. geb. in Kisbér 1875 a. d. 17 Seahorse (Gebrauchspferd).

Summe 1 Stück.

Taurus-Stuten:

Nr. 128. Df. geb. in Kisbér 1885 a. d. 158 Vihar.
„ 135. Wbr. „ „ 1885 „ 70 Polmoodie.

Summe 2 Stück.

Verneuil-Stuten:

Nr. 45. Dbr. geb. in Kisbér 1884 a. d. 45 Polmoodie.
„ 47. Lf. „ „ 1884 „ 180 Virgilius.
„ 48. Rf. „ „ 1885 „ 54 Remény.
„ 51. Lbr. „ „ 1881 „ 45 Polmoodie.
„ 52. Lf. „ „ 1882 „ 118 Cambuscan.
„ 57. Rf. „ „ 1882 Herbst a. d. 76 Buccaneer.
„ 58. Kbr. „ „ 1883 a. d. 42 Polmoodie.
„ 59. Lbr. „ „ 1883 „ 74 Nonius.
„ 60. Lf. „ „ 1884 „ 76 Buccaneer.
„ 141. Lf. „ „ 1884 „ 72 North Star.
„ 142. Lf. „ „ 1885 „ 87 Cambuscan.
„ 170. Lf. „ „ 1885 „ 118 Cambuscan.

Summe 12 Stück.

Vihar-Stuten:

Nr. 43. R. geb. in Mezöhegyes 1879 a. d. 166 North Star.
„ 44. Kbr. „ „ 1882 „ 105 Oranien.
„ 159. Kbr. „ „ 1879 „ 104 Furioso IX.
„ 160. R. „ „ 1881 „ 676 Furioso V.
„ 161. Lf. „ „ 1881 „ 506 Furioso VIII.
„ 162. Kbr. „ „ 1881 „ 677 Furioso V.
„ 169. Dbr. „ „ 1883 „ 124 Furioso.

Summe 7 Stück.

Virgilius-Stute.

Nr. 181. Rbr. geb. in Kisbér 1870 a. d. 24 Acorn.

Summe 1 Stück.

Zivatar-Stuten.

Nr. 70. Lf. geb. in Kisbér 1884 a. d. 86 Palestro.
„ 106. Rf. „ „ 1884 „ 84 Furioso.
„ 121. Lbr. „ „ 1882 „ 41 Polmoodie.
„ 124. Lbr. „ „ 1884 „ 36 B. Roussel.
„ 164. Lf. „ „ 1882 „ 86 Palestro.
„ 165. Dkbr. „ „ 1883 „ 43 Polmoodie.
„ 171. Kbr. „ „ 1885 „ 41 Polmoodie.

Summe 7 Stück = **136.**

Erklärung der Abkürzungen.

R. = Rapp. Dbr. = dunkelbraun. Lbr. = Lichtbraun. Dkbr. = Dunkelkastanienbraun. Kbr. = Kastanienbraun. Lkbr. = Lichtkastanienbraun. Wbr. = Weichselbraun. Rbr. = Rehbraun. Lrbr. = Lichtrehbraun. Lf. = Lichtfuchs. Rf. = Rotfuchs. Lrf. = Lichtrotfuchs. Rsch. = Rotschimmel. Agr. = Aschgrau.

Nachstehende Hengste sind demnach in folgender Weise im Halbblutgestüte vertreten:

		Anzahl Stuten			Anzahl Stuten
1	Allbrook	1	15	Nonius	1
2	Bois Roussel	14	16	North Star	2
3	Cambuscan	9	17	Ostreger	18
4	Cambusier	1	18	Palestro	6
5	Count Zdenko	2	19	Polmoodie	2
6	Diophantus	5	20	Remény	7
7	Eredmény	2	21	Ruperra	1
8	Förgeteg	5	22	Tarquin	1
9	Furioso	7	23	Taurus	2
10	Game Cock	2	24	Verneuil	12
11	Gunnersbury	4	25	Vihar	7
12	Hajnal	1	26	Virgilius	1
13	Kalandor	9	27	Zivatar	7
14	Kisbér öcsese	7		Summe	136

Nachdem wir dem Leser im Vorstehenden die zu seiner Orientirung erforderlichen Daten, bezüglich der Geschichte des Gestütes, sowie des in demselben zur Anwendung gelangten Zuchtmateriales geliefert haben, werden wir uns nun mit dem eigentlichen Zuchtbetriebe beschäftigen.

Der Zuchtbetrieb.

Oberster Leiter der Zucht in Kisbér, wie überhaupt in sämtlichen Staatspferdezucht-Anstalten, ist der jeweilige Vorstand der aus 4 Beamten bestehenden Sektion für Pferdezucht im königlich ungarischen Ackerbau-Ministerium gegenwärtig Herr Ministerialrat Franz Kozma de Leveld. Unter diesem Beamten, dessen Entscheidung in allen den Zuchtbetrieb und den ökonomisch-administrativen Dienst betreffenden Angelegenheiten massgebend sind, fungirt der „Kommandant der Militär-Abteilung im königl. ungar. Staats-Gestüte Kisbér", denn da das Gestüt als Zuchtanstalt betrachtet, von dem vorgenannten Ministerialbeamten geleitet wird, gibt es auch logischer Weise offiziell keinen Gestüts-Kommandanten, sondern nur einen Kommandanten der die Befehle und Anweisungen der obersten Behörde vollstreckenden Militär-Abteilung. Dieser Dienst wird seit 1884 von dem Herrn k. u. k. Major Eugen v. Kolossváry versehen. Dem Kommandanten zur Seite gegeben sind: zwei Rittmeister, von den einer dem in Loco verlegten sogen. „Stabsposten" und einer dem die auswärtigen Abteilungen umfassenden „Gestütsdepartement"

MILON

vorsteht, ein Subalternoffizier, der die Ausbildung der Reitbuben, die Dressur des aufgestellten Pferde-Materiales, den Training der zur Erprobung kommenden jungen Stuten, wie überhaupt das ganze Reitgeschäft zu leiten hat, ein Adjutant, ein Oberlieutenant-Rechnungsführer, ein Regimentsarzt, ein Staats-Chefticrarzt, drei Untertierärzte und einige tierärztliche Praktikanten. Hierzu kommen noch die nötige Anzahl Wachtmeister und Unteroffiziere, ca. 150 Gestütssoldaten und Fuhrmänner, 20 Csikose und die erforderlichen

Pépinière-Stall.

Offiziersdiener. (Siehe das Standes-Schema.) Sämtliche diese Militärpersonen unterstehen in militärischer Beziehung — aber nur in dieser — dem Militärinspektorat der königlich ungarischen Pferdezuchtanstalten und des kroatisch-slavonischen Hengstendepôts, welches gegenwärtig in den bewährten Händen des k. und k. Herrn Feldmarschall-Lieutenant, Geheimen Rat, Kämmerer u. s. w. Johann Horváth v. Zalabér ruht.

Was nun den inneren Dienst im Gestüte betrifft, so wird derselbe in erster Reihe durch die Verteilung des Pferdemateriales auf die einzelnen Höfe der Gestütsdomäne beeinflusst. In Kisbér selbst sind alle Privatstuten, das gesamte Vollblutzuchtmaterial, sowie die zur Dressur aufgestellten jungen

Hengste und Stuten untergebracht; auf den Puszten Pula und Batthyán stehen die Halbblut-Mutterstuten und Saugfohlen, in Paragh die 1-, 2- und 3jährigen Stuten, im Mittelhof die 1jährigen und in Tares die 2jährigen Halbbluthengste und Abspänfohlen (siehe die Karte der Domäne Kisbér). Auf dem letztgenannten Hofe überwintern auch die Vollblutfohlen, jedoch kehren dieselben Ende Mai oder Anfang Juni nach Kisbér zurück, um dort einer rationellen

Reitschule.

Vorbereitung für die alljährlich im Mai stattfindende grosse Jährlings-Lizitation unterzogen zu werden. Mit Bezug auf die hier geschilderten Unterkunfts-Verhältnisse sei zur Orientirung des Lesers weiter erwähnt, dass die Pépinière-Hengste in dem ausserordentlich zweckmässig eingerichteten, in unmittelbarer Nähe des Schlosses gelegenen Pépinière-Stall aufgestellt sind (s. Abbild. S. 145).

Diesem gegenüber befindet sich der einfachere, aber ebenfalls höchst zweckmässige sog. Aufstellstall für die zur Abrichtung aufgestellte junge Gesellschaft, welche von hier nur ein paar Schritte zu der Reitschule hat (siehe obige Abbildung).

Ausserhalb des Gestütshofes, an der zur Eisenbahnstation führenden

Strasse, befindet sich das Mannschafts- und das Tierspital, und dicht daneben abgesonderte, geräumige Boxstallungen für die vielen Privatstuten, die alljährlich den Kisbérer Vollblutbeschälern zugeführt werden (1891 nicht weniger als 210 Stück).

Die Vollblut-Mutterstuten sind in dem vom Feldmarschall-Lieutenant Ritter im Schlossparke angelegten „Ritterdörfel" untergebracht. Dieses „Dörfel"

Ritterdörfel.

besteht aus 16 kleinen, sauberen Häusern im Schweizerstyle, eines neben dem anderen, die schmale Seite der Strasse zugewendet (siehe obige Abbildung). Jedes derselben beherbergt zwei Stuten. Zwischen den einzelnen Häusern befinden sich kleine eingefriedigte Stallhöfe und hinter diesen erstrecken sich 10 herrliche Paddocks mit üppigem Graswuchs und uralten, schattigen Bäumen. Ungefähr in der Mitte des Dörfels aber steht die nette Wohnung des mit der Überwachung des Ganzen betrauten Wachtmeisters und der Wartmannschaft.

Unmittelbar beim oberen Ende dieser Häuserreihe erheben sich noch zwei Stallgebäude; das eine enthält Boxes für fremde Stuten, das zweite dient ebenfalls zur Unterbringung von solchen Stuten, wird jedoch vorübergehend auch als Unterkunft für junge Hengste verwendet. Vor diesen Gebänden, sowie in nächster Nähe derselben, aber schon ausserhalb des Parkes, sind geräumige Ausläufe angelegt.

Jede der hier erwähnten Gestütsabteilungen steht unter der Aufsicht von erprobten Unteroffizieren, welche zumeist bereits die Wachtmeister-Charge erreicht haben. Bessere Aufseher kann sich kein Gestüt wünschen. Langjährige Erfahrung, Liebe zu ihrem Beruf, Unverdrossenheit bei der Erfüllung

Kommandanten-Gebäude.

ihrer oft schweren Pflichten, unbedingte Verlässlichkeit, Schneid gepaart mit Milde den ihrer Pflege anvertrauten Pferden gegenüber, grosses Ansehen bei der Mannschaft, strammes, hochanständiges Benehmen in und ausser Dienst — alle diese und noch andere wertwolle Eigenschaften kennzeichnen nahezu jeden einzelnen Wachtmeister der ungarischen Gestütsbranche. Unteroffiziere dieser Qualität wird man heutzutage, wo die im langjährigen Dienste ergrauten Husaren-Wachtmeister verschwunden sind, nur selten bei der Kavallerie finden. Desto grösser und freudiger ist daher die Überraschung des Besuchers, in den ungarischen Staatspferdezuchtanstalten auf Unteroffiziere zu stossen, die lebhaft an jene unvergleichlichen, unvergesslichen Knasterbärte erinnern. Ein solches Unteroffiziers-Korps herangezogen zu haben, ist fürwahr nicht das geringste Verdienst der in der Gestütsbranche dienenden Offiziere.

Ausser den hier erwähnten Gebäuden befinden sich noch in Kisbér selbst:

Das Schlossgebäude mit den für Se. Majestät den Kaiser bestimmten Appartements, 8 Gastzimmern, mehreren Offiziers- und Unteroffizierswohnungen, Kanzleien, dem Kassalokale u. s. w.

Die im Cottage-Stil erbaute Wohnung des Kommandanten (siehe Abbildung S. 148).

Paddock.

Die sog. Kutscherkaserne mit Wohnräumen für Unteroffiziere, Mannschaft und Kutscher, Stallungen für die Wagen- und Arbeitspferde, Wagenremisen, Magazinen u. s. w.

Die Gebäude der Wirtschafts-Direktion mit der Wohnung für den Direktor. Das Bauamt mit einigen Beamten-Wohnungen und dem Bauhofe.

Die gewesene Verpflegs-Bäckerei, welche jetzt als Unteroffiziers-Kaserne verwendet wird.

Der Maierhof Kisbér mit Beamten-Wohnungen und den dazu gehörigen Wirtschaftsgebäuden.

Eine Dampfmühle.

An das Schloss anstossend befindet sich der herrliche, beiläufig 30 Joch umfassende Park mit einem grossen Teiche, den Paddocks, einer künstlichen Ruine und dem auf einer Anhöhe errichteten, von wohlgepflegten Blumengruppen umgebenen Wenckheim-Denkmale, welches die Erinnerung an den um die ungarische Pferdezucht hochverdienten Baron Béla Wenckheim wach erhalten soll.

Dieser ganze Komplex ist teils mittelst hoher Zäune, teils mittelst einer Mauer gegen die Landstrasse und den Marktflecken Kisbér abgeschlossen. Und zum Überfluss bewachen noch zwei altersschwache Pförtner die beiden vom Orte in den Schlosshof führenden Einfahrten. Dank dieser klösterlichen Abschliessung herrschen aber auch im Parke wie auf dem Schlosshofe die wohlthuende Ruhe und Ordnung, eines vornehmen Herrensitzes, ein Umstand welcher gerade in Kisbér um so höher zu schätzen ist, als die unmittelbar an das Schlossterritorium angrenzende „Stadt" Kisbér unter ihren 3361 Einwohnern doch manche unsaubere und zu allerlei Unfug geneigte Elemente enthält. Im übrigen aber ist die Nähe eines grösseren, mit guten Kaufläden aller Gattungen reich versehenen Ortes, natürlicherweise mit vielen reellen Vorteilen verbunden, die von den Angehörigen des Gestütes noch dankbarer empfunden werden dürften, wenn einmal das jetzige, auch den bescheidensten Ansprüchen Hohn sprechende Gasthaus einem anständigen Hotel gewichen sein wird.

Um nun einen genauen Einblick in den Zuchtbetrieb des Kisbérer Gestütes zu erlangen, werden wir denselben von Anbeginn des Gestütsjahres im November bis zum Herbst des folgenden Jahres Revue passiren lassen.

Eingeleitet wird das neue Zuchtjahr durch die Anmeldungen von Privatstuten zu den in Kisbér aufgestellten Vollblutbeschälern. Dieselben erfolgen auf Grund einer gewöhnlich im Oktober erscheinenden Kundmachung des königl. ung. Ministeriums für Ackerbau, in welcher die Belegtaxen der verschiedenen Stammhengste für die folgende Belegperiode bekannt gegeben werden. Für die 1891er Periode wurden nachstehende Taxen bestimmt:

		Belegtaxe
Doncaster, in England gezogener engl. Vollbluthengst (Vater: Stockwell, Mutter: Marigold) . .	für Inländer	fl. 500
	für Ausländer	„ 600
Craig Millar, in England gezogener engl. Vollbluthengst (Vater: Blair Athol, Mutter: Miss Roland) .	für Inländer	fl. 400
	für Ausländer	„ 500
Gunnersbury, in England gezogener engl. Vollbluthengst (Vater: Hermit, Mutter: Hippia) . .	für Inländer	„ 300
	für Ausländer	„ 400

Belegtaxe

Sweetbread, in England gezogener engl. Vollbluthengst (Vater: Brown Bread, Mutter: Peffar) . . . { für Inländer fl. 300 / für Ausländer „ 400

Galaor, in England gezogener engl. Vollbluthengst (Vater: Isonomy, Mutter: Fidéline) . . { für Inländer „ 300 / für Ausländer „ 400

Pásztor, im Inlande gezogener engl. Vollbluthengst (Vater: Cambuscan, Mutter: Lady Patroness) { für Inländer „ 200 / für Ausländer „ 300

Kisbér öcsese, engl. Vollbluthengst, im Inlande gezogen (Vater: Buccaneer, Mutter: Mineral) . . { für Inländer fl. 200 / für Ausländer „ 300

Bendor, in England gezogener engl. Vollbluthengst (Vater: Doncaster, Mutter: Freia) . . . { für Inländer „ 200 / für Ausländer „ 300

Czimer, im Inlande gezogener engl. Vollbluthengst (Vater: Cambuscan, Mutter: Lenke) . . { für Vollblutstuten „ 100 / für Halbblutstuten „ 50

Belegtaxe

Biró, im Inlande gezogener engl. Vollbluthengst (Vater: Gunnersbury, Mutter: Birdcage) . { für Vollblutstuten fl. 100 / für Halbblutstuten „ 50

Edgar, im Inlande gezogener engl. Vollbluthengst (Vater: Ostreger, Mutter: Veile) . . { für Vollblutstuten „ 100 / für Halbblutstuten „ 50

Ferner der im Besitze des Rittmeisters Rudolf Söllringe stehende:

Milon, engl. Vollbluthengst (Vater: Cambuscan, Mutter: Mildred) . { für Vollblutstuten fl. 150 / für Halbblutstuten „ 75

der im Besitze des Baron Sigmund Uechtritz stehende

Merry Andrew, engl. Vollbluthengst Vater: Chippendale, Mutter: Jubilant) . { für Vollblutstuten fl. 200 / für Halbblutstuten „ 100

der im Besitze des Mr. C. Wood stehende

Morgan, engl. Vollbluthengst (Vater: Springfield, Mutter: Morgiana) . { für Vollblutstuten fl. 150 / für Halbblutstuten „ 80

Das Benützungsrecht der in Kisbér aufgestellten Stammhengste wurde vom Jahre 1889 an wie folgt geregelt:

I. Von den angemeldeten Stuten werden in erster Reihe die im Besitze von ungarischen Staatsbürgern, oder von in Ungarn begüterten und hier Pferdezucht betreibenden Züchtern berücksichtigt.

II. In zweiter Linie wird gegen Entrichtung der gleichen Decktaxe, jedoch mit Ausschluss der Begünstigung, wonach die Hälfte der Decktaxe, im Falle Güstsein der Stute rückgestattet wird, jede im Besitze in Ungarn nicht begüterten österreichischen Staatsbürgern befindliche Stute angenommen.

III. In dritter Linie wird gegen Entrichtung der höheren Decktaxe und mit Ausschluss der Begünstigung im Falle Güstsein der Stuten jede andere Stute angenommen, deren Besitzer den in den vorhergehenden Punkten gestellten Anforderungen nicht entspricht.

Es wird daher das Ansuchen gestellt, gleich bei der Anmeldung zu bemerken, ob der Anmelder in Ungarn zuständig oder hier begütert ist.

Gleichzeitig werden die Eigentümer von Vollblutstuten auf nachfolgende, im Interesse der Hebung der Vollblutzucht gewährten Begünstigungen aufmerksam gemacht.

a) Jede, von im Inlande gezogenen Vater oder Mutter abstammende und im Besitze eines ungarischen Staatsbürgers befindliche Vollblutstute, welche entweder selbst in einem Rennen um Staatspreise siegreich war, oder aber eines ihrer Produkte einen solchen Staatspreis gewann, wird durch die importirten englischen Vollbluthengste gegen Entrichtung der halben Decktaxe, durch die im Inlande gezogenen englischen Vollbluthengste aber gegen $1/3$ der Taxe gedeckt werden.

b) Werden alle in Ungarn gezogenen und ungarischen Staatsbürgern gehörige Vollblutstuten ohne Rücksicht auf ihre Rennleistung, durch die im Inlande gezogenen englischen Vollbluthengste gegen Entrichtung der halben Taxe gedeckt.

c) Die Besitzer von Vollblutstuten werden aufmerksam gemacht. sofort bei Anmeldung der Stuten das Recht auf Begünstigung in Bezug der Decktaxen geltend zu machen, da später Reklamationen nicht berücksichtigt werden könnten und die ganze Taxe berechnet werden wird.

d) Besteht weiter jene Begünstigung, dass die nach Ungarn zuständigen oder hier begüterten und Pferdezucht betreibenden Eigentümer jener Vollblutstuten, welche nach einem der Kisbérer oder Mezöhegyeser englischen Vollbluthengste güst geblieben sind, die Hälfte der eingezahlten Belegtaxe rückvergütet erhalten.

Die Belegtaxen, sowie die übrigen aufgelaufenen Spesen sind, sowohl für die ärarischen als auch für die im Privatbesitze befindlichen Hengste bis längstens 1. Oktober an die Gestütskasse unbedingt einzusenden, bis zum 1. Februar des nächstfolgenden Jahres haben dann die Stuten-Eigentümer dem Gestüts-Kommando anzuzeigen, welche ihrer Stuten eventuell güst geblieben sind, und wird das Gestüts-Kommando sodann die Hälfte der eingezahlten Belegtaxen zurückerstatten.

Wenn das Güstsein der Stuten bis 1. Februar nicht angemeldet wird. erlischt jedes Recht auf Rückvergütung des halben Deckgeldes. Sollte eine Stute verworfen haben, so kann die obige Begünstigung nicht beansprucht werden.

Das Gestüt behält sich das Recht vor, solche Stuten, deren Gesundheitszustand besorgniserregend erscheint, eventuell zurückzusenden.

Die Anmeldung der Stuten zu den Kisbérer Vollbluthengsten ist längstens bis 15. November l. J. dem Gestüts-Kommando zu übersenden, da nach Verlauf dieser Anmeldungsfrist auf die etwa nicht in Anspruch genommene be-

TARTAR.

stimmte Zahl von Sprüngen auch die Anmeldungen vom Auslande berücksichtigt werden.

Die Anmelder von Vollblutstuten werden ersucht, in der Anmeldung zugleich zu erklären, ob sie die Beaufsichtigung und Wartung ihrer Stuten den Organen des Gestüts-Kommandos zu überlassen oder aber eigenes Personal beizustellen wünschen.

Für die Wartung und Verpflegung der in Kisbér eintreffenden Stuten werden die nachstehenden Gebühren berechnet, und zwar:

für eine güste Stute per Tag	. . . .	85 kr.
„ „ tragende Stute per Tag	. . . .	1 fl.
„ „ Stute mit Fohlen, bis dieses 3 Monate zählt		1 fl. 25 kr.
„ „ Stute mit Fohlen, welches über 3 Monate zählt		1 fl. 30 kr.

Für tierärztliche Behandlung, ferner Instandhaltung der Hufe und Beschlag wird für jede Stute ein Pauschale von 4 fl. angerechnet.

Im Falle die Wartung der Stuten eigenen Wärtern überlassen bleibt, kommt von den obigen Beträgen per Monat und Stute 4 fl. in Abzug. — Ausser dem Sprunggelde sind nach jeder Stute 5 fl. an die Mannschaft zu entrichten.

Wenn für den einen oder den anderen Hengst mehr Stuten angemeldet werden sollten, als derselbe ausser den zu ihm gepaarten eigenen Stuten des Gestüts decken kann, wird über die Annahme derselben mit Rücksicht auf den speziellen Zuchtwert der einzelnen Stuten, sowie auch mit Berücksichtigung der Interessen der einzelnen Anmelder entschieden werden.

Am 15. November geht, wie oben bemerkt, der Termin für die Anmeldung von Privatstuten zu Ende. Das Bild der Thätigkeit, welches jeder der Hengste während der folgenden Deckperiode entwickeln wird, ist dann fertig.

Ende November erfolgt die Einteilung des Halbblutgestütes für die Paarung. Bei dieser Gelegenheit wird jede einzelne Stute dem Herrn Leiter der Staatspferdezucht vorgeführt, während gleichzeitig der Grundbuchsführer aus dem betreffenden Grundbuchsblatte vorliest, was die Stute in der Zucht geleistet, wie sie bisher gepaart, wie ihre Nachkommenschaft klassifizirt worden ist u. s. w. Die Entscheidung, welchem Hengste die fragliche Stute zugeführt werden soll, erfolgt somit auf Grund genauer Prüfung aller bei der Paarung zu berücksichtigenden Umstände.

Die Belegung der Halbblutstuten beginnt am 1. Dezember, die der Vollblutstuten am 15. Februar. Eine Dislozirung der Stammbeschäler zu diesem Zwecke findet nicht statt, sondern wird jede Stute, ob Vollblut oder Halbblut, in dem äusserst praktischen Kisbérer Deckstalle belegt, der in unmittelbarer Verbindung mit dem Pépinière-Stall steht. Gegenwärtig bei dem Deckgeschäft sind in der Regel der Gestütskommandant, der dem Stabsposten vorstehende Rittmeister und ein das Belegprotokoll führender Schreiber. Die Hengste werden von dem Wachtmeister des Pépinère-Stalles an der Longe hereingeführt. Dieser Unteroffizier besorgt auch alle das Deckgeschäft erleichternden Manipulationen und wäscht dem Hengste nach dem Sprunge die Rute ab. Eine Fesselung der Stuten ist in Kisbér nicht üblich, wohl aber werden dieselben zur Vorsicht an den Hinterfüssen mit zum Anschnallen eingerichteten weichen Filzschuhen bekleidet; ausserdem bindet man ihnen den oberen Teil des Schweifes mit einer leinenen Binde ein. Das einzige Zwangsmittel, welches beim Decken besonders kitzlicher Stuten in Anwendung kommt, ist die Bremse.

Die ungedeckten Stuten werden täglich probirt (siehe das Muster eines Kisbérer Belegprotokolles) — das Vollblut, die Privatstuten und die in Loco befindlichen Halbblutstuten in Kisbér, das sonstige Halbblut in Pula und Batthyán. Nach dem ersten Sprunge kommen die Stuten sieben Tage nicht zur Probe, am achten Tage aber wird wieder probirt und sodann jeden zweiten Tag bis zum Ende der Decksaison. Stuten, die wiederholt den Hengst annehmen, erhalten in der Regel zwei Sprünge an einem und demselben Tage. Führt auch dies nicht zu dem gewünschten Ziele, so kommt die Stute zwei Tage nach einander zum Hengst, oder auch lässt man dieselbe in unmittelbarer Reihenfolge von mehreren Hengsten bespringen, eventuell findet mit Einverständnis des Besitzers ein Wechseln des Hengstes statt. In diesen Fällen wird stets nur die Decktaxe für den teureren Hengst erlegt. Auch solche Stuten, welche am 4. oder 5. Tag nach dem Sprung noch Rossigkeit im Stall zeigen, werden sofort wieder zum Hengst geführt.

Manche Stuten geben beim gewöhnlichen Probiren am Probirstand keinerlei Anzeichen von Brunst zu erkennen. Diese werden öfter in der Woche frei probirt und hierbei nur mit den vorerwähnten Filzschuhen an den Hinterfüssen versehen.

Nach dem Abfohlen wird die Stute, wenn sie sich bis dahin gereinigt hat, schon am 4. Tag nach der Geburt, in der Regel aber erst am 7. Tag, zur Probe gebracht.

Die Hengste decken täglich, die am meisten beschäftigten kommen mitunter sogar zweimal täglich daran. Mit Bezug auf die zur Erhaltung der Gesundheit und Fruchtbarkeit unbedingt notwendige Bewegung der Vaterpferde gilt in Kisbér die Vorschrift, dass sämtliche Hengste während der Deckzeit, wo eine stärkere Fütterung platzgreift, täglich zweimal herausgenommen werden, und zwar $1\frac{1}{2}$ Stunden in der Früh und $1\frac{1}{2}$ Stunden nachmittags. Ausser der Deckzeit findet die Bewegung der Hengste von 5—7 Uhr morgens statt. Die Kisbérer Beschäler werden in der Regel unter dem Reiter (Reitbuben) bewegt, im Winter aber ausserdem mit dem Reiter im Sattel an der Longe geführt. Jüngere, übermütige Hengste erhalten zweimal wöchentlich unter dem Reiter an der Longe zweckentsprechende Arbeit in schärferen Gangarten. Selbstverständlich kann dieser Vorgang in einem Vollblutgestüte, dessen Vaterpferde ja häufig zu den Invaliden der Rennbahn gehören oder infolge von schweren, eingewurzelten Temperamentfehlern nur mit grösster Gefahr für sich und den Reiter unter dem Sattel zu bewegen wären, nicht immer mit militärischer Genauigkeit eingehalten werden. Verneuil z. B. wurde nie geritten, sondern verschaffte sich seine Bewegung selbst in einem der mit hohen Mauern umgebenen Ausläufe, die sich hinter den Boxes der Pépinière-Hengste befinden. Trotzdem war die Zeugungskraft dieses Hengstes so gross, dass er stets wie eine Dampfmaschine seinem Dienste nachkam und wenn erforderlich auch dreimal täglich zu haben war. Doncaster hingegen ist sehr phlegmatisch und muss daher zur Anregung des Geschlechtstriebes vor dem Decken ein Weilchen an der Longe bewegt werden. Anders verhält es sich mit Craig Millar; dieser leidet keinen Mangel an Temperament, ist aber sehr wählerisch und bummelwitzig bei der Verrichtung des Deckgeschäftes und braucht daher oft längere Zeit, bis er fertig wird. Sweetbread ist sehr feurig, macht jedoch mitunter Schwierigkeiten beim Absamen, weshalb er scharf kontrollirt werden muss. Pásztor, sowie die übrigen in Kisbér aufgestellten Vaterpferde halten dagegen die Stute nie länger auf als unbedingt notwendig.

Bei der Erwähnung der Belegverhältnisse in Kisbér können wir nicht umhin, hervorzuheben, dass die vielen „offenen" Stuten, welche dem Gestüte von den Privatzüchtern zugeschickt werden, insofern als eine wahre Kalamität für dasselbe bezeichnet werden müssen, als solche Stuten auch dem feurigsten Hengst in kurzer Zeit das Deckgeschäft verleiden können. „Offen" wird bekanntlich eine Zuchtstute in dem Falle genannt, wenn sich ihre Scheide so stark erweitert hat, dass keine Reibung und infolge dessen auch kein Absamen erfolgen kann. Leider befinden sich die betreffenden Züchter zumeist in glücklicher Unkenntnis dieser unangenehmen Eigenschaft ihrer Stute. Die hie und da vorkommenden Klagen über die geringe Fruchtbarkeit dieses oder jenes Beschälers sind daher mit Vorsicht aufzunehmen.

Das Abfohlen der Vollblutstuten findet seit neuerer Zeit nicht mehr im Ritterdörfel, sondern in dem beim Tierspitale belegenen Boxstalle statt, und zwar wurde diese Verfügung aus dem Grunde getroffen, weil die Boxes im Ritterdörfel, obwohl ausserordentlich zweckentsprechend im Sommer, zur

Winterszeit sehr kalt sind und die ganze Anlage infolge ihrer bedeutenden Ausdehnung überdies die gerade beim Abfohlen überaus wichtige permanente Überwachung der Stuten und Fohlen in hohem Grade erschwerte.

Das Abfohlen der Vollblutstuten beginnt im Januar, das der Halbblutstuten bereits im November. Merkwürdigerweise werden die im Januar geborenen Fohlen nur ganz ausnahmsweise von der gewöhnlich im März und April unter den Fohlen grassirenden Lungenkrankheit heimgesucht, die im Kisbérer Gestüt den Charakter einer wahren Landplage angenommen hat. Diese Krankheit, deren Ursachen bisher trotz wiederholter kommissioneller Untersuchungen nicht erforscht werden konnten, beginnt mit trockenem Husten und endigt mit Lungenvereiterung. Dass die im Ritterdörfel und in den Stallungen der Privatstuten geborenen Fohlen von derselben verschont zu bleiben pflegen, deutet jedenfalls auf lokale Ursachen hin und sollte dieser Umstand unserer Meinung nach die Herren Tierärzte dazu veranlassen, die Lösung des Rätsels in den Stallungen und deren nächsten Umgebungen zu suchen. Zum Glück wurde das Gestüt in den letzten Jahren viel weniger intensiv von dieser tückischen Krankheit heimgesucht.

Schon bei der Mutter möglichst zeitlich an Hafer gewöhnt — dieser gelangt anfangs im geschrotenen Zustand zur Verfütterung — werden die Vollblutfohlen im Alter von 5—6 Monaten abgespänt. Nach dem Abspänen kommt die ganze Gesellschaft paarweise in die Paddocks und nun beginnt die systematische, auf Entwicklung der Rennfähigkeit gerichtete Aufzucht, die in Kisbér mit der im Juni stattfindenden Jährlings-Lizitation ihr Ende erreicht.

Für die Art und den Verlauf dieser Aufzucht gelten gegenwärtig folgende Regeln:

Bei der Aufzucht des Kisbérer Vollblutes wird ein Hauptaugenmerk auf die Verfütterung eines möglichst grossen Quantums des besten Hafers gelegt. Leinsamen, der nach den in Kisbér gemachten Erfahrungen den Appetit und die Verdauung beeinträchtigt, wird den Saugfohlen gar nicht gereicht und ebenso erhalten dieselben nur sehr geringe Mengen anderer Fett erzeugender Futtermittel, wie Kleie und Milch; jedoch werden alle Fohlen an Milch gewöhnt, welche Massregel sich besonders bei den Drusepatienten sehr bewährt hat, indem manches schwer an der Druse erkrankte Fohlen, das ganz ausser Stand gesetzt war, festes Futter zu schlingen, hauptsächlich durch die Verabreichung von Milch am Leben erhalten werden konnte.

Gleich nach dem Abspänen vermögen die Fohlen in der Regel 3—4 Kilo Hafer zu fressen. Zu dieser Zeit beginnt auch die Verfütterung von nach folgendem Rezepte zubereiteten Mash: Gerste wird bis zum Erweichen gekocht, dann Hafer hinzugegeben und schliesslich das Ganze mit dem entsprechenden Quantum Weizenkleie vermengt. Solches Mashfutter erhalten die Fohlen an drei Abenden der Woche. Gleichzeitig werden dieselben an Kuhmilch gewöhnt. Die Futtergebühr der Abspänfohlen besteht in:

4 Kilo Hafer
2½ Kilo Heu } täglich,
2 Liter Kuhmilch
30 Deka Gerste
2 Kilo Weizenkleie } wöchentlich,
300 Gramm Salz per Monat.

Ausserdem erhält das Fohlen zu jedem Futter — ausgenommen wenn Mash gefüttert wird — ungefähr ½ Kilo gelbe Rüben.

Die nötige Bewegung im Freien erhalten die Fohlen in der Weise, dass die Thüren ihrer Boxes zeitlich früh geöffnet werden und sie sich nun den ganzen Tag nach Gefallen im Paddock bewegen können. Erst gegen Abend, je nach Beschaffenheit der Witterung früher oder später, wird dieser ungebundenen Existenz durch Einschliessung in der Box ein Ende gemacht.

In den letzten Tagen des Monats September findet die Übersiedlung der Fohlen nach Tarcs statt. Von diesem Augenblicke an beginnt auch die regelmässige Arbeit. Letztere besteht zunächst darin, dass die Fohlen, nach dem Geschlechte getrennt, durch drei Reiter im Rudel getrieben werden und zwar einigemal im Trab, dann aber über eine Stunde im Schritt. Jene Abteilung, welche nicht getrieben wird, bewegt sich bei guter Witterung einstweilen frei im Strohhof. Diese Bewegung wird gleichmässig vor- und nachmittags vorgenommen.

Die Futtergebühr, die je nach Bedarf erhöht werden kann, besteht während dieser Periode der Aufzucht in ca.:

4 Kilo 80 Deka Hafer
2½ Kilo Heu
12 Deka Pferdebohnen } täglich,
4—8 Liter Milch
1½ Kilo gelbe Rüben
2 Kilo Weizenkleie
40 Deka Gerste } wöchentlich,
35 „ Bergkreide
300 Gramm Salz monatlich.

Schwächlinge und zurückgebliebene Fohlen erhalten jedoch so viel Milch, als sie nur trinken wollen.

Im Monat Oktober wird bei guter Bodenbeschaffenheit die Bewegung verstärkt und mit dem Galoppiren begonnen.

Um die Fohlen auch bei Frost bewegen zu können, wird der geräumige Strohhof mit Stroh in der Höhe belegt, dass ein weiches, aber kein tiefes, die Sehnen der Gliedmassen schädigendes Strohbett entsteht. Bei kalter Witterung wird der Stall vor dem Hinausgehen der Fohlen gelüftet, damit die jungen Tiere nicht unvermittelt aus dem warmen Stalle ins Freie gelangen. In dem Augenblicke aber, wo das letzte Fohlen den Stall verlassen hat, lässt der Unteroffizier wiederum alle Thüren und Fenster schliessen, denn nun gilt es, zu verhindern, dass die von der Bewegung im erhitzten Zustand heimkehrenden Fohlen keinen vollkommen ausgekühlten Stall vorfinden.

Während dieser Periode kann die Futtergebühr erforderlichen Falls weiter erhöht und anstatt 40 bis zu 50 Deka Gerste gegeben werden. Im Monat Januar werden einzelne Fohlen schon 6½—7 Kilo Hafer täglich fressen. Nun ist auch der Zeitpunkt für folgende Tageseinteilung gekommen:

5	Uhr	Vorm.	Fütterung.
6—7	„	„	Ruhe.
7—8	„	„	Putzen (Reiben mit Stroh).
8—9	„	„	Bewegung einer Abteilung.
9—10	„	„	„ der zweiten Abteilung.
½11—½12	„	„	Fütterung.
½12—½1	„	Nachm.	Ruhe.
½1—½3	„	„	Bewegung beider Abteilungen.
½3—3	„	„	Abreiben.
3—4	„	„	Fütterung, dann Ruhe.
8	„	„	Letztes Futter.

Mitte Februar kann die Nachmittagsbewegung jeder Abteilung um eine Viertel-, später um eine halbe Stunde verlängert werden.

Im Monat März wird, wenn die Bodenbeschaffenheit es gestattet, mit der stärkeren Arbeit begonnen, und haben die Kisbérer Vollblutjährlinge, ohne Schaden an ihren Gliedmassen oder ihrer Aktion zu erleiden, den grossen Tarcser Auslauf von 635 Meter an einem Nachmittage 3mal im ruhigen Galopp genommen.

Die Bewegung im grossen Auslauf wurde bis zum Jahre 1889 in der Weise vorgenommen, dass das Rudel die Distanz 1—2mal im Schritt, dann 2—3mal im Trab, und anfangs 1mal, später 2—3mal im Galopp zurücklegte. Diese Übung nahm ungefähr 20 Minuten in Anspruch; den Rest der Zeit ging die Abteilung im Schritt, so dass die Fohlen vollkommen abgekühlt nach

Hause kamen. Da sich jedoch herausstellte, dass diese ziemlich ausgedehnte Galopparbeit auf die Dauer zu viel aus den Jährlingen herausnahm, ist dieselbe seit dem Vorjahre etwas ermässigt worden. Indessen bekommen die Kisbérer Jährlinge noch immer genug Bewegung. Die Vorteile dieser Aufzuchtsmethode sind: kräftige Entwicklung der Lungen, Sehnen und Muskeln; gesunde, feste Hufe, gute Fresslust, zeitlicher Haarwechsel und eine vortreffliche Kondition zu dem im Herbst beginnenden Training. Die etwa vorhandenen Schwächlinge aber mustern sich selbst aus und schädigen somit nicht das Ansehen des Gestütes.

Ende April oder Anfang Mai kommen die Jährlinge von Tarcs nach Kisbér, wo sie ihre letzte Vorbereitung zu der ca. 5 Wochen später stattfindenden Lizitation erhalten. Mit diesem Einzuge der Jährlinge beginnt sozusagen die Kisbérer „Haute-Saison". Um 10 Uhr früh blässt der Trompeter das Signal zum Ausrücken. Kaum ist der letzte Ton dieses Signals verklungen, so sieht man sämtliche Offiziere des Gestüts, sowie jeden in den Stallungen, Kanzleien und Werkstätten irgend zu entbehrenden Mann den Weg zu der in nächster Nähe der Kommandanten-Wohnung, knapp vor dem Eingang des Parkes gelegenen Galoppirbahn einschlagen. Gleichzeitig verlassen die Jährlinge an der Hand ihrer Wärter die Boxes des sog. Aufstellstalles. Ihr Ziel ist ein an die Bahn angrenzender Paddock, wo sie einstweilen ruhig im Schritt herumgeführt werden. Unterdessen bildet die mit Peitschen bewaffnete Mannschaft einen die ganze innere Seite der Sandbahn umfassenden grossen Kreis, in dessen Mitte der Kommandant mit seinen Offizieren Aufstellung nimmt. Hierauf wird die Pforte der Brettereinzäumung geöffnet und der erste Jährling hineingeführt. Auf ein Zeichen des Kommandanten löst der Wärter den Leitzügel; der diesen Moment ungeduldig erwartende Youngster ist frei und fliegt unter dem Peitschengeknall der Treiber in freudigen Galoppsprüngen über die Bahn. Wie oft er auf diese Weise den ca. 219 Meter betragenden Kreis abgaloppiren darf, hängt von der Kondition ab, die er erreicht hat. Mehr als ein 10maliger Umlauf wird keinem Jährling zugemutet; im Anfang aber ertönt meist schon nach 6maliger Beschreibung des Kreises das Kommando Aho! d. h. „Halt"; der Jährling wird dann eingefangen und durch einen anderen abgelöst. So kommt jeder Jährling an die Reihe, und hat die erste Abteilung ihr Pensum absolvirt, so folgt nach kurzer Pause eine zweite.

Dass dieses Einzelngaloppiren in voller Freiheit nicht nur einen überaus günstigen Einfluss auf die Kondition der Jährlinge ausübt, sondern ausserdem eine vortreffliche Gelegenheit gewährt, die Aktion und voraussichtliche Rennfähigkeit jedes einzelnen Tieres in aller Ruhe zu beurteilen, liegt auf der Hand. Es pflegen sich daher auch häufig genug von nah und fern zahlreiche Liebhaber als Zuschauer bei der Morgenarbeit der Kisbérer Jährlinge einzufinden, und wer diesem Schauspiele einmal beigewohnt, wird das herrliche Bild, welches dasselbe seinem Auge dargeboten, zeitlebens nicht vergessen.

Weniger vergnüglich dürfte die Sache für die Gestütsoffiziere und deren Untergebenen sein, die ca. 5 Wochen hindurch Tag für Tag 3—4 Stunden auf der schattenlosen Bahn ausharren müssen. Ja, wenn es sich nur um das Inkonditionsetzen der eigenen Jährlinge handeln würde — das wäre nicht nur ein Genuss, sondern auch eine verhältnismässig geringe Mühe: aber von Jahr zu Jahr eine grössere Anzahl fremder Jährlinge zur Herrichtung und öffentlichen Versteigerung übernehmen zu müssen, kann weder als eine vorwiegend angenehme, noch als eine besonders dankbare Aufgabe bezeichnet werden. Im Jahre 1890 z. B. hatte das Gestüt ausser seinen eigenen 17 nicht weniger als 29 fremde Jährlinge in Pflege. 46 Jährlinge einzeln galoppiren zu lassen, ist aber eine Arbeit, die gering gerechnet 4 Stunden in Anspruch nimmt. Man wird es daher immerhin dem königl. ung. Ackerbauministerium hoch anrechnen müssen, dass dasselbe im Interesse der einheimischen Vollblutzucht sich dazu herbeigelassen hat, den ohnedies gerade im Frühjahr bis zur Erschöpfung in Anspruch genommenen Gestütsorganen auch noch diese Last aufzubürden, denn eine Verpflichtung, seine Vollblut-Pépinière in eine Art Tattersall zu verwandeln, lag doch gewiss für den Staat nicht vor.

Kurz vor der Lizitation werden die Jährlinge von dem alles besorgenden Leiter der Sektion für Pferdezucht unter Beiziehung einer Kommission abgeschätzt, bezw. die Ausrufungspreise bestimmt, unter welchen der Staat die Tiere nicht hergibt.

Die Ende Mai stattfindende Lizitation lockt natürlicherweise nahezu die gesamte ungarisch-österreichische Sportwelt nach Kisbér, welches an diesem Tage auch das Ziel eines von Budapest und eines von Wien abgehenden Extrazuges zu bilden pflegt. Sämtliche Auktionsbesucher, ob ernste Liebhaber oder müssige Gaffer, sind Gäste der ungarischen Regierung, und dieser Hausherr ist gewohnt, eine grossartige Gastfreundschaft zu üben. Man werfe nur einen Blick unter das auf der Galoppirbahn errichtete Zelt, wo die Champagnerpropfen knallen und weiss gekleidete Köche den Herrn Sportsmen ein vom Restaurateur des Budapester adeligen Kasinos beigestelltes opulentes Gabelfrühstück serviren. Niemand wird genötigt, aber jeder ist willkommen. So empfängt nur ein Grandseigneur. Frisches Grün, laue Frühlingsluft, lustige Gesellschaft, perlender Wein und als Bouquet die Hoffnung einen Derbysieger

FENÉK.

zu erstehen — kein Wunder, dass der Grundton der allgemeinen Stimmung mit dem bekannten „Extra Hungariam non est vita et si est vita non est ita" übereinstimmt.

Der Auktionator betritt die Tribüne und verliest die Verkaufsbedingungen:

„Da der Zweck der Lizitation der vom k. ung. Staatsgestüte Kisbér gezogenen Jährlinge der ist, das Vollblut in der Monarchie möglichst zu verbreiten, so werden nur solche ungarische oder österreichische Staatsbürger als Käufer für die Kisbérer Jährlinge zugelassen, die ihren bleibenden Wohnsitz in der Monarchie haben und sich verpflichten, die gekauften Pferde nie einem Ausländer oder ins Ausland zu verkaufen oder zu vermieten.

Der Ausrufspreis für jedes Pferd wird auf Grund des Schätzungswertes kommissionell bestimmt und unter diesem Preise keines derselben abgegeben.

Jene Herren Käufer, welche den Kaufschilling für die erworbenen Jährlinge nicht gleich an Ort und Stelle erlegen wollen, können Schuldscheine ausstellen, deren Einlösung bis spätestens 1. September l. J. unbedingt zu erfolgen hat. Die verkauften Pferde können bei unentgeltlicher Verpflegung, jedoch auf Risiko des Käufers, noch durch 8 Tage nach der Lizitation im Gestüte verbleiben.

Die vorstehenden Bedingungen verstehen sich naturgemäss ausschliesslich nur auf die Kisbérer Jährlinge und haben keinen Bezug auf die von Privaten zur Auktion gestellten Pferde."

Hierauf beginnt die Auktion. Ein Jährling nach dem anderen wird vorgeführt, besichtigt, sodann in Freiheit einigemale im Galopp um die Bahn getrieben und schliesslich versteigert. Die ersten Nummern, welche, um die Kauflust der Liebhaber anzuregen, gewöhnlich unter den besseren Individuen gewählt werden, gehen zumeist sehr billig weg. Die Perlen des Katalogs kommen erst später daran. Entscheidend für den Preis sind Pedigree und Gang; das Exterieur wird wenig beachtet. Um so vorteilhafter ist es daher für die Käufer, dass man ihnen Gelegenheit bietet, sich ein Urteil über die Galoppaktion jedes einzelnen Jährlings zu bilden. In Newmarket und Doncaster hat man es in dieser Beziehung nicht so gut. Bei den dortigen grossen Jährlingsauktionen bekommt man keinen einzigen Galoppsprung zu sehen. Glücklich, wer in dem fürchterlichen Gedränge überhaupt dazu gelangt, den vor der Tribüne des Auktionators stehenden Jährling einer flüchtigen Musterung zu unterziehen. Die Anordnungen in Kisbér zeugen daher von besonderer Liberalität und Zuvorkommenheit seitens der obersten Behörde. Allerdings darf ein elastischer, flacher und raumgreifender Galoppsprung beim Jährlinge nicht als sicheres Anzeichen latenter Rennfähigkeit betrachtet werden, aber schliesslich ist doch dem Käufer eine, wenn auch unsichere Basis für sein

Urteil lieber, als gar keine. Mögen also die Herren Engländer den bei den Kisbérer Jährlingsauktionen beobachteten Vorgang belächeln, was diese Einzelheit des Zuchtbetriebes betrifft, könnte Kisbér dennoch sämtlichen Gestüten Old Englands als Muster hingestellt werden.

In der zehnjährigen Periode von 1881—90 wurden von dem Gestüte Kisbér jährlich im Durchschnitt 15 Jährlinge zu dem Durchschnittspreise von 3693 fl. per Stück meistbietend verkauft.

Nachstehend ein Ausweis über die Jährlings-Auktionen in Kisbér seit ihrem Bestande.

Jahr	Anzahl der Jährlinge	Totalsumme in fl. Östr. Währ.	Durchschnittspreis in fl. Östr. Währ.
1867	13	11 000	846
1868	26	39 675	1525,96
1869	28	33 750	1133,90
1870	32	19 570	611,25
1871	19	27 205	1423,85
1872	18	16 710	922.78
1873	16	20 205	1262,81
1874	23	40 960	1780.87
1875	20	23 760	1188
1876	13	21 470	1651
1877	13	32 650	2511
1878	11	33 350	3031
1879	12	28 816	2401
1880	8	19 400	2425
1881	18	52 050	2891
1882	16	67 850	4240
1883	23	84 200	3660
1884	19	66 950	3524
1885	10	45 750	4575
1886	19	57 050	3002
1887	9	25 250	2807
1888	13	45 250	3480
1889	12	42 500	3541,66
1890	17	66 700	3923,53

Das Gestüt Kisbér hat somit im Verkaufe von 24 Jahren 408 Vollblut-Jährlinge für zusammengerechnet 922 161 fl. meistbietend verkauft. Dies ergibt einen Durchschnittspreis von über 2260 fl. per Stück. Wir glauben, dass Gestüte, welche ein besseres Resultat aufzuweisen haben, auch in England leicht gezählt sein dürften. Was Amerika betrifft, sei erwähnt, dass dort 1890 im ganzen 431 Vollblutjährlinge zum Durchschnittspreise von 900 Dollars (= ca. 1944 fl. öster. Währ.) per Stück verkauft worden sind. Hiernach würde sich der in Kisbér erzielte Preis um so günstiger stellen, als derselbe eine Periode von 24 Jahren umfasst und die Preise für Vollblutjährlinge bekanntlich während der letzten 10 Jahre eine bedeutende Steigerung erfahren haben.

Der höchste Durchschnittspreis, 4575 fl., wurde im Jahre 1885 erzielt. Der teuerste Jährling, der je in Kisbér erzeugt worden, ist die vom Grafen Erw. Schlick im Jahre 1882 um 18200 fl. erstandene Stute Miramare v. Buccaneer a. d. Mineral, die nur ein einziges Rennen im Werte von 1000 fl. zu gewinnen vermochte. Ähnlich verhält es sich mit den meisten Jährlingen, die sog. Sensations-Preise gebracht haben. So hat z. B. der im Jahre 1885 vom Baron Gustav Springer mit 15050 fl. bezahlte Verrina v. Buccaneer a. d. Verbena nicht ein einziges Rennen gewonnen, ebenso Kisbér öcsese, 1878 von Herrn v. Gyürky um 12000 fl. erstanden; Fidelity, geb. 1884 v. Craig Millar a. d. Scythian Princess, für welche Baron Springer 11200 fl. erlegte, sowie der von demselben Sportsman um 10050 fl. erstandene Bachelier, geb. 1885 v. Craig Millar a. d. Babér, waren weitere wenig rentable Acquisitionen und die von Herrn Alexander Baltazzi mit 10000 fl. bezahlte Magpie, geb. 1887 v. Craig Millar a. d. Scythian Princess, wird wohl auch den Nieten der Rennzucht zugezählt werden müssen. Gelungene Ankäufe dagegen waren: Altona, geb. 1875 v. Cambuscan a. d. Sophia Lawrence, die um 710 fl. dem Grafen Joh. Sztáray zugeschlagen, als Zwei- und Dreijährige den ansehnlichen Gesamtbetrag von 27990 fl. heimbrachte; Einsiedler, geb. 1868 v. Bois Roussel a. d. Fancy, Sieger in vielen Rennen, für 720 fl.; Brigand, geb. 1870 v. Buccaneer a. d. Crafton Lass, der Pardubitzer Triumphator, für 1000 fl.; Ameise, geb. 1868 v. Bois Roussel a. d. Cricket, Siegerin im Hazafi-dji, für 1200 fl.; Erzsi, geb. 1874 v. Ostreger a. d. Impératrice, die als Dreijährige 7142 fl. verdiente, für 1300 fl.; der Derbysieger Vederemo, geb. 1878 v. Buccaneer a. d. Verbena, für 3400 fl.; Buzgó, der Sieger im Derby des Jahres 1885, für 2000 fl.; Cintra für 2000 fl.; Kalandor für 3505 fl.; Kisbér, Sieger im englischen Derby und Grand Prix de Paris, für 5160 fl. u. v. a. Interessant ist auch, dass für den auf der Lizitation des Jahres 1881 mit 1000 fl. ausgerufenen Hengst Kéthely, geb. 1880 v. Cambuscan a. d. Cataclysm, kein Anbot zu erzielen war, so dass derselbe unter der Hand verkauft werden musste, was ihn indes nicht verhinderte, seinem glücklichen Besitzer zwei Jahre später die nette Gewinnstsumme von 14360 fl. nach Haus zu tragen. Die alte Erfahrung, dass „the glorious uncertainty of the turf" bereits auf dem Jährlingsmarkte in unangenehmster Weise zu Tage zu treten pflegt, lässt sich somit auch in Kisbér wahrnehmen.

Zur Vervollständigung der im Obigen gebotenen Übersicht über die Kisbérer Vollblutzucht diene schliesslich noch folgendes:

Verzeichnis jener Kisbérer Produkte, welche Siege auf der Rennbahn zu verzeichnen haben.*)

Geburts-Jahr	Name	Vater	Mutter	Geburts-Jahr	Name	Vater	Mutter
1858	Chieftain	Chief	Apple Blossom	1869	Hannah	Buccaneer	Sophie Lawrence
„	Justice to Kisbér	„	Sampler	„	Aspirant	„	Dahlia
1859	Van Dyk	Oakball	Loda	„	Bim	„	Charmian
„	Esther	„	Niobe	„	Erdöszépe	Bois Roussel	Miranda
„	Mincio	Chief	Countess of Theba	„	Mlle. Giraud.	„	Pampas
1862	Aesopus	Saunterer	Calliope	„	Primrose	Ostreger	Pauline
1863	Paula	Stockwell	Pauline	1870	Babér	Ely	Beeswing
„	Lucretia	Voltigeur	Catastrophe	„	Csatár	Daniel O'Rourke	Fern
„	Nani	Teddington	Switch	„			
„	Topas	„	Opal	„	Brigand	Buccaneer	Crafton Lass
1864	Antonio	„	Switch	„	Red Rover	„	Sophie Lawrence
„	Palma	Daniel O'Rourke	Niobe	„	Indigo	„	Theresa
„	Rollo	„	Theresa	1871	Wienerin	„	Crafton Lass
1865	Thisbe	Ephesus	Charmian	„	Australian (Kalandor)	Y. Melbourne	Mrs. Stratton
„	Dante	Teddington	Switch	„	Medea	Ostreger	Miranda
1866	Georg der Betriebsame	„	Minka	„	Mrs. Fitz	Virgilius	Breviary
„	Freya	Ephesus	Miranda	„	Isabella (Szeszélyés)	„	Andora
„	Veilchen	„	Alix	1872	Rotunde	Buccaneer	Peeress
1867	Windsbraut	Teddington	Sampler	„	Cosmopolite	„	Cricket
„	Advokat	Virgilius	Pyrrha	„	Hector	Virgilius	Crisis
„	Irrlicht	Ephesus	Harriet	„	Füzer	„	Calliope
„	Theseus	„	Miranda	„	Paperl	„	Charmian
„	Triumph	Buccaneer	Alix	„	Kalandor	Adventurer	Mineral
„	Blondine	Teddington	Camilla	1873	Clairette	Ostreger	Donna del Lago
„	Bajadère	Virgilius	Hamptonia	„	Kronprinz	„	Impératrice
„	Oracle	Buccaneer	The Mosquito	„	Peeler	Diophantus	Peeress
„	Cadet	„	Dahlia	„	Prince Frederick	Blair Athol	Firefly
1868	Admiral	Daniel O'Rourke	Donna del Lago	„	Blair Castle	„	Deception
„	Sweet Katie	Bois Roussel	Kate Tulloch	„	Kisbér	Buccaneer	Mineral
„	Ameise	„	Cricket	„	Strabantzer	„	Lady Elizabeth
„	Einsiedler	„	Fancy	„	Bibor	„	Fancy
„	Tarquin	Voltigeur	Honeysuckle	1874	Lazzaroni	„	Lancelin
„	Gerle	Buccaneer	Pampas	„	Prince Grégoire	„	Peeress
„	Freudenau	„	Lotti	„	Rackelbahn	„	Silly
„	Anglo-Austrian	„	Peerss	„	Criterium	Cambuscan	Crisis
1869	Otto	„	Crisis				

*) Die Namen von Pferden, welche grossere Siege errungen haben, sind durch gesperrten Druck kenntlich gemacht.

Geburts-Jahr	Name	Vater	Mutter
1874	Trouville	Bois Roussel	Thalestris
„	Ocarina	„	Palma
„	Lörincz (Lawrence)	„	Sophie Lawrence
„	Barheau	Kettledrum	Honey Bee
„	Bimbó	Ostreger	Fancy
„	Erzsi	„	Impératrice
1875	Humming Bee	„	Honey Bee
„	Dagmar	„	Deception
„	Aumonier	„	Gratitude
„	Thalma	Buccaneer	Thalestris
„	Crève Coeur	„	Cricket
„	Wild Rover	„	Florican
„	Altona	Cambuscan	Sophie Lawrence
1876	Kirwan	Kettledrum	Fantail
„	Trompeter	„	Impératrice
„	Fanfare	Bois Roussel	Fantail
„	Satin	Ostreger	Silkstone
„	Niniche	„	Crisis
„	Confrater	„	Catastrophe
„	Myrtle	Cambuscan	Mildred
„	Molront	„	Honey Bee
„	Illona	„	Theresa
1877	Isolani	„	„
„	Merény	„	Mildred
„	Homespun	„	Honey Bee
„	Vadonez	Game Cock	Verbena
„	Pista	Buccaneer	Peeress
1878	Ordeal	„	Firefly
„	Vederemo	„	Verbena
„	Landlord	„	Lancelin
„	Balaton	„	Silkstone
„	Orient	Scottish Chief	Affinity
„	Vezér	Ostreger	Impératrice
„	Kis Baba	Cambuscan	Crisis
1879	Cambusier	„	„
„	Bizza réau	„	Crafton Lass
„	Veronica	Buccaneer	Verbena
„	Miss Playdell	„	Bahér
1880	Bare One	Game Cock	„
„	Munkás	„	Moonlight
„	Antinomy	Bois Roussel	Lancelin
„	Kalandor II	Kalandor	Dahlia
„	Milon	Cambuscan	Mildred
„	Kéthely	„	Cataclysm
1881	Mattina	Game Cock	Moonlight
„	Faneur	Verneuil	Fancy
„	Goliath	„	Miss Ellis
„	Favorita	Dutch Skater	Maria Theresa
„	Gil Perez	Pero Gomez	Peffar
„	Fiametta	Buccaneer	Merry go round
„	Miramare	„	Mineral
„	Angela	„	Firefly
„	Vinea	„	Verbena

Geburts-Jahr	Name	Vater	Mutter
1881	Equity	Buccaneer	Elspeth
1882	Italy	Petrarch	Scythian Princess
„	Metcalf	Scottish Chief	Peffar
„	Osborne	„	Rub-a-Dub
„	Kétes	Harry Hall	Cataclysm
„	Mirambo	„	Mistigris
„	Vaurien	Kalandor	New Victoria
„	Buzgó	Kisbér öcsese	Bahér
„	Bellwether	Gunnersbury	Bimbó
1883	Bucsány	„	Scythian Princess
„	Gemma	„	Erszi
„	Mirandola	Kisbér öcsese	Mistigris
„	Nessy Etty	Buccaneer	Agnes Ethel
„	Erzsike	„	Elspeth
„	Ledér	Springfield	Marie Galante
„	Water Rose	Rosicrucian	Appolinaris
„	Riádó	Scottish Chief	Rub-a-Dub
„	Maros	Kalandor	Moonlight
„	Viva	Verneuil	Miss Ellis
„	Althotas	„	Altona
1884	Cintra	„	Csillag
„	Scapegoat	„	Affinity
„	Deceiver	Kisbér öcsese	Deception
„	Fidelity	Craig Millar	Scythian Princess
„	Promesse	Buccaneer	Peffar
1885	Lisbeth	„	Marie Galante
„	Szerény	Gunnersbury	Scythian Princess
„	Mollinary (Swist)	Craig Millar	Merry Bells
„	Aqua Viva	Kisbér öcsese	Appolinaris
„	Föur	Ruperra	Villám
„	Rajta-Rajta	„	Cataclysm
„	Rusnyak	„	Rub-a-Dub
„	Oroszlán	Verneuil	Orange Lily
„	Tréfas	„	Themis
„	Chudenitz	„	Chillam
1886	Kingstar	„	Csillag
„	Aba	„	Altona
„	Allright	Kisbér öcsese	Merry Bells
„	Gond	Gunnersbury	Cataclysm
„	Vucina	Buccaneer	Verbena
„	Bachelier	Craig Millar	Bahér
„	Csillagom	„	Maria Theresa
1887	Bojtár	Pásztor	Bimbó
„	Aranyka	Kalandor oder Doncaster	Ara
„	Macte	Doncaster	Marie Galante
„	Julia II	Kisbér öcsese	Appolinaris
„	Mars	„	Csillag
1888	Piroska	„	Peffar
„	General Consul	Fitz James	Snapshot

Von den grossen Rennen des In- und Auslandes sind folgende von nachbenannten Kisbérer Produkten heimgeführt worden:

Österr. Derby:
1868—90

1870 Cadet v. Buccaneer.
1881 Vederemo v. „
1884 Vinea v. „
1885 Buzgó v. Kisbér öcsese.
1888 Rajta-Rajta v. Ruperra.

St. Leger:
1870—90

1870 Cadet v. Buccaneer.
1873 Babér v. Ely.
1875 Hector v. Virgilius.
1880 Isolani v. Cambuscan.
1881 Landlord v. Buccaneer.
1882 Veronica v. Buccaneer.
1885 Buzgó v. Kisbér öcsese.

Stutenpreis (Oaks):
1868—90

1871 Ameise v. Bois Roussel.
1872 Mlle. Giraud v. Bois Roussel.
1873 Babér v. Ely.
1878 Altona v. Cambuscan.
1879 Illona v. „
1880 Merény v. „
1885 Italy v. Petrarch.
1887*) Fidelity v. Craig Millar.

Trial-Stakes:
1868—90

1870 Advokat v. Virgilius.
1871 Aeneas v. „
1885 Buzgó v. Kisbér öcsese.

Verein. Nemzeti-Hazafi-Preis:
1868—90

1868 Dante v. Teddington.

*) Totes Rennen mit Sollich.

1876 Bibor v. Buccaneer.
1879 Illona v. Cambuscan.
1880 Isolani v. „

Budapester Preis:
1881—90

1881 Landlord v. Buccaneer.
1885 Buzgó v. Kisbér öcsese.
1886 Buczány v. Gunnersbury.
1888 Cintra v. Verneuil.

Staatspreis zu Budapest:
1868—90

1870 Advokat v. Virgilius
1880 Illona v. Cambuscan.
1882 Balaton v. Count Zdenko oder Buccaneer.
1885 Vinea v. Buccaneer.

Staatspreis zu Wien:*)
1868—90

1871 Cadet v. Buccaneer.
1887 Cintra v. Verneuil.
1890 Aranyka v. Kalandor oder Doncaster.

Staatspreis zu Wien:**)
1869—90

1870 Advokat v. Virgilius.
1871 Aeneas v. „
1873 Brigand v. Buccaneer.
1876 Prince Frederick v. Blair Athol.
1885 Buzgó v. Kisbér öcsese.
1888 Rajta-Rajta v. Ruperra.

Bürgerpreis zu Ödenburg:
1873—90

1879 Merény v. Cambuscan.
1884 Italy v. Petrarch.

*) Bis 1885 Staatspreis I. Kl.
**) Bis 1885 Staatspreis III. Kl.

Transdanubianischer Preis zu Ödenburg:
1873—90

1880 Isolani v. Cambuscan.
1882 Balaton v. Count Zdenko oder Buccaneer.

Grosses Freudenauer Handicap:
1885—90

1888 Oroszlán v. Verneuil.
1890 Aranyka v. Kalandor oder Doncaster.

Taurus Handicap:
1869—90

1872 Oracle v. Buccaneer.
1878 Lörincz v. Cambuscan.
1883 Kethély v. „
1887 Scapegoat v. Verneuil.
1888 Rusnyak v. Ruperra.

Grosse Wiener Steeple-Chase:
1868—90

1878 Brigand v. Buccaneer.
1881 Thalma v. „
1884 Pista v. „

Grosse Pardubitzer Steeple-Chase:
1874—90

1875 Brigand v. Buccaneer.
1877 „ „ „
1878 „ „ „

Union-Rennen zu Berlin:
1834

1880 Merény v. Cambuscan.
1881 Orient v. Scottish Chief.
1885 Italy v. Petrarch.
1889 Aba v. Verneuil.

Nordd. St. Leger zu Hannover:
1881

1884 Vinea v. Bucaneer.

Dewhurst Plate zu Newmarket:

1875 Kisbér v. Buccaneer.

Englisches Derby:
1780

1876 Kisbér v. Buccaneer.

Grand Prix de Paris:
1863

1876 Kisbér v. Buccaneer.

Das sind Erfolge, auf die Kisbér mit um so grösserem Recht stolz sein darf, als kein anderes Staatsgestüt auch nur annähernd ähnliche aufzuweisen hat. Trotzdem dürfte der Kisbérer Vollblutzucht kaum mehr ein langes Dasein beschieden sein, denn alle Kenner der einschlägigen Verhältnisse stimmen darin überein, dass die Privatzucht in Österreich-Ungarn sich nicht mehr auf der niedrigen Stufe der Entwicklung befindet, welche die Aufrechthaltung der Staats-Pépinière rechtfertigen würde. Ob in Kisbér 20 oder 30 Vollblutstuten zur Zucht verwendet werden oder nicht, ist heutzutage nur insofern von Bedeutung für die private Vollblutzucht, als dieser durch die jährliche Versteigerung der ärarischen Jährlinge eine immerhin unbequeme Konkurrenz geschaffen wird. Wir schliessen uns daher in der Hauptsache folgenden Ausführungen des Wiener Fachblattes „Sport“ an:

„Kisbér, die ausgezeichnete Pépinière, hat in gewisser Beziehung ihre Schuldigkeit schon vollauf gethan. Die Kisbérer Jährlingsverkäufe sind vom

Standpunkte des Privatzüchters aus nicht mehr nötig, nicht mehr für die Erhaltung der Vollblutzucht im Lande unentbehrlich; im Gegenteil, sie bilden eine harte Konkurrenz für den Privatzüchter, und mit grosser Freude würde es in diesen Kreisen allgemein begrüsst werden, wenn Kisbér seine Stuten zum Verkauf stellen würde. Zu einer Zeit, wo nach Kisbér allein an 200 fremde Stuten zur Erfüllung ihrer Mutterpflichten gehen, ist ein Staats-Pépinière für Vollblut nicht mehr am Platze und die Züchter des Landes würden bei Auflassung derselben gewiss bestrebt sein, das Gute im Lande zu behalten. So wichtig Kisbér als Zentrale für die Aufstellung wirklich erstklassiger Vollbluthengste ist und so sehr der Import neuer Beschäler von Seite der Regierung unerlässlich, so sehnlich wünschen unsere Privatzüchter die Auflassung des fiskalischen Vollblutstutenbestandes, resp. der Jährlingsverkäufe. Ein neuer grosser Impuls würde die bereits so ausgedehnte heimische Privatzucht beleben, sobald sich obenerwähnter Wunsch verwirklichen würde und die Qualität des ungarischen Vollblutes würde darunter gewiss nicht leiden, wenn auch Kisbérs Produkte die grössten Triumphe auf kontinentalen Bahnen gefeiert haben und noch feiern. Der Staat sorge für die Hengste und die Zuchtvereine mögen ihre Aufgabe darin erblicken, gutes Stutenmaterial zu erwerben, das den Züchtern leicht zugänglich gemacht werden muss und unsere Vollblutzucht wird nicht lange mehr stagniren!“

Wir glauben die Kisbérer Vollblutzucht im Obigen so ziemlich erschöpfend besprochen zu haben und wenden uns daher nun wieder der Halbblutzucht zu, deren Betrieb wir, soweit dies möglich, in chronologischer Ordnung schildern werden.

Zunächst sei erwähnt, dass am 1. Mai die Übersetzung aller Pferde in die höhere Altersklasse erfolgt. Kurz darauf, also in den ersten Tagen des Wonnemonats, wird die Weide bezogen. Leider ist es mit dieser in Kisbér nicht am besten bestellt. Ganz abgesehen davon, dass die Domäne überhaupt Mangel an natürlichen Weiden leidet, sind die Interessen der Wirtschaft und jene des Gestütes gerade mit Bezug auf die so ungemein wichtigen Weideverhältnisse sehr schwer in Einklang zu bringen. Eine intensiv betriebene Wirtschaft fühlt sich durch die Verpflichtung, ausgedehnte Weiden anzulegen und zu unterhalten, in ihrer Entwicklung beengt, ein Gestüt kann ohne quantitativ wie qualitativ genügende Weiden nicht bestehen. Daher ein steter Gegensatz in den Bestrebungen der beiden einander vollkommen gleichgestellten Leitungen, der nur zu häufig dahin führt, dass das Gestüt den Kürzeren zieht, denn in Geldsachen hört bekanntlich die Gemütlichkeit auf.

Nun massen wir uns selbstverständlich kein Urteil über die Beweg-

VIHAR.

gründe zu, welche das ungarische Ackerbauministerium veranlasst haben, die Rechte der Gestüte in der geschilderten Weise zu beschneiden. Aber dass die hierdurch geschaffene Sachlage dem in das Getriebe des administrativen Räderwerkes nicht eingeweihten Beobachter einigermassen bedenklich erscheint, können wir nicht verschweigen. Um etwaigen Missverständnissen vorzubeugen, sei indessen ausdrücklich bemerkt, dass wir keineswegs befürworten möchten, den Gestütskommandanten auch mit der obersten Leitung der Wirtschaft zu betrauen; nur was ihm für sein Gestüt nützlich und notwendig erscheint, sollte er unserer Meinung nach ohne Intervention des Ministeriums gegebenenfalls mit einem energischen „hoc volo, sic jubeo“ — Ich will's, also befehl' ich's — von seinem Wirtschaftsdirektor verlangen können. Damit wäre dem offiziell anerkannten Prinzip „Die Wirtschaften sind der Gestüte wegen da“, auch was dessen naturgemässe Konsequenzen betrifft, volle Geltung verschafft und der staatlichen Pferdezucht ein schwerer Stein des Anstosses aus dem Wege geräumt.

Gute natürliche Weiden besitzen nur die Gestütshöfe Paragh und Mittelhof. Tarcs und Batthyán dagegen haben bei weitem nicht so viel Naturweide, als sie benötigen, und Pula ist ausschliesslich auf die aus Esparsette und Luzerne bestehende Kunstweide angewiesen.

Die Gestütsleitung übernimmt die Weide von der Wirtschaftsdirektion in der Weise, dass der Verwalter des betreffenden Hofes in Gegenwart eines Gestütsoffiziers ein Joch als Probe ausstecken lässt, welches, sobald die übrige Fläche abgeweidet ist, gemäht wird, damit der Heuertrag gewogen und abgeschätzt werden könne, und zwar lässt sich die Wirtschaft das Heu mit 3 fl. per m. Ztr. bezahlen, wovon jedoch der Mäherlohn für das Probejoch in Abrechnung gebracht wird.

Die Weidekosten per Tag und Pferd stellen sich im Durchschnitt auf 28—32 kr.; jedoch hat das Gestüt auch schon höhere Preise zahlen müssen. Im Jahre 1886 z. B. kostete die Weide

in Pula-Batthyán	6362 fl.
„ Vasdinnye	3493 „
„ Tarcs	1681 „
Summe	11536 fl.

Hiernach der Durchschnittspreis einer Weideportion $32{,}_{33}$ kr.

Die Betriebskosten des Gestütes sind somit gerade während der „billigen Weidezeit“ ganz unverhältnismässig hoch. Dies ergibt sich besonders deutlich aus nachstehender Berechnung:

Das Futter, welches das Pferd während der Weidezeit ausser der Weideportion erhält, kostet im Durchschnitt täglich .	$20\,^4/_{10}$	kr.
Hierzu die Weide täglich	$30\,^3/_{10}$	„
Tägliche Gesamtkosten per Pferd	$50\,^7/_{10}$	kr.
Die Wintergebühr des Pferdes aber kostet täglich nur . .	$35\,^5/_{10}$	„
Die Kosten der Weide mit Zubusse überschreiten somit die der Winterfütterung mit	$15\,^2/_{10}$	

Mit Bezug auf die hier angesetzten Preise der winterlichen Futtergebühr ist zu beachten, dass denselben folgende Durchschnittszahlen als Grundlage gedient haben:

6 fl. 70 kr. per m. Zentner Hafer,
3 fl. — kr. „ „ „ Heu,
1 fl. 50 kr. „ „ „ Futterstroh (Hafer- u. Gerstenstroh).
Streustroh gegen Überlassung des Düngers.

Das Heu wie auch das Stroh wird dem Gestüte im Beisein des Kommandanten, des Chefs-Tierarztes und der beiden Abteilungskommandanten durch einen Wirtschaftsbeamten übergeben. Sollten bei dieser Gelegenheit Differenzen in der Beurteilung der Qualität des Futters entstehen, so bemüht man sich dieselben auszugleichen, und was die Quantität betrifft, so steht dem Gestütskommando das Recht zu, sich durch Probewägungen die Überzeugung zu verschaffen, dass das Gestüt seine volle Gebühr erhalten. In der Regel lässt die Beschaffenheit des Heues nichts zu wünschen übrig, jedoch ist uns aufgefallen, dass auch sog. Mischling (Wicken- und Heu) als Heu verfüttert wird. Das beste Heu liefert Vasdinnye; diesem zunächst kommt das Heu von Kisbér, Puli und Batthyán und nur das auf magerem Sandboden gewachsene Tarcser Heu eignet sich schon wegen der vielen Disteln und rauhen Gräser, die es enthält, nicht zur Verfütterung an edle Pferde. Letzteres wird daher auch nur den Gebrauchskleppern, anderen minderwertigen Pferden, sowie den nie wieder ins Gestüt zurückkehrenden jungen Hengsten vorgelegt, während die Stammbeschäler und Mutterstuten die nächst bessere Qualität erhalten und den Vollblutfohlen, gleichviel ob sie der staatlichen Aufzucht oder der privaten Zucht entstammen, ein unbestrittenes Monopol auf das wirklich vorzügliche Vasdinyer Heu zuerkannt worden ist. Der für das Gestüt benötigte Hafer wird von der Wirtschaft angekauft und nach Bedarf vom Gestüte übernommen.

Die Überwachung der Pferde auf der Weide besorgen berittene Csikose. Je grösser die Hitze ist, desto früher werden die Tiere hinausgetrieben und desto später kehren sie nach der im Stalle verbrachten Mittagspause abends wieder heim. Dies gilt jedoch nur mit Bezug auf die eigenen Pferde des Gestüts, denn für 200 Privatstuten ausreichende Weide zu beschaffen, liegt selbstverständlich nicht im Bereich der Möglichkeit. Indessen geniessen auch diese den Vorteil der freien Bewegung in den vorhandenen Ausläufen, bis sie im Juli von ihren resp. Besitzern abgeholt werden.

Ende April oder Anfang Mai findet das Rennen der Halbblutstuten statt. Vorläufig sei dies nur der chronologischen Ordnung wegen erwähnt. Eine genauere Schilderung jener Leistungsprüfungen behalten wir uns für später vor. Zuerst muss die alljährlich im Juni stattfindende grosse Gestütsklassifikation besprochen werden, welche für die Pferde des Gestütes ist, was die Nornen den alten Skandinaven waren.

Wer je eine solche Klassifikation in einem der ungarischen Staatsgestüte mitgemacht hat, wird uns darin beistimmen, dass dem Pferdefreunde auf der ganzen weiten Welt kein ähnlicher Genuss geboten werden kann. In Kisbér nimmt diese angenehmste aller dienstlichen Verrichtungen 5—6 Tage in Anspruch. Das Schloss wimmelt während dieser Zeit von Gästen — lauter Züchter, Hippologen und Sportsmen — die geladen worden sind, der Klassifikation als Zuschauer beizuwohnen. Wer im Schloss nicht Platz findet, wird in einem Privatquartier untergebracht, darf aber darum nicht an der grossen Tafel fehlen, die morgens, mittags und abends unter den schattigen Bäumen des Parkes gedeckt wird, denn jeder, der eine Einladung erhalten, ist auch Gast der ungarischen Regierung. Sogleich nach dem Frühstück fahren die Wagen vor — eine stattliche Schar, oft zwölf und mehr. Man ordnet sich nach Belieben, wie denn überhaupt während dieser Festwoche die zwangloseste Gemütlichkeit in dem Kreise der Teilnehmer zu herrschen pflegt. An der Spitze des Zuges fährt zumeist die Seele des Ganzen, der allverehrte Ministerialrat von Kozma, welcher in Begleitung eines besonders zu feiernden Gastes den Vorzug geniesst, den Gestütskommandanten als Wagenlenker zu haben. In der Regel gilt die erste Fahrt dem Gestütshofe Paragh. Man beginnt mit den 3jährigen Stuten, welche dem von seinen Gästen und Untergebenen umringten Leiter der Staatspferdezuchtanstalten in Gruppen von 6—8 Stück zur Musterung vorgeführt werden; gleichzeitig verliest ein Wachtmeister das Nationale jedes einzelnen Tieres und schliesslich wird die ganze Gruppe von berittenen Csikosen einigemal im gestreckten Galopp über den Auslauf getrieben. Hierauf erfolgt der Urteilsspruch mit dem kurzen Bescheide „Mutterstute“ oder „wird verkauft“. Im ersteren Falle gelangt die betreffende Stute auf Grund ihres guten Exterieurs und sonstigen bei der

Musterung konstatirten wünschenswerten Eigenschaften vorbehaltlich ihrer im nächsten Frühjahr auf der Kisbérer Rennbahn zur Prüfung kommenden Leistungsfähigkeit zur Einrangirung in das Gestüt; im letzteren Falle wird sie im Herbst des kommenden Jahres auf der grossen Budapester Gestütsauktion öffentlich versteigert. Das geht so fort bis zur Mittagsstunde, welche die ganze Gesellschaft wieder nach Kisbér zurückführt. Dort ist die Tafel bereits gedeckt; die Suppe dampft in der Schüssel und der Wein funkelt in den Sonnenstrahlen, die schüchtern durch das dichte Laubdach lugen. Dass sich bei diesem Anblicke, der in angenehmster Weise von dem Schauplatz der vormittägigen Beschäftigung absticht, eine äusserst behagliche Stimmung im Kreise unserer Pferdefreunde geltend macht, braucht wohl kaum erwähnt zu werden. Wer hier nicht voll und ganz zu der Erkenntnis gelangt, dass er in einem Lande weilt, welches sich der besonderen Gunst des Schöpfers zu erfreuen hat, dem ist nicht zu helfen. Naheliegend ist daher auch die Versuchung, länger an der Tafel zu verweilen, als zur Stillung der leiblichen Bedürfnisse unbedingt notwendig wäre. Doch wenn alle im Genusse des Augenblickes vergessen würden, welcher Zweck sie hier versammelt hat, der Präses der Gesellschaft thäte es nicht. Kaum ist die Cigarre ausgeraucht und der letzte Tropfen Mokka heruntergeschlürft, so erhebt sich denn auch der Herr Ministerialrat v. Kozma mit dem Rufe „Lora“ — aufs Pferd — von seinem Sitze. Und wiederum bewegt sich der lange Wagenzug hinaus zur Puszta und wiederum wird einem Pferde nach dem anderen das über dessen zukünftigem Schicksale entscheidende Urteil gesprochen, bis abendliche Schatten sich über die weite Ebene breiten. Das Tagewerk ist vollbracht. Jeder, den es freut, mag jetzt bis zum Morgengrauen in den lauschigen Gängen des Parkes oder in dem hellerleuchteten Festsaale verweilen. Dafür, dass keiner die morgige Ausrückung verschläft, sorgt die mit unerschütterlichem Ernste ihres Amtes waltende Schlossordonnanz.

Auf diese Art vergeht ein Tag nach dem anderen, bis nicht nur das ganze Zuchtmaterial, sondern auch jedes einzelne Gebrauchspferd gemustert und klassifizirt worden ist. Hierauf tritt man die Fahrt zu einem anderen Staatsgestüte an. Eine definitive Auflösung der sich mit jedem Tage inniger an einander schliessenden Gesellschaft findet daher auch erst in der letzten Station statt. Wer nicht unbedingt muss, bringt es eben nicht übers Herz, vorzeitig aus dem frohen Kreise zu scheiden.

Wie sich aus der vorstehenden Schilderung ergibt, ist der Zweck der Gestütsklassifikation folgender:

a) die Einrangirung geeigneter 3 jähriger Stuten in die Mutterstutenherde;
b) die Auswahl von Vaterpferden (Pépinière- und Landbeschälern) unter den 3 jährigen Hengsten;
c) die Ausrangirung nicht geeigneter Vaterpferde, Mutterstuten, junger Stuten und Gebrauchspferde;
d) die Bezeichnung jener jungen Hengste, welche, als zur Zucht nicht verwendbar, der Kastration zu unterziehen sind;
e) die genaue Musterung und Sichtung des gesamten Nachwuchses;
f) die Besichtigung des ganzen Inventars, der Baulichkeiten u. s. w.

Unmittelbar nach der Gestütsklassifikation folgt die Klassifikation der Wirtschaft, welche ebenfalls von dem Herrn Leiter der Staatspferdezuchtanstalten vorgenommen wird. Überhaupt gelangt in diesen Tagen alles, was irgendwie von entscheidender Bedeutung für den Betrieb der Zucht und der Wirtschaft ist, zu einer genauen, fachgemässen Prüfung.

Zum besseren Verständnis des Obigen dürfte es sich empfehlen, hier noch einmal daran zu erinnern, dass die bei der Klassifikation als zuchttauglich erkannten 3 jährigen Stuten (durchschnittlich 15—18 Stück) vor ihrer definitiven Einrangirung eine Leistungsprüfung abzulegen haben. Zu diesem Zwecke werden sie Ende Oktober desselben Jahres in Kisbér aufgestellt und angeritten, sodann über den Winter in der Reitschule täglich 1½ Stunden unter dem Sattel bewegt und endlich im Frühjahr auf der unweit des Gestütshofes Batthyán gelegenen Kisbérer Rennbahn zu schärferer Arbeit herangezogen. Selbstverständlich wird bei diesem, dem Leistungsvermögen eines Halbblutpferdes angepassten Training nicht jene „Fitness“ angestrebt, welche für das eigentliche Rennpferd eine conditio sine qua non ist, sondern begnügt man sich mit der Gewissheit, dass das vorgelegte Arbeitsmass nur von einem gesunden, leistungsfähigen Pferde fertig gebracht werden kann.

Das Rennen findet Ende April oder Anfang Mai statt und führt über die Distanz von 3000 Metern. Als Jockeys fungiren die Reitbuben des Gestütes, die an diesem Tage auch in vollkommener Dress erscheinen und mit dem Selbstbewusstsein eines Archers in den Sattel steigen. Das Gewicht dieser improvisirten Jockeys beträgt in der Regel 58—60 Kilo. Die Menage ist eben nicht geeignet, „Federgewichte“ zu erzeugen. Im übrigen aber entwickeln die Kisbérer „Professionals“ häufig so viel Talent, Schneid und Umsicht im Kampfe um „das blaue Band“ des Gestütes, dass man sich unwillkürlich die Frage stellt, warum wohl die Totiser Rennställe bei der Rekrutirung ihres Personals dieser Bezugsquelle vortrefflich geschulter Jockeykandidaten so wenig Beachtung schenken. Die englische Abstammung allein thut's doch gewiss nicht. Kommt es aber auf passende Figur, angeborene Eignung zum Reiterberuf und Nerv an, so würde der Fachmann alljährlich unter den Kisbérer Reitbuben etwa ein halbes Dutzend heraussuchen können, welcher es mit jedem englischen „lad“ aufzunehmen vermöchte. Wenn je, gilt also hier das Dichterwort: „Willst du immer weiter schweifen? Sieh, das Gute liegt so nah.“

Obwohl nun bei den hier in Rede stehenden anspruchslosen Rennen nicht eigentlich von einer „Proposition“ gesprochen werden kann, so lässt sich doch in den Anordnungen ein zielbewusstes Bestreben wahrnehmen, den Wert der Leistungsprüfung durch eine zweckmässige Gruppirung und Belastung der konkurrirenden Pferde zu erhöhen. Es wird nämlich in Gruppen von je 4—5 Stück gelaufen und zwar mit der Einteilung, dass a) die Abkömmlinge von Halbbluthengsten und Stuten, die einen Halbbluthengst zum Vater haben*), b) die Abkömmlinge von Vollbluthengsten und Stuten, die einen Halbbluthengst zum Vater haben, c) die Abkömmlinge von Vollbluthengsten und Stuten, die einen Vollbluthengst zum Vater haben, und d) die Abkömmlinge von Vollbluthengsten und Stuten, die einer wiederholten Vollblutkreuzung entstammen, mit einander laufen. Hierdurch wird der auf flacher Bahn stets zur Geltung kommenden Überlegenheit des edleren Blutes nach Thunlichkeit Rechnung getragen. Was wiederum die Gewichte betrifft, so wird das „top-weight“ durch jenes Gewicht bestimmt, welches der schwerste Reitbub in den Sattel bringt. Dieses erhält das älteste Pferd und für je 6 Wochen jüngeren Alters ist 1 Kilo erlaubt.

Die „Ordre“ lautet gleichmässig für alle: „Nicht vom Start weg in toller Pace darauf losjagen, sondern hübsch langsam anfangen und erst auf den letzten 150—200 Metern herausnehmen aus dem Pferde, was es nur hergibt.“

Wir glauben, dass gegen diese Anordnungen vom fachmännischen Standpunkte aus nichts einzuwenden ist.

Am folgenden Tage findet dann noch ein Rennen zwischen den Siegern in den verschiedenen Gruppen statt. Die Cracks der Kisbérer Halbblutzucht erhalten somit genügende Gelegenheit, ihre Kräfte gegen einander zu messen.

Das Rennen selbst ist ein wahres Volksfest für die ganze Umgebung. Buchmacher und Klappermaschinen, auch Totalisateure genannt, wird man in Kisbér freilich vergebens suchen, dafür fehlt es aber weder an eleganten

*) Im Gestüte nicht mehr vorhanden. Anm. d. Verfassers.

Damen, noch an sportmässig ausstaffirten Gentlemen, Uniformen und lebhaft erregten dii minorum gentium. Es wird auch gewettet, aber die Einheit übersteigt nur in seltenen Ausnahmsfällen den kindlich bescheidenen Betrag von 1 fl. Östr. Währ. Als Richter fungirt der bei keinen der Staatsaktionen des Gestütes fehlende Herr Ministerialrat, der sich artigerweise einige der anwesenden Sportsmen zu adjungiren pflegt; Starter ist der das Reitgeschäft besorgende Subalternoffizier, Wage und Zeitmessung sind ebenfalls bewährten Händen anvertraut. Damit ist es aber nicht genug, denn auf dem Kisbérer Rennplatze wird auch ein sehr umfangreiches Protokoll geführt, in welchem der spiritus rector des Ganzen aufzeichnen lässt, wie die Bodenbeschaffenheit und die Witterung am Renntag war, in welcher Zeit das Rennen gelaufen wurde (seit 1885 war die kürzeste Zeit 3 Min. 37 Sek., die längste 4 Min. 2 Sek.), in welchem Zustand jedes einzelne Pferd nach dem Rennen einkam, ob in gutem oder weniger gutem Atem, mit warmen oder kühlen Sehnen, nassem oder trockenem Haar u. s. w. Wir gestehen, dass uns dieses Protokoll sehr wenig imponirt hat, denn erstens lässt ein Rennen, zu welchem der Trainer mit seinen sämtlichen Pferden kommandirt wird, doch nur sehr beschränkte Schlussfolgerungen mit Bezug auf die Leistungsfähigkeit der einzelnen Tiere zu (das eine ist disponirt, das andere nicht, dieses hätte aus einem oder dem anderen Grunde noch einige Galops gebraucht, jenes hat gerade während der allerletzten Tage des Guten zu viel bekommen, u. s. w.), und zweitens kann, wie dem Praktiker wohl bekannt, der Effekt einer Anstrengung auf die Sehnen des Pferdes, besonders schwere Fälle ausgenommen, nicht unmittelbar nach dieser Kraftleistung, sondern erst dann festgestellt werden, wenn das Tier eine vollständige, absolute Ruhe genossen hat. Hierzu kommt aber noch ein unserer Meinung nach überaus schwer ins Gewicht fallender Umstand, und zwar ist es kaum je geschehen, dass eine Stute wegen im Training oder im Rennen gezeigter geringerer Leistungsfähigkeit nicht in das Muttergestüt einrangirt worden wäre. In der Regel entscheidet also die Klassifikation, d. h. eine nur nach dem Exterieur vorgenommene Musterung endgültig über die Einrangirung des jungen Stuten-Nachwuchses und die Leistungsprüfung bleibt Nebensache. Wir brauchen wohl kaum hervorzuheben, dass gerade das Gegenteil stattfinden sollte, denn das Exterieur ist doch nur eine Voraussetzung, für deren Richtigkeit der Beweis durch die Leistung erbracht werden muss. Wir können daher die Kisbérer Rennprüfung nur als eine halbe Massregel bezeichnen. Trotzdem aber möchten wir dieselbe um keinen Preis in dem Betriebsplan des Gestütes missen. Ist doch sechs Monate systematischer ernster Arbeit auch dann ein Segen für die junge Gesellschaft, wenn dem öffentlichen Abschluss derselben, dem Rennen, gar keine Bedeutung beigelegt werden kann. Damit soll indessen keineswegs gesagt sein, dass wir die Bedeutungslosigkeit der nach dem gegenwärtigen System stattfindenden Prüfung als etwas Unabänderliches hinnehmen. Wir glauben vielmehr, dass es nur des ernsten Willens bedürfte, um der Leistung zu ihrem Rechte zu verhelfen. Wie die Sache heute betrieben wird, kann die Gestütsleitung schon wegen der Notwendigkeit, den vorgeschriebenen Stand der Mutterstuten aufrecht zu erhalten, kaum eine Ausrangirung der im Training und Rennen nicht entsprechenden jungen Stuten vornehmen, ohne das Ergebnis der vorjährigen Klassifikation zu annuliren. Diese Schwierigkeit liesse sich jedoch unserer Meinung nach sehr leicht in der Weise beseitigen, dass man alle dreijährigen Stuten, die nicht mit solchen Mängeln behaftet sind, welche die Zuchttauglichkeit im vorhinein ausschliessen, in Training nehmen würde. Damit wäre die Klassifikation der jungen Stuten zu dem gemacht, was sie von Rechtswegen sein soll, nämlich eine provisorische Sichtung des heranwachsenden Mutterstuten-Materials mit nachfolgender endgültig entscheidender Leistungsprüfung. Es könnte dann nicht mehr vorkommen, dass eine bei der Klassifikation zum Verkauf bestimmte Stute, trotzdem sie nachträglich einen weit höheren Wert erreicht hat, als manche ihrer einrangirten Altersgenossinnen, nur deshalb aus dem Gestüte scheiden muss, weil die mit alleiniger Leitung des Exterieurs vorgenommene Beurteilung eine irrige oder vorschnelle gewesen; die nach dem Rennen auf Grund der in demselben an den Tag gelegten Leistungsfähigkeit erfolgende definitive Auswahl würde eine allen Bedürfnissen des Gestütes entsprechende Anzahl von Stuten umfassen und der von der obersten Leitung eingeführten Rennprüfung bliebe der Vorwurf erspart, dass sie in der Hauptsache darauf hinausläuft, das Archiv des Gestütes mit einigen noch dazu nicht ernst zu nehmenden Aufzeichnungen zu bereichern.

Schliesslich wäre mit Bezug auf die hier geschilderten Rennen noch zu erwähnen, dass die an denselben teilnehmenden jungen Stuten im Gegensatz zu den übrigen Halbblutstuten, deren Deckzeit bereits im Dezember beginnt, erst im März gedeckt werden, damit die Periode der schärferen Arbeit nicht in ein vorgeschrittenes Stadium der Trächtigkeit falle.

Unmittelbar nach dem Rennen werden die zur Einrangirung bestimmten jungen Stuten in das Muttergestüt Pula überführt und die bisher von ihnen bewohnten Stände des Aufstellstalles von den jungen Hengsten eingenommen, deren Erprobung unter dem Reiter nun beginnt. Dass diese Erprobung des Hengstennachwuchses nur in einer von jedem halbwegs brauchbaren Pferde zu leistenden Reitschul- und Terrainarbeit und nicht in Herz und Nieren

KENGYEL.

prüfenden Jagdritten besteht, lässt sich durch die beschränkten Raumverhältnisse in Kisbér und den grossen Bedarf an Vaterpferden erklären. Ein schärferes Anfassen der zukünftigen Vaterpferde erscheint jedoch um so wünschenswerter, als denselben in den Depots ein nur von der täglichen Gesundheitspromenade unterbrochenes Faullenzerleben bevorsteht und jede weitere von solchen Nichtsthuern erzeugte Generation die Leistungsfähigkeit der allgemeinen Landespferdezucht gefährdet. Es wäre demnach sicher von grossem Vorteil, wenn es gelänge, das in den ungarischen Staatspferdezucht-Anstalten acceptirte Prinzip der Zucht nach Leistungen auch auf die Remontirung der Landesbeschäler auszudehnen.

Im Juli kommen die zum Verkauf bestimmten jungen Stuten von Paragh nach Kisbér, um dort angeritten und zu der im Oktober stattfindenden Budapester Auktion hergerichtet zu werden. Mit welchem Verständnis dieses Geschäft in Kisbér betrieben wird, beweist die geradezu mustergiltige Kondition, in welcher die dortigen Verkaufspferde auf dem hauptstädtischen Markt zu erscheinen pflegen. Auch der routinirtste Trainer oder Pferdehändler könnte den Liebhabern sein Material nicht in glänzenderer Verfassung vorführen. Nicht zu fett und nicht zu mager, voll Muskeln, spiegelblank im Haar, feurig und doch folgsam, bis hinab zum glatten Huf in tadelloser Toilette — so treten die Kisbérer Jahr für Jahr in den vorwiegend aus strengen Kritikern gebildeten Ring. Es ist daher nicht zu verwundern, dass sich jeder glücklich preist, dem es auf dieser Auktion gelingt, durch den bedeutungsvollen Hammerschlag Besitzer eines Kisbérer zu werden. Nachstehend ein Ausweis über die während der letzten 10 Jahre für die Kisbérer Verkaufspferde erzielten Durchschnittspreise:

1880	fl.	901.25	Östr. Währ.
1881	„	887.50	„
1882	„	1100.62	„
1883	„	887.86	„
1884	„	980.71	„
1885	„	932.66	
1886	„	1042.50	„
1887	„	975.33	„
1888	„	853.33	„
1889	„	864.61	„
1890	„	1083.33	„

Nach der Auktion tritt für das Gestüt eine bis zum Herbst andauernde Periode verhältnismässiger Ruhe ein, jedoch hat der das Reitgeschäft leitende

Offizier noch vollauf Beschäftigung mit der Abrichtung und systematischen Bewegung der jungen Hengste. Diese werden nämlich erst im Oktober im Beisein sämtlicher Hengstendepot-Kommandanten, vieler Pferdezucht-Präsidenten, Züchter und Pferdefreunde von dem Leiter der staatlichen Pferdezucht zu den verschiedenen Staatsbengstendepots eingeteilt. Kurz darauf findet die bereits im Vorhergehenden beschriebene „Paarung" statt und damit hat dann das Gestütsjahr sein Ende erreicht.

Bevor wir nun das der Kisbérer Halbblutzucht gewidmete Kapitel abschliessen, wird der Leser wohl etwas Näheres über die Aufzuchtmethode

Fig. a. Brandzeichen.

Fig. b—k. Doncaster. Verneuil. Craig Millar. Kisbér öcscse. Gunnersbury. Pásztor. Milon. Czimer. Sweetbread.

erfahren wollen, welche im Halbblutgestüte befolgt wird. Die Mutterstuten des Halbblutstammes sind, wie schon erwähnt, auf den Puszten Pula und Batthyán in sehr geräumigen Laufstallungen untergebracht, von welchen der Batthyáner leider als zu kalt, zu dunkel und höchst feuergefährlich den an einen guten Mutterstutenstall zu stellenden Anforderungen in keiner Weise entspricht. Die günstige Jahreszeit bringen die Stuten auf der Weide zu, im Winter werden sie in grossen mit Stroh belegten Ausläufen vor- und nachmittags je 2 Stunden im Schritt getrieben. Am 1. Dezember wird mit dem Belegen der Halbblutstuten begonnen. Die Fohlen bleiben 5—6 Monate bei den Müttern und erhalten gleich nach dem Abspännen — welches nicht allmählich, sondern unvermittelt erfolgt — das ihnen zukommende Gestüts- und Vater-Brandzeichen. Hierbei wird folgender Modus beobachtet: Das für das Gestüt in Anwendung kommende Brandzeichen (Fig. a) erhalten die Vollblutfohlen auf der linken, die Halbblutfohlen auf der rechten Sattelseite.

Daneben wird der betreffende Vaterbrand (siehe Fig. b—k) und die Fohlennummer dem Vollblut rechts-, dem Halbblut linksseitig aufgedrückt.

Über die Fütterung der Saug- und Abspännfohlen gibt das Futterschema S. 202—204 genauen Aufschluss. Hinzuzufügen wäre nur, dass den Saugfohlen etwas Kleie und Mohrrüben in den Hafer gemischt wird und solche Fohlen, deren Mütter wenig Milch haben, auch Eier erhalten. Überhaupt sind reichliche Fütterung, liebevolle Behandlung und sorgfältigste Wartung als die Grundzüge der Kisbérer Aufzuchtsmethode zu bezeichnen.

Nach dem Mittelhof überführt, bleiben die Abspännfohlen dort bis zum Januar oder Februar des nächsten Jahres beisammen; dann aber wandern die Stuten nach dem Hofe Paragh, wo sie bis zum erreichten dritten Lebensjahre ihr Heim haben, während die Hengste noch ein Jahr im Mittelhof verweilen und erst als Zweijährige nach Tarcs übersiedeln.

Für ausreichende Bewegung der jungen Gesellschaft wird selbstverständlich auf allen diesen Gestütshöfen zu jeder Jahreszeit gesorgt. Während der Weidezeit weilen die Fohlen nur bei Nacht und so lange die drückende Tageshitze vorherrscht, im Stalle; ausser der Weidezeit werden sie täglich vor- und nachmittags je eine Stunde in den Ausläufen in allen Gangarten getrieben und, falls die Witterung es gestattet, auch im Winter den ganzen Tag im Freien belassen. Haben sich aber die Stallthüren hinter ihnen geschlossen, so bieten ihnen die grossen luftigen Laufstallungen, welche nebstbei gesagt, alle mit Wasserleitungen versehen sind, mehr als genügenden Raum zu weiterer Stählung ihrer Muskeln und Sehnen, denn angebunden wird die übermütige Schar nur während der Futterstunden und des Abreibens. Ein Besuch in den Kisbérer Fohlenställen wird daher auch bei jedem Pferdefreunde herzerquickende Eindrücke hervorrufen. Man hat die Empfindung, als ob man sich in einer riesigen, mit liebevollem Verständnis eingerichteten Kinderstube befände. Einige Fohlen haben sich der Länge nach auf der weichen Streu ausgestreckt; andere jagen in munterem Galop durch den Stallraum, hinter einander her; wieder andere unterhalten sich mit einer freundschaftlichen Balgerei oder beschnüffeln, in der Hoffnung, einen Leckerbissen zu erwischen, die Taschen ihrer Wärter und Besucher; allen aber leuchtet überschäumende Lebenslust aus den klaren Augen; alle geben es in unzweideutiger Weise zu erkennen, dass sie ihre Jugend in vollen Zügen geniessen. Und dabei sind sie so fromm, so zuthunlich wie junge Hunde. Man kann sie ohne Scheu anfassen, ihnen die Füsse aufheben und überhaupt alles mit ihnen vornehmen, was das Temperament eines Fohlens auf die Probe zu stellen pflegt. Keines fürchtet sich vor dem Menschen — woher sollte auch das Gefühl der Furcht kommen? — ist ihnen der Mensch doch bisher nur als ein Freund und Helfer erschienen.

Dieses anmutige Bild bilde den Abschluss unserer Wanderung durch das mit Recht von allen Einheimischen und Fremden bewunderte Gestüt. Noch sagen wir aber dem schönen Kisbér nicht Lebewohl, denn die in ihrer Art nicht minder interessante Wirtschaft will ebenfalls beschrieben sein.

Kisbér als königl. ungarische Gestütsdomäne.

Einen originellen Bestandteil des landwirtschaftlichen Betriebes in Kisbér bildet das der Wirtschaftsdirektion unterstehende, im Jahre 1884 errichtete Arbeitsgestüt, welches auf dem Maierhofe Pula untergebracht ist. Die Aufgabe dieses Gestütes ist, Pferde des schweren Arbeitsschlages zu ziehen, welche teils zu Landeszuchtzwecken, teils zur Remontirung der von der Wirtschaft benötigten Arbeitszüge verwendet werden. Das Zuchtmaterial besteht gegenwärtig aus zwei Original-Ardenner-Hengsten — Bothon, dbr. H. geb. 1878 und Philippe, R.H. geb. 1875 — und circa 40 Stuten. Von letzteren waren zu Beginn des Jahres 1891 nicht weniger als 31 Produkte der eigenen Zucht. Trotzdem vermöchten wir nicht anzugeben, welches Ziel bei dieser Zucht angestrebt wird, denn bei unserer Besichtigung des Pulaer Wirtschaftsgestütes fanden wir in demselben die verschiedensten und buntesten Blutmischungen vertreten, z. B.: Ardenner × Norfolker × Norer; Percheron × Norer; Norfolker × Norer; Ardenner × Percheron; Ardenner × Araber × Norer; Percheron × Norfolker × Norer; Ardenner × Muraközi (Pferd des auf der Murinsel gezogenen stämmigen, aber kleinen Schlages) u. s. w. Ebenso verschiedenartig wie die Blutmischungen sind natürlich auch die Körperformen. Die Wirtschaft scheint sich somit noch nicht klar darüber zu sein, auf welchem Wege ein korrekt gebautes, leistungsfähiges und den Vorzug der Zuchtkonstanz besitzendes Arbeitspferd am sichersten erzeugt werden kann. In einer Beziehung zeigen jedoch die Produkte dieser Zucht eine auffallende, wenn auch nicht besonders erfreuliche Familienähnlichkeit, und zwar haben sie beinahe durchgehend lange, weiche Rücken. Schwache Gelenke, Rückbiegigkeit und eingeschnürte Röhrbeine kommen ebenfalls häufiger vor, als im Interesse des Gestütes zu wünschen wäre. Wir glauben nun nicht fehlzugehen, wenn wir die beiden Stammbeschäler Bothon und Philippe für diese Baufehler verantwortlich machen. Bothon wird nämlich durch einen sehr schlechten Rücken und Rückbiegigkeit entstellt, während Philippe allerdings in der Oberlinie allen Anforderungen entspricht, dafür aber ein Pedale besitzt, welches der Kenner nicht ohne Kopfschütteln betrachten kann. Was der eine verbessert, schädigt also der andere. Hierzu kommt aber noch der bedenkliche Umstand, dass die im Pulaer Gestüte zur Verfütterung gelangenden Rationen kaum geeignet erscheinen, die Entwicklung harmonischer Formen bei einem schweren Pferdeschlage zu fördern. So erhalten z. B. die 3jährigen Hengste nur $^1/_2$ Kilo Hafer, 1 Kilo Malzkeime, 1 Kilo Kleien oder Maisschrot, 1 Kilo Rüben, und Gerstenstroh als Rauhfutter. Unserer Meinung nach ist das entschieden zu wenig, um jene Körperelemente auszubilden, die ein solides Skelett, massive und kompakte Knochen und entsprechende Muskelsubstanz zur Entwicklung bringen.

Sämtliche Stuten des Gestütes werden zur Arbeit verwendet. Das Absetzen der Fohlen erfolgt nach fünf Monaten. Die bei der Gestütsklassifikation als zuchttauglich bezeichneten jungen Hengste — durchschnittlich 7 Stück — werden im dritten Jahre zu einem fixen Preis von 600 fl. Östr. Währ. per Stück dem Staatshengstendepot zu Stuhlweissenburg überwiesen. Von den jungen Stuten gelangen alljährlich circa 6 Stück, ebenfalls dreijährig, zur Einrangirung in das Gestüt.

Möge es uns nicht als Tadelsucht ausgelegt werden, wenn wir die Ansicht aussprechen, dass die Wirtschaft, wenn sie schon durchaus die Zucht schwerer Pferde betreiben will, mit dem Pulaer Gestüte höhere Ziele anstreben sollte. In seiner jetzigen Zusammensetzung ist dieses Gestüt ohne irgend welchen Nachteil für die Landespferdezucht und wohl auch für die Bewirtschaftung der Domäne Kisbér zu entbehren. Eine ungemein grosse Bedeutung in wirtschaftlicher und züchterischer Beziehung könnte aber die in Pula betriebene Zucht des schweren Arbeitsschlages gewinnen, wenn derselben die Aufgabe zuerteilt würde, ein Pferd zu erzeugen, welches mit Bezug auf Herkunft, äussere Formen und Leistungen dem Idealtypus der auch in Ungarn hochgeschätzten und vielfach gezüchteten norischen Rasse möglichst nahe käme. Für England, Frankreich und Belgien ist die Produktion massiger Schläge eine Goldmine geworden. Die an Steiermark anstossenden ungarischen Grenzbezirke dagegen, welche in dem norischen Pferde einen schweren Arbeitsschlag besitzen, der, was Zuchtkonstanz betrifft, geradezu unerreicht dasteht, haben es noch nicht einmal so weit gebracht, dass dieser Schlag die heimischen Bedürfnisse befriedigt. Hier thäte also eine intelligente Staatshilfe dringend Not. Und da nun das norische Pferd in seiner gegenwärtigen Form mit bestimmten typischen Mängeln behaftet ist, die der Weltmarkt perhorresziert, glauben wir, dass jene Hilfe darin bestehen sollte, dass der Staat dem

Privatzüchter ein von diesen Mängeln befreites Zuchtmaterial zur Verfügung stellte. Damit wäre dem Gestüte ein Zuchtziel gegeben, das ohne Schädigung der wirtschaftlichen Interessen die in Pula betriebene Zucht des schweren Pferdes zu einem patriotischen Unternehmen stempeln würde.

Mit Bezug auf den landwirtschaftlichen Betrieb der Domäne Kisbér sind uns von der Wirtschaftsdirektion mit liebenswürdiger Bereitwilligkeit folgende Daten zur Verfügung gestellt worden.

Lage.

Die königl. Gestütsdomäne Kisbér liegt von F. unter 47° 30′ nördlicher Breite und 35° 42′ östlicher Länge, in Ungarn in den Comitaten Komorn und Weszprim in fünf Gemeinden, — grenzt an 12 Gemeinden und an die Comitate Stuhlweissenburg und Raab.

Klima.

Die mittlere Jahrestemperatur beträgt 9,6 C. — der Durchschnittsbarometerstand 746,2 m/m, die Niederschlagsmenge in 172 Tagen 497,7 m/m, die herrschenden Windrichtungen sind NW. — SO. — SW.

Boden.

Bei der welligen Bodenoberfläche ist der Boden sowohl in der Zusammensetzung, als in seiner Tiefgründigkeit sehr verschieden, und so finden wir vom 2½ Meter mächtigen humosen Thonboden bis zum Flugsand als Obergrund alle Bodenarten vertreten.

Als Untergrund findet sich im allgemeinen in der ganzen Gegend eine undurchlassende Lehmschichte, über die sich zuweilen eine Sand- und Schotterschichte einschiebt, welche die Ertragsfähigkeit ausserordentlich beeinträchtigt.

Infolge dieses undurchlassenden Untergrundes ist das ganze Terrain quellig, bedarf sorgfältig angelegter Wasserabzüge — und in vielen Fällen der Drainage, die bereits in Ausführung begriffen ist.

Die wellenförmigen und quelligen Bodenverhältnisse bieten zur Genüge Veranlassung zur Bach- und Teichbildung, sowie zur Anlage von Kunstwiesen, Fischteichen, Rohrteichen, sowie zum Betrieb der Teichwirtschaft und Mühlenindustrie.

Betrieb.

Der hiesige Wirtschaftsbetrieb ist auf Körner-, Hackfrucht und Futterbau, sowie auf intensive Viehzucht basirt. Derselbe hat in erster Linie das Gestüt mit den nötigen Futtermitteln zu versehen und nebstdem die Erzielung der höchstmöglichsten Rente anzustreben.

Die Herrschaft besitzt gut angelegte Kunstwiesen verschiedener Systeme und widmet der Samenzucht eine besondere Aufmerksamkeit, so dass für hiesige Verhältnisse Kisbér zum Zentrum des Samenbezuges geworden ist.

In der Pferdezucht werden Pferde des schweren Arbeitsschlages (Ardenner und Kreuzungsprodukte) gezogen, in der Rindviehzucht die Allgäuer Rasse, in der Schafzucht Rambouillet und Cotswold, in der Schweinezucht die rothaarige Szalontaer Fleischschweinrasse, Berkshire — Yorkshire (Tamworth) und Kreuzungen mit der Szalontaer Rasse. — Von allen diesen Tiergattungen werden Zuchttiere verkauft.

Im Forste bestehen die Hauptbestände aus Stieleiche, Zerreiche, Weiss- ; eingesprengt finden wir Linden, Pappel und Kiefer. — Die Umtriebszeit ist eine 80jährige, die Verjüngerung geschieht durch Aussaat, die gewonnene Holzmasse ist jährlich 6500 R.-M.

Erwähnenswert ist hier noch die ziemlich ausgedehnte und sortenreiche Kultur der Korbweide.

Die Domäne besitzt ferner eine Dampfmühle und Säge, zwei Wassermühlen, ein Maschinenhaus und eine Ziegel- und Drainröhrenfabrik.

Sämtliche Gebäude sind den heutigen Anforderungen entsprechend eingerichtet, die Stallungen mit Wasserleitung, Bahnen und den nötigen Futterzerkleinerungsmaschinen versehen.

Sämtliche Wirtschaftshöfe sind mit Telephonleitung verbunden.

Mit Geräten und Maschinen ist die Gestütsdomäne vollkommen instruirt, verfügt über die best erkannten Bodenkulturgeräte, wie: Sackpflüge, Fowlers Dampfpflug, Howard Grubberegge etc., Hungaria Drille in genügender Anzahl, da alle Saat gedrillt wird. Hackgeräte, Grasmäh- und Erntemaschinen, Heurechen, im ganzen stehen über 13 Dampfmaschinen, wovon 6 Dampfdreschgarnituren, 2 Dampfhäcksler, ferner Dämpfapparate, Drahtseil- und Seiltransmissionen zum Betriebe von Futterzerkleinerungsmaschinen, in Verwendung.

Grundbesitz.

Acker	6390	k. Joch	888	□°
Wiese	616	„ „	835	„
Weide . .	703	„ „	440	„
Weingarten	2	„ „	715	„
Wald- und Baumstreifen .	2937	„ „	1452	„
Höfe. Wege etc. .	328	„ „	985	„
Improduktiv	276	„ „	1294	„
Fläche des Gesamtbesitzes	11256	k. Joch	209	□°

Benützung der Kulturfläche im Jahre 1889/90.

Kulturpflanzen							
Einteilung	Gattung	Zugewiesene Fläche		Zusammen		in %	
		K. Joch	□°	K. Joch	□°	Nach der Ackerfläche	Nach der Gesamtfläche
Halmfrüchte	Weizen	1239	60	—	—	19.38	25.85
	Roggen	658	891	—	—	10.29	
	Gerste	802	979	—	—	12.55	
	Hafer	212	211	2912	511	3.31	
Hülsenfrüchte	Winterwicken, Erbsen	218	1468	–	–	3.42	5.32
	Sommerwicken, Erbsen	121	668	340	236	1.90	
Hackfrüchte	Samenmais	264	913	—	—	4.18	9.56
	Kartoffel	445	870	—	—	6.96	
	Rübe	190	266	—	—	2.97	
	Deputatfeld	177	161	1077	610	2.79	
Futterpflanzen	Wickhafer	774	551	—	—	12.21	18.23
	Wickenerbsen	170	—	—	—	2.66	
	Mohar	105	947	—	—	1.64	
	Luzerne	140	1093	—	—	2.19	
	Kleegras	538	570	—	—	8.46	
	Hirse	21	1200	—	—	0.42	
	Grünmais	299	71	2049	1232	4.67	
	Wiese	627	704	627	704	—	5.57
	Weide	703	440	703	440	—	6.24
Diverses	Weingarten	2	715	2	715	—	0.0017
	Wald	2937	1452	2937	1452	—	26.12
	Wege, Höfe etc.	328	985	328	985	—	2.96
	Inproduktiv	276	1294	276	1294	—	2.45
Gedüngt		1578	1508	—	—	24.75	—
Entfällt von Stalldünger auf 1 k. Joch		216 q 33 kg		—	—		—

Übersicht der Einteilung, Verwaltung und Mittel zur Bestellung des Grundbesitzes.

Wirtschaftsdistrikte.

Distrikte 4

Mit Maierhöfen . . . 13

Forstdistrikt 1

Industrie.

Dampfmühle 1

Maschinenwerkstätte . 1

ALGY.

Beamte.

Beamte . 19

Dienstpersonale.

Diener bei der Ökonomie
Bau- und Maschinenbaus-Verwaltung } . 307
Zu dem noch die nötigen Monatslöhner.
Forstwesen 5

Vieh.

Gestütspferde . . .	520	2245 Grossvieh.
Wirtschaftspferde . .	193	
Rinder . . .	1024	
Schafe . .	3286	
Schweine	971	
Mastvieh	652	

Entfällt auf 1 Stück Grossvieh 2.40 kat. Joch der landw. Kulturfläche.

Besitzstand nach Distrikten.

Benennung der Distrikte	Acker		Wiese		Weide		Weingarten		Wald		Höfe, Wege etc.		Improduktiv		Zusammen	
	Joch	□°	Joch	□°	Joch	□°	Joch	□°	Joch	□°	Joch	□°	Joch	□°	Joch	□°
Batthyán	1602	371	165	1378	32	969	—	—	57	1506	79	278	72	934	2010	638
Vasdinnye	2228	459	274	173	264	682	—	—	104	435	104	1557	83	281	3059	387
Tarcs	1654	253	56	1377	296	807	—	—	118	1020	55	1575	58	82	2235	314
Kisbér / Nadasd	906	1405	119	1107	109	1182	2	715	2662	89	88	775	62	1597	3951	470
Zusammen	6390	888	616	835	703	440	2	715	2937	1459	328	985	276	1294	11255	[illegible]

Hievon in %

Marktpflanzen 66.31%
Futterpflanzen 33.69% Die Ackerfläche genommen.

Marktpflanzen 55%
Futterpflanzen . . . . . 45% Verteilt auf die landw. benützte Fläche.

Markt-Futterpflanzen 74.11%
Wald 25.87%
Weingarten . . . . 0.02% Verteilt auf die Gesamtfläche.

1. Batthyán.

Fruchtfolgen.

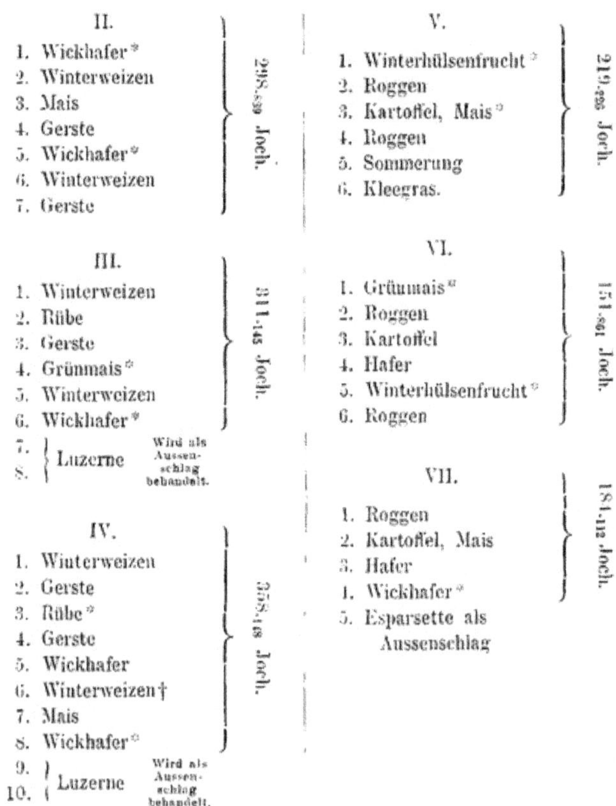

II. (298.839 Joch.)

1. Wickhafer*
2. Winterweizen
3. Mais
4. Gerste
5. Wickhafer*
6. Winterweizen
7. Gerste

III. (311.145 Joch.)

1. Winterweizen
2. Rübe
3. Gerste
4. Grünmais*
5. Winterweizen
6. Wickhafer*
7. } Luzerne — Wird als Aussenschlag behandelt.
8. }

IV. (358.148 Joch.)

1. Winterweizen
2. Gerste
3. Rübe*
4. Gerste
5. Wickhafer
6. Winterweizen†
7. Mais
8. Wickhafer*
9. } Luzerne — Wird als Aussenschlag behandelt.
10. }

V. (219.226 Joch.)

1. Winterhülsenfrucht*
2. Roggen
3. Kartoffel, Mais*
4. Roggen
5. Sommerung
6. Kleegras.

VI. (151.861 Joch.)

1. Grünmais*
2. Roggen
3. Kartoffel
4. Hafer
5. Winterhülsenfrucht*
6. Roggen

VII. (184.112 Joch.)

1. Roggen
2. Kartoffel, Mais
3. Hafer
4. Wickhafer*
5. Esparsette als Aussenschlag

Dieser Distrikt hat die Aufgabe, zu Landeszuchtzwecken Pferdezucht mit Ardennern, die Algäuer Jungviehaufzucht und Rambouillet Schafzucht zu betreiben.

2. Vasdinnye.

Fruchtfolgen.

		Joch
VIII.	1. Grünmais* 2. Weizen 3. Mais 4. Gerste 5. Wickhafer* 6. Weizen 7. Hafer	266.602 Joch.
IX.	1. Winterhülsenfrucht* 2. Weizen 3. Mais* 4. Gerste 5. Roggen 6. Wickhafer 7. Weizen	227.661 Joch.
X.	1. Sommerhülsenfrucht* 2. Weizen 3. Mais* 4. Gerste 5. 6. Kleegras 7. Roggen	223.1084 Joch.
XI.	1. Mais, Kartoffel* 2. Weizen 3. Mohar 4. Hafer 5. Grünmais* 6. Winterweizen 7. Gerste	250.1343 Joch.
XII.	1. Weizen 2. Rübe* 3. Gerste 4. Winterhülsenfrucht* 5. Weizen 6. Wickhafer* 7. 8. Luzerne Aussenschläge.	308.828 Joch.
XIII.	1. Rübe* 2. Gerste 3. Roggen 4. Wickhafer* 5. Weizen	195.74 Joch.
XIV.	1. Roggen 2. Hafer 3. Wickhafer* 4. Weizen* 5. Wickhafer* 6. Kleegras. Aussenschlag.	246.806 Joch.
XV.	1. Kartoffel* 2. Weizen 3. ½ Mais, ½ Grünmais 4. Hafer, Gerste 5. Wickhafer, Winterhülsenfrucht* 6. Roggen	242.426 Joch.

Dieser Distrikt hat die Aufgabe, die Kuherei, Milchwirtschaft, die Fleischschafzucht und Mast- und Schweinezucht, ferner Rindvieh-, Schafe- und Schweinemast zu betreiben Verfügt über eine Obstbaumschule.

3. Tarcs.

Fruchtfolgen.

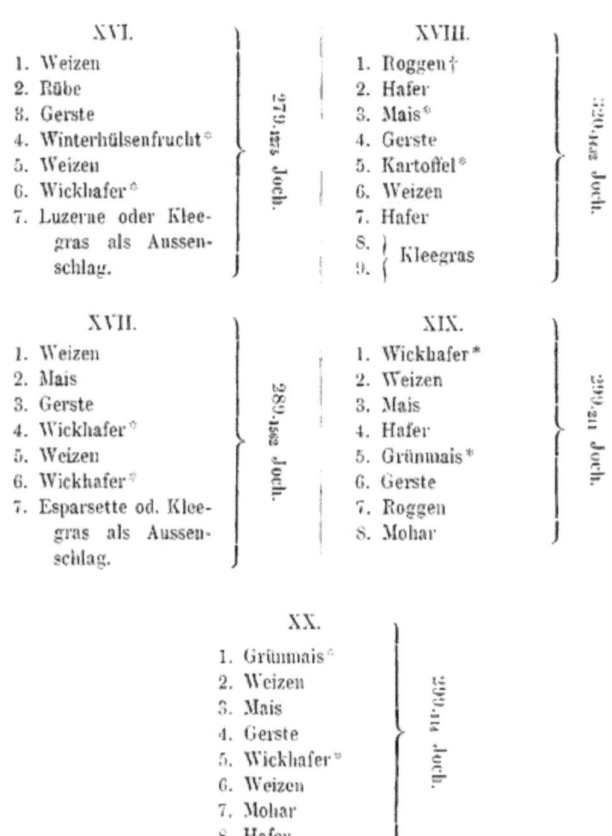

XVI. (279.1575 Joch.)

1. Weizen
2. Rübe
3. Gerste
4. Winterhülsenfrucht*
5. Weizen
6. Wickhafer*
7. Luzerne oder Kleegras als Aussenschlag.

XVIII. (320.1442 Joch.)

1. Roggen†
2. Hafer
3. Mais*
4. Gerste
5. Kartoffel*
6. Weizen
7. Hafer
8. } Kleegras
9. }

XVII. (289.1562 Joch.)

1. Weizen
2. Mais
3. Gerste
4. Wickhafer*
5. Weizen
6. Wickhafer*
7. Esparsette od. Kleegras als Aussenschlag.

XIX. (299.211 Joch.)

1. Wickhafer*
2. Weizen
3. Mais
4. Hafer
5. Grünmais*
6. Gerste
7. Roggen
8. Mohar

XX. (299.114 Joch.)

1. Grünmais*
2. Weizen
3. Mais
4. Gerste
5. Wickhafer*
6. Weizen
7. Mohar
8. Hafer

Dieser Distrikt ist bestimmt, die Jungochsenaufzucht, Rambouillet Schafzucht, Schafmast, Aufzucht und Haltung der Eber zu betreiben.

4. Kisbér-Nádasd.

Fruchtfolgen.

I.		XXII.	
1. Weizen 2. Mais* 3. Gerste 4. Roggen 5. Mais 6. Wickhafer* 7. Luzerne als Aussenschlag.	217.243 Joch.	1. Wickhafer* 2. Roggen 3. Kartoffel 4. Hafer	52.1872 Joch.
		XXIII. 1. Roggen 2. Kartoffel† 3. Hafer 4. Wickhafer* 5. Esparsette od. Kleegras als Aussenschlag.	93.750 Joch.

XXI.		XXIV.	
1. Weizen oder Roggen* 2. Rotklee 3. Weizen od. Roggen 4. Grünmais* 5. Weizen od. Roggen 6. Mais, Kartoffel 7. Gerste 8. Weizen oder Roggen* 9. Rotklee 10. Gerste oder Hafer	175.1554 Joch.	1. Wickhafer* 2. Weizen 3. Rotklee 4. Rotklee 5. Roggen 6. ½ Grünmais ½ Kartoffel* 7. Weizen 8. Hafer	204.543 Joch.

Der Distrikt ist dazu bestimmt, Jungochsenaufzucht, Schweineaufzucht zu betreiben, wozu der angrenzende Wald genügende Weide liefert.

Kleegrasgemenge,

wie selbe je nach der Lage dem Boden und dem Bedarf in einzelnen Fruchtfolgen angelegt wurden.

Fruchtfolge Nr.	Blattpflanzen	Saatquantum kg	Gräser	Saatquantum kg	Zusammen pr. 1 k. Joch kg	
III_1	Luzerne	14	Knaulgras	8		Zu Heuwerbung und Gestütsweide
	Hopfenluzerne . . .	4	Lieschgras	3		
	Zusammen	18		6	24	
III_5	Luzerne	16	Knaulgras	10		
			Franz. Raygras . .	5		
	Zusammen	16		15	31	
III_8	Luzerne	8	Franz. Raygras . .	6		
	Esparsette	25	Knaulgras	6		
	Bibernelle	6				
	Zusammen	39		12	51	
III_4	Esparsette	20	Franz. Raygras . .	6		
	Bibernelle	6	Engl. „	4		
	Hopfenluzerne . . .	4	Wiesenschwingel . .	3		
	Rotklee	4				
	Zusammen	34		13	47	
IV_8	Esparsette	40	Franz. Raygras . .	6		
	Bibernelle	4	Knaulgras	6		
	Luzerne	3	Engl. Raygras . . .	2		
	Rotklee	3				
	Hopfenluzerne . . .	3				
	Zusammen	53		14	67	
V_3	Esparsette	40	Franz. Raygras . .	6		
	Bibernelle	10	Knaulgras	8		
	Hopfenluzerne . . .	6	Wiesenschwingel . .	3		
	Rotklee	2				
	Zusammen	58		12	70	
VIII_1	Esparsette	16	Engl. Raygras . . .	4		Zu Heuwerbung und Kuhweide
	Bibernelle	8	Franz. „	4		
	Rotklee	7	Knaulgras	4		
	Hopfenluzerne . . .	5	Wiesenschwingel . .	4		
	Zusammen	36		16	52	
X_1	Esparsette	30	Knaulgras	3		Zu Heuwerbung und Lämmerweide
	Bibernelle	10	Wiesenschwingel . .	3		
	Rotklee	4	Engl. Raygras . . .	3		
	Hopfenluzerne . . .	4				
	Zusammen	48		9	57	

Fruchtfolge Nr.	Blattpflanzen	Saatquantum kg	Gräser	Saatquantum kg	Zusammen [illegible]	
X_2	Esparsette	25	Engl. Raygras	4		Zu Heuwerbung und Lämmerweide
	Bibernelle	8	Franz. "	3		
	Hopfenluzerne	4	Knaulgras	3		
	Rotklee	4	Wiesenschwingel	2		
	Zusammen	41		12	53	
X_3	Esparsette	60	Franz. Raygras	4		
	Bibernelle	4	Knaulgras	4		
	Rotklee	3				
	Hopfenluzerne	3				
	Zusammen	70		8	78	
XII_1	Esparsette	40	Franz. Raygras	6		Zu Heuwerbung und Gestütsweide.
	Bibernelle	10	Knaulgras	3		
	Hopfenluzerne	4	Wiesenschwingel	3		
	Zusammen	54		12	66	
XII_4	Esparsette	30	Franz. Raygras	6		
	Bibernelle	6	Knaulgras	6		
	Rotklee	3	Wiesenschwingel	4		
	Hopfenluzerne	4	Engl. Raygras	4		
	Zusammen	43		20	63	
XVII_2	Esparsette	25	Engl. Raygras	3		
	Bibernelle	6	Franz. "	4		
	Hopfenluzerne	3	Knaulgras	3		
	Rotklee	3	Wiesenschwingel	4		
	Zusammen	37		14	51	
XVIII_4	Esparsette	50	Franz. Raygras	4		Zu Heuwerbung und Rindviehweide
	Bibernelle	4	Knaulgras	5		
	Rotklee	4				
	Hopfenluzerne	3				
	Zusammen	61		9	70	
XVIII_7	Esparsette	40	Franz. Raygras	4		
	Bibernelle	6	Engl. "	4		
	Rotklee	3	Knaulgras	4		
	Hopfenluzerne	6				
	Zusammen	55		12	67	
XVIII_8	Esparsette	12	Engl. Raygras	5		Zu Heuwerbung und Schafweide
	Rotklee	6	Franz. "	3		
	Bibernelle	5	Knaulgras	3		
	Hopfenluzerne	3	Wiesenschwingel	3		
	Zusammen	26		14	40	
XXI_{10}	Rotklee	14			14	Heuwerbung
XXIV_8	Rotklee	14	Knaulgras	3	17	

Die Kleegrasgemengsaaten erfordern je nach der Lage — den Boden und Zweck bei dem trockenen Klima die verschiedensten Zusammenstellungen im Gemenge und im Saatquantum.

Drainage.

Ausgeführt vom Jahre 1881—1889.

Im Distrikte	Fläche		Cur. Meter	Aufwand						Entfällt auf 1 K. Joch					
				Arbeitskosten		Kosten der Drainröhren		Zusammen		Arbeitskosten		Kosten der Drainröhren		Zusammen	
	K. Joch	□°		fl.	kr.	fl.	kr.	fl.	kr.	fl.	kr.	fl.	kr.	fl.	kr.
Kisbér . .	54	470	13776	929	57	—	—		—	—	—	—	—	—	—
Batthyán	1121	1356	309808	19066	14	—	—	—	—	—	—	—	—	—	—
Vasdinnye . .	243	153	46137	2828	95	—	—	—	—	—	—	—	—	—	—
Tarcs	4	1045	2166	132	08	—	—	—	—	—	—	—	—	—	—
Zusammen	1424	1424	371887	22956	09	10841	43	33798	12	16	11	7	60	23	71

Verwendete Drainröhren.

1½"ige:	953 710	Stück
2 "	163 053	"
3 "	101 647	"
4 "	58 714	"
6 "	2 560	"
Zusammen	1 281 684	Stück.

Naturalerträge.

	Weizen	Roggen	Gerste	Hafer	Mais	Rüben	Kartoffeln	Wickhafer	Heu: Künstliches	Heu: Natürliches	Stroh
	Kilogramm per k. Joch										
					im Jahre 1889						
Im Jahre 1890, resp. 1889 .	949	1000	792	726	1176	18652	6510	1766	1778	1489	1677
Im 10jährigen Durchschnitt .	890	915	780	663	1150	20000	7500	1500	1400	950	1400
Maximal-Ernten	1900	1672	1634	995	1980	56200	13000	2500	4750	1600	2500

ZSARNOK

Bewertung des Besitzes.

a) Grundkapital.

		Entfällt auf 1 Joch
Bodenkapital . . .	1 684 274 fl. 57 kr.	149 fl. 83 kr.
Gebäudekapital . .	882 233 „ 57 „	78 „ 48 „
Zusammen . .	2 566 508 fl. 14 kr.	228 fl. 31 kr.

b) Stehendes Betriebskapital.

Totes Gerätekapital .	163 237 fl. 87 kr.	entfällt auf 1 Joch der Gesamtfläche 14 fl. 53 kr., der Feldfläche 19 fl. 59 kr.
Lebendes Viehkapital	303 257 „ — „	entfällt auf 1 Joch der Gesamtfläche 26 fl. 97 kr., der Feldfläche 36 fl. 40 kr.
Zusammen . .	466 494 fl. 67 kr.	entfällt auf 1 Joch der Gesamtfläche 41 fl. 49 kr., der Feldfläche 55 fl. 94 kr.
Mühleneinrichtung	28 091 fl. 13 kr.,	entfällt auf 1 Joch 2 fl. 59 kr.
Gesamtbetriebskapital	**494 585** „ **80** „	entfällt auf 1 Joch der Gesamtfläche 43 fl. 90 kr., der Feldfläche 59 fl. 36 kr.
Summe von a) b)	3 061 093 „ 94 kr.,	entfällt auf 1 Joch 272 fl. 29 kr.

Investition

vom Jahre 1880—1888.

Jahr	Boden	Gebäude	Geräte und Maschinen	Vieh	Zusammen
	Kapital in fl. ö. W.				
1880	1 646 372 ^{92}	668 530 ^{17}	98 680 ^{49}	152 045	2 565 625 ^{18}
1888	1 684 274 ^{57}	882 233 ^{17}	163 287 ^{67}	303 257	3 033 002 ^{31}
Wertzuwachs	37 901 ^{65}	213 703 ^{40}	64 607 ^{58}	151 212	367 477 ^{18}

d. i. im Durchschnitte pro 1 Joch:

von Gesamtfläche 41 fl. 52 kr.

„ Feldfläche 56 fl. 18 kr. Wertzuwachs.

Ertragbilanz.

Empfang.

Bareinzahlung . . . . 427 631 fl. 07 kr.
Wert der nicht verwerteten Naturalien . . . . 18 283 „ 60 „
Vermögenszuwachs durch Wertvermehrung der Tiere und
Drainage . . . . 14 514 „ 94 „

Zusammen . . 460 429 fl. 61 kr.

Entfällt auf 1 Joch, 11 256 J. Gesamtfläche genommen, 40 fl. 90 kr. — ab hievon die Forsteinnahmen von 5982 fl. 99 kr., bleibt für 8319 Joch Feldfläche 454 416 fl. 62 kr., d. i. für 1 Joch 54 fl. 62 kr.

Ausgaben.

Barausgaben . . . . 288 535 fl. 10 kr.

Hievon entfällt, die Gesamtfläche genommen, auf 1 Joch 25 fl. 63 kr., die Feldfläche als Basis genommen, auf 1 Joch 34 fl. 68 kr.

Summe der Einnahmen . . . . 460 429 fl. 61 kr.
„ „ Ausgaben . . . . 288 535 „ 10 „

Bleibt . . 171 894 fl. 51 kr.

auf 11 256 Joch Gesamtfläche berechnet, entfällt auf 1 Joch 15 fl. 27 kr.
8319 Joch Feldfläche als Basis genommen, verbleibt an Ertrag
pro 1 Joch . . . . 20 fl. 66 kr.

d. i. für das auf 1 Joch entfallende Gesamtkapital von
272 fl. 91 kr. — 7.55 %.

So weit die Mitteilungen der Kisbérer Wirtschaftsdirektion, mit welchen unsere Beschreibung dieser in ihrer Art einzig dastehenden Staatspépinière zum Abschluss gelangt.

Wir sind bemüht gewesen, dem Leser ein möglichst genaues Bild aller jener Entwicklungsphasen zu entwerfen, aus welchen sich Kisbér zu seiner heutigen kulturellen Bedeutung und Machtstellung emporgearbeitet hat. Wir glauben auch nichts Wesentliches bei der Schilderung der früheren und gegenwärtigen Zuchtverhältnisse des Gestütes übersehen zu haben und wir können mit gutem Gewissen erklären, dass unsere Arbeit wenigstens den Vorzug besitzt, mit wahrer Hingebung begonnen und zu Ende geführt worden zu sein. Trotzdem sind wir uns wohl bewusst, dass es unserer Feder nicht gelungen ist, den Zauber, der über das von der Natur und den Menschen mit gleicher Freigebigkeit ausgestattete Kisbér ruht, so zu schildern, wie wir denselben empfunden haben. Was wir dem Fachmanne in den vorliegenden Blättern bieten, ist somit nichts anderes, als ein zuverlässiger Wegweiser durch jenes züchterische Eldorado, welches mit Recht als eine der schönsten Perlen der Stefanskrone bezeichnet worden ist.

Nachweisung

des mit Ende Jänner 1891 verbliebenen Pferdestandes.

und zwar:	Hengste: Pépinière-	Hengste: Probir-	Hengste: 2-jährige	Hengste: 1-jährige	Hengste: Abspänn-	Hengste: Saug-	Stuten: Mutter-	Stuten: Junge, zu Mutterstuten klassifizirte	Stuten: 3-jährige	Stuten: 2-jährige	Stuten: 1-jährige	Stuten: Abspänn-	Stuten: Saug-	Kastraten	Pferde: Zug-Gebrauchs-	Pferde: Reit-	Zusammen
beim Stabsposten .	11	5	1 / 30	6 / —	—	—	28 / —	—	—	1 / —	5 / —	—	1 / —	2	26	1 / 6	54 / 69
beim Gestüts-Departement	—	—	—	32	34	5	**143**	**21**	16	**37**	49	45	6	1	4	2 / 13	2 / 407
Zusammen	**11**	**5**	1 / 30	6 / 32	34	5	28 / 143	21	16	1 / 37	**5** / 49	45	1 / 6	3	30	3 / 19	56 / 476

Anmerkung: **Die fetten Ziffern bedeuten das Vollblut.**

Standes-Schema.

Stabs- und Oberoffiziere, Kadetten, Ärzte, Rechnungsführer, Tierärzte und Mannschaft.

und zwar:	Oberst / Oberstlieutenant / Major	Rittmeister I. II. Klasse	Oberlieutenant / Lieutenant	Kadett: Offiziers-Stellvertreter / Wachtmeister	Regiments-Arzt	Ober-Arzt	Rechnungsführer: Hauptmann I. II. Klasse / Oberlieutenant und Lieutenant	Obertierarzt I. II. Klasse / Tierarzt	Untertierarzt I. II. Klasse	Kurschmied	Rechnungs-Unteroffizier I. Klasse	Wachtmeister	Zugsführer	Korporal	Gefreiter	Trompeter	Gestütssoldat	Offiziersdiener	Fuhrleute I. Klasse	Fuhrleute II. Klasse	Csikose	Summe
beim Gestütsstab . .	1	—	2	—	1	1	2	1	1	—	1	—	—	—	—	—	—	7	—	—	—	17
„ Stabsposten . . .	—	1	1	1	—	—	—	—	—	2	—	9	2	4	3	1	107	2	13	5	—	151
„ Gestüts-Departement. . .	—	1	—	—	—	—	—	—	—	—	—	3	1	3	1	—	13	1	2	—	26	51
Zusammen	1	2	3	1	1	1	2	1	1	2	1	12	3	7	4	1	120	10	15	5	26	219

Beleg-

Érkezett Zugewachsen am	A kanza Stuten		Vemhes ob tragend	Meddő ob gäst	Fedeztetett gedeckt	
	tulajdonosa Eigentümer	neve Name			durch ménnel den Hengsten	mikor am

Protokoll.

Gebracht Ellett mén után nach dem Hengsten	Ellett Hengst- mén / Stut- kancza Fohlen csikót	Elvetélt Verworfen am	Kimult Eingegangen am	Távozott Abgegangen am	Jegyzet Anmerkung

Trächtigkeits-

vom Jahre 1853

Laut Trächtigkeits-Eingabe		1853	1854	1855	1856	1857
Im Gestüte vorhandene belegte Stuten		47	82	80	109	139
Von diesen	blieben güst	21	20	34	42	35
	wurden trächtig	26	62	46	67	104
Von den Trächtigen	verworfen	—	—	—	5	9
	eingegangen	—	—	2	2	11
	verkauft	—	—	—	—	—
	verworfen, eingegangen oder verkauft (alte Eingabe)	—	—	—	—	—
	transferirt	—	—	—	1	2
	Fohlen gebracht	26	62	44	59	82
Samt den erkauften und zutransferirten Fohlen waren laut Geburtslisten vorhanden Fohlen:	Vollblut	—	18	—	6	15
	Halbblut	26	44	70	59	71

Laut Trächtigkeits-Eingabe		1871	1872	1873	1874	1875	1876
Im Gestüte vorhandene belegte Stuten		183	170	180	159	143	142
Von diesen	blieben güst	76	57	74	72	44	38
	wurden trächtig	107	113	106	87	99	104
Von den Trächtigen	verworfen	5	7	9	1	13	3
	eingegangen	—	1	2	1	1	1
	verkauft	2	—	—	—	—	19
	verworfen, eingegangen oder verkauft (alte Eingabe)	—	—	—	—	—	—
	transferirt	—	—	—	—	—	—
	Fohlen gebracht	100	105	95	85	85	81
Samt den erkauften und zutransferirten Fohlen waren laut Geburtslisten vorhanden Fohlen:	Vollblut	27	35	24	15	21	16
	Halbblut	73	82	74	64	64	65

Summa

bis 1890.

1858	1859	1860	1861	1862	1863	1864	1865	1866	1867	1868	1869	1870
107	115	102	121	123	193	195	193	204	209	200	207	206
26	24	26	35	31	46	75	56	70	68	45	93	110
81	91	76	86	92	147	120	137	134	141	155	114	96
2	6	5	11	4	—	—	—	—	10	—	—	5
—	1	—	—	—	—	—	—	—	—	—	—	3
—	5	—	—	—	—	—	—	—	12	6	—	4
—	—	—	—	—	18	5	15	19	—	18	9	—
—	—	—	—	—	—	—	—	—	—	—	—	—
79	79	71	75	88	129	115	122	115	119	131	105	84
20	18	20	21	24	39	34	24	30	34	39	30	25
61	63	56	66	65	92	86	99	86	85	131	79	63

1877	1878	1879	1880	1881	1882	1883	1884	1885	1886	1887	1888	1889
138	136	135	141	142	150	130	135	139	139	137	138	145
41	50	35	48	47	41	41	49	43	33	34	43	44
97	86	100	93	95	109	89	86	96	106	103	95	101
4	2	7	9	8	10	4	7	6	13	4	3	6
1	1	1	—	1	—	—	—	—	1	—	—	—
—	—	—	—	—	—	1	2	4	—	6	—	4
—	—	—	—	—	—	—	—	—	—	—	—	—
—	—	—	—	—	—	—	—	—	—	—	—	—
92	83	92	84	91	99	85	77	86	92	93	92	91
19	12	20	12	26	30	—	20	17	18	13	16	11
79	70	79	69	73	79	85	79	87	92	93	92	91

Futter-

a) Aerarische

Bezeichnung der Pferde				
Saugfohlen	3 bis 6 Wochen alt			
	von der 7. Woche bis zur Abspännung			
Abspännfohlen				
1- jährige	Hengste		in der	Weide-periode
			ausser der	
2- jährige			in der	
			ausser der	
3-			in der	
Aufgestellte junge			in der ersten Zeit	
Deck-			in der	Deck-periode
			ausser der	
Probir-			in der	
			ausser der	
1- jährige	Stuten		in der	Weide-periode
			ausser der	
2- jährige			in der	
			ausser der	
3- und 4- jährige			in der	
			ausser der	
Aufgestellte junge			in der ersten Zeit	
Vollblut-Mutterstuten			güste	
			tragende	
			mit Fohlen	
Halbblut-Mutterstuten	güst		in der	Weide-periode
			ausser der	
	tragend		in der	
			ausser der	
	mit Fohlen		in der	
			ausser der	
	im Zuge			
Dienstreitpferde				
Zug-Gebrauchspferde				
Zum Verkauf aufgestellte Pferde				

Giltig seit 1. Jänner 1888.

Schema.

Pferde.

Hafer	Gebühr an Heu	Stroh: Futter-	Stroh: Streu-	Salz: Stein-	Salz: Glauber-	Berg-Kreide	Kleie	Gerste	Lein-samen
Kilogramm				Gramm					
0^{5}	—	—	5	16	—	—	—	—	—
1	—	—	5	16	—	—	—	—	—
2^{5}	4	2	5	33	10	5	350	60	—
2	2	2	5	10	10	—	—	—	—
3	4	2	5	10	10	—	—	—	—
1^{5}	2	2	5	10	10		—	—	—
3	5	3	5	10	10		—	—	—
1^{5}	2	2	5	10	10	—	—	—	—
4^{5}	6	—	5	10	10	—	—	—	—
5	6	—	5	10	10	—	210	—	250
4^{5}	5	2	5	10	10	—	210	—	—
4^{5}	4	3	5	10	10	—	—	—	—
3	4	3	5	10	10	—	—	—	—
2	2	2	5	10	10	—	—	—	—
3	4	2	5	10	10	—	—	—	—
1^{5}	2	2	5	10	10	—	—	—	—
2^{5}	5	3	5	10	10	—	—	—	—
1	2	3	5	10	10	—	—	—	—
2^{5}	5	3	5	10	10	—	—		—
4	6	—	5	10	10	—	—	—	—
3	6	3	5	16	10	—	210	—	—
3^{5}	6	3	5	16	10	—	210	—	—
5	6	2	5	16	10	—	210	—	—
—	2	3	5	10	10	—	—	—	—
1^{5}	6	3	5	10	10	—	—	—	—
1^{5}	2	3	5	10	10	—	—	—	—
2^{5}	6	2	5	10	10	—	—	—	—
2^{5}	2	3	5	10	10	—	—	—	—
3	6	3	5	10	10	—	—	—	—
5	6	3	5	10	10	—	—	—	—
3^{5}	5	2	5	8	8	—	—	—	—
5	6	3	5	8	8	—	—	—	—
5	6	—	5	10	10	—	—	—	—

Anmerkung

Für Vollblut-Abspännfohlen und Jährlinge ist keine Gebühr systemisirt; denselben wird für jedes Individuum nach Bedarf Hafer, Heu, Milch, Eier, Kleie, Rüben und Gerste angewiesen.

Die Hafergebühr beginnt mit 3 kg und steigt bis 8 kg täglich.

Milch wird allen Fohlen vom Tage der Abspännung bis in den Monat April verabfolgt und zwar gewöhnlich 5 Liter per Tag.

Eier werden nur ganz schwachen Fohlen und zwar bis 4 Stück täglich verabfolgt.

b) Privat-Pferde.

Bezeichnung der Pferde		Gebühr an										Anmerkung
		Hafer	Heu	Stroh		Salz		Berg-Kreide	Kleie	Gerste	Leinsamen	
				Futter-	Streu-	Stein-	Glauber-					
		Kilogramm				Gramm						
Güste Stuten		2	8⁵	—	8	16	—	—	210	—	—	
Tragende Stuten		3⁵	8⁵	—	8	16	—	—	210	—	—	
Stuten mit Fohlen	unter 3 Wochen	5⁵	8⁵	—	15	16	—	—	210	—	—	
	über 3 Wochen	6⁵	8⁵	—	15	33	—	—	500	—	—	
Abspänn- und 1jährige Fohlen		—	2⁵	—	8	33	—	5	350	60	—	

An Verpflegs- und Wartekosten sind zu entrichten:

Für eine güste Stute 85 kr.
tragende Stute 1 fl.
Stute mit Fohlen bis 3 Monate 1 fl. 25 kr.
" " " über 3 1 fl. 30 kr.
} täglich.

In dem Falle, dass eigener Wärter beigegeben wird, werden per Tag und Stute $13^1/_3$ kr. abgeschlagen.

SITUATI(

DES KÖNIGL. UNGARISC

KIS

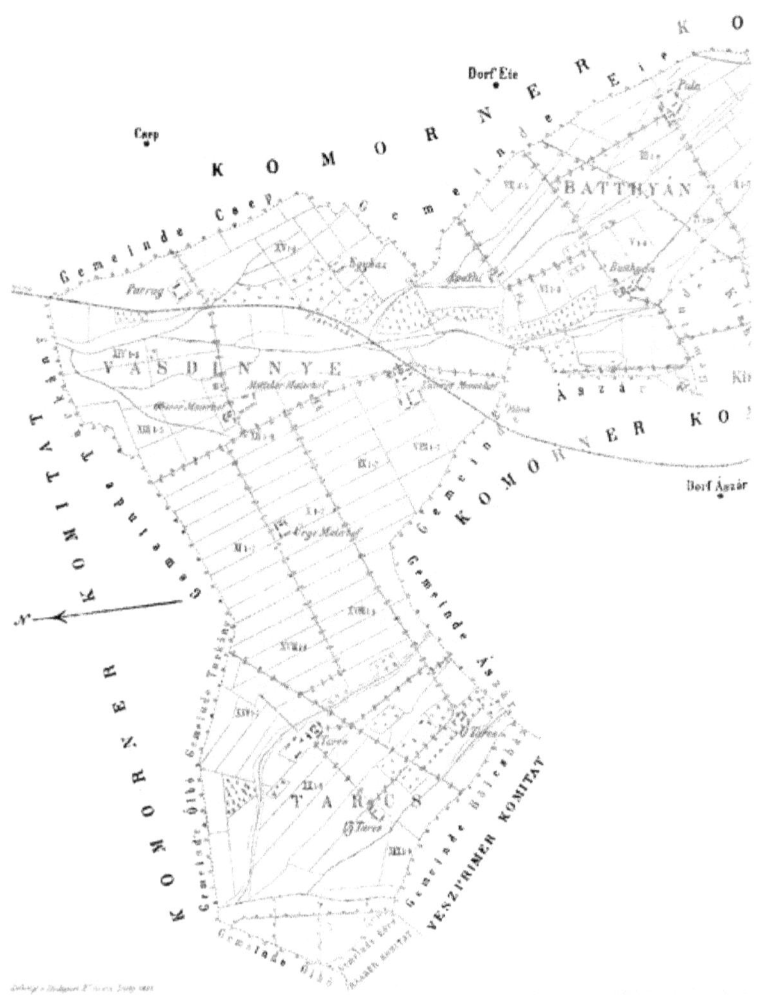

NS-PLAN
HEN STAATS-GESTÜTES
BÉR.

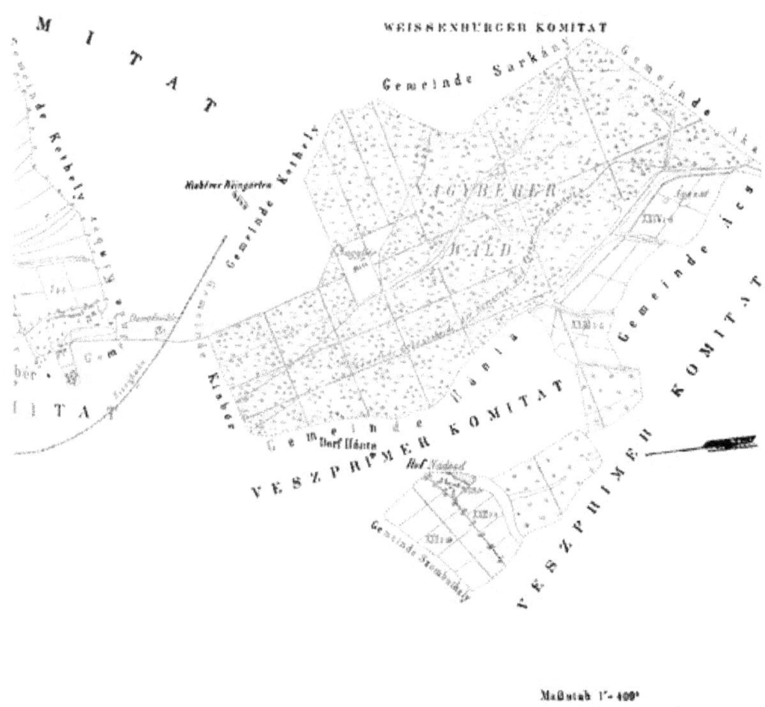

Maßstab 1" = 400°

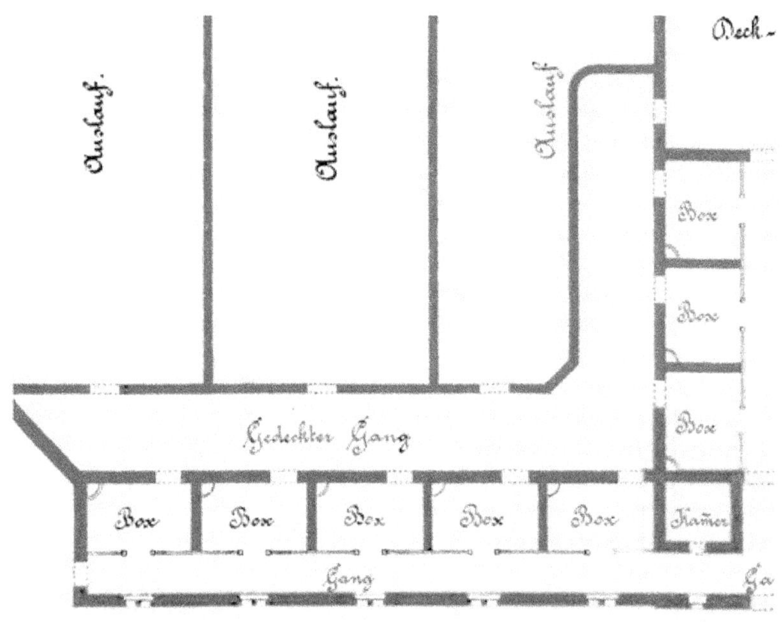

Wrangel Ungarn's Pferdezucht.

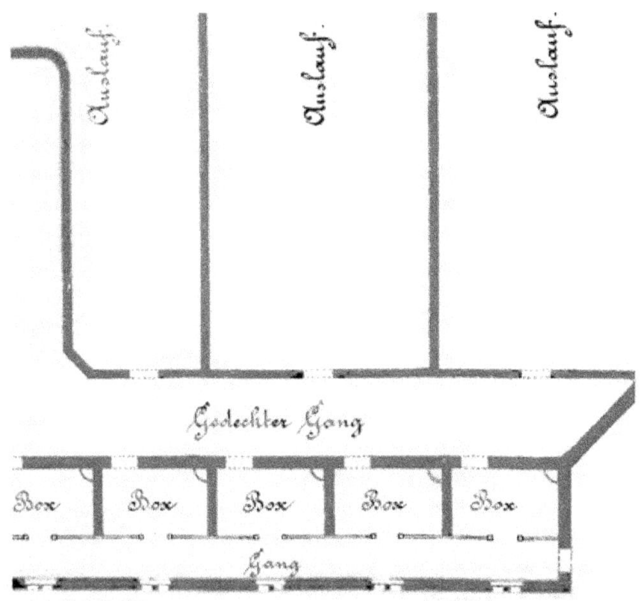

Verlag von Schuckhardt & Ebner in Stuttgart.

SPRUNG-LISTE.

Stallungsabtheilung. A kancza istállója.	Name der Stute. A kancza neve.	Name des Deckhengstes. A fedező mén neve.	Monat März 1883: 1–31	Anmerkung. Jegyzet.
[illegible]	Vienna	[illegible]	[illegible]	
	Veronica	[illegible]	[illegible]	
[illegible]	Lady Setmour	[illegible]	[illegible]	
	Hope	[illegible]	[illegible]	
	Ginna	[illegible]	[illegible]	
	Rosina	[illegible]	[illegible]	
	Balogginagy	[illegible]	[illegible]	

Erklärung der Zeichen.

| bedeutet, dass die betreffende Stute zum probiren erschienen ist.

. „ „ „ „ „ „ „ nicht erschienen ist.

„ „ „ belegte „ „ „ „

„ „ Stute belegt wurde.

„ „ „ „ jedoch die Abweisung durch den Hengst nicht mit apodiktischer Gewissheit festgestellt werden konnte.

„ „ von einem und demselben Hengst Vor- und Nachmittags belegt wurde.

„ an einem Tage die Stute durch 2 Hengste belegt wurde.

Bábolna.

Von Kisbér nach Bábolna ist es nur eine Stunde Fahrt. Wir handeln daher am zweckmässigsten, wenn wir uns „das ungarische Arabien" zum nächsten Ziele unserer hippologischen Rundreise wählen.

Zuerst einige orientirende Daten über Ortslage, Flächengrösse, Grenzen, Klima und Bodenbeschaffenheit der Herrschaft Bábolna.

Zwischen dem 47. und 48. Grad nördlicher Breite und dem 35. und 36. Grad östlicher Länge gelegen, gehört Bábolna zum Komorner Komitate. In politischer Beziehung ist die Herrschaft der Gemeinde Bána einverleibt. Das Terrain bildet eine wellenförmige, von Nordwest gegen Südost abgedachte Ebene, deren Elevation 360 Fuss über dem Meeresspiegel beträgt. Im Norden wird der Gesichtskreis in Bábolna durch sanfte, bepflanzte Anhöhen, im Osten durch die Totiser Berge, im Süden durch den Bakonyer Wald und westlich durch den bei Martinsberg gelegenen Gebirgszug begrenzt. Bábolna's Grundfläche besteht aus 7067 Joch, 1054 □° (das Joch zu 1600 □°). Diese Grundfläche grenzt nördlich an die Ackergründe der Gemeinde Acs, nordöstlich an die Puszta Csém, östlich an das Prädium Csanak, gegen Süden an das Territorium des Dorfes Tarkány, südwestlich an das der Benediktinerabtei Martinsberg gehörige Prädium Ölbe und gegen Westen an die Feldflur von Bána. Der Boden ist sandig, mit einer schwachen Humusschichte überdeckt, die in den Niederungen stärker aufliegt. Stellenweise ist auch Flugsand vorhanden. Der Untergrund besteht meist aus Sandmergel. Mit Ausnahme des kleinen im Bakonyer Walde entspringenden Baches Czonczo, der sich an der östlichen Grenze der Herrschaft hinzieht und in trockenen Sommermonaten wenig Wasser enthält, kommt auf dem ganzen Territorium kein fliessendes Gewässer vor. Die in genügender Anzahl vorhandenen Brunnen liefern jedoch ein gesundes, obwohl weiches und salpeterhaltiges Trinkwasser. Das Klima ist mild und trocken. Im Winter wechselt Tau- mit Frostwetter; Frühjahr und Sommer sind mehr trocken als feucht; Gewitter und Strichregen werden zumeist durch den Donaustrom und die nahen Gebirgszüge abgeleitet, daher in Bábolna taureiche Nächte vorherrschen; zur Herbstzeit finden sich tropische Regengüsse ein. Von schädlichem Einfluss auf den Gesundheitszustand der Pferde sind nur die oft grell auftretenden Temperaturwechsel und die häufigen Nordwestwinde, denen es wohl zuzuschreiben ist, dass entzündlich-rheumatisch-katarrhalische Erkrankungen, gastrische Fieber, sowie Durchfälle mitunter den sonst vorzüglichen Gesundheitszustand des Gestütes stören.

Von Raab führt eine Kommunalstrasse über Bábolna nach Budapest, die früher unter dem Namen „Fleischhauerstrasse" bekannt war. Die nächsten Eisenbahnstationen sind Nagy Igmánd (Südbahn) und Ács (k. ung. Staatsbahn); erstere ist in 20, letztere in 37 Minuten mit Gestütspferden zu erreichen. Die Eisenbahn- und Donau-Dampfschiff-Station Uj-Szöny (Komorn) liegt eine Fahrstunde von Bábolna entfernt.

Diese wenigen Notizen dürften zur vorläufigen Orientirung des Lesers genügen. Wir beginnen daher nun mit der

Geschichte des Gestütes Bábolna von der Errichtung bis zur Übergabe an den ungarischen Staat.

Bábolna hat alte Ahnen. Im Mai des vergangenen Jahres (1890) hätte es sein hundertjähriges Jubiläum feiern können. Anno 1789 während der Regierung des Kaisers Joseph II. wurde nämlich „das Landgut Puszta Bábolna" mit Gajand und dem Anteil des Dorfes Bána von dem damaligen Besitzer Grafen Szápary für 450000 Gulden erkauft, hierauf dem Militärgestüte Mezőhegyes als Filiale beigeordnet und 1790 am 4. Mai endgültig vom Militärärar übernommen.

Den Kaufschilling erlegte in Übereinstimmung mit einer hofkriegsrätlichen Verordnung vom 7. Oktober 1789 die ungarische Hofkammer, welcher als Ersatz die in der Militärverwaltung gestandenen ungarisch-slavonischen Überfuhrsgefälle zu Szentes, Csanád, Palánka, Esseg, Illok, Kamenitz, Nestin, Cserevitz, Dalia und Csurtok zugewiesen wurden, was einer 5 perzentigen Verzinsung des Kapitalwertes gleichkommen sollte. Ob die ungarische Hofkammer hierbei ein gutes oder schlechtes Geschäft gemacht, ist aus den Akten nicht zu ersehen. Hoffen wir das erstere.

Laut hofkriegsrätlichem Erlass vom 24. Oktober 1789 sind weiter infolge Allerhöchster Entschliessung „dem Militärgestüte durch die ungarische

Hofkammer im Frühling 1790 die zunächst Bábolna gelegenen, zu der im Jahre 1788 aufgehobenen Benediktiner-Abtei Martinsberg gehörigen Prädien Gross- und Klein-Ölbe, dann Csanak nebst dem Dorfe Tarkány gegen den Jahreszins von 7171 Gulden 12 Kreuzer in der Absicht überlassen worden, damit es dem neuen Institute weder an den nötigen Grundstücken noch an Arbeitskräften fehlen sollte".

Diese von den vernünftigsten Beweggründen inspirirte Freigebigkeit scheint aber die Herren am grünen Tisch bald gereut zu haben, denn am 30. März 1793 wurde das Gestüt vom Hofkriegsrat angewiesen, die beiden Prädien Gross- und Klein-Ölbe an die damalige Wiener Fleischlieferungs-Kompagnie abzutreten. Es sollte aber noch schlimmer kommen. Über das der Gestütsanstalt gnädigst belassene Prädium Csanak nebst dem Dorfe Tarkány hatte die ungarische Hofkammer am 31. März 1795 einen Pachtvertrag von 10jähriger Dauer abgeschlossen, laut welchem der Pächter einen jährlichen Pachtschilling von 5322 fl. 23 kr. zu erlegen hatte. Im Jahre 1802 wurde jedoch die aufgehobene Benediktiner-Abtei Martinsberg wieder hergestellt, was zur Folge hatte, dass Csanak und Tarkány dem Orden zurückgegeben werden mussten und Bábolna nach einer erneuerten empfindlichen Beschneidung seines Territoriums auf den ursprünglichen Grundkomplex beschränkt blieb.

An Gebäuden waren bei der Übernahme vorhanden:

- das Kastell, zugleich Maierhof,
- die Kirche,
- das Pfarrhaus,
- das Wohnhaus des Rentmeisters (gegenwärtig Tierspital),
- der Schüttkasten (gegenwärtig Wohngebäude des Anstaltarztes, Post- und Telegraphenamt),
- die Schmiede (gegenwärtig Wohnung des Gestüts-Departements-Kommandanten),
- 12 herrschaftliche Wohngebäude,
- 7 Häuser, welche von Edelleuten bewohnt waren,
- das Haus des Kirchendieners,
- ein kleines Wirtshaus,
- ein Presshaus,
- ein Ziegelofen.

Schon die blosse Aufzählung dieser Gebäude ist geeignet, dem Leser eine imponirende Vorstellung von dem train de vie eines ungarischen Magnaten der damaligen Zeit zu geben. Einen noch interessanteren Einblick in die Verhältnisse einer grösseren Gutsherrschaft, wie dieselben gegen Ende des vorigen Jahrhunderts in Ungarn bestanden, gewährt aber nachstehendes vor der Übernahme angefertigte Schätzungs-Instrument:

Schätzung.

Der in den vereinigten Gran- und Komorner-Komitat liegenden und dem Herrn Grafen Joseph von Szápary zugehörigen Prädium Bábolna und Kajand, dann der Portion in Bána, so vermöge hoher Verordnung vom 3. März 1789 Nr. 8345 zu dem Mezöhegyer Institut bestimmt und durch den provisorio modo in der Religionsfonds-Herrschaft Martinsberg und Nyul aufgestellten Fiskalen Franz Possner, als hiezu ernannten Konscriptor den 6. April obbesagten Jahres 1789 beschrieben worden sind.

	Jährliche Erträgniss			
	Einzeln		Zusammen	
	fl.	kr.	fl.	kr.
Prädium Bábolna und Kajand.				
In diesem Prädium befinden sich laut der Conscription und derselben sub. Nr. 41 beiliegenden Tabelle 12 herrschaftliche Inwohnerhäusel, dann 7 Häuser, welche den Edelleuten und eines, so dem Kirchendiener angehörig sind.				
Von den 12 herrschaftlichen Häusern werden von jedwedem jährlich 5 fl. zusammen bezahlt . .	60			
Dann hat jedes jährlich 24 Handrobothen der Herrschaft zu leisten, welche à 10 kr. betragen .	48			
Von denen 7 Häusern der Edelleute wären urbarial-mässig abzunehmen an Hauszins à 1 fl. .	7	—		
Und an den Handrobothen à 18 Tage gerechnet, zusammen 126, so à 10 kr. betragen	21	—	136	–
Das Haus des Kirchendieners ist frey.				
Allodial-Erträgnisse.				
In dem Bábolnaer-Gebürge besitzt die Herrschaft laut Steuer-Regulierungsausmass-Tabelle sub. Nr. 43 rectius 27 $^{63}/_{64}$ Joch, 24 □ Klafter, dieser Flächen-Inhalt wurde laut Contrakt sub Nr. 42 den Unterthanen dergestalt auf einige Zeit in Pachtung überlassen, dass sie hierauf sich Weingärten pflanzen, solche durch 5 Jahre unentgeldlich geniessen, nach dieser Zeit aber für jeden Klafter Breite jährlich 10 kr. der Herrschaft entrichten sollen.				
Dieses neu angelegte Weingebürg hat in seiner Breite 431 Klafter, hierauf sind:				
von 303½ Klafter die freyen Jahre bereits vorüber, mithin à 10 kr.	50	35		
127½ Klafter gehen die freyen Jahre an 1791 zu Ende, deren jährlicher Betrag auf diese 2 Jahre am Ende abgerechnet, hier aber zugeschlagen wird, à 10 kr. mit	21	15	71	50
Fürtrag:			207	50

	Jährliche Erträgniss			
	Einzeln		Zusammen	
	fl.	kr.	fl.	kr.
Übertrag:			207	50
Die herrschaftlichen Äcker betragen nach der oben angeführten Ausmasstabelle 890 $^{75}/_{64}$ Joch 21 □ Klafter, sie sind in 3 Calcaturen eingetheilt und enthalten 2671 $^{1}/_{4}$ Metzen Anbau, wovon nach Abschlag deren unter der Arenda des Wirths begriffenen 75 Metzen verbleiben 2596 $^{1}/_{4}$ Metzen, diese werden nach Abschlag des dritten Theils auf die Brachfelder mit 577 Metzen Weizen 288 $^{1}/_{1}$ „ Korn 385 „ Gerste 480 $^{1}/_{2}$ „ Hafer zusamm. mit 1730 $^{3}/_{4}$ Metzen angebaut, wovon nach Abschlag des Samens gefechset und nicht nach den in der Conscription angesetzten, sondern nach den allda erhobenen Marktpreisen berechnet werden:				
2308 Metzen Weizen à 1 fl. 15	2885	—		
1441 $^{1}/_{4}$ „ Korn à 51	1225	$3^{3}/_{4}$		
1540 „ Gerste à 33	847	—		
2402 $^{1}/_{2}$ „ Hafer à 27	1081	$7^{1}/_{2}$		
Zusammen	6038	$11^{1}/_{4}$		
Hievon das Drittel auf die nötigen Feldbaukosten angeschlagen mit	2012	$43^{3}/_{4}$		
Verbleibt an Erträgniss			4025	$27^{1}/_{2}$
Die hier befindlichen Wiesen werden unten sonderheitlich aufgenommen.				
In dem zu Kajand aus $8^{13}/_{64}$ Joch 23 □ Klafter Morast können jährlich 3000 Buschen Rohr gerissen werden, diese nach Abschlag aller Auslagen, nicht wie in der Conscription angesetzt wurde à $3^{1}/_{2}$ kr., sondern nach dem allda in dem höchsten Durchschnitte bestehenden Preis zu $1^{1}/_{2}$ kr. gerechnet betragen			75	—
Das Stroh beträgt nach der Conscription und zwar: das Winterstroh im Verhältniss der jährlichen Fechsung 30 kr. auf 1 Klafter gerechnet, 125 Klafter à 2 fl.	250	—		
das Sommerstroh 60 Kreuz. auf eine Klafter gerechnet 65 $^{3}/_{4}$ Klafter à 4 fl.	263	—		
Zusammen	513	—		
Nachdem aber es unstreitig ist, dass wenigstens die Hälfte dieses jährlich zu erzeugenden Strohes				
Fürtrag:			4307	$27^{1}/_{2}$

	Jährliche Erträgniss			
	Einzeln		Zusammen	
	fl.	kr.	fl.	kr.
Übertrag:			4307	$27\frac{1}{4}$
zur Düngung der herrschaftlichen beträchtlichen Felder verwendet werden müsse und nur mit dieser Beihilfe jene Erträgnisse, welche man bei den Äckern in Auschlag genommen hat, erzielt werden können, so kommt hoc Nr. ttlo hierorts die Halbscheid pr. Abschlag mit	256	30		
Mithin bleiben an reinem Erträgniss nur . .			256	30
Die verschiedenen Obstbäume in den herrschaftlichen Gärten sind nach der Abschätzung sub Nr. 12 auf 583 fl. 45 kr. geschätzt, wovon das 4 %tige Interesse statt eines anderweitigen Provents in Gemässheit der Conscription angesetzt wird mit . .			24	$1\frac{1}{4}$
Die Proventen der herrschaftlichen Presse betragen			3	—
In dem laut Beilage sub Nr. 40 in $4\frac{30}{64}$ Joch blos aus weichen Holzgattungen bestehenden und in 24 Jahren schlagbaren Wald können jährlich erzeugt werden $2\frac{1}{4}$ Klafter Brennholz, welche nach Abschlag des Schlag- und Hackerlohns à 2 fl. 12 kr. gerechnet, betragen			4	57
Regal-Beneficien.				
Der Wirth entrichtet laut Contrakt sub Nr. 44 jährlich an Arenda für die herrschaftlichen Wirthshäuser in Bábolna und Kajand, dann für die hiezu gehörigen 75 Metzen Anbau hältigen Äcker und 8 Joch Wiesen	500	—		
Der hiesige Schmied für die Schmiede . . .	8	—	508	—
Die Jagdbarkeit in Bábolna und Kajand beträgt nach der Conscription			90	—
Summa der jährlichen Erträgnisse von Bábolna und Kajand			5194	$45\frac{5}{8}$
Portion in Bána.				
In diesem Antheil besitzt obgedachter Herr Graf laut Conscription und derselben sub Nr. 45 anklebenden Beschreibung 31 ansässige Bauern, so mitsammen rectius nur $25\frac{7}{32}$ Ansässigkeiten besitzen, welche 31 ansässige Bauern von eben so vielen Häusern an Hauszins entrichten	31	—		
Dann 7 behauste Inwohner eben hoc ttlo . .	7	—	38	—
Fürtrag:			38	—

	Jährliche Erträgniss			
	Einzeln		Zusammen	
	fl.	kr.	fl.	kr.
Übertrag:			38	—
Vorbesagte Bauern haben in Bezug auf 25 $^{7}/_{32}$ Ansässigkeiten an 9tel Urbarialabgaben und Robothen jährlich zu entrichten, rectius nur	582	58 $^{13}/_{32}$		
Dann die 7 behausten Inwohner, jeder à 18 Tage zusammen 126 Handrobothen à 10 kr.	21	—	603	58 $^{13}/_{32}$
Für einen Branntweinkessel wird bezahlt			2	—
Allodial-Erträgniss.				
Die daige Gemeinde entrichtet gleich wie in Bábolna für daige Weingärten contractmässig jährlich			36	25
In dem Teich können für Seite der Grundherrschaft jährlich 300 Buschen Rohr gerissen werden, welche nach Abschlag aller Auslagen, wie oben bei Bábolna à 1 $^{1}/_{2}$ kr. gerechnet, betragen			7	30
Regal-Beneficien.				
Der Wirth entrichtet für das herrschaftliche Wirthshaus jährlich	30	—		
Dann für ein $^{1}/_{4}$ Curial-Ansässigkeit	50	—	80	—
Für das andere Schankhaus samt Garten . .			32	—
Der Schafmeister zahlt für eine herrschaftliche Curia			100	—
Für die gemeinschaftlich besitzende Fleischbank gehen jährlich ein an Arenda			20	—
Von der daigen Mühle			10	—
Für eine andere Curial-Session werden jährlich entrichtet			40	—
Der Schafmeister zahlt für die herrschaftlichen Äcker, Deny's Kert genannt, jährlich			12	—
Und für andere 2 Curial-Ansässigkeiten werden jährlich an Arenda bezahlt			62	—
Summa der jährlichen Erträgnisse von Bana			1043	58 $^{13}/_{32}$
Das Erträgniss von Bábolna und Kajand macht			5194	45 $^{5}/_{8}$

Hiezu wären zwar die herrschaftlichen Wiesen, welche samt der Hutweide, Haus und Hausgarten, dann dem Teiche, nach der obangeführten Ausmass-Tabelle sub Nr. 43 zusammen 5737 $^{10}/_{64}$ Joch 10 □ Klafter enthalten, und wovon laut Conscription das jährliche Erträgniss auf 1 $^{1}/_{2}$ Joch zu einem Kegel, oder 6spännigen Fuhr gerechnet, nach Abschlag $^{1}/_{3}$ auf die Bearbeitungskosten mit 25,463 fl. 20 kr. angesetzt wird, annoch abzuschlagen. Wenn man aber in Betracht zieht, dass dieser Flächeninhalt nach Angabe des Herrn Grafen alljährlich ein Theil als Hutweide, ein Theil aber abwechselnd als Wiesen benutzt wird und nach der allgemeinen Erfahrung und Klarzeigung aller Steuer-Regulierungs-Commissionen hier zu Lande auf dem besten Boden 1 Joch zu 16000 □° gerechnet, mit Inbegriff des Grumets nicht mehr als 14 bis höchstens 15 Zentner erzeugen kann, so wird auch hier nur die Halbscheid mit $2864\,^{31}/_{64}$ Joch 5 □ Klafter als Wiesen angenommen, worauf mit Inbegriff des Grumets auf ein Joch 15 Zentner gerechnet jährlich erzeugt werden können $42{,}868\,^{23}/_{32}$ Zentner, wovon $^{2}/_{3}$ auf Heu und $^{1}/_{3}$ auf das Grumet gerechnet wird. Mithin:

	Jährliche Erträgniss			
	Einzeln		Zusammen	
	fl.	kr.	fl.	kr.
An Heu $28{,}645\,^{13}/_{16}$ Joch, so à 20 kr. gerechnet betragen	9548	$36\,^{1}/_{4}$		
An Grumet $14{,}322\,^{87}/_{96}$ Joch, so à 10 kr. gerechnet betragen	2387	9		
Auf der anderen Halbscheid mit $2864\,^{27}/_{64}$ Joch 5 □ Klafter, welche hier als Hutweide angenommen sind, kann auf jedes Joch der bestehenden Hutweide nicht mehr als höchstens $^{1}/_{3}$ an Heu und kein Grumet angenommen werden, daher dann auch von diesen $2864\,^{27}/_{64}$ 5 □ Klafter mit Inbegriff des Grumets $^{1}/_{3}$ oder 5 Zentner auf ein Joch gerechnet $14{,}322\,^{4}/_{8}$ nach Abschlag aber des Grumets nur an blossem Heu $7161\,^{7}/_{16}$ Zentner anzuschlagen kommen, welche à 20 kr. betragen	4774	$17\,^{1}/_{3}$		
Zusammen	16710	$2\,^{2}/_{3}$		
	14322	54		
Hievon $^{1}/_{3}$ auf die Bearbeitungskosten abgeschlagen mit	5570	$^{2}/_{3}$		
Verbleiben an reinem Erträgniss			11140	2
Summa des ganzen jährlichen Erträgnisses .			17378	41
Hievon die jährlichen Auslagen abgeschlagen rectius mit			445	60
Verbleibt an Reinerträgniss			16933	5
Wovon das Capital zu 5 % 338661 fl. 40 kr. Zu $4\,^{1}/_{2}$ % aber			376290	$44\,^{4}/_{9}$
Hievon wird der Betrag der 2jährigen Freiheit von $127\,^{1}/_{2}$ Klafter Weingebirg abgeschlagen mit .			42	30
Mithin verbleiben			376248	$14\,^{4}/_{9}$
An nutzbringenden Gebäuden befinden sich folgende u. z.				
1. Die 12 herrschaftlichen Inwohnerhäuser in Bábolna so geschätzt werden auf	250	30		
2. Das Wirthshaus in Bábolna ist geschätzt rectius auf	5332	$18\,^{2}/_{3}$		
Fürtrag:	5582	$48\,^{2}/_{3}$	376248	$14\,^{4}/_{9}$

Nachdem wegen Benützung dieser Wiesen als Hutweide ohnehin nur das Drittel der Erträgniss angenommen worden, so kann nicht abermals die Hälfte auf Grumet abgeschlagen werden, sondern hat für $14332\,^{2}/_{3}$ Ztr. Heu à 20 kr. die Summe zu bestehen mit

KINCSEM.

	Jährliche Erträgniss			
	Einzeln		Zusammen	
	fl.	kr.	fl.	kr.
Übertrag:	5582	$48\frac{2}{3}$	376248	$14\frac{1}{3}$
3. Die Schmiede daselbst rectius auf . . .	876	18		
4. Das Presshaus samt Presse rectius . . .	195	43		
5. Das Wirthshaus in Kajand rectius . . .	420	$41\frac{1}{3}$		
6. Das Wirthshaus in Bána samt 2 Keller rectius	640	$16\frac{1}{3}$		
7. Die herrschaftliche Curia des Schallers in Bána	749	18		
8. Die herrschaftliche Curia, so der Szakál János in Arrende hat	79	30		
9. Die herrschaftliche Curia, so der Viktor Somogyi in Arrende hat	45	—		
10. Die herrschaftliche Curia, so der Körmendyi István in Arrende hat	70	—		
11. Die 2 Brunnen in dem Wirthshaus zu Bábolna und Kajand	92	15		
Zusammen	8751	$50\frac{1}{3}$		
Wenn nun die hievon zur Erhaltung dieser Gebäude abfallenden 10 % mit			875	$11\frac{1}{3}$
abgeschlagen werden, so fällt die eigentliche Schätzungssumme herab auf			375373	$3\frac{1}{3}$
Hiezu kommt der Werth der nachstehenden Wirthschaftsgebäude u. z.				
a. Das Kastell zugleich Mayerhof in Bábolna wurde geschätzt rectius auf	11017	$41\frac{1}{2}$		
b. Das Fruchtstadel rectius auf	2422	$12\frac{2}{3}$		
c. Der Schüttkasten	4781	29		
d. Das Wohngebäude des Rentmeisters und Gärtners rectius auf.	2747	14		
e. Der Ziegelofen	93	. .		
f. Die Wasserschleussen in Kajand rectius .	2449	37		
g. Die ausser den obgenannten 2 Brunnen annoch befindlichen 12 Brunnen auf	300	—		
h. Die Gartenpfeiler samt dem eisernen Thor, so zwar auf 600 fl. geschätzt, jedoch aus der Ursache, weil selbes bereits abgenützt worden ist, nur mit 400 fl. angeschlagen wurde, beträgt	825	$46\frac{2}{3}$		
i. Die Mauer um den Garten rectius	2261	$14\frac{7}{12}$		
Zusammen also auf	26598	$18\frac{9}{12}$		
Wovon nach Abschlag der zur Unterhaltung abfallenden 10 % mit	2689	$49\frac{5}{12}$		
an Schätzungswert die Wirthschaftsgebäude betragen			24208	29
wornach der beständige Werth dieses Prädiums beträgt			399581	$32\frac{1}{3}$

Anmerkung.

1. Die Kirche samt dem Glockenstuhl und Pfarrhause sind aus der Ursache nicht in den Anschlag gebracht worden, weil derlei Gebäude in Rücksicht auf das Jus-Patronatus, so die Grundherrschaft hat, bisher niemals in die Schätzung genommen worden sind, und auch diesfalls in dem Schätzungs-Normativ keine Erwähnung gemacht wird.

2. Der Werth der vorrätigen Materialien bei der Schleusse, so auf 820 fl. 54 kr. geschätzt wurden, kann nun um so weniger in Anschlag gebracht werden, als derlei Materialien nur in jenem Falle, wenn selbe für Seiten des Herrn Fiskus übernommen werden sollen, anzuschlagen, und nach dem damals bestehenden Werth anzurechnen kommen.

Sr. königl. hung. Landes-Buchhalter.

Ofen, am 21. April 1789.

(L. S.)

Josef Klaus m/p., Buchhalter.

v. Leutner m/p., Buchhalter.
Adam Vital m/p., kais. Rat.
Karl Rausch m/p., kais. Offizial.

Mit Bezug auf die vom Militärärar übernommenen Gebäude in Bábolna sei erwähnt, dass das bereits im Jahre 1790 bei der Übernahme vorhandene Kastell damals nur ein Stockwerk ober der Einfahrt mit 3 Zimmern, 2 Kammern und 1 Vorhaus enthielt. Am 19. Juni 1809 von den Franzosen in Brand gesteckt, wurde dasselbe 1810 zugleich mit dem Hengststall, den anderen Stallungen, der Reitschule, den Kasernen, der Bäckerei und den Schuppen neu aufgebaut, wobei die Hauptfront ihre ganze jetzige Ausdehnung erhielt. Die Reitschule brannte jedoch im Jahre 1820 noch einmal nieder. Der Mutterstutenstall stammt aus dem Jahre 1801, ist aber im Jahre 1855 bedeutend verlängert und zur Aufnahme von 200 Stuten hergerichtet worden. Von den übrigen Gebäuden wurden erbaut: das Menschenspital 1820 und 30; die Wohnung des Wirtschaftsdirektors 1814 und 15; der Krankenstall 1832; ein Laufstall 1831; das Granarium 1828; ein Fohlenstall 1819; eine Kaserne 1840; weitere Kasernenräume 1856 u. s. w.

Über die ältere Geschichte Bábolnas — von der Errichtung bis zum Jahre 1849 — ruht leider ein dichtes, durch keine Archivstudien zu erhellendes Dunkel, da nahezu alle Akten des Gestütes den kriegerischen Ereignissen jener Periode zum Opfer gefallen sind. Dank einigen nur durch Zufall der Vernichtung entgangenen, teils offiziellen, teils privaten Aufzeichnungen, welche uns gütigst zur Verfügung gestellt worden sind, ist es uns aber trotzdem gelungen, die klaffende Lücke in den Annalen dieses hochinteressanten Gestütes wenigstens notdürftig auszufüllen.

Dass Bábolna ursprünglich eine Nebenanstalt des Militärgestütes Mezöhegyes gewesen, ausserdem aber als Depot für Fohlen, Remonten und Schlachtvieh verwendet worden ist, darf z. B. nach unseren diesbezüglichen Erhebungen als geschichtliche Thatsache angenommen werden. Weiter lässt sich mittelst eines aufgefundenen offiziellen „Standesausweises" nachweisen, dass der Mannschafts- und Tierstand des Gestütes von 1789—1806 folgender gewesen:

Jahr	Monat	Mannschaftsstand	Stand der						Anmerkung
			Beschäler	Zuchtstuten	Fohlen und Gebrauchspferde	Remonten	Ochsen	Schafe	
		Köpfe	Stück						
					nur Gebrauchspferde				
1789	Dezemb.	46	—	—	62	—	664	—	
1790	Jänner	45	2	50	57	—	1844	—	
1791	„	69	2	50	85	—	240	1020	
1792	„	38	2	50	216	—	128	1020	
1793	„	50	14	—	281	164	195	1020	
1794	„	67	68	—	400	448	94	1020	
1795	„	86	134	—	538	328	59	1020	
1796	„	71	46	—	468	62	60	1020	
1797	„	64	178	—	420	121	59	1020	
1798	„	69	133	—	246	23	60	1020	
1799	„	69	103	—	236	235	60	1020	
1800	„	59	25	1	140	360	58	1020	
1801	„	62	22	62	65	866	60	1020	
1802	„	66	23	56	62	50	58	1020	
1803	„	78	33	3	161	3	40	1020	
1804	„	75	48	91	167	5	40	1020	
1805	„	91	52	101	236	14	60	—	Alle Schafe verkauft.
1806	„	16	2	3	23	210	2026	—	

Aus obiger Tabelle tritt die Bestimmung, welche Bábolna während der ersten Zeit seines Bestehens gehabt, in unzweideutiger Weise zu tage. Es war weit weniger ein Gestüt als ein Transporthaus für Hengste, Fohlen, Gebrauchspferde, Remonten und Schlachtvieh. Besonders merkwürdig nimmt sich der Stand im Jänner 1806 aus — 16 Mann, 2 Beschäler, 3 Zuchtstuten, 23 Fohlen, 210 Remonten und 2026 Ochsen! Fürwahr, dass der damalige Gestütskommandant nicht auf und davon gegangen ist oder sich an dem nächsten Baum aufgeknüpft hat, muss demselben als Beweis seltener Pflichttreue hoch angerechnet werden. Allerdings dauerte diese Ochsenwirtschaft nicht lange. Schon im Oktober desselben Jahres war der Stand: 64 Mann, 16 Beschäler, 95 Zuchtstuten, 119 Fohlen und Gebrauchspferde, 717 Remonten und nur 275 Ochsen. Damit war der Grund zu einem wirklichen Gestüt gelegt. Es scheint dies auch mit allem Ernste von den höchsten

Behörden angestrebt worden zu sein, denn bereits am 29. Oktober 1806 verkündet ein Erlass des k. k. Hofkriegsrates, dass Bábolna mit Beginn des Militärjahres 1807 als selbständiges Gestüt zu betrachten sein solle.

Fragen wir nun, welche Hengste in Bábolna Verwendung gefunden, als diese Zuchtanstalt eine Filiale des Mezöhegyeser Militärgestütes bildete, so haben wir zunächst zu konstatiren, dass sich hierüber bezüglich der Periode 1789 bis 1802 aus den Mezöhegyeser Gestütsbüchern nichts entnehmen lässt. Wohl aber kann aktenmässig nachgewiesen werden, dass im Jahre 1803 122, 1804 und 1805 161 Stuten von Mezöhegyes zur Belegung durch die von Herrn Rittmeister Landgraff und Tierarzt Scotti in Spanien angekauften und in Bábolna aufgestellten Hengste dorthin abgeschickt worden sind. Bábolna verblieb jedoch nicht im Besitz dieses Zuchtmateriales, sondern kehrten sowohl jene Stuten wie auch die spanischen Hengste bereits im Jahre 1805 nach der Belegzeit wieder nach Mezöhegyes zurück. Bábolna war eben das reine Transporthaus. Bleibende Station scheinen daselbst nur 30 ebenfalls von Mezöhegyes gelieferte Landbeschäler gehabt zu haben.

Über das Nationale der vorerwähnten spanischen Hengste gibt folgende Tabelle genauen Aufschluss.

National-Beschreibung

der in den Jahren 1803, 1804 und 1805 zu Bábolna aufgestellt gewesenen, zum Stande des k. k. Mezöhegyeser Militär-Gestüts gehörigen und zur Belegung der von Mezöhegyes nach Bábolna abgeschickten Zuchtstuten verwendeten spanischen Beschäler.

Namen des Beschälers	Farbe und Zeichen	Abstammung			Geburts-Jahr	Mass			Art des		
						Faust	Zoll	Strich	Zuwachses		Abgangs
Almirante	Apfelschimmel ohne Zeichen.	Original-Spanier aus dem Gestüte des	Andreas Millina	in Spanien.	1797	15	—	—	Im Jahre 1802 durch Rittmeister Landgraff und Tierarzt Scotti	Xeres um 1600 fl.	erkauft.	Ist im Jahre 1806 nach der Belegzeit nach Mezöhegyes eingerückt.
Arogante	Weichselbraun mit Blümel, beide vordere und der hintere rechte etwas, der hintere linke Fuss mehr weiss.		Joseph d' Cábrera		1796	15	2	—		Utreza um 1100 fl.		
Brillante	Goldbraun mit gezogenem Stern, der hintere rechte Fuss weiss.		Collonell Pavia		1795	15	—	—		Madrid um 1500 fl.		
Castanio	Weichselbraun ohne Zeichen.		Francisco Zodringuez		1796	14	3	—		Algesieras um 270 fl.		

Namen des Beschälers	Farbe und Zeichen	Abstammung	Geburtsjahr	Mass Faust	Zoll	Strich	Art des Zuwachses	Art des Abgangs
		Original-Spanier aus dem Gestüte des ... in Spanien.					Im Jahre 1802 durch Rittmeister Landgraff und Tierarzt Scotti zu ... verkauft.	Sind im Jahre 1806 nach Mezöhegyes eingerückt.
Commissario	Kästenbraun mit Blümel u. Schnäutzel, beide hintern Füsse weiss.	Antonio Perago	1798	15	1	—	Carmona um 1200 fl.	
Coilonello	Rapp mit kleinem Stern, beide vordern Füsse weiss.	Maria del Rosario Rosa	1795	15	—	—	Eiya um 800 fl	
Collondrino	Schwarzbraun, der hint. l. Fuss weiss.	Josi Barba	1798	14	3	—	Sevilla um 570 fl.	
Cordoves	Apfelschimmel ohne Zeichen.	Marquis Gabriari	1795	15	—	—	Cordova um 660 fl.	
Famoso	Apfelschimmel mit kleinen Schnäutzel, der vordere linke und beide hintern Füsse weiss.	Joseph d' Cábrera	1798	15	—	—	Utreza um 1100 fl.	
Generale	Schwarzbraun mit Stern.	Juon Jose Sanchecz ySanchecz	1794	15	1	—	Xeres um 540 fl.	
Marquese	Schwarzschimmel ohne Zeichen.	Friedensfursten	1797	15	1	—	Madrid um 1610 fl.	
Negro	Rapp mit etlichen weissen Haaren an der Stirn.	Torniso Monales	1798	15	—	—	Carmano um 390 fl.	
Pletero	Apfelschimmel mit Schnäutzel, der hintere rechte Fuss weiss.	Brigdale	1795	15	1	—	Xeres um 540 fl.	
Pompejo	Weichselbraun mit gezogenem Stern, der hintere rechte Fuss weiss.	Pavlo Henry	1796	14	2	—	Granada um 360 fl.	
Romanito	Honigschimmel, alle 4 Füsse weiss.	Miguel Niuno	1798	14	3	—	Xeres um 396 fl.	
Spirituoso	Rapp mit Blümel u. gez. Schnäutzel, der vordere rechte und beide hintern Füsse weiss.	Gabriel Zebalos	1797	15	—	—	Ecija um 330 fl.	
Gordone	Kästenbraun mit schmaler Blässe, der vordere rechte und beide hintern Füsse weiss	Juon Babtista Cabera	1796	15	—	—	Utreza um 420 fl.	

Namen des Beschälers	Farbe und Zeichen	Abstammung	Geburts-Jahr	Maas Faust	Zoll	Strich	Art des Zuwachses	Abgangs
Principe	Weissschimmel mit Schnäutzel.	Orig.-Spanier aus dem Gestüte des Friedensrichter in Spanien	1795	15	1	—	Im Jahre 1802 durch Rittm. Landgraf u. Tierarzt Scotti zu Madrid um 1611 fl. erkauft	Sind im Jahre 1806 nach Mezöhegyes eingerückt.
Reymoro	Rapp mit Stern.	Orig.-Spanier aus dem Gestüte des Jose Narcis Gustieres in Spanien	1796	15	—	—	Im Jahre 1802 durch Rittm. Landgraf u. Tierarzt Scotti zu Ronda um 570 fl. erkauft	Sind im Jahre 1806 nach Mezöhegyes eingerückt.
Allegro	Weissschimmel, der hintere linke Fuss etwas weiss.	Original-Berber Francisco Cartucho in Spanien	1795	14	3	—	Im Jahre 1802 durch Rittm. Landgraf u. Tierarzt Scotti zu Ecija um 516 fl. erkauft	Sind im Jahre 1806 nach Mezöhegyes eingerückt.
Raro	Weichselbraun mit Stern und Schnäutzel, weisses Untermaul, beide vorderen und der hintere rechte Fuss weiss u. mit schwarzem Fleck am linken Backen.	Original-Holsteiner Im Jahre 1800 durch Major Worell in Holstein erkauft	1798	16	—	—	1800 aus Holstein in Bábolna zugewachsen.	Ist im Jahre 1806 in Bábolna verblieben.

Wie aus einem vorgefundenen Beschälregister zu entnehmen ist, wurden von den hier namhaft gemachten Hengsten im Jahre 1804 beim Bábolnaer Gestütsposten 146 nicht namentlich, sondern mit Nummern bezeichnete Stuten gedeckt. Dass dieselben Mezöhegyeser Abkunft waren, geht schon aus den hohen, mit Unterbrechungen bis auf die Zahl 990 steigenden Nummern hervor.

Zwei Jahre später erhielt das Gestüt eine bedeutende Anzahl höchst unwillkommener Pensionäre. Es waren dies 772 übriggebliebene Pferde der aufgelösten italienischen und deutschen Packreserve, die auf Befehl des k. k. ungarischen Generalkommandos nach Bábolna dirigirt wurden, um sich auf den dortigen Weiden von den Strapatzen des Feldzuges zu erholen. Selbstverständlich gab es unter dieser Schar eine Menge an ansteckenden Krankheiten leidender Individuen. Besonders zahlreich waren die Räudepatienten. Was diese betrifft, konnte jedoch Bábolna insofern von Glück reden, als es angewiesen war, „alle mit Schäben behaftete Pferde" nach Mezöhegyes abzutreiben. In welchem Umfang das dann auch geschah, lehrt ein vom Mezöhegyeser Militärgestüt am 8. Mai 1806 erstatteter Bericht, laut welchem 344 räudige Packpferde dorthin abgeschoben worden sind. Mezöhegyes aber ist weit; man wird sich somit nicht wundern können, dass von der erholungsbedürftigen Gesellschaft 7 Stück während des Marsches umkamen und 20 Stück wegen Entkräftung und unheilbarer Räude vertilgt werden mussten.

Die Selbständigkeit des Bábolnaer Gestütes begann überhaupt nicht unter besonders günstigen Auspizien. Die Zeit war eben nicht darnach. Krieg, Hunger und Pestilenz herrschten an allen Ecken und Enden. Man kann es daher den massgebenden Faktoren nicht verdenken, dass sie die friedliche organisatorische Arbeit auf bessere Tage verschoben und vorläufig nur darauf bedacht waren, sich „durchzufretten“. Wie schlimm die Zeiten waren, bekam übrigens Bábolna am 15. Juni 1809 recht gründlich zu fühlen. Tags vorher hatte bei Raab eine mörderische Schlacht zwischen den österreichischen und französischen Truppen gewütet. Nur ein Wunder konnte Bábolna vor feindlichem Besuch schützen. Es geschah aber kein Wunder, sondern am 15. Juni erschienen die Franzosen. Ihre erste Frage war natürlich nach „Monsieur le commandant et les chevaux du Haras“. Aber da hiess es „nix, nix“, denn als Kommandant fungirte für den Moment ein Wachtmeister, der mit einem Korporal und einigen Gemeinen zur Bewachung der Baulichkeiten zurückgelassen worden war, und was das Gestüt betrifft, so hatte sich dasselbe bereits am 15. Mai nach Mezöhegyes geflüchtet. Die Herren Franzosen fanden somit nur das leere Nest vor. Diese Enttäuschung vermochten sie nicht mit Anstand zu verwinden. Sie steckten die Gebäude in Brand, prügelten die Wachmannschaft weidlich durch und zogen schimpfend von dannen. An Löschen war unter den gegebenen Verhältnissen natürlich nicht zu denken. Das Feuer brannte so lange es Nahrung fand.

Im Jahre 1816 „soll“ von der Wiener Gestüts-Oberdirektion die Paarung der Bábolnaer Mutterstuten mit orientalischen Hengsten als Zuchtprinzip aufgestellt worden sein. Wir sagen „soll“, denn von einer zielbewussten, konsequenten Befolgung dieses Prinzips ist in den noch vorhandenen Gestütsakten nicht viel wahrzunehmen. Indessen wurden doch mehrere Hengste hochedlen orientalischen Blutes für Bábolna angeschafft. Von den 1815 durch österreichische Kürassiere im französischen Gestütsdepot La Rosières erbeuteten Pferden kamen z. B. die Hengste l'Ardent, Pyrrhus, Thibon, Ulysse, Mustapha und Tharax nach Bábolna. Mit der alleinigen Ausnahme von l'Ardent scheinen dieselben jedoch der Zucht wenig Nutzen gebracht zu haben. Ungefähr um dieselbe Zeit, nämlich 1816, erkaufte Baron Fechtig in Triest für Rechnung des Gestütes die Hengste Siglavi Gidran und Ebchan, sowie die Stute Tiffle. Wie lange Siglavi Gidran in Bábolna gedeckt hat, ist nicht bekannt, man weiss nur, dass er eine vorzügliche Nachzucht hinterlassen. Eine sehr nützliche Acquisition war auch die Stute Tiffle, welcher das Gestüt den von 1823—1834 benützten Stammbeschäler Gidran I zu verdanken gehabt hat. Einige Jahre später (1825) kamen die vom Handelsmanne Danz aus Konstantinopel erkauften Hengste Anazé, Nedjdi Baba Durzy und Siglavi IV nach Bábolna. Diesen folgten 1827 ein vom Handelsmann Glischo aus Konstantinopel angekaufter Hengst (Kokeb) und zwei Stuten (Chebba und Djeida), weiter der von demselben Agenten beschaffte bis 1829 in Mezöhegyes aufgestellt gewesene Hengst Messrour und 1833 die vom Baron Fechtig in Lengyel Toti angekauften Araber-Vollbluthengste Elbedavi I und Elbedavi II. Ein immerhin zu guten Hoffnungen berechtigender Anfang war somit gemacht. Um so auffallender ist es daher, dass im Jahre 1835 urplötzlich drei vom Handelsmann Brönnsberg in Wien um 4000 fl. per Stück erstandene englische Vollbluthengste — Acorn, Butcher boy und Young Muley — auf der Bildfläche erscheinen. Allerdings verblieben dieselben nur bis 1837 resp. 38 in Bábolna, aber die blosse Thatsache, dass der dortigen orientalischen Zucht, bevor dieselbe noch feste Wurzeln geschlagen, englisches Blut beigemischt werden konnte, deutet doch auf grosse Unsicherheit in der obersten Leitung. Ein wo möglich noch bedenklicherer Missgriff war die von 1822—1832 stattgefundene Verwendung spanischer Hengste aus dem kaiserlichen Hofgestüte zu Kopschan. Die mit dieser Kreuzung verfolgte Absicht war aller Wahrscheinlichkeit nach, den Produkten der kleinen, feinknochigen Stuten des Gestütes eine stattlichere Grösse und stärkere Knochen zu verleihen. Leider übersah man hierbei, dass dieses Ziel mit Benützung des vorgenannten Kreuzungsmateriales nur auf Kosten des Typus und der Zuchtkonstanz erreicht werden könne. Die Namen der hier in Rede stehenden Hengste, welche zum grössten Leidwesen des Fachmannes in dem Stutenregister häufig genug vorkommen, waren: Generalissimus, Generale, Generale I, Generale II, Generale V, Generale Junior, Generale Adjutant, Generale musica, Generale domestica, Toscanello und Sacramoso. Diese „Rasseverbesserer" standen indessen nur während der Deckzeit in Bábolna, nach derselben kehrten sie stets wieder in das Hofgestüt zurück.

Mit welcher Schnelligkeit in Bábolna die, wenn auch noch nicht erreichte, so doch angebahnte Übereinstimmung in Blut und Form durch gewagte Kreuzungen aller Arten vernichtet wurde, zeigt nachstehendes

Namentliches Verzeichnis

eines Teil der Gestütspferde, welche im Jahre 1831 in Bábolna im Stande geführt worden sind.

Pferdegattung	Nr.	Namen	geb. im Jahre	Anmerkung
Mutterstuten	1	Araber	1818	Hiesige Zucht
	2	Gidran	1817	„ „
	3	Gidran	1818	„ „
	4	Lipp	1809	„ „
	5	Gidran	1823	„ „
	6	Tovaro	1814	„ „
	7	Siglavi Gidran	1822	„ „
	8	Gidran	1823	„ „
	9	Egyptier	1812	„ „
	10	Gidran	1823	„ „
	11	Chebreille	1817	Mezöhegyser Zucht
	12	Fedchan	1825	Hies. Zucht von Nr. 27 Gidran
	13	Siglavi	1825	„ „ „ Nr. 46 Resslesse
	14	Gidran I	1824	Hiesige Zucht
	15	Janitsar	1818	„ „
	16	Tharax	1817	„ „
	17	Ulysso	1817	„ „
	18	Gidran	1823	„ „
	19	Romanito	1813	„ „
	20	Siglavi Gidran	1823	„ „
	21	Gidran	1819	„ „
	22	Gidran	1819	„ „
	23	Generale II	1827	
	24	Janitsar	1820	„ „
	25	Siglavi	1828	Hies. Zucht von Nr. 60 L'Ardent
	26	Durzy	1826	„ „ „ Nr. 60 Janitsar
	27	Gidran	1819	Hiesige Zucht
	28	Montedoro	1820	„ „
	29	Thibon	1817	„ „
	30	Marques	1813	„ „
	31	Lerida	1815	„ „
	32	Siglavi Gidran	1825	„ „
	33	Aly	1824	„ „
	34	Gidran I	1825	„ „
	35	Thibon	1817	„ „
	36	Gidran	1824	„ „
	37	Gidran	1824	„ „
	38	Gidran	1816	„ „
	39	Malga	1818	„ „
	40	Siglavi Gidran	1821	„ „
	41	Generale V	1826	
	42	Gidran	1824	„ „
	43	Siglavi Gidran	1821	„ „
	44	Thibon	1817	„ „
	45	Tharax	1817	„ „
	46	Resslesse, Araber-Rasse	1818	Lippizaner Zucht
	47	Durzy	1827	Hiesige Zucht
	11	Hadba, Araber-Rasse	1823	—
	48	Siglavi Gidran	1821	Hiesige Zucht
	49	Toscanello	1823	Hies. Zucht von Nr. 48 Marques

Pferdegattung	Nr.	Namen	geb. im Jahre	Anmerkung
Mutterstuten	50	Generale (Rapp)	1823	Hiesige Zucht
	51	Brilliante	1815	
	52	Durzy	1827	Hies. Zucht von Nr. 51 Brilliante
	53	Anaze	1826	„ „ v. Nr. 120 Prometheus
	54	Gidran I	1824	„ „
	55	Gidran I	1824	„ „
	56	Janitsar	1814	„ „
	57	Generale I	1825	Ossiaker Zucht
	58	Negro	1820	Hies. Zucht
	59	Ebchan	1821	„ „
	60	Janitsar	1821	„ „
	61	Durzy	1827	„ „ von Nr. 2 Gidran
	62	Nedjdi Baba	1827	„ „ „ Nr. 115 L'Achill
	63	Samhan	1827	„ „ „ Nr. 8 Marquese
	64	Generale Rapp	1827	„ „ „ Nr. 29 L'Ardent
	65	Toscanello	1824	„ „
	66	Witzay	1817	„ „
	67	Siglavi Gidran	1819	„ „
	68	Malga	1820	„ „
	69	Gidran I	1827	„ „ von Nr. 84 Gidran
	70	Toscanello	1823	„ „
	71	Generale Nr. 2	1825	Ossiaker Zucht
	72	Gidran	1823	Hies. Zucht
	73	Tovaro	1816	„ „
	74	Tiffle, Original-Araber	1810	—
	75	Toscanello	1824	Hies. Zucht
	76	Toscanello	1824	„ „
	79	Mustapha	1819	„ „
	80	Siglavi Gidran	1821	„ „
	81	Kényes	1819	„ „
	82	Witzay	1817	
	84	Siglavi Gidran	1822	„ „
	85	Ree	1820	„ „
	86	Siglavi Gidran	1821	„ „
	88	Janitsar	1813	„ „
	89	Brilliante	1821	„ „
	90	Senner	1815	Namoschitzer Zucht
	91	Bucephalo	1814	„ „
	92	Generale Adjutant	1827	Hies. Zucht von Nr. 31 Larida
	94	Fedchan	1817	
	95	Generale I	1825	Ossiaker Zucht
	96	Generale (Schimmel)	1823	Hies. Zucht
	97	Oronoko-Witzay	1815	
	98	Carthagena	1819	Vater: „Conquerente“
	99	Generale I	1825	
	100	Generale Junior	1824	Hies. Zucht
	101	Fedchan	1822	„ „
	102	Zingana	1819	
	103	Generale Junior	1824	„ „
	104	Gidran	1821	„ „
	105	Gormal	1817	Mezőhegyeser Zucht
	106	Majestoso	1816	In Kopsan geboren
	107	Empereur	1819	Kladrupper Zucht
	108	Fedchan	1821	Hies. Zucht
	109	Platero	1816	„ „
	110	Generale I	1826	

Pferdegattung	Nr.	Namen	geb. im Jahre	Anmerkung
Mutterstuten	111	Richmond II	1823	Piberer Zucht
	112	Gormal	1817	Mezöhegyeser Zucht
	113	L'Achill	1817	" "
	114	L'Achill	1817	" "
	115	L'Achill	1817	" "
	116	Nilus	1817	" "
	117	Sacramoso	1825	Hies. Zucht von Nr. 39 Malga
	118	Majestoso	1813	Neustädter Rasse
	119	Lacompli	1817	Mezöhegyeser Zucht
	120	Romanito	1817	
	121	Generale (Rapp)	1825	Hies. Zucht von Nr. 17 Cordoves
	122	Tharax	1818	Piberer Zucht
	123	Cupressus	1826	von Nr. 25 Cupressus II
	124	Aly	1822	Hies. Zucht
	125	Nilus	1821	" "
	126	Gidran	1823	" " von Nr. 1 Araber
	127	Gidran I	1823	" "
	129	Generale (Schimmel)	1823	" "
	130	Negro	1822	" "
	131	Negro	1822	" "
	132	Cupressus	1817	Piberer Zucht
	133	Ossian	1819	" "
	134	Negro	1822	Hies. Zucht
	135	Sacramoso	1824	" "
	136	Gidran I	1825	" " von Nr. 29 Thibon
	137	Gidran II	1825	" " " Nr. 105 Gormal
	138	Siglavi	1825	" " " Nr. 95 Sincera
	139	Generale (Schimmel)	1825	" " " Nr. 20 Cordoves
	140	Sacramoso	1825	" "
	141	Djeida, Original-Araber	1819	—
	142	Chebba, Original-Araber	1818	—
	143	Cupressus	1819	Piberer Zucht
	144	Bajan	1819	
	145	Richmond II	1821	Piberer Zucht
	146	Anaze	1826	Hies. Zucht v. Nr. 91 Bucephalo
	147	Durzy	1826	" " " Nr. 13 Belamore
	148	Durzy	1826	" " " Nr. 22 Gidran
	149	Durzy	1826	" " " Nr. 3 Gidran
	150	Durzy	1826	" "
	151	Durzy	1826	" "
	152	Generale V	1826	" "
	153	Richmond IV	1826	" "
	154	Richmond II	1819	Piberer Zucht

Pferdegattung	Nr.	Namen	Pferdegattung	Nr.	Namen
Zug-Gebrauchspf.	4	Brilliante	Zug-Gebrauchspf.	18	Oronoco
	10	Richmond		20	Cordoves
	12	Commissario		21	Marques
	13	Cupressus		22	Toscanello
	15	Cordoves		23	Cordoves

Pferdegattung	Nr.	Namen	Pferdegattung	Nr.	Namen
Zug-Gebrauchspferde	26	Freiletta	Zug-Gebrauchspferde	57	Marques
	28	Marques		58	Toscanello
	33	L'Ardent		66	Nedjdi baba
	36	Generale (Rapp)		67	Brilliante
	35	Richmond II		69	Generale (Schimmel)
	40	Richmond II		75	General Adjutant
	41	Mustapha		77	Platero
	43	Ulisse		83	Aly
	53	Janitsar		86	Nilus
	55	Cupressus		88	Commissario
	56	Richmond			

Pferdegattung	Namen
Vierjährige Hengste	Anaze von Nr. 5 Gidran
	„ „ Nr. 59 Ebchan
	„ „ Nr. 105 Fedchan
	„ „ Nr. 90 Scuner
	„ „ Nr. 140 Gidran
	Durzy von Nr. 14 El Risch
	„ „ Nr. 67 Gidran
	„ „ Nr. 28 Montedoro
	„ „ Nr. 29 Thibon
	„ „ Nr. 13 Bellamore
	„ „ Nr. 8 Gravisa
	„ „ Nr. 48 Tharax
	„ „ Nr. 3 Gidran
	Nedjdi baba von Nr. 78 Primavera
	„ „ „ Nr. 124 Aly
	Fedchan von Nr. 121 Fedchan j. St.
	„ „ Nr. 20 Gidran
	Samhan von Nr. 131 Negro
	„ „ Nr. 30 Tovaro
	„ „ Nr. 92 Allegra
	Gidran I von Nr. 116 Nilus
	„ „ Nr 23 Marques
	„ „ Nr. 58 Favory
	Nr. I Cupressus von Nr. 138 Richmond
	„ „ „ Nr. 135 Ossian
	Cupressus von Nr. 35 Richmond
	„ „ Nr. 26 Richmond
	Generale (Rapp) von Nr. 134 Negro
	„ „ von Nr. 93 Doncella
	„ „ „ Nr. 58 Negro
	„ „ „ Nr. 56 Hussein
	„ „ „ Nr. 95 Sincera
	„ „ „ Nr. 34 Commissario
	„ „ „ Nr. 32 Majestoso
	Sacramoso von Nr. 19 Romanito
	„ „ Nr. 31 Neapolitano

Pferdegattung	Namen
Vierjährige Hengste	Generale Adjutant von Nr. 66 Witzay
	„ „ „ Nr. 47 Oronoco
	„ „ „ Nr. 15 Janitsar
	Nonius von Nr. 3 Richmond II
	„ „ Nr. 133 Ossian
	Richmond IV von Nr. 17 Fox g. Pf.
	Wehaby von Nr. 136 Robusta
	„ „ Nr. 12 Richm. II g. Pf.
	„ „ Nr. 12 Ossian
	„ „ Nr. 24 Richmond g. Pf.
	„ „ Nr. 19 Ossmia
	„ „ Nr. 11 Ossian
	„ „ Nr. 7 Superbe g. Pf.
	„ „ Nr. 6 Ossian
	„ „ Nr. 3 Ossian
	„ „ Nr. 2 Cupressus
	Generale Rapp von Nr. 101 Malga g. Pf.
Pepinière-Beschäler	Fedchan, Samhan, Nedjdi baba, Anaze, Abechy, Kokeb, Messroar: Original-Araber
	Gidran I, Araber Vollblut
Araber Abkömmlinge	3 jähr. Hengst Anaze von Nr. 74
	„ „ „ „ „ Nr. 21
	2 „ „ „ „ Nr. 141
	„ „ „ Nedjdi baba von Nr. 142
	1 „ „ Anaze von Nr. 141
	„ „ „ „ „ Nr. 21
	4 „ Stüttel Durzy von Nr. 74

VERBENA.

Pferdegattung	Namen	Pferdegattung	Namen
Araber Abkömmlinge	3 jähr. Stüttel Anaze von Nr 8	Landesbeschäler	Aly V
	2 „ „ „ „ Nr. 74		Aly III
	„ „ „ Durzy „ Nr. 14		Negro
	1 „ „ Anaze „ Nr. 8		Toscanello
	„ „ „ Durzy „ Nr. 119		I Gidran I
	Saughengstl Messrour von Nr. 74		Aly VI
	„ „ „ Nr. 8		Aly VII
Landesbeschäler	Nilus		Janitsar II
	Gidran VI		Sacramoso
	Gidran VII		II Cupressus II
	Fedchan II		Generale
	Ebchan		Gidran IX
	Aly I		Nedjdi Baba
	Richmond I		Generale Junior
	Janitsar I		Gidran X
	Raro		I Gidran II
	L'Ardent I		II Gidran II
	Malga		Aly VIII
	Majestoso		Samhan I
	Dervis II		Cupressus III
	Dervis VI		Cupressus IV
	I Gidran I		Cupressus V
	Aly II		Durzy I
			Siglavi.

Wie aus obigem Verzeichnis zu ersehen, ist die Reinzucht 1831 bereits stark im Rückgang begriffen. An Vollblut-Arabern sind ausser den acht Pépinièrehengsten nurmehr fünf Mutterstuten vorhanden. Dafür wimmelt es aber, besonders unter den Repräsentanten der jüngeren Generation, von Spaniern, denen sich auch einige Noniuse und auf den englischen Namen Richmond hörende Produkte der Piberer Zucht zugesellen. Der angeblich im Jahre 1816 aufgestellte Grundsatz, dass fortan nur mit orientalischen Vaterpferden gezüchtet werden solle, scheint somit sehr bald über Bord geworfen worden zu sein.

Im Spätherbste 1833 trat unter den Zuchtpferden in Bábolna die Beschälseuche auf. Nach dem Gutachten eines zur Untersuchung der Krankheitsursachen, sanitären Verhältnisse u. s. w. nach Bábolna entsendeten Professors des k. k. Tierarzneiinstitutes zu Wien wäre das Übel durch Benützung alter und invalider Beschäler hervorgerufen worden. Dass der gute Professor mit diesem Ausspruche das Richtige getroffen haben sollte, darf wohl bezweifelt werden. Ein spontanes Entstehen der Beschälseuche ist nämlich bisher nirgends konstatirt worden, sondern gilt Ansteckung und zwar durch die Begattung als die einzige mit Sicherheit nachweisbare Ursache dieser gefürchteten Krankheit. Aller Wahrscheinlichkeit nach sind hier spezifische, bisher noch nicht festgestellte Bazillen mit im Spiele. Soviel steht doch fest, dass die Beschälseuche durch kranke Zuchthengste aus dem Oriente nach Europa eingeschleppt und durch Ansteckung beim Coitus vorbereitet wurde. Selbstverständlich schliesst dies nicht aus, dass die Bábolnaer Vaterpferde mit Bezug auf Zuchtwert und Fruchtbarkeit sehr viel zu wünschen übrig liessen. Hiefür spricht ja schon der Umstand, dass zu jener Epoche von 161 belegten Stuten nur 40 trächtig geworden. Aber in diesen jammervollen Zuständen die Ursache der Beschälseuche zu suchen, heisst denn doch sich die Sache gar zu leicht zu machen. Für Bábolna war indessen das Auftreten der Seuche ein harter Schlag, denn 52 Mutterstuten fielen derselben zum Opfer und eine solche Lücke in einigermassen anständiger Weise auszufüllen, musste in damaliger Zeit als eine überaus missliche Aufgabe bezeichnet werden.

Ob nun dieser Verlust, das Gutachten des Wiener Professors oder die Erkenntnis, dass etwas geschehen müsse, um Bábolna zu der vielbesprochenen Reinzucht zu befähigen, die Wettermacher in der Wiener Ratsstube zu einer grossen rettenden That angespornt, kann uns heute vollkommen gleichgültig sein. Wir konstatiren daher nur das Faktum, dass der damalige Bábolnaer Gestütskommandant, Major Freiherr Eduard v. Herbert, im Jahre 1836 mit der Mission betraut wurde, eine grössere Anzahl Zuchtpferde in Syrien anzukaufen. Über den Verlauf dieser ersten Wüstenexpedition liegen leider weder ein Bericht noch irgend welche sonstige Aufzeichnungen vor. Nun gehörten allerdings die Herren Offiziere der guten alten Zeit sehr selten zu dem „lieben Federvieh", wie Papa Wrangel schreibselige Leute zu tituliren pflegte, aber 1836 nach Syrien gehen, gesund zurückkommen, die langen Winterabende in Bábolna sitzen und nichts, gar nichts schreiben, das bringt doch so leicht niemand fertig. Nein, wenn keine Zeile von der Hand des Major Herbert im Archiv vorzufinden ist, so lässt sich dies gewiss nur durch das ganz aparte Bábolnaer Pech erklären. Sobald man dort ein paar armselige Akten bei einander hatte, kam eben immer irgend ein Feind und steckte den ganzen Kram in Brand.

Die bei Gelegenheit der hier in Rede stehenden Expedition bewerkstelligten Ankäufe geschahen bei den Beduinenstämmen in der Umgebung von Damaskus und Aleppo. Angekauft wurden die Hengste; Arial, Anis, Dahaby, Ebnelbar, Farhan, Kader, Schagya, Tscheleby und Nader und die Stuten: Faride, Hadbany, Hamdanie, Seria und Taése. Von den hier genannten Hengsten ist Schagya der Stammvater einer der besten Familien geworden, die je in Bábolna bestanden haben. Die Schagyas waren unverwüstliche Pferde, deren Leistungsfähigkeit in der gesamten österreichisch-ungarischen Armee geradezu sprichwörtlich geworden ist. Um so mehr muss es daher beklagt werden, dass man einen so wertvollen Stamm hat eingehen lassen. Gute Dienste leistete auch der Hengst Dahaby.

Sämtliche diese Pferde wurden in Alexandrette auf ein österreichisches Kriegsschiff verladen und nach Triest geführt. Mit welchen Mühseligkeiten eine solche Expedition zu jener Zeit verknüpft war, geht unter anderem daraus hervor, dass die Fahrt von Alexandrette nach Triest 40 Tage in Anspruch nahm. Und mit der Ankunft in dem heimischen Hafen hatten die Widerwärtigkeiten ihr Ende noch keineswegs erreicht, denn nun folgte noch eine langwierige Quarantaine, bevor der ebenfalls höchst beschwerliche Marsch nach Bábolna angetreten werden durfte. Dass Major Herbert die ganze Gesellschaft heil und gesund in ihr neues Heim brachte, war somit eine Leistung, die alle Anerkennung verdient. Überhaupt erwies sich das Ergebnis dieser ersten Orientexpedition als ein so günstiges, dass man sich höheren Orts bewogen fand, kurze Zeit darauf, und zwar im Jahre 1843, eine zweite unter derselben Leitung auszusenden. Diesmal begab sich der mittlerweile zum Oberstlieutenant avancirte Baron Herbert nach Ägypten, von wo er mit den Hengsten Achmar, Assil, Asslan, Elbas, Koreischan, Kuéjes, Schamar und Nassr und den Stuten Arusse und Uld-Ali zurückkehrte. Einen zweiten Schagya enthielt dieser Transport wohl nicht, jedoch haben die Hengste Asslan und Koreischan sich in langjähriger Verwendung als überaus nützliche Vaterpferde bewährt.

Bábolna war nun im Besitze eines Zuchtmateriales, welches zu den besten Hoffnungen berechtigte. Was die Quantität desselben betrifft, so war der Stand des Gestütes im Jahre 1845 auf 673 Pferde angewachsen, welche sich auf folgende Klassen verteilten: Stammbeschäler 10, Landbeschäler 40, Mutterstuten 121, Saugfohlen 10, Abspänfohlen 109, 1jährige Hengste 46, 2jährige Hengste 26, 3jährige Hengste 24, 1jährige Stuten 53, 2jährige Stuten 49, 3jährige Stuten 40, 4jährige Stuten 1; Wallachen 2; Remonten 1; Gebrauchs-Reitpferde 40; Gebrauchs-Zugpferde 38. Doch wie immer, wenn man in Bábolna gerade im besten Zuge war, nahten schon unheilvolle Ereignisse, die der erfolgreichen Arbeit ein jähes Ende bereiten sollten. Zuerst wurde das Gestüt von Mitte Oktober 1846 bis Januar 1847 von der typhösen Brustseuche (Influenza, Pferdestaupe) heimgesucht. Während dieses Zeitraumes erkrankten 340 Pferde, von denen 322 genasen und 18 eingingen. Ausserdem hatte die Seuche 7 Fälle von Abortus, sowie die Geburt von 4

Kümmerlingen zur Folge. Nur die Stammbeschäler und die Abspänstütel blieben verschont. Aber wie störend diese Influenzaperiode auch auf den Zuchtbetrieb einwirken mochte, so standen dem geplagten Gestüte doch noch weit schlimmere Überraschungen bevor. Welcher Art dieselben waren, ergibt sich aus der bedeutungsvollen Jahreszahl 1848!

Es war nach der Affaire bei Velencze. Die ungarische Armee rückte zur Verfolgung der Truppen des Banus von Kroatien in Eilmärschen gegen Wien vor und Bábolna lag auf ihrem Wege. Für das Gestüt eine überaus schwierige Sachlage, welche vermutlich dem Kommandanten mehr Kopfschmerzen verursachte, als seine beiden Orientexpeditionen zusammengenommen. Allerdings war das Gestüt ein neutraler Besitz, aber wenn es zum Schiessen kommt, pflegen theoretische Auseinandersetzungen nicht viel zu fruchten und nur zu oft heisst es dem Wehrlosen gegenüber: „Der Karnickel hat angefangen." Oberstlieutenant v. Herbert wurde indessen sehr bald der Notwendigkeit enthoben, einen Ausweg aus dieser kritischen Situation zu suchen, denn am 5. Oktober ½9 Uhr abends erhielt er aus dem Hauptquartier des Feldmarschalllieutenants v. Moza und des Königlichen Kommissärs v. Csány folgenden in Németh-Egyhaz ausgefertigten Befehl: „Das Gestütskommando wolle verfügen, dass bis zum kommenden Morgen alle Lokalitäten in Bábolna von Mann und Pferd geräumt seien und der durchgehenden ungarischen Armee zur Verfügung stünden. Zu diesem Zwecke habe das Gestütskommando mit Mannschaft und Pferden nach Alt-Szöny zu übersiedeln und dort Unterkunft zu suchen."

Binnen 10—12 Stunden und noch dazu bei finsterer Nacht ein ganzes Gestüt auszuräumen, das war eine etwas starke Zumutung. In Kriegszeiten ist aber bekanntlich auch mit noch so unvernünftigen Befehlen, dieselben mögen nun vom Freunde oder vom Feinde erteilt worden sein, nicht zu spassen, und so beeilte sich denn Oberstlieutenant Baron Herbert, seine Offiziere zusammenzuberufen, um ihnen die fatale Ordre vorzulesen. „Es ist," äusserte der Oberstlieutenant bei dieser Gelegenheit, „eine schwere Aufgabe, die da von uns verlangt wird, allein wir haben keine andere Wahl, wir müssen dem Befehle nachkommen." Hierauf erteilte er jedem Einzelnen die nötigen Ordres und entsandte gleichzeitig einen Offizier in das ungarische Hauptquartier mit dem Auftrage, daselbst Vorstellungen gegen die dem Gestüte anbefohlene sofortige Übersiedlung nach Alt-Szöny zu erheben. Mittlerweile wurden aber die ganze Nacht hindurch alle erforderlichen Vorbereitungen zum Abmarsch getroffen.

Am folgenden Morgen 8 Uhr kehrte der in das ungarische Hauptquartier entsendete Offizier mit dem Bescheid zurück, dass das Gestüt an Ort und Stelle verbleiben könne, nur müsse Fleisch resp. Schlachtvieh für die gegen Mittag eintreffende Armee und Fourage für die Pferde derselben beigestellt werden. So leichten Kaufes davonzukommen, hatte man nicht mehr zu hoffen gewagt. Die Existenzfrage hatte sich in eine Magenfrage verwandelt und diese in allseitig befriedigender Weise zu erledigen, war natürlich mit keinen unüberwindlichen Schwierigkeiten verknüpft. Als die ungarische Armee in der Stärke von beiläufig 24 000 Mann zu Mittag in Bábolna eintraf, fand sie daher auch auf ihren Lagerplätzen — der gegenwärtigen Wirtschaftstafel Nr. 16 bis zum „Unterstand", sowie Nr. 7 — alles vorbereitet, was zur Erquickung von Mann und Pferd erforderlich war. Man wird kaum fehlgehen, wenn man es diesem Umstande zuschreibt, dass keinerlei Exzesse verübt wurden. Gegen 5 Uhr nachmittags, nachdem abgegessen und abgefüttert war, verliess die ganze Armee das Bábolnaer Lager, um gegen Wien vorzurücken. Für diesmal war also der drohende Sturm beschworen, aber nur für diesmal.

Als gegen Ende des Jahres 1848 die ungarische Armee ihre Position vor Raab aufgab und sich gegen Ofen zurückzog, erhielt das Gestüt aufs neue unwillkommenen Besuch. Am 23. Dezember erschien nämlich der Husarenrittmeister Camillo Körösy de Köros es Helbany mit der Ordre des Oberbefehlshabers Generalmajor v. Görgey, das Gestütskommando solle sämtliche Pferde zum Abmarsch in Bereitschaft setzen lassen, um auf weiteren Befehl sofort abrücken zu können. Dies liess sich indessen leichter anbefehlen, als ausführen. Der damalige Interims-Kommandant, Rittmeister Abendroth, begab sich daher in Begleitung des Rittmeisters Körösy zum vorgenannten Oberbefehlshaber der ungarischen Armee und erwirkte, dass die erste Ordre dahin abgeändert wurde, dass die Marschbereitschaft nur für die wertvollsten Vaterpferde, sowie für die 3- und 4jährigen Hengste, zusammen circa 100 Stück, zu gelten habe. Und zwei Tage später, also am 26. Dezember, wurde der Marsch auch wirklich angetreten.

Rittmeister Körösy führte das Kommando. Der Marsch ging ohne Anstand über Pest bis Gödöllö. Im letzteren Orte jedoch musste wegen der absolut nicht länger aufzuschiebenden Erneuerung des Beschlages notgedrungen Halt gemacht werden. Mittlerweile aber rückte die österreichische Armee in Ofen und Pest ein, wo sie sehr bald in Erfahrung brachte, dass eine Hengstenabteilung des Bábolnaer Gestütes in Gödöllö stehe. Damit war denn auch das Schicksal dieser Abteilung entschieden. Am 6. Jänner 1849, nachts, erschien ein Detachement Civalarth-Ulanen in Gödöllö, überfiel den Transport und brachte die ganze Gesellschaft nach Budapest, von wo sie durch den später in der Schlacht bei Kápolná gefallenen Ulanenlieutenant Weissenbaum nach Bábolna zurückgebracht wurde. Am 27. Februar 1849 standen die Hengste wieder in ihren alten Ställen.

Bábolna sollte aber zu keiner Ruhe kommen. Am 26. April stiessen die ungarische und die österreichische Armee auf der Puszta Harkály, dann bei Csem und Acs, also in unmittelbarer Nähe des Gestütes, neuerdings zusammen. Vier Tage vor dieser Affaire erhielt das geplagte Gestütskommando vom österreichischen Armee-Oberkommandanten, Feldmarschallieutenant Baron Velden, den Befehl, Mann und Pferd in Bereitschaft zu setzen, um auf das erste Aviso unverzüglich abrücken zu können. Diesmal half kein Bitten. Man musse in den sauren Apfel beissen. Vom Einlangen des Marschbefehles bis zum Abmarsch wurde jede Minute zum Packen der wertvolleren, transportablen Gegenstände, sowie zum Beladen der verfügbaren Ochsenwägen mit Fourage benützt. Was nicht mitgenommen werden konnte, wurde von der Wirtschaftsdirektion dem damaligen Oberstuhlrichter Thaly in Eörkeny des Raaber Komitats übergeben.

Am 24. April verlegte Feldmarschallieutenant Baron Velden sein Hauptquartier nach Bábolna. Kaum angekommen, erteilte er dem Gestütskommando den Befehl, am 26. früh mit dem ganzen Gestüte unter Bedeckung einer Kürassierabteilung über Martinsberg, Egged, Ödenburg, Wiener-Neustadt nach Graz abzugehen. Diese Marschrichtung konnte indessen wegen eingetretenen Hochwassers nicht strikte eingehalten werden, sondern erlitt insofern eine Abänderung, dass der Weg über Papa eingeschlagen wurde.

Die erste Marschstation war Teth. Am 27. ging es über Papa bis eine Stunde hinter Kleinzell, wo in einem Walde kampirt wurde. Am 28. rastete das Gestüt in Sárvár, um bei einbrechender Nacht den Marsch bis Güns fortzusetzen. Die Nacht war mondhell, nichts liess eine Störung befürchten. Es sollte aber anders kommen, denn urplötzlich wurde die Mutterstuten-Herde mit ihren Fohlen von einem panischen Schrecken ergriffen und ging ventre à terre auf und davon. Nun begann eine wilde Jagd. Mutterstuten und Fohlen voraus, Unteroffiziere und Csikose hintendrein in einem grossen Kreise über die vom Monde beleuchteten Fluren. Ein Unteroffizier stürzte bei diesem Treiben mit seinem Pferde kopfüber in eine Sandgrube, ein Fohlen zog sich eine schwere Verletzung zu, aber im übrigen nahm das unerwünschte nächtliche Intermezzo genau denselben Verlauf, wie die durch das ziemlich häufig vorkommende Durchgehen der Stuten verursachten Hetzjagden daheim in Bábolna. Nachdem die Stuten sich müde gelaufen, liessen sie sich einfangen und der Marsch konnte fortgesetzt werden.

Am 29., gerade als die vordersten Pferde ihre Hufe auf das Pflaster der guten Stadt Güns setzten, ging der Spektakel noch einmal los. Ein Teil der Kolonne wurde scheu und raste, gefolgt von den Csikosen, im Carrière bis zum Hauptplatz. Die durch dieses ungewohnte Getöse aus ihrem Morgenschlummer geweckten Bewohner des stillen Städtchens glaubten natürlicherweise nichts anderes, als dass ihre Gassen der Schauplatz eines blutigen Kavalleriegefechtes geworden.

Von Güns marschirte die Kolonne nach Gross-Petersdorf; am 31. April führte der Marsch nach Hartberg in Steiermark, wo eine zweitägige Rast gehalten wurde. Am 3. Mai ging's nach Gleisdorf und am 4. hielten die Bábolnaer endlich ihren Einzug in das liebliche Graz, auch Pensionopolis genannt. Wir sehen im Geiste, wie der Kommandant, die Kappe abnehmend, sich mit einem stillen „Gott sei gelobt und gepriesen" den Schweiss von der Stirn wischt, als er die Stammbeschäler und Mutterstuten in den Stallungen des Grazer Hengstendepots, die Jahrgänge und Gebrauchspferde in der Umgebung untergebracht sieht. In diesem Dislokationsverhältnis verblieben nun sämtliche Gestütsabteilungen, bis im Monat Februar 1850 die trächtigen Mutterstuten und im Mai die übrigen Pferde nach Bábolna zurücktransportirt wurden.

Damit hatte die hier geschilderte kriegerische Episode ihr Ende erreicht. Zu erwähnen bliebe nur noch, dass unmittelbar vor dem Abmarsch des Gestütes von Bábolna nach Graz

50 Stück 4jährige Hengste,
32 „ Landesbeschäler,
8 „ 5jährige Hengste,
2 „ Reitgebrauchspferde,
2 „ Wallachen und
1 „ Schulpferd,

also in Summa 95 Stück nebst 53 Mann an den k. k. Beschälposten Stadl bei Lambach abgegeben wurden.

Glücklich wieder in den Genuss der Bábolnaer Häuslichkeit gelangt, hatte das Gestüt selbstredend zunächst keine wichtigere Aufgabe, als die fatalen Spuren, welche das unfreiwillige Vagabundenleben in allen Zweigen des Gestütsbetriebes hinterlassen, möglichst bald zu tilgen. In mancher Beziehung war dies freilich ein Ding der Unmöglichkeit. Die im Jahre 1823 nach Auflösung des Equitations-Institutes zu Wiener-Neustadt dem Gestüte geschenkten wertvollen Fachwerke, anatomischen Präparate, Rüstungen und Reitschulgeräte, die natürlich nicht nach Steiermark mitgeschleppt werden konnten, sowie das Archiv mit allen Dokumenten der Anstalt, liessen sich

z. B. nicht wieder herbeischaffen, sondern waren und blieben verschwunden. Der Herr Oberstuhlrichter Thaly, dem sämtliche diese Gegenstände zur Verwahrung übergeben worden waren, scheint somit nicht der rechte Mann am rechten Fleck gewesen zu sein. Der Pferdestand war jedoch merkwürdigerweise seit dem Jahre 1848 nicht zusammengeschmolzen, sondern hatte sich nahezu verdoppelt, was sich allerdings zum Teil dadurch erklären lässt, dass 1850 nicht weniger als 520 und im folgenden Jahre 696 Remonten zeitweilig in Bábolna Unterkunft erhielten.

Der eigentliche Gestütsstand zählte im Jahre 1858: 9 Stammbeschäler, 31 Landbeschäler, 6jährige Hengste 1, 5jährige Hengste 1, 4jährige 7, 3jährige 41, 2jährige 52, 1jährige 34, Abspänhengstel 32; Mutterstuten 118, Zugstuten 29, junge Stuten 23, 3jährige Stuten 48, 2jährige 46, 1jährige 31, Abspänstütel 31, Remonten 9, Wallachen 3, Reitdienstpferde 30, Csikospferde 19, Arbeitspferde 37. Die Villegiatura in Graz und Umgebung scheint demnach keineswegs zu einer vollständigen Umwälzung in den Zuchtverhältnissen des Gestütes geführt zu haben, sondern muss es der Gestütsleitung durch verdoppelten Pflichteifer gelungen sein, die schädlichen Einflüsse dieser gewaltsamen Störung des gewohnten Dienstganges auf ein überraschend geringes Mass zu beschränken. Es soll daher nicht unerwähnt bleiben, dass Oberstlieutenant Baron Herbert das Gestütskommando nur bis zum Jahre 1849 innehatte. Sein Nachfolger war der Major Joseph Eckert. Dieser Offizier ist es also, dem das Verdienst gebührt, in der schwierigsten Zeit, die Bábolna je durchgemacht, das Gestüt vor grossem Unheil bewahrt zu haben.

Mit der Qualität des Zuchtmaterials dürfte es aber in den fünfziger Jahren doch nicht am besten bestellt gewesen sein. Die meisten der vom Baron Herbert importirten Originaltiere hatten nämlich zu jener Zeit bereits ein hohes Alter erreicht oder eine andere Bestimmung erhalten und die eigene Zucht stand noch auf schwachen Füssen. Es erwies sich daher als unerlässlich, für eine Zuführung neuen Reinblutes vorzusorgen. Zu diesem Zwecke wurde denn auch Major Ritter von Gottschlig im Jahre 1852 nach Syrien entsendet. Leider entsprach das Ergebnis dieser Ankaufskommission nicht ganz den gehegten Erwartungen. Angekauft wurden: die Hengste Dahoman, Gidran Elbedavi, Gidran Majoum, Meneghi, Mersoug und Saidan el Togan und die Stuten Gara, Obajan Siglavi, Koheil und Touessa. Sämtliche diese Pferde verschwanden aber ebenso schnell als sie gekommen. Das Gestüt Bábolna hat demnach keine Ursache, dieses Transportes mit besonderer Befriedigung zu gedenken.

Am 1. Juli 1852 wurde Bábolna durch den Besuch Seiner Majestät des

Kaisers erfreut. Vermutlich wurde dieser allerhöchste Besuch durch den Umstand veranlasst, dass der junge Monarch den eben erwähnten Transport des Major v. Gottschlig zu besichtigen wünschte. Hoffen wir, dass die Tiere bei der Gelegenheit eine bessere Rolle gespielt, als später in den Annalen des Gestütes.

In einer Beziehung war indessen auch die im übrigen bedeutungslose Gottschlig'sche Expedition von segensreichen Folgen für die ungarische Zucht begleitet und zwar ist es der geringen Ausbeute, die sie gewährte, mit zu verdanken, dass die Regierung im Jahre 1856 eine vierte Mission nach Syrien beorderte, die, was Grossartigkeit der aufgewandten Mittel und der erzielten Resultate anbelangt, in der Geschichte der Pferdezucht heute noch unübertroffen dasteht. Zum Leiter dieser Expedition wurde der in den weitesten Kreisen als ausgezeichneter Pferdekenner und begabter Organisator rühmlichst bekannte Oberst Rudolf Ritter von Brudermann ausersehen, welcher kurz vorher vom Husarenregiment „Fürst Lichtenstein" Nr. 9 zur Gestütsbranche übersetzt worden war. Weitere Mitglieder der Mission waren der Rittmeister Friedrich Graf Westphalen, Oberlieutenant Löffler, Regimentsarzt Dr. Franz Brauner, Tierarzt Georg Fischbacher, ein Unteroffizier und zehn Gemeine vom Ulanenregiment Kaiser Alexander von Russland Nr. 11. Später wurde dann noch Major Ludwig Pulz des Adjutantencorps mit einem Kurschmied, einem Unteroffizier und zehn Gemeinen des Dragonerregiments „Erbgrossherzog von Toskana" nach Damaskus geschickt, um einen Teil der angekauften Pferde nach Triest zu führen.

Am 11. Oktober 1856 fand die Abreise von Wien statt und am 30. Oktober landete die Mission in Beirut.

Wie gross nun auch die Versuchung sein möge, unsere Geschichte des Gestütes Bábolna mit einer Schilderung der für jeden Hippologen hochinteressanten Brudermann'schen Expedition zu bereichern, glauben wir doch schon aus dem Grunde von einer so beträchtlichen Erweiterung unseres ursprünglichen Arbeitsplanes absehen zu sollen, weil eine solche Beschreibung bereits im Buchhandel vorliegt. Der Titel dieses Werkes ist „Die österreichische Pferdeankaufsmission unter dem k. k. Obersten Ritter Rudolf von Brudermann in Syrien, Palästina und der Wüste in den Jahren 1856 und 1857, von Eduard Löffler, k. k. Oberlieutenant, Ritter des Franz Joseph Ordens, Mitglied der Mission, Troppau 1860, Otto Schüler's Buchhandlung, Friedrich Bergmann". Es sei uns also gestattet, auf dieses Buch hinzuweisen und hier nur kurz zu erwähnen, dass die ebenso schöne als seltene Sammlung, die Oberst von Brudermann unter Mühen und Gefahren aller Art für den österreichisch-ungarischen Staat erwarb, aus 16 Hengsten, 50 Stuten und 14 von trächtig angekauften Mutterpferden geborenen Fohlen bestand.

Am 11. Juni 1857 trat Major Pulz von Damaskus aus mit 33 Pferden und 7 Abspänfohlen den über Homs, Hannah und Antiocha führenden Marsch nach Alexandrette an, woselbst die Pferde auf der österreichischen Kriegsdampferfregatte St. Lucia nach Triest eingeschifft wurden. Am 8. Juli folgte Oberst von Brudermann mit den übrigen Pferden, jedoch begab sich diese Abteilung nicht nach Alexandrette, sondern nach Beirut, um dort ebenfalls von der St. Lucia aufgenommen zu werden und am 14. Juli nach Triest in See zu stechen. Die Fahrt war günstig, so dass das Schiff bereits am 22. Juli abends in Triest die Anker werfen konnte. Tags darauf erfolgte die Ausschiffung und wenige Stunden später erreichte der Transport das in der Nähe von Triest gelegene kaiserliche Hofgestüt Lippiza, wo die Pferde von Sr. Majestät dem Kaiser, dem Generalinspektor der Militärgestüte und anderen hohen Herren in der Filiale Prestanek einer genauen Besichtigung unterzogen wurden.

Für das Hofgestüt Lippiza hatte der Oberst 2 Hengste und 16 Stuten, lauter Schimmel, angekauft. Der aus 14 Hengsten und 32 Stuten, dann den Fohlen bestehende Rest — die von Major Pulz heimgeführten Pferde hatten ihr Ziel bereits erreicht — war für Bábolna bestimmt. Zu dieser Abteilung zählten die Hengste: Masrur, Adjgam, Djebrin, Esdrelon, Hami, Aghil Aga, Machbub, Rachid, Andjar, El Tor, Scheria, Alan, Hamud, Emir, die Stuten: Nedjne, Schichanie, Djakma, Sap-ha, Hazne, Gazale, Schamie, Sahra, Uodka, Aide, Neamie, Ueschba, Rueda, Okla, Karme, Nuera, Hadla, Tenua, Glule, Aleka, Helali, Dachma, Schmed, Hamla, Zeraie, El Hara, Hula, Muda, Gedea, Nemse, Dahabie, Mebrucha, die Hengstfohlen: Djakma, Scham und Neami und die Stutfohlen: Hadla, Nuera, Schichanie, Rueda, Tenua und Gazale.

Am 1. August in Prestanek einwaggonirt, erreichte die hier namhaft gemachte auserlesene Gesellschaft am 3. August morgens die nur eine Fahrstunde von Bábolna entfernte Eisenbahnstation Acs, wo sie von ihren künftigen Wärtern mit gebührender Ehrfurcht in Empfang genommen wurde.

Hiermit hatte Oberst von Brudermann eine Aufgabe, welche die grössten Ansprüche an sein Können und Wissen gestellt, glücklich zu Ende geführt. Eine noch umfassendere und dankbarere aber erwartete ihn in Bábolna, als dessen Kommandant er fortan Gelegenheit finden sollte, eine überaus fruchtbringende Thätigkeit zu entwickeln.

Und thatsächlich ist die Aera Brudermann von so epochemachender Bedeutung für das Bábolnaer Gestüt geworden, dass wir nicht umhin können, uns eingehender mit derselben zu beschäftigen. Hierbei kommt uns nun der Umstand sehr zu statten, dass Oberst von Brudermann, obwohl durch und durch ein praktischer Hippologe, viel, gern und gut schrieb. Das Bábolnaer Archiv enthält infolgedessen mehrere äusserst interessante und lehrreiche Schriftstücke von der Hand dieses ausgezeichneten Fachmannes, die wir, da uns dieselben in liebenswürdigster Weise zur Verfügung gestellt worden sind, nachstehend zum Abdruck bringen. Es ist dies nicht nur eine den Manen des unermüdlichen Arbeiters dargebrachte Huldigung, sondern geradezu ein Gebot der wissenschaftlichen Pflicht, denn was ein Brudermann zum Nutzen seiner Fachgenossen niedergeschrieben, darf nicht in einem entlegenen Winkel des Archivfriedhofes der Vergessenheit und Vernichtung anheimfallen. Von hervorragender Bedeutung ist z. B. folgende, im August 1857 — also kurz nach der Rückkehr aus Syrien — verfasste

Gehorsamste Relation,

wie eine Mission vorzugehen hat, um in kürzester Zeit einen beabsichtigten Ankauf von Zuchtpferden in Syrien zu bewerkstelligen.

Oberst Rudolf Brudermann.

Abschrift.

An
die hohe k. k. General-Remontierungs-Inspektion
in
Wien.

Da die kurrenten Auslagen einer zum Pferdeankauf nach Syrien abgehenden Mission sehr bedeutend sind, es daher von grosser Wichtigkeit ist zu wissen, wie man in kürzester Zeit und mit bestem Erfolge einen Ankauf von Zuchtpferden bewerkstelligen könne, so erlaube ich mir, nach meinen im Lande selbst gemachten Erfahrungen in den Jahren 1856 und 1857, der hohen General-Remontirungs-Inspektion zu beliebiger Benützung und Richtschnur für künftige derlei Missionen eine detaillierte Angabe gehorsamst zu unterbreiten.

Nach meinen eben gemachten Erfahrungen könnte dies auf folgende Weise geschehen:

Man müsste in Europa im halben April abreisen, sich in Triest direkt nach Alexandrette (Iskenderun) einschiffen, um daselbst gegen Ende desselben Monats landen zu können.

Von Alexandrette reiset man bequem auf Muckerpferden (Mietpferden) in vier Tagen nach Aleppo, und würde auf diese Weise längstens in den ersten Tagen des Monats Mai dort eintreffen. Gleich nach Ankunft in Aleppo trachte man durch den Herrn Konsul, oder durch ihn verschaffte, in dieser Beziehung unterrichtete Araber zu erfahren, ob und welche Beduinenstämme aus der arabischen Wüste bereits in der Nähe Syriens und zwar zwischen Hamah und Aleppo eingetroffen seien. Sie pflegen im Laufe des Monats Mai, jenachdem das Frühjahr günstig für die Weiden war, anzukommen, und bis September da zu bleiben. Um dies sicher zu erfahren — da man sich dort auf Aussagen ganz und gar nicht verlassen kann — nehme man einen Araber, welcher schon oft bei den Beduinen war, deren man dort mehrere findet, auf, und entsende ihn, um die südlich von Aleppo gewöhnlich lagernden Beduinen Fedan und Sbaa aufzusuchen. Diesem Boten gebe man Briefe an die Scheichs (Gebieter eines Stammes) der Stämme mit, was am besten der Herr Konsul besorgt, gebe ihnen bekannt, dass man sie besuchen wolle, um Pferde zu kaufen, und bitte um Antwort.

Sind die Beduinen mit der Regierung nicht im offenen Bruche, was häufig der Fall ist, jedoch das Hinausgehen zu ihnen nicht hindert, so ersuche man den zunächst lagernden der Scheich's in demselben Brief, 2 Araber seines Stammes nach Aleppo zur Abholung der Mission zu senden, was sie immer bereitwilligst thun, und man auf diese Weise am sichersten und auf kürzestem Wege in ihr Lager gelangt.

Alle Scheich's haben Sekretäre oder Schreiber, weil sie selbst nicht lesen und schreiben können, daher auch durch diese immer Antwort geben. Diese Antworten sind nötig, teils um zu wissen ob der Bote dort war, teils um zu erfahren ob der Stamm den Besuch annehme. Mit dem Boten bedinge man den Lohn und zugleich die Frist, binnen welcher er zurück sein müsse, zahle ihn erst nach der Rückkehr und bedeute ihm, dass er den Lohn nur dann bekomme, wenn er zur rechten Zeit eintreffen werde. Thut man dies nicht, so ist es sehr ungewiss, ob er zurück kommt, oder wie lange er ausbleibt, da die Zeit bei den Arabern gar keinen Wert hat.

Diesem Schreiben vom Chef der Mission müssen auch ziemlich gleichlautende des Konsuls beigegeben werden, was der Sache grösseres Ansehen verleiht.

In 6 Tagen kann der Kourier (Bote) seinen Auftrag verrichtet haben.

Während dieser Zeit besichtige man alles Sehenswerte in Aleppo, und kaufe was man als vollkommen geeignet erachtet.

Die in Aleppo angekauften Pferde samt überflüssiger Bagage expedire man auf der Karawanenstrasse direkt nach Damaskus, wo das Hauptdepot des ganzen Ankaufs zu bilden sein wird.

Von Aleppo aus schreibe man gleich an den österreichischen Herrn Konsul zu Damaskus mit der Bitte, die nötige Unterkunft für so und so viel Mann und Pferde gefälligst besorgen zu wollen. Damaskus ist, weil beinahe der Mittelpunkt Syriens, am besten zur Depotstation zu wählen. Man kann die meisten angekauften Pferde mit Leichtigkeit dahin senden, ohne sie fortwährend mit sich zu führen, was fast unausführbar wäre.

Ich wähle Beirut als Einschiffungsplatz, weil man nur 4 kleine Märsche von Damaskus dahin hat, mit aller Sicherheit die Pferde dahin transportieren kann, und weil im Sommer das Meer auch dort ruhig genug ist, um schnell und ohne Gefahr dort einschiffen zu können. Von Damaskus bis Alexandrette hat man sehr starke 11 Märsche à 10 bis 12 Stunden täglich, was in der Hitze Gefahr für die Gesundheit von Mann und Pferd bringen muss. Dann muss man ganz nahe an den Beduinen Sbaa und Fedan vorüber, welche um Hamah herumlagern, und den Marsch sehr gefährden. Auch ist in Alexandrette selbst das Klima bekanntlich sehr ungesund. Dies alles macht ersichtlich, dass Beirut zur Einschiffung vorzuziehen ist.

Nach 6tägigem Aufenthalt zu Aleppo geht man auf obige angegebene Weise zu den Arabern Anase-Fedan und von da zu den Sbaa. Auch findet man daselbst noch andere kleinere Araber-Tribus: als die Mnali Fnara etc., welche auch mitunter sehr gute Pferde haben, und zu besuchen der Mühe wert sind.

Bei jedem Stamme spielt beim Ankauf der Scheich die Hauptrolle, ohne ihn ist es ganz unmöglich, ein Pferd zu erstehen. Am besten thut man, ihm gleich vom Beginn an zu sagen, dass er für jedes in seinem Lager erkaufte Pferd 5 Lire (à 10 fl. Ö.W. die Lira) bekommen werde. Er bestellt alle Pferde seines Stammes, welcher oft mehrere

Stunden weit im Umkreis haufenweise lagert, in sein Lager, wo man selbe besichtigen kann. Das Pferd, welches man zu kaufen beabsichtigt, bezeichnet man dem Scheich und bittet ihn, es auszuhandeln. Er fragt nun, was man dafür zu geben beabsichtige, darauf bietet man, je nach dem Werte und den kursirenden Preisen im Lande 1, 2 bis 3000 fl. Ö.W. Gewöhnlich sagt dann der Scheich, dass es um diesen Preis nicht zu haben sein wird, man müsse mehr bieten. Um auf diese Weise des Fortanbietens nicht ins Unendliche zu geraten, was jedoch als Eingang zum Handel durchaus nicht zu umgehen möglich ist, bittet man den Scheich, doch zu sagen, um welchen Preis er glaube, dass es zu erstehen wäre. Nach langem Hin- und Herreden sagt er den Preis. Will man diesen geben, so geht er, handelt mit dem betreffenden Araber und den Partnern des Pferdes ganz abseits und schliesst gewöhnlich den Handel ab, indem er noch kleine Bedingungen als z. B. das Hinzugeben von 1 oder 2 bis 3 Araberanzügen hinzufügt. Bietet man dem Scheich einen geringeren Preis, als er es schätzt, so geht er auch handeln, aber man kann sicher sein, dass dies nur verlorene Zeit ist — man bekommt das Pferd nicht. Ich versuchte dies auf alle nur mögliche Weise, und kam zur obigen Einsicht, was mir das Handeln sehr erleichterte. Auch ist es wichtig, den Scheich um die Abstammung des zu kaufenden Pferdes zu befragen, so auch ob es von guter, besserer oder bester Race sei. Ob eine Stute von edelstem, reinstem Blute ist, erfährt man dadurch am besten, wenn man fragt, ob Deckhengste (Hadudi) von ihr gezogen werden. Ist die Antwort bejahend, so kann man über deren reines Blut versichert sein.

In Bezug der Abstammung und des reinen Blutes bei den Pferden, wurde ich während meiner ganzen Bereisung, bei der sorgfältigsten Prüfung und vielseitigen Nachfrage nicht ein einziges mal belogen, das ist auch der einzige Gegenstand, in welchem ich den Araber als wahr gefunden habe, denn in allem übrigen lügt er wie gedruckt. Man darf sich jedoch nicht beirren lassen und als Unwahrheit ansehen, wenn ein Araber bei einem minder edlen Pferde sagt, es ist ein reiner Saklavi, Menegie oder andere Race. Dies ist wahr, allein es giebt auch von diesen berühmten Familien mindere Racen, von welchen jedoch nie ein Hengst zur Zucht, oder wenigstens zum Decken der edelsten Familien benutzt wird. Dies erhält sich von Tradition zu Tradition und jeder Araber kennt genau die Abkunft aller im Stamme befindlichen Stuten und Hengste.

So findet man auch in jedem Stamme mehrere Deckhengste, von welchen nur einer höchstens zwei von edelstem Blute sind. Die übrigen sind auch von alter, sehr guter Race, es werden ihnen jedoch nie Stuten von edelstem Blute gegeben.

Leider findet man häufig bei diesen Deckhengsten Fehler z. B. rückbiegig, auswärts gestellt etc., welche bei ihrer Verwendung zur Zucht nicht berücksichtigt werden. Es ist daher eine sehr schwere Aufgabe, korrekt gestellte Pferde herauszufinden. Ob das korrekt gestellte und gut gebaute Pferd längere Dauer haben muss, als das fehlerhaft gestellte darüber hat, glaube ich, noch kein Araber nachgedacht. — Er hält nur auf Blut, Schnelligkeit und Ausdauer, letztere aber nicht als für viele Jahre dauerhaft, sondern nur z. B. bei einzelnen forcirten Ritten. Er ist nicht im Stande, ein ihm unbekanntes Pferd mit freiem Auge zu beurteilen, er beurteilt es blos nach gewissen handgreiflichen Traditionen, z. B. er stellt beide Vorderfüsse so nahe als nur die Hufe zusammenkommen können, knapp neben einander, versucht dann, wie viel ausgestreckt, und geschlossen gehaltene Finger er mitten zwischen den Knieen durchstecken kann. Gehen drei Fingerbreiten durch, so ist das Pferd sehr gut gestellt, gehen nur 2 Finger durch, so ist es auch noch gut, geringerer Raum ist schon mangelhaft und schlecht. Dies sieht man aber bei uns ohne diese Probe mit freiem Auge, ob das Pferd breit in der Brust ist und gerade gestellte Beine hat. Dann umfasst er mit dem Daumen und Mittelfinger unter dem Knie das Rohrbein, um zu sehen, ob es stark unter den Knieen sei; auch dies ist ganz leicht mit freiem Auge zu sehen. — So misst er z. B. die Länge vom Widerrist über den Hals bis zur Oberlippe, und vom Widerrist bis zum Ende der Schweifrübe. Ist erstere länger, so ist es gut. So ein Pferd ist immer gut gehalst, hat einen kurzen Rücken, desshalb gut geschlossen etc., was wir mit freiem Auge sehr gut sehen, der Araber aber messen muss. Derlei handgreifliche Erkennungszeichen hat er mehrere, sie sind richtig, aber ein solches Mass kann auch ein Schneider nehmen, ohne Pferdekenner zu sein, deren ich nicht einen Einzigen im wahren Sinne des Wortes angetroffen habe.

Mit den bei den Beduinen Fedan und Sbaa angekauften Pferden, welche durch eigene Mannschaft weiden zu lassen am sichersten ist, marschire man nach Hamah oder Homs, und sofort auf der Karawanenstrasse bis Damaskus.

In Hamah, Homs und Hassie besichtige man alle Pferde, da man oft in diesen Orten sehr schöne und edle Pferde findet.

In Damaskus muss ein Offizier, oder wenigstens ein sehr verlässlicher Unteroffizier, ein Kurschmied und 2 bis 3 Mann beim Depot bleiben, unter deren Aufsicht man mit aufgenommenen Sais (Pferdewärter) 15 bis 20 Pferde warten lassen kann. Später vermehrt sich die Zahl der eigenen Mannschaft in Damaskus, indem man angekaufte Pferde, wie weiter angegeben wird, dahin senden muss.

Diese Reise von Aleppo bis Damaskus, samt Aufenthalt bei den Beduinen, kann man in 20 Tagen ganz gut ausführen.

In Damaskus angekommen, thue man mit Hilfe des Herrn Konsuls daselbe, wie in Aleppo, und besorge vor allem anderen die Absendung eines Arabers zu den Beduinen Anase Vuold Ali, welche 2 Tagreisen von Damaskus, um diese Zeit gewöhnlich am Berge El Hara im Hauran lagern. — Bis zur Antwort des Scheich's der Vuold Ali besichtige man die schönsten Pferde in Damaskus, kaufe welche geeignet erscheinen, und lasse sie in Damaskus zurück. — Dass wegen der nötigen Unterkunft nun selbst Sorge zu tragen ist, versteht sich von selbst. Nach 6 Tagen Aufenthalt kann man leicht in der Lage sein, weiter zu ziehen, und zwar zu den genannten Beduinen Vuold Ali. Diese hatten, als ich in Syrien war, die meisten edeln und hochedeln Pferde. Ich kann sagen, dass mir die Wahl schwer wurde, denn ich sah dort 500 bis 600 Stuten, deren eine schöner war, als die andere.

Was man bei den Vuold Ali kauft, schicke man durch Araber oder eigene Leute unter Aufsicht eines Unteroffiziers in einem Marsch (14 bis 15 Stunden) nach Damaskus. — Bei den Vuold Alis angekommen, schicke man einen Araber desselben Stammes zu den Beduinen Ruolas, und verlange vom Scheich derselben ein Paar Araber, die er zu den Vuold Alis zur Abholung der Mission schicken soll, was ohne Anstand immer bereitwilligst geschieht. Ist man mit dem Ankauf bei den Vuold Alis fertig, so gehe man unter Führung der von den Ruolas angekommenen Araber zu denselben. Sie werden dermalen zwischen Nuova und Mezarib oder weiter noch gegen Bosra lagern. Dort thue man dasselbe wie bei den übrigen Stämmen und schicke wieder die gekauften Pferde unter Begleitung von einigen Mann (Soldaten) und einem Unteroffizier nach Damaskus. Braucht man von den abgesendeten Leuten welche zur Weiterreise, so lässt man sie von Damaskus nach Uebergabe der Pferde wieder zurückkommen und wartet ihre Ankunft ab.

Dieser Ankauf seit der Abreise von Damaskus bis zur Abreise aus dem Hauran kann 15 Tage in Anspruch nehmen.

Es kommt auf die anzukaufende Anzahl der Zuchtpferde an, ob man nicht schon bei den Ruolas den Ankauf ganz beendigt haben wird, dann geht man natürlich selbst mit dem Ankauf nach Damaskus zurück.

Nach meinem Erachten kann man von Aleppo bis zu den Ruolas nach obbenanntem Vorgehen 20 bis 30 Stuten und 4 bis 6 Hengste gekauft haben.

Aus dem Hauran z. B. von Mezarib geht man in 2 Tagen nach Damaskus, wo man 5 bis 6 Tage zum Beschlagen der Pferde zubringen kann. Von Damaskus marschiert man in sehr kleinen Märschen in 4 Tagen nach Beirut, und somit hätte man vom Tage des Landens in Alexandrette bis zum Eintreffen und Einschiffung in Beirut 63 Tage benötigt. Zur Hin- und Herreise von Wien z. B. von Alexandrette und von Beirut zurück nach Wien samt Einschiffung braucht man 27 Tage, was im Ganzen 90 Tage oder drei Monate betragen würde.

Hat man jedoch die gewünschte Anzahl von Zuchtpferden nach Beendigung des Einkaufes bei den Beduinen im Hauran noch nicht erreicht, so setzt man seine Reise fort, und zwar aus dem Hauran durch die Provinz Djolan über Feik ins Jordanthal. Zuerst wird man den Tribus Hanara unter dem Scheich Aghil Aga antreffen, wohin man sich durch ein paar Araber von Feik zeigen lassen kann. Durch den Scheich Aghil Aga veranlasse man die Weiterreise zu den Beduinen Beni-Sacher, Sarhan, Sardie, und verfahre auf gleiche Weise wie bei den früheren Araberstämmen.

Dieser Aufenthalt im Ghor samt Reise bis Jericho kann in 10 Tagen bewerkstelligt werden. Was man im Ghor gekauft hat, muss man nun mitführen.

Von Jericho geht man zu den Beduinen bei Gaza und zwar in 3 Märschen über Jerusalem, Beit-Djebrin, Gaza. In Gaza wende man sich an den Pascha Gouverneur, welcher den Capo Scheich der Beduinen kommen lässt, durch dessen Veranlassung man alle Pferde der dortliegenden verschiedenen Tribus besichtigen können wird. 8 Tage Aufenthalt werden genügen, um seine Absichten auszuführen. Von Gaza gehe man durch Syrien zurück und zwar in folgenden 16 Marschtagen: Elcheschdin, Ramleh, Ain-Tebrud, Nablus, Djenin, Nazareth, Hattin, Ferrab, El Chiam, Hasbaia, Rascheia, Mochtara, Zakle, Baalbek, Zebdeni, Damaskus. Im ganzen kann man 4 Rasttage machen und zwar am vorteilhaftesten in Nablus, Nazareth, Zebdeni und Zakle. Denselben Tag, als man in einer Station ankommt, kann man auch alles Sehenswerte besichtigen, wenn man zeitlich früh um 5 Uhr aufbricht und auf diese Weise um 1—2 Uhr mittags ankommt.

Dann ist es notwendig, von Gaza aus immer einen Araber, den man am besten die ganze Reise hindurch behält, als Quartiermacher und Anmelder den Tag vor der Ankunft vorauszuschicken, um alles zur Besichtigung bereiten zu lassen.

In allen Stationen frage man nach den Deckhengsten, besichtige diese, da Hengste überhaupt schwer zu finden sind. Die besten Pferde auf dieser Reise durch das Innere Syriens, welche ich im Winter machte, fand ich in Nablus, in Nazareth, wohin mir Aghil Aga sehr viele auswärtige Pferde bestellt hatte, da in Nazareth selbst nichts ist. Dann in Hasbeia, Rascheia und besonders in Zakle und Umgegend.

Man wird daher die Weiterreise aus dem Hauran wie oben angeführt ist, bis zurück nach Damaskus in 41 Tagen leicht ausführen können. Rechnet man nun die ganze Reise zusammen, so wird eine Mission in 131 Tagen oder beiläufig in $4^1/_2$ Monaten wieder in Wien zurückgekehrt sein können. Und will man dieser Mission für unvorhergesehene Fälle einen Monat zugeben, so würde sie also $5^1/_2$ Monat benötigen.

Auf dieser ganzen Reise kann man 40 bis 50 Stuten, ich meine ganz taugliche, und 10—12 Hengste ankaufen.

Sicherheitsmassregeln.

Von der hohen türkischen Regierung ist vor Antritt der Reise ein Cirkularschreiben an alle Provinzial-Behörden Syriens zu erzielen, worin die Mission dem Schutze derselben anempfohlen und die Behörden beauftragt werden, dieser Mission jeden Vorschub oder Unterstützung zur Förderung ihrer Zwecke angedeihen zu lassen. Die nötigen Bujrugdi zur Reise bekommt man dann in jedem Paschalik von dem betreffenden Pascha, was durch die österreichischen Konsulate besorgt wird. Diese Bujrugdi sind jedoch von keiner grossen Wichtigkeit, sobald die Provinzen (Paschaliks) von der Ankunft der Mission avisiert sind. Ich habe während meiner ganzen Reise weder einen Bujrugdi noch Empfehlungsbrief irgendwo vorgezeigt oder abgegeben, auch wurde nie einer verlangt.

Zusammenstellung des Kommandos.

Eine Mission, welche z. B. 30 bis 40 Stuten und 12 Hengste ankaufen soll, müsste aus folgenden Individuen zusammengesetzt sein: 1 Offizier als Kommandant, 1 Offizier zur Rechnungsführung und als Depot-Kommandant, 1 Arzt, 2 Kurschmiede, wovon einer beim Depot bleibt, 5 bis 6 intelligente energische und sehr verlässliche Unteroffiziere. 12 bis 15 gemeine Soldaten, am besten Italiener, und 3 Furierschützen. Kann der Kommandant 2 Offiziere mithaben, so ist es um so besser. Viele Chargen sind sehr notwendig, denn 1 Unteroffizier bleibt beim Depot, 3—4 braucht man zur Führung der angekauften Pferde zum Depot, und 1—2, die der Kommandant bei sich behält. Ferner braucht man einen Dolmetsch, der arabisch können, ein wohlerzogener Mensch sein muss, und dessen Haupteigenschaft Ehrlichkeit sein soll. Solche Leute findet man in den Städten Aleppo, Beirut und Damaskus; dann einen zweiten Dolmetsch für die Mannschaft und zugleich als Kommissionär.

Unter der Mannschaft müssen 2 Leute kochen können. Der Kommandant muss, wenn er seiner Aufgabe entsprechen soll, vor allem andern einen energischen, selbständigen Charakter besitzen, weil er in jeder Lage, die fortwährend wechselt, rein auf sich selbst reduzirt ist, dann um nicht durch die ewigen Lügen und die unglaubliche Indolenz der Araber irre geführt zu werden.

Sehr viel praktischen Verstand, viel Geduld, die grösste Ausdauer, ununterbrochene Thätigkeit, Entschlossenheit, Gleichgiltigkeit für Entbehrungen und eine gute Gesundheit sind Eigenschaften, die ihm bei tüchtiger praktischer Pferdekenntniss und scharfem, schnellen Ueberblick zum Gelingen seines Unternehmens unentbehrlich sind.

Unteroffiziere und Mannschaft müssen besonders solche gewählt werden, welche ein heiteres Gemüt und eine dauerhafte Gesundheit haben.

Bekleidung.

Das Kommando kann, in Uniform gekleidet, überall hin, auch zu den Beduinen gehen, benötiget daher keine Zivilkleider, für jedes Individuum und für jeden Mann sind jedoch 2 Kittel, 2 Paar Segeltuchhosen und 2 Paar Stiefel mitzunehmen.

In Aleppo kauft man für jeden Mann ein Kefie (Tücheln, die über den Kopf getragen werden), um gegen den Sonnenstich geschützt zu sein und eine Bauchbinde.

Den Mantel muss jeder Mann auf der Reise mithaben, weil die Abende und Nächte auch im Sommer meistens sehr kühl sind.

Ausrüstung von Mann.

Jeder Mann soll mit seinem Säbel, 1 einfachen Pistole und die Hälfte der Mannschaft mit Doppelgewehren bewaffnet sein, für letztere sind Posten zum Laden mitzunehmen, welche der Mann in einem Schrottsack an einer Schnur hängend trägt, so auch eine Kapselmaschine, für die Hälfte der Mannschaft Czuteras und für sämmtliche Mannschaft 4 lederne Reisevalisen; ferner hat jeder Mann sein Essbesteck mitzuführen.

Pferdeausrüstung.

Für Jedermann einen kompletten Sattel mit Sattelhaut ohne Hinterzeug. Soviel komplette Zivilzäume als Hengste und soviel Wischzäume als Stuten gekauft werden sollen. 20—30 Kartätschen und Striegel, 2—3 Maulkörbe, 2 Kappzäume.

CATACLYSM.

1 Packsattel samt Packtaschen zur Transportierung der Kasse. Die Kasse hat immer auf einem sehr guten Muckerpferde gepackt, und durch einen eigenen Mann geführt, beim Kommando zu bleiben.

Ich meine, dass sie nie bei den Packtieren gehen soll, weil diese meistens vorausgeschickt werden, und dann gewöhnlich überholt, zurückbleiben. Auf diesem Packpferd habe ich auch eine hölzerne Truhe, mit einigen Fächern versehen, die notwendigsten Lebensmittel auf einen Tag und das tägliche Gabelfrühstück enthaltend, mitgeführt. Es geschieht häufig, dass die Bagage bedeutend später in die Station und an Ort und Stelle ankommt. Hat man da nichts bei sich, so kommt man oft vor Mitternacht nicht zum Speisen.

Uniformzäume zu den Sätteln braucht man nicht, weil jedes Muckerpferd seinen Zaum hat.

Stallgurten, Decken, Tränkschaffeln etc., Kochgeschirre für die Leute, bekommt man dort genug und von recht guter Qualität.

Hufeisen und Nägel sind keine mitzunehmen, da unser Beschläge auf dem dortigen Boden gänzlich unanwendbar ist. Pferde zum Reisen sollen nie angekauft werden.

Es ist billiger und bequemer mit aufgenommenen Muckern (Pferde-Ausleiher und Maultiertreiber) zu reisen. Ihre Pferde gehen sehr sicher, halten sehr viel aus, und man braucht sich während der ganzen Reise weder um Unterkunft, noch um Futter, kurz gar nicht um sie zu kümmern.

Für so ein Pferd oder Maultier, was gleich viel kostet, zahlte ich täglich 16—20 Piaster an Marschtagen, und die Hälfte davon an den nicht marschirenden Tagen. Die nötigen Zelte kaufe man dort, sie sind sehr praktisch, leicht zum Aufschlagen und zum Transportiren.

Für die Herrn Offiziere empfehle ich zur Reise Feldbetten, welche in der Handlung Stammer & Comp. am Graben in Wien zu haben sind. Sie sind zwar teurer, aber auch äusserst praktisch, werden vierfach zusammengelegt und stecken in einem Lederfutteral, wodurch das Volumen ein ganz geringes ist.

Eine Decke oder ein Mantel genügt zum Zudecken, da diese Feldbetten gut gepolstert sind. Ihr Aufschlagen oder Zusammenpacken kann in 2—3 Minuten bewerkstelligt sein.

Die Karte Syriens von Berghaus ist unerlässlich. Will man ein Buch mitnehmen, so kann ich das „Handbuch für Reisende im Orient", Stuttgart, Verlag von Adolf Krabbe 1846, am meisten empfehlen.

Geldanweisungen.

In Bezug auf die Anweisung der zum Pferdekauf benötigenden Geldsummen, erlaube ich mir, meine auf Erfahrung sich stützenden Ansichten auseinander zu setzen und für künftige Missionen in Vorschlag zu bringen.

Die Art und Weise, wie mir die Gelder flüssig gemacht worden waren, verursachte bedeutende Auslagen, indem die bezüglichen Summen vom hohen Armee-Oberkommando an den Verwaltungsrat des Triester Lloyd, von diesem an das Bankierhaus Baltazzi in Konstantinopel, von diesem letzteren aber an die Handlungshäuser Bustros zu Beirut und Picciotto zu Aleppo übertragen wurden. Endlich, da ich die meisten Summen in Damaskus zu erheben durch Umstände und Verhältnisse genötigt war, geschah noch eine weitere Uebertragung der beiden letztgenannten Häuser an andere Kaufleute zu Damaskus, wodurch die Flüssigmachung erst durch die 4. Hand erfolgte und somit die Kommissionsgebühren eine bedeutende Höhe erreichen, da jeder der Beauftragten 1 % an Spesen für sich in Anspruch nimmt.

Diesem Aufwande an Kommissionsgebühren, die in der Handelswelt üblich und gerechtfertigt sind, könnte dadurch vorgebeugt und dem hohen Aerar erspart werden, wenn dem betreffenden Missionschef ein Zirkular-Kreditbrief des Hauses Rothschild oder Sina an sämtliche Bankiers und Kaufleute Syriens im allgemeinen lautend, d. h. ohne direkt an ein bestimmtes Handlungshaus gerichtet zu sein, auf jene Summe eingehändigt würde, die von der hohen Staatsverwaltung zum Zwecke des Pferdeeinkaufs gewidmet wird.

Auf diesem Zirkular-Kreditbrief, welcher die akkreditierte Summe vorzugsweise — weil am meisten gesucht — in Livre Sterling zu enthalten hätte, kann der Bevollmächtigte gegen Abgabe von seinen Tratten auf eine gewisse Zahl Tage Sicht, die nach und nach erforderlich werdenden Gelder in jeder grösseren Stadt Syriens anstandslos erhalten, und da derlei Wechsel immer gesucht werden, sogar ohne alle Gebühren sich verschaffen oder höchstens an ein Haus bezahlen, wodurch jedenfalls eine nur unbedeutende Summe an Spesen abfallen wird.

Da die Beduinen jedes einzelne Goldstück auf einen Stein werfen, um sich von dem echten und reinen Klang desselben zu überzeugen, und jedes nichtklingende Stück auf keinen Fall annehmen, so mache ich auf diesen Umstand mit dem Bemerken aufmerksam, bei Erhebung von Geld ein Gleiches zu thun, und jedes nicht rein und hellklingende Goldstück zurückzuweisen, um dem höchst lästigen und zeitraubenden Wechseln solcher des Klanges entbehrenden Stücke zu begegnen. In grosser Menge kommen solche nichtklingende Goldstücke bei den türkischen Lire vor, die zwar echt sind, aber im Gepräge einen Makel haben und von Beduinen nicht angenommen werden.

Geschenke.

Zu Geschenken, deren man sehr viele zu machen hat, wenn man gut aufgenommen sein will, ist es am besten, nichts aus Europa mitzunehmen, sondern dort beizuschaffen. Kapselgewehre haben keinen — selten nur wenig Wert. Sie wissen nicht damit umzugehen.

Die beliebtesten Geschenke sind: Pistolen mit Feuerschlössern, deren Schaft und Läufe stark mit Silber und Gold verziert sind; Uhren mit arabischen Zahlen; arabische oder türkische Säbeln mit guten persischen Klingen und ganze Anzüge, welche aus seidenen Kaftans, Mäntel und Kefis bestehen, deren man eine Unzahl benötigt und überall bekommt.

Tabak und Pulver, Kaffee und Zucker kann man auch zum Verschenken mitführen, da die Beduinen häufig darnach fragen.

Geschenke an Dienerschaften an Geld sind nicht zu sparen, wenn man einiges Ansehen geniessen und überhaupt etwas erreichen will.

Lebensmittel.

An Lebensmitteln rate ich vor allem ein grosses Quantum Bouillon-Zelteln mitzunehmen. Ich hatte vortreffliche vom Hotel Munsch mit, welche mir das ganze Jahr hindurch gleich gut geblieben sind, dann Thee und Schokolade.

Man bekommt dort blos Hühner- und Hammelfleisch; dieses wird mit allen nur möglichen Variationen zubereitet, um nicht zum Eckel zu werden, zu welchem Zwecke mir ein gutes Quantum Paprika sehr gute Dienste geleistet hat.

Insektenpulver in grossem Quantum ist nicht zu vergessen.

Vorsichtsmassregeln.

Vor allem andern rate ich Jedem, sich warm zu kleiden. Bei Sonnenuntergang ist es immer kalt und so auch des Morgens bis 7—8 Uhr. Verkühlungen sind die meisten Veranlassungen zu Krankheiten, jeder von uns, der immer einen Flanellanzug getragen hatte, wurde nie krank. Bei Nacht soll die Mannschaft angezogen schlafen, und sich vor Sonnenuntergang wo thunlich waschen.

Was die Diät anbelangt, so ist darin schwer zu fehlen, man isst täglich dasselbe und da wird es schwer, sich zu überessen. Säuerliche Getränke, als Limonade, geniesse man so viel als thunlich.

Ausser Bordeaux, den man in hinreichendem Quantum bekommt, ist kein anderer Wein geniessbar. Der Landwein ist süsslich, sehr stark und kein Europäer verträgt ihn in die Länge der Zeit ohne krank zu werden.

Man halte sich so kurz als nur thunlich überall auf. Je beweglicher, je beschäftigter man ist, desto gesunder bleibt man. Nur bei längerem Aufenthalt an einem Orte, wurden mehrere von uns krank.

Nachträgliche Bemerkungen.

In Aleppo schaffe man sich einige Laternen an, weil im Lager des Nachts immer Licht brennen und Wache gehalten werden muss. Stearinkerzen bekommt man auch in den Städten und ist ein gehöriges Quantum mitzunehmen. Auch kaufe man eiserne Fesseln, welche zum Schliessen sind und den gekauften Pferden bei den Beduinen des Nachts angelegt werden müssen, wenn man es nicht wagen will, dass ein oder das andere Pferd gestohlen werde. Futtersackeln, Halfter, Stricke und Strickfesseln, dann Decken, sind in nötiger Anzahl beizuschaffen und mitzunehmen, so auch eiserne und hölzerne Pflöcke zum Anbinden der Pferde; hölzerne Keulen und ein paar Hämmer, dann eine gehörige Anzahl fertiger Hufeisen und Nägel.

Verhaltungen auf dem Marsche — Behandlung der Pferde während dem Marsche und beim Depot.

Zur Fortschaffung der Lebensmittel, welche immer von einer Stadt bis zum Wiederanlangen in eine andere, und oft 20 und mehr Tage dauern kann, vorrätig mitzunehmen sind, schaffe man sich 2 hölzerne Kisten von 30 Schuh Länge und 20 Schuh Breite an. In diesen Kisten kann man in Säcke verwahrt folgende Viktualien mitnehmen als: (Bouillon Zelteln), Reis, Kaffee, Zucker, Macaroni, welche man in allen Städten fertig und von guter Qualität bekommt, Eier, Käse, Salz, Schmalz, Zwiebeln, Paprika, Senf, Pickles, Datteln, Feigen, Nüsse, Orangen und Lemoni, auch das Oel für die Lampen kann hinzukommen; dann sind die nötigen Holzkohlen zum Kochen für eben so lange Zeit mitzuführen. Die Beduinen kochen mit getrocknetem Kamelmist, was einen garstigen Geruch verursacht. Hammelfleisch bekommt man bei den Beduinen genug, und in allen Ortschaften Hühner und Eier. Wer Wein trinken will, muss einen guten grossen Flaschenkeller aus Europa mitbringen.

Man marschirt täglich nach Umständen 8—12 Stunden. Bevor man abmarschirt nimmt man etwas Kaffee. Auf halbem Weg rastet man eine Stunde und nimmt ein Gabelfrühstück, das schon den Tag früher zubereitet sein muss, ausser dem schwarzen Kaffee, welcher nach dortiger Art in einigen Minuten gekocht und vortrefflich ist.

Nach dem Anlangen in der Station, oder dort wo man übernachten will, wird erst das Mittagsmahl und wieder das Frühstück für den kommenden Marschtag bereitet. Während dem Marsch liess ich die eingekauften Pferde so nur thunlich war, durch eigene Mannschaft reiten. Die Mucker sorgen für ihre leergewordenen Pferde. Wird ein eingekauftes Pferd gedrückt, so wird es durch einen Mucker geführt, und der Mann reitet wieder sein Muckerpferd.

Es ist deshalb besser, die eingekauften Pferde zu reiten, weil man weniger Gefahr läuft, sie in einer feindlichen Beduinen-Affaire verlieren zu können, auf die man doch immer gefasst sein muss. An der Hand geführt, sind sie gar nicht zu verteidigen, weil die Sais die ersten sind, die die Pferde auslassen und davonlaufen.

Es grenzt ans Unglaubliche, welchen panischen Schrecken und Furcht Alles im

Lande vor den Beduinen hat. Mir ist bei ihnen und durch sie nie die geringste Unannehmlichkeit begegnet, auch nie etwas gestohlen worden. Ich hatte jedesmal 80 bis 100000 Gulden bei mir und nie machte jemand Miene, mir etwas in den Weg zu legen. Sie nannten mich arabisch „den Vater der Goldstücke."

Gewaltig imponierte ich ihnen, wenn sie sahen, dass ich täglich einige Adler und Geier im Fluge herabschoss. Sie konnten nicht begreifen, wie das möglich wäre, im Fluge einen Vogel zu treffen. Auch die Revolverpistolen machten einen gewaltigen Eindruck auf sie.

Meine Bewaffnung bestand aus einem Hirschfänger und einer Revolverpistole, einen Kugelstutzen trug mein Diener.

So oft man auf dem Marsche zu einer Quelle oder Wasser kommt, was selten öfters als ein- oder zweimal geschieht, lasse man alle Pferde trinken. Früh morgens vor dem Ausmarsch ist es kalt, die Pferde trinken nicht. Man kommt je nach Umständen erst um 2—3—4—5 Uhr, oft auch später, in die Station, kann da nicht gleich trinken lassen und so würden die Pferde, wenn man sie unterwegs nicht trinken liesse, nur einmal alle 24 Stunden zu trinken bekommen, was bei der grossen Hitze zu wenig sein würde, und Krankheiten unausbleiblich zur Folge hätte. Jeder Araber tränkt so oft er zu Wasser kommt; das Wasser ist nicht kalt und schadet bei der darauf folgenden Bewegung nicht nur nicht, sondern ist zur Verdauung sogar notwendig.

Kommt man an Ort und Stelle wo übernachtet wird, so ist das Lager vom Monat April bis Oktober, November jeder andern Unterkunft vorzuziehen. Die Zelte werden so nahe als möglich beisammen aufgeschlagen, die Pferde im Kreise oder in zwei Reihen um die Zelte herum angebunden. Das Lager ist wo thunlich dort zu wählen, wo Wasser ist.

Gleich nach dem Ankommen bestelle man die nötige Gerste, und ist das Wasser nicht ganz nahe, auch mehrere Schläuche Wasser. Geht man zu den Beduinen, so ist es gut, mehrere Säcke voll Gerste mitzunehmen. Man kommt gewöhnlich ½ oder 1 Stunde vor den Packtieren an, wesshalb jeder Mann seinen eisernen Pflock und eine strickene Fessel bei sich zu führen hat, um die Pferde gleich anbinden und fesseln zu können

Nachdem abgesessen wurde, sind die Gurten etwas nachzulassen. Die Sättel nehme man vor 2—3 Stunden nicht ab. Der Araber, weil er keine Decke mit sich führt, sattelt sein Pferd auf dem Marsche Tag und Nacht nie ab. Ist es warm, so werden nach dem Absatteln kleine Filzdecken, in der Form wie unsere Schweissdecken sind, aufgelegt; ist es kühl, so lasse man ganze Decken auflegen.

Die Gerste ist erst 2 Stunden nach der Ankunft, und nachdem man eine halbe Stunde früher tränken liess, zu verabreichen, darnach aber nie tränken zu lassen.

Ich liess in der Regel 6 bis 8 Gaufeln Gerste früh und eben so viel abends geben. Sehr gute Fresser bekamen auch bis 12 Gaufeln.

Wie zu ersehen ist, wird blos früh und abends gefüttert.

Strohhäcksel rate ich nie zu geben: ich liess es anfangs mit der Gerste vermengt reichen, was jedoch Koliken zur Folge hatte. Als ich das Strohhäcksel ganz weg liess und die Sorge trug, dass nie nach der Gerste mehrere Stunden hindurch getränkt wurde, kam mir keine Kolik mehr vor. Stroh giebt der Araber nur, wenn er nichts anderes hat.

Während man die Pferde versorgt, kommt gewöhnlich die Bagage an. Die Köche müssen von jeder andern Arbeit dispensirt bleiben und für die nötigen Viktualien als: Hühner, Eier oder Hammeln etc., sowie für Wasser und Feuer Sorge tragen, um nach der Ankunft der Bagage die Menage besorgen zu können, und um nicht gar zu spät mit dem Abkochen in die Nacht hinein zu geraten.

Die übrigen Leute helfen alle zusammen, ein Zelt nach dem andern aufzuschlagen, dann wird die Bagage geordnet, jeder nimmt, was er nötig hat, und das Uebrige bleibt beisammen auf einem Haufen geschichtet.

Die Waffen sind in der Mitte des Lagers alle beisammen aufzustellen oder zu legen. Alles dies ist das Werk einer kleinen Stunde. Ist dies geschehen, so untersucht der Schmied das Beschläg bei jedem Pferde der Reihe nach und schlägt die fehlenden Nägel nach. Dann kommt die Zeit zum Tränken; eine halbe Stunde darnach wird gefüttert, dann abgesattelt. Gewöhnlich ist auch das Mittagsmahl bis dahin bereit, welches in der Regel recht gut schmeckt.

Wie es dunkel wird, ist eine Wache aufzuführen, welche im Lager auf- und abzugehen hat; diese muss bis zum Morgen erhalten werden.

Früh wird mit Tagesanbruch getränkt, dann gefüttert. Während des Fütterns werden die Zelte abgeräumt, die Mucker packen auf und marschieren durch 1 oder 2 Leute (Soldaten) begleitet ab. Nach dem Füttern wird gesattelt, gezäumt und ebenfalls wenn Alles bereit ist, aufgesessen und abmarschirt.

Hat man Handpferde, welche zu Fuss geführt werden müssen und die Gegend ist sicher, so lasse man sie mit den Muckern marschieren, ist die Gegend unsicher, so muss man sie mit sich nehmen.

Ist es beim Abmarsch kalt, so lasse man den Handpferden die über Nacht gehabten Decken nicht abnehmen, sondern erst um 8—9 Uhr, wenn es warm geworden ist.

Bei den Depots müssen die angekauften Pferde in Chans (grosse leere magazinartige Räume) untergebracht werden.

Damaskus ist rund herum stundenweit mit Gärten umgeben, welche knapp an der Stadt beginnen. Es wäre daher nie thunlich ausserhalb der Gärten zu lagern, was höchst unsicher sein würde.

Man bekommt, wenn man sich recht viele Mühe giebt, sehr grosse geräumige Chans nahe an einem Thore, auch ausserhalb derselben. Ich hatte ganz nahe beisammen 4 solche Stallungen, worunter einer im armenischen Kloster allein 28 bis 30 Pferde bequem aufnehmen konnte. Solche Chans sind immer nahe am Thore zu wählen, weil die Gassen so eng, so schlecht gepflastert und gedrängt voll sind, dass man beim täglichen Spazierengehen und Reiten Unglücksfälle riskiren würde. Für trächtige Stuten liess ich in 2 an einander stehenden Chans 15 Boxen aus Barrieren machen, wo sie sehr gut untergebracht waren.

Anbinden muss man die Pferde, nach dortiger Sitte, was auch alle Unglücksfälle, die in den Stallungen zustossen können, verhütet.

Füttern liess ich Gerste und zwar 6 Gaufeln in der Regel auf jedes Futter, zweimal des Tags früh und abends. Nebstbei erhielt jedes Pferd vom halben Januar angefangen bis zu meiner Abreise im Juli 2mal des Tags Grünfutter; anfangs junge Gerste, später als diese zu stark wurde, Klee. Dieses Grünfutter bekamen sie um 10 Uhr vormittags und nachmittags nach dem Putzen. Man bekommt es in kleinen Büscheln, ein Pferd erhielt 8 bis 16 Büscheln — nach seiner Fresslust — auf einmal.

Auch bei der Gerste bestimmte ich immer das Quantum für j e d e s e i n z e l n e Pferd nach seinem Bedürfniss, welches oft sehr verschieden ist.

Getränkt wurden die Pferde im Winter bei Tagesanbruch eine halbe Stunde vor dem Gerstenfutter; dann um 5 Uhr nachmittags; im Sommer auch zu mittag vor dem Putzen, zu welcher Zeit es ihnen am besten schmeckte. Streu bekamen die Pferde gar keine — man hat keine. Die Hengste liess ich t ä g l i c h, Sonntag ausgenommen, 2 volle Stunden reiten und als sie mir zu übermüthig wurden, 2 auch 3mal die Woche ordentlich abtraben.

Die Stuten wurden auch täglich 2 volle Stunden an der Hand zu Fuss spazieren geführt.

Die Fenster und Thore der Stallungen sind Tag und Nacht offen zu halten, doch so herzurichten, dass kein Pferd im Luftzuge stehe.

Ich hatte das Glück, unter 66 angekauften Pferden keines zu verlieren, was ich besonders dem Grünfutter, welches sie immer bei leichtem Leibe erhielt und der regelmässigen täglichen Bewegung von 2 Stunden zuschreibe. Erst als ich den ersten Transport übergeben hatte, welcher zur Einschiffung nach Alexandrette abmarschirt war, verlor der Kommandant desselben 2 Stuten an Kolik am Wege, was, ich denke so, auch zu vermeiden gewesen wäre.

Der Ankauf.

Darüber lässt sich nur sehr wenig sagen, denn bringt der Chef einer solchen Mission nicht praktische Pferdekenntniss, einen scharfen schnell beurtheilenden Ueberblick mit, der nur durch viel Erfahrung und Uebung sich eigen gemacht werden kann, vorausgesetzt, dass Passion und grosse Liebe zum Pferde eine überwiegende Leidenschaft des Betreffenden sein müssen — so wird er nur wenig kaufen, oft gerade das Bessere stehen lassen, meist am Gelingen des Ankaufs bald verzweifeln und am Ende das minder Gute nehmen, um nur etwas gekauft zu haben.

Man findet oft unter 100 Stuten nicht eine von der Race, die wir benöthigen. Oft sah ich mehrere Hundert, ohne eine kaufen zu können, so dass man oft fürchten muss, das Auge für das, was man eigentlich sucht, zu verlieren. Oft sieht man mehrere Hundert lauter edle, sehr schöne Stuten; besieht man sie näher, so findet man kaum einige, die für unsere Zwecke passen, z. B. ein Teil ist zu alt, ein grosser Teil mit zu starken Abzeichen, ein grosser Teil nicht korrekt gestellt, ein anderer nicht hoch genug im Blute.

Als Hauptfehler, besonders bei den Beduinen, kann man annehmen: die rückbiegig gestellten Vorderbeine (Knie), womit die edelsten Pferde beteiligt sind. Dann sind viele zu schmal im Leibe; viele auswärts, nur wenige einwärts gestellt, mitunter welche lang und weich in den Fesseln, doch nur in geringer Zahl. Vorbiegig fand ich gar keine: mit fehlerhaften Hufen auch nicht. Mit Augenkrankheiten äusserst wenige. Selten zu lang im Rücken. Oft zu gerade in den Sprunggelenken, selten mit zu viel Winkel in denselben. Spatige Pferde sah ich im Ganzen unter einigen Tausenden vier.

Die Fesseln sind meistens voll Schrammen, Wunden, Wülste, Erhöhungen, wie Leistenbeine aussehend, etc., was von den eisernen Fesseln herrührt, die sie immer angelegt haben. Viele Pferde findet man mit starkem Feuer an den Füssen und überhaupt oft stark hergenommen. Dies kommt von dem enorm schlechten steinigen Boden, auf welchem sie ihr ganzes Leben zubringen und oft stark gebraucht werden, her.

Zwischen Ellen hohem üppigem Grase liegen vereinzelt, wie angesäet, Steine von allen Grössen herum, so dass man sie in dem hohen Gras nicht sehen kann, und desshalb so leicht Beschädigungen entstehen. — Auf diesem Boden reitet der Beduine in jedem Tempo. Ich sah einige Pferde mit gebrochenen Fesselbeinen, welche wieder schief zusammengewachsen waren und geritten wurden. Auf solchen Boden muss man die Pferde mustern, wo sie nicht im Stande sind, zwei gleiche Schritte zu machen, und gewöhnlich bis über die Knie im Gras stehen.

Kauft man ein Pferd nicht gleich oder feilt es wenigstens nicht an, so reitet der Beduine fort und man sieht ihn nicht wieder; denn sie lagern Stundenweit zu 6—8—10—15 Zelte auseinander. Zum Glück haben die meisten Pferde sehr gute Gänge. Bei den Beduinen kann man als Durchschnittspreis für eine Stute vom besten Blute 6000 Fl. C.-Mz. annehmen. In den Städten und Ortschaften, dann bei stabilen Beduinen sind die Preise geringer. Sie handeln die Pferde als Fohlen von den Beduinen-Arabern ein, kommen leichter dazu, und wissen das Geld mehr zu schätzen.

Es kamen mir Beduinen vor, welche bis 60,000 Fl. für 3jährige Stuten verlangten und auf einen Anboth von 6 bis 8000 Fl. gar keine Antwort gaben, sondern davon jagten. So ein Beduine hat nichts als diese Stute, einige Kameele und Schafe, ein Hemd, einen Mantel und einen Gott. —

Als ich von Nablus nach Djenin marschirte, begegnete ich einigen Beduinen, worunter einer eine sehr schöne starke Schimmelstute ritt. Ich fragte ihn, ob er sie nicht verkaufen wolle; er antwortete, was ich ihm anbiethe. Die Stute schien mir alt; ich sass ab, sah ihr ins Maul und hielt sie bei 16—18 Jahre, doch war sie hochträchtig und besonders schön. Ich trug ihm 1000 Fl. an; er antwortete: „Das habe ich an Trinkgeld gegeben, als ich sie kaufte" — gab ihr die Sporen und jagte davon.

In den Städten und Dörfern ist es ebenso schwer zu kaufen wie bei den Beduinen. Man ist in eine Gasse gepfropft, von hunderten Menschen umgeben, die einem unter den Füssen herumkriechen und auf keine Weise abzuwehren sind. Wie gesagt, es gehört ein scharfer, schneller Ueberblick dazu, um in diesem Lande etwas Gutes anzukaufen.

Es gibt Gegenden, wo die Pferde durchschnittlich gut aussehen, und wieder welche, wo alle schlecht aussehen und schlecht gehalten sind.

Meistens findet diess seine Ursache in mehr oder weniger reichlich vorhandenem Futter. In solchen Fällen, wo durchschnittlich die Pferde gut aussehen, nehme man sich in Acht, minder gut Aussehende zu kaufen, weil diese gewöhnlich schlechte Fresser und kränklich sind.

Ueberhaupt rathe ich, jedes Pferd, bei welchem man in einer oder der andern Beziehung, besonders was Blut und Adel anbelangt, zweifelhaft ist, nicht zu nehmen. Der erste Eindruck, besonders was Adel anbelangt, ist immer der massgebendste. Wer diesen Kennerblick nicht hat, soll in Syrien keinen Ankauf unternehmen.

Man darf unter Adel nicht das feine spindliche arabische Pferd verstehen. Dieses ist auch bei den Arabern in geringerem Werthe, als das starke, gut gebaute, und dennoch hochedle Pferd.

Die Stuten bei den Beduinen, welche den grössten Theil des Jahres Gras fressen, haben ganz das Aussehen einer Gestütsmutterstute. Dieses Aussehen ist von dem eines aufgestellten gut gehaltenen Tieres sehr verschieden, und wer dieses nicht zu beurtheilen weiss, wird nicht zum Ankauf geeignet sein. Dann sind die Beine meist mit struppigem Haar bewachsen, verschunden und verschlagen, was nicht anders möglich ist, wenn man nimmt, dass sie ihr ganzes Leben Tag und Nacht im Freien leben, im Gras, welches über Nacht ganz nass wird, stehen, gar nie geputzt werden, voll Läuse und Zecken sind etc., auch ihr Haar am Körper nie die Glätte und Feinheit, wie das im Stall vor Kälte geschützte Pferd hat. Hingegen sieht man an den Schweif- und Mähnen-Haaren, welche immer beim edlen Pferde wie die Haare einer Dame sind, dann an seinem Ausdruck im Gesichte und im ganzen Wesen, ob das Pferd edel ist oder nicht.

Der Gang eines edlen Pferdes ist nicht zu verkennen von dem Pferde gemeiner Abkunft, sowie die graziösen Bewegungen einer edlen Dame von dem eines Bauernmädchens sehr verschieden sind.

Darüber liessen sich Folianten schreiben und würden dem Ankäufer doch nichts nützen, wenn er dies praktisch nicht bereits vollkommen inne hat und auf den ersten Blick zu erkennen im Stande ist.

Man kann Jahre lang in Syrien reisen, ohne ein ausgezeichnetes Pferd gesehen zu haben, was nur zufällig geschehen könnte, wenn man die guten Pferde nicht eigens aufsucht. Es ist diess ein mühsames und mühevolles Unternehmen, muss aber gelingen, wenn man Ausdauer, die nöthigen Kenntnisse und grosse Liebe für dieses Fach hat.

Im August 1857.

Brudermann m/p.,
Oberst.

Wir haben uns veranlasst gesehen, obige „Gehorsamste Relation“ in extenso wiederzugeben, weil dieselbe nicht nur für jeden Liebhaber des orientalischen Pferdes von ausserordentlicher Bedeutung ist, sondern auch vom allgemeinen hippologischen Standpunkt aus betrachtet, als ein Kabinetsstück bezeichnet werden muss, das nur zu lange schon der Fachwelt vorenthalten worden ist. Die Arbeit, die wir unternommen, gleicht eben in vielen Beziehungen derjenigen des Schatzgräbers und mit Recht könnte man es uns verübeln, wenn wir die uns gebotene Gelegenheit nicht dazu benützen würden, solche in den Gestütsarchiven vorgefundene Schriftstücke, die unzweifelhaftes allgemeines Interesse besitzen, hier an das Tageslicht zu befördern. Aus demselben Grunde werden wir auch unserer Geschichte der Bábolnaer Pépinière einige Betrachtungen des Obersten von Brudermann über die Entwicklung und die Zuchtergebnisse des seiner Leitung unterstehenden Gestütes einverleiben. Um diese recht verstehen und würdigen zu können, ist es aber unumgänglich notwendig, das Zuchtmaterial zu kennen, welches in Bábolna von der Gründung des Gestütes bis zur Übergabe desselben an den ungarischen Staat zur Benützung gelangt ist. Bevor wir uns der Geschichte von Bábolna wieder zuwenden, wollen wir daher die von 1816—1869 in Bábolna aufgestellt gewesenen Hengste und Stuten so vollständig verzeichnen, wie es mit Hilfe der sehr lückenhaften Gestütsakten nur möglich ist. Wir beginnen zu diesem Zwecke mit einem

Verzeichnis

derjenigen Hengste, welche von 1816—1869 in Bábolna zur Zucht verwendet worden sind.

Rasse	Namen	Farbe	Geburts-jahr	Mass Faust	Mass Zoll	Mass Strich	Abstammung	Auf welche Art zugewachsen	Art des Abganges und sonstige Anmerkungen
Orig.-Araber	L'Ardent	Schimmel	1805	14	1	—	Araber-Abkunft	Anno 1815 in Frankreich im Depot la Rosières erbeutet.	Hat bis zum Jahre 1821 hier gedeckt.
Araber-Rasse	Pyrrhus	Fuchs	1808	14	1	—			Keine Nachweisung über Deckung und Nachkommenschaft hier vorfindig.
	Thibon	Braun	1809	15	1	—			Hat bis zum Jahre 1821 hier gedeckt.
	Ulysso	Schimmel	1810	14	3	1			Hat im Jahre 1816 hier gedeckt. Der Abgang unbekannt.

Rasse	Namen	Farbe	Geburts-jahr	Mass Faust	Zoll	Strich	Abstammung	Auf welche Art zugewachsen	C.-Mz. fl.	Art des Abganges und sonstige Anmerkungen
Türkische Rasse	Mustapha	Fuchs	1795	14	2	2	Türkische Rasse.	Anno 1815 in Frankreich im Depot in Rosières erbeutet.		Hat bis zum Jahre 1818 hier gedeckt.
	Tharax	Schimmel	1795	14	1	2				Hat im Jahre 1816 und 1817 hier gedeckt.
Original-Araber	Siglavi Gidran	Fuchs	1811	14	3	1	Von der vorzüglichsten Rasse der Siglavi Gidran.	1816 von Baron Fechtig in Triest erkauft für	2800	Wie lange dieser Hengst hier gedeckt, ist nicht ersichtlich. Hatte vorzügl. Nachkommen.
	Ebchan	Fuchs	1812	14	1	3	Unbekannt.		1200	Bis zum Jahre 1820 hier gedeckt.
Arab. Vollblut	Gidran I	Fuchs	1817	15	1	—	Von der Mutter Nr. 74 Tifle, Originalaraberin.	Hiesige Zucht		Hat vom Jahre 1823 bis 1834 hier gedeckt.
	Samhan	Schimmel	1818	15	1	—	Mutter Ressfesse Braun.	Im Jahre 1819 durch Herrn Major Wescher als 1jährig. Fohlen um den Preis von 300 fl. erkauft.		Hat vom Jahre 1823 bis 1833 hier gedeckt. Hat gute Nachkommen.
Original-Araber	Fedchan	Fuchs	1808	14	3	1	Aus der Rasse Sciena des 5. Araber-Stammes Fedchan genannt.	Der Wahrscheinlichkeit nach vom Mezöh. Milt.-Gestüt anher transferirt oder zugeteilt worden.		Hat vom Jahre 1819 bis 1831 hier gedeckt.
	Nylus	Braun	1808	15	—	—	Unbekannt.			Hat vom Jahre 1820 bis 1824 hier gedeckt.
	Aly	Schimmel	1818	15	—	—	Unbekannt.			Hat vom Jahre 1821 bis 1824 hier gedeckt.
	Anazé	Bronce-Fuchs	1819	14	3	—	Aus dem Stamme Anazé in der Wüste.	1825 vom Handelsmann Danz aus Konstantinopel erkauft um	600	Hat bis zum Jahre 1832 hier gedeckt. (Auf welche Art in Abgang gekommen, ist unbekannt.)
	Nedjdi Baba	geapfelter Honig-schimmel	1819	14	3	—	Erzeugt bei dem Stamme Nedjdi in der Wüste. Rasse Nedjdi.		600	Hat bis zum Jahre 1833 hier gedeckt.
	Durzy	Goldbraun	1819	14	3	—	Unbekannt.		600	Hat bis zum Jahre 1833 hier gedeckt.
	Kokeb	Goldbraun	1818	14	1	1	Unbekannt.	1827 vom Handelsmann Glischo aus Konstantinopel erkauft für	1000	Hat bis zum Jahre 1833 hier gedeckt.

Rasse	Namen	Farbe	Geburts-jahr	Mass Faust	Mass Zoll	Mass Strich	Abstammung	Auf welche Art zugewachsen	C.-Mz. fl.	Art des Abganges und sonstige Anmerkungen
Original-Araber	Dahes	Grau-schimmel	1818	14	1	—	Aus der Rasse Richun.	1827 vom Handelsmann Glischo aus Konstantinopel erkauft für (war bis 1834 in Mezőhegyes)	1000	1840 in Abgang.
Araber-Vollblut	Antar	Licht-honig-schimmel	1827	15	1	—	Sohn des Original-Araber Antar und der Original-Araber-Stute Chebba.	Hiesige Zucht.		Im Jahre 1834 in Folge der geherrschten Beschälseuche kastrirt und zum Zuggebrauchpferd übersetzt.
Original-Araber	Messrour	Goldbraun	1820	15	—	2	Unbekannt.	1827 vom Handelsmann Glischo aus Konstantinopel erkauft für (war bis 1829 in Mezőhegyes)	1000	Im Jahre 1833 an Nervenschlag umgestanden.
Original-Araber	Managhi	Braun	1810	14	1	—	Unbekannt.	1816 vom k. k. Obersthofstallmeisteramt erkauft für (war Anfangs in Mezőhegyes)	2000	1833 umgestanden.
Araber-Vollblut	Elbedavi I	Weichsel-braun	1828	15	1	—	Grossvater Elbedavi, Mutter Hlavi, beide Original-Araber.	1833 von Baron Fechtig in Lengyel Toti am Plattensee erkauft für	2525	1837 nach Mezőhegyes transferirt.
Araber-Vollblut	Elbedavi II	Weichsel-braun	1830	15	2	—	Vater Elbedavi, Mutter Kohail, beide Original-Araber.	(wie oben)	2250	1841 nach Mezőhegyes transferirt.
Original-Araber	Siglavi IV	Braun	1821	15	—	—	Unbekannt.	1825 vom Handelsmann Danz aus Konstantinopel erkauft für (früher in Mezőhegyes)	600	1830 in Abgang als Landesbeschäler.
Englisch-Vollblut	Acorn	Kästen-braun	1831	15	3	—	Original-Englisch-Vollblut.	1835 vom Handelsmann Brönnsberg in Wien zu 4000 fl. pr. Pferd erkauft.		Von 1835 bis 1838 in Bábolna im Stande, dann in Mezőhegyes.
Englisch-Vollblut	Butcher boy	Braun	1828	15	3	2	(wie oben)	(wie oben)		Von 1835 bis 1837 in Bábolna im Stande, dann in Mezőhegyes.

Rasse	Namen	Farbe	Geburts-jahr	Mass Faust	Mass Zoll	Mass Strich	Abstammung	Auf welche Art zugewachsen		Art des Abganges und sonstige Anmerkungen
Englisch-Vollblut	Young Muley	Dunkel Rotfuchs	1830	16	1	2	Orig.-Englisch-Vollblut	1835 vom Handelsmann Brönnsberg in Wien zu 4000 fl. erkauft.		Von 1835 bis 1837 in Bábolna im Stande, dann in Mezőheg.
Araber-Vollblut	Samhan	Apfel-schimmel	1831	15	3	—	Vater Samhan, Orig.-Araber, 1818 geb., Mutter Nr. 46 Resslesse, deren Vater Siglavi, Schimmel, Orig.-Araber.	Hiesige Zucht.		Am 5. März 1852 an Altersschwäche umgestanden.
Original-Araber	Arial	Weichsel-braun	1830	14	3	—	Erzeugt bei dem Stamme der Anazé Fedehan. Rasse Koheil Gjulfe.	Im Jahre 1836 durch Hrn. Oberstlieut. Baron Herbert bei seiner Sendung in Syrien erkauft für	fl. 1250	Im Jahre 1849 in Graz als brack für 20 fl. verkauft.
	Anis	Weichsel-braun	1831	15	2	2	Erzeugt bei dem Stamme der Anazé el Sbaa. Rasse Koheil Siglavi.		1110	1844 zum Milit.-Gestüt nach Piber transferirt.
	Dahaby	Goldbraun	1826	15	—	—	Erzeugt in der Nedjdi, von der Rasse Koheil Siglavi.		1600	Im Jahre 1850 zu Graz in Steiermark wegen hohem Alter als brack plus offerenti verkauft.
	Ebuelhar	Licht-braun	1830	15	1	—	Unbekannt.		2000	Von 1838 bis 1840 in Mezőhegyes. — 1841 in Bábolna umgestanden.
	Farhan	Grau-schimmel	1830	15	—	2	Erzeugt bei dem Stamme der Anazé Eraule. Rasse Koheil Managhi.		1600	1845 nach Mezőhegyes transferirt
	Kader	Apfel-schimmel	1830	15	2	—	Erzeugt bei dem Stamme Bani Saber. Rasse Koheil Managhi.		940	Im Jahre 1841 am Schlagflusse umgestanden.
	Schagya	Geapfelter Honig-schimmel	1830	15	2	—	Erzeugt bei dem Stamme Bani Saber. Rasse Koheil Siglavi.		1800	Im Jahre 1842 wegen bedenklichen Drüsen vertilgt worden.
	Tscheleby	Goldbraun	1830	15	—	—	Erzeugt bei dem Stamme Anazé Gjelas. Rasse Koheil Gidran.		1000	Im Februar 1852 plus offerente um 132 fl. verkauft.
	Nadér	Rapp	1831	14	3	—	Erzeugt bei dem Stamme Tajar Anazé. Rasse Koheil Siglavi.		1240	1842 nach Radautz.

Rasse	Namen	Farbe	Geburts-jahr	Mass: Faust	Mass: Zoll	Mass: Strich	Abstammung	Auf welche Art zugewachsen		Art des Abganges und sonstige Anmerkungen
Original-Araber	Achmar	Lichtbraun	1837	15	1	—	Erzeugt bei den Beduinen in Hegjas.	Im Jahre 1843 durch Hrn. Oberstlieut. Baron Herbert bei seiner Sendung in Egypten erkauft für	fl. 2300	1854 wegen vorgerücktem Alter und Schwäche in der Hinterhand als brack verkauft.
	Assil	Fliegenschimmel	1837	15	—	2	Erzeugt in der Nedjdi.		2500	Am 6. Novbr. 1852 zum ung. Beschäl-Departement transferirt.
	Asslan	Lichtfuchs	1830	15	—	—	Erzeugt bei dem Beduinenstamm Bani Saher in der Wüste.		1000	Am 1. Mai 1857 wegen hohem Alter und Unfruchtbarkeit als brack um 211 fl. verkauft.
	Elbas	Goldbraun	1838	15	—	—	Erzeugt in Hegjas.		1500	1844 zum Mezöhegyeser Milt.-Gestüt als Pépinière-Beschäler.
	Koreischan	Lichtfuchs	1837	15	2	—	Erzeugt bei dem Stamme der Anazé Koreischan in der Wüste.		1200	Wegen hohem Alter, stark abgenützt und unfruchtbar im Mai 1857 als brack um 143 fl. C.-Mz. verkauft.
	Knejes	Lichtbraun	1835	15	—	—	Erzeugt bei dem Beduinenstamme Hegjas.		1800	Am 13. Juni 1854 zum leichten Landesbeschäler für Ungarn übersetzt.
	Schamar	Weissschimmel	1836	15	1	1	Erzeugt bei dem Beduinenstamme Schamar in der Wüste.		800	Im Jahre 1844 zum Radautzer Milit.-Gestüt transferirt.
	Nassr	Lichtfuchs	1838	15	—	—	Erzeugt bei dem Beduinenstamme Anazé Gjelas in der Wüste.		1600	1844 zum Mezöhegyeser Milt.-Gestüt transferirt.
Araber-Rasse	Giaraf	Schimmel	1843	15	—	—	Aus dem Stamme Siglavi Gidran.	Im Jahre 1851 aus dem kais. Hofstall für 2000 fl. C.-Mz. erkauft.		1853 nach Mezöhegyes transferirt.
Orig.-Araber	Dahoman	Weichselbraun	1846	15	2	—	Erzeugt in der Wüste in der Ebene von Boszra bei dem Beduinenstamme Anaze Gjelas.	Im Jahre 1852 durch die Sendung des k. k. Major Ritter von Gottschlig in Syrien erkauft.		Im Oktober 1856 in die k. k. Artillerie-Equitation in Wien abgegeben.

Rasse	Namen	Farbe	Geburts-jahr	Mass Faust	Mass Zoll	Mass Strich	Abstammung	Auf welche Art zugewachsen	Art des Abganges und sonstige Anmerkungen
Original-Araber	Gidran Elbedavi	Rot-schimmel	1850	14	1	—	Erzeugt in der Wüste Belaad el Schunbul bei dem Beduinenstamme der Sbaa.	Im Jahre 1852 durch die Sendung des k. k. Major Ritter v. Gottschlig in Syrien erkauft.	Im August 1857 zum Mezöhegyeser Militärgestüt transferirt.
Original-Araber	Gidran Majoum	Licht-braun	1850	14	2	—	ditto		Im Mai 1855 an Gedärmbrand umgestanden.
Original-Araber	Meneghi	Honig-schimmel	1848	14	2	—	ditto		1855 in die Militärgrenze verkauft.
Original-Araber	Mersoug	Licht-fuchs	1844	15	—	—	Erzeugt in der Wüste in der Ebene von Roszea bei dem Beduinenstamme Anaze Gjelas.		Im Novbr. 1855 zum leichten Landesbeschäler für Ungarn übersetzt.
Original-Araber	Saidan el Togan	Grau-schimmel	1844	14	2	—	Erzeugt in der Wüste Belaad el Schunbul bei einem Beduinenstamme der Sbaa.		Im Septbr. 1854 an das k. k. Oberst-hofstallmeisteramt in Wien abgegeben.
Original-Araber	Sherif Mauúi	Forellen-schimmel	1843	15	—	—		1853 durch Se. Exc. dem Hrn Gen.-Rimont-Inspekt. Graf Hardegg um 2125 fl. aus dem kais. Hofstall erkauft.	1857 nach Stuhlweissenburg zum dortigen Hengstendepot transferirt.
Araber-Vollblut	Merops	Schimmel	1838	15	—	—	Vater Merops, Arab. Vollblut, Preuss. Trakehner Gestütspferd, von der Abstammung des Arabers Turkmainatti.	1855 aus dem kais. Hofstall übernommen. — Gegen seinerzeitige Abrechnung.	1857 zum Reitgebrauchpferd übersetzt.
Original-Araber	Koheil	Schimmel	1844	15	1	1	Original-Araber.	1856 für die Beschälzeit aus dem kais. Hofstall vorgeliehen.	1856 nach Wien zurückgesendet.
Araber-Vollblut	Aga	Apfel-schimmel	1842	14	2	—	Araber-Vollblut aus dem königl. württemberg. Privatgestüte.	1855 aus dem Privatgestüte Seiner Majestät des Königs von Württemberg für 2500 fl. C.-Mz. per Stück erkauft.	Im August 1857 nach Radautz transferirt.
Araber-Vollblut	Musa	Dunkel-Braun	1851	15	—	—			Am 24. April 1857 umgestanden.
Origin.-Araber	Masrur	Blau-schimmel	1852	15	1	—	Erzeugt bei den Tribus Tarabin bei Gaza. Rasse Machladie.	In den Jahren 1856 und 1857 durch Herrn Obersten von Brudermann bei seiner Sendung in Syrien erkauft um fl. 985	1857 nach Mezöhegyes transferirt.

Rasse	Namen	Farbe	Geburtsjahr	Maas Faust	Maas Zoll	Maas Strich	Abstammung	Auf welche Art zugewachsen	fl.	Art des Abganges und sonstige Anmerkungen
Original-Araber	Adjgam	Licht-honig-schimmel	1852	15	—	—	Erzeugt bei dem Tribus Tajahu bei Gaza. Rasse Machladie.	In den Jahren 1856 und 1857 durch Herrn Obersten v. Brudermann bei seiner Sendung in Syrien erkauft um	950	1857 nach Radautz transferirt.
	Djebrin	Forellen-schimmel	1850	15	1	—	Erzeugt bei dem Tribus Sanarke bei Gaza. Rasse Djelfi.		960	31. Aug. 1857 nach Radautz transferirt.
	Esdrelon	Gold-braun	1849	14	3	—	Erzeugt bei dem Beduinenstamm Anazé Roula. Rasse Koheilan Adjuse.		909	31. Aug. 1857 nach Radautz transferirt
	Hami	Licht-fuchs	1851	14	3	—	Erzeugt bei dem Beduinenstamm Anazé Roula. Rasse Saklavi.		1136	Nach Mezőhegyes transferirt.
	Aghil Aga	Weichsel-braun	1850	15	1	—	Erzeugt bei dem Beduinenstamm Anazé Roula. Rasse Koheilan Adjuse.		1363	Dem Fürsten Sangusko für 5000 fl. verkauft am 15. Dezember 1865.
	Machbub	Eisen-schimmel	1850	15	—	—	Erzeugt bei dem Tribus Tajahu bei Gaza. Rasse Obajan el Hader.		1116	Im Jahre 1859 in Wien verkauft um 2300 fl.
	Bachid	Dunkel Rotfuchs	1849	14	3	—	Erzeugt bei dem Beduinenstamm Anazé el Djelas. Rasse Koheilan Adjuse.		800	1858 an Gedärmleiden umgestanden.
	Andjar	Dunkel-Fuchs	1852	15	1	—	Erzeugt bei dem Beduinenstamm Anazé Roula. Rasse Manegje.		1291	1857 an Nervenschlag umgestanden.
	El Tor	Blau-schimmel	1853	14	2	—	Erzeugt bei dem Beduinenstamm Beni Saher. Rasse Koheilan Sarabie.		605	Im Juli 1858 nach Mezőhegyes transferirt.
	Scheria	Dunkel-Fuchs	1851	15	—	—	Erzeugt bei dem Beduinenstamm Sarhan. Rasse Abu Argub Schuecha.		1009	1861 nach Mezőhegyes transferirt.
	Alan	Grau-schimmel	1852	15	—	—	Erzeugt bei dem Beduinenstamm Vould Ali. Rasse Abu Argub.		1008	1859 an gänzlicher Auflösung umgestanden.
	Hamad	Weiss-schimmel	1854	15	1	—	Erzeugt bei dem Beduinenstamm Vould Ali Rasse Obajan Abugress.		1727	Im Mai 1867 dem Fürsten Sangusko für 1600 fl. verkauft.

Rasse	Namen	Farbe	Geburts-Jahr	Mass Faust	Mass Zoll	Mass Strich	Abstammung	Auf welche Art zugewachsen	fl.	Art des Abganges und sonstige Anmerkungen
Original-Araber	Emir	Weichsel-braun	1845	14	3	—	Erzeugt bei dem Beduinenstamm Anazé Roula. Rasse Saklavi.	In den Jahren 1857 und 1857 durch Herrn Obersten v. Brudermann bei seiner Sendung in Syrien erkauft um	2272	1861 an Brustwassersucht und hepatisirter Lunge umgestanden.
	Djakma	Schimmel	1857	—	—	—	von der Mutter Djakma (Orig.-Araber)	Von den in Syrien erkauften Stuten gefallen und durch Herrn Oberst von Brudermann 1857 nach Europa gebracht.		—
	Scham	Schimmel	1857	—	—	—	dto. Schamle (Orig.-Araber)			—
	Neami	Schimmel	1857	—	—	—	dto. Neami (Orig.-Araber)			—
	Delpesent	Schimmel	1849	15	—	2	—	In den Jahren 1856 und 1857 durch Hrn Oberstlieut. Schindelöker bei seiner Sendung in Persien erkauft für	2700	1857 nach Radautz transferirt.
	Seglav	Fuchs	1851	14	2	2	Von Seglav. Rasse Seglavi aus der Nedjid.		1600	1857 nach Mezöhegyes transferirt.
	Ghomhalmez	Schimmel	1857	—	—	—	Im Anhermarsche gefallen; nach Europa gebracht.	—		Zu Raab plus offerenti verkauft.
	Tadmor	Fliegenschimmel	1836	14	3	1	Erzeugt bei dem Stamme Anazé el Ruola in der Wüste.	Dieser Hengst wurde im J. 1843 durch Hrn. Oberstl. Baron Herbert in Egypten zu dem Preis von 900fl erkauft, worauf ihn der k. k. Hofstall übernahm und im Jahre 1857 dem Gestüte zum Geschenk machte.		Im August 1859 alterhalber plus offerenti verkauft.
	Koheilan Elfdani	Grauschimmel	1856	14	2	3	Aus der Familie Koheilan Elfdani, Original-Araber, vom Beduinenstamm Anazé Fedahn.	Vom k. k. Oberstthofstallmeisteramt um 1000 fl. erkauft.		Im August 1860 zum galizischen Hengstendepot transferirt.
Araber-Rasse	Hamdanie Semri	Lichthonigschimmel	1856	15	2	—	Abstammung aus der Familie Hamdanie Semri, Orig.-Araber, vom Beduinenstamm Anazé Fedahn.	Während der Belegzeit 1860 vom k. k. Oberstthofstallmeisteramte zugeteilt.		1860 dahin retour. — 1. Sept. 1862 zum Mezöhegyeser Milt.-Gestüt transferirt.

Rasse	Namen	Farbe	Geburts-jahr	Mass Faust	Mass Zoll	Mass Strich	Abstammung	Auf welche Art zugewachsen		Art des Abganges und sonstige Anmerkungen
Original-Araber.	Meneghie Hedrogg	Weichsel-braun	1855	15	—	—	Aus der Familie Meneghie Hedrogg, Original-Araber, vom Beduinenstamme Anazé Fedahn.	Vom k. k. Obersthofstallmeisteramte erkauft um fl. Ö. W.	2600	Im August 1860 nach Radautz transferirt.
	Saidan Tokan	Licht-fuchs	1857	14	2	—	Aus der Familie Tokan, Original-Araber, vom Beduinenstamm Anazé Fedahn.		1400	1860 zum Hengstendepot nach Galizien.
	El Delemi	Weiss-schimmel	1848	14	2	2	Vater Varnan, Mutter Saklavi Gidran vom Stamme Anazé.	Anno 1860 in Cairo durch Herrn Rittmeister Karl Prinzen Ahrenberg für die hiesige Anstalt erkauft um Pfd. Sterl.	460	1863 nach Mezöhegyes transferirt.
	Atuan	Licht-fuchs	1855	14	3	—	Erzeugt im Gestüte des El Hami Pascha zu Abassie bei Cairo in Egypten. Vater Koheilan Anazé, Mutter Koheia Anazé.		400	1868 nach Mezöhegyes transferirt.
	Zarif	Gold-braun	1849	15	2	—	Aus dem Stamme Schamar. Rasse Maneghie.	Durch Herrn General-Major Ritter Rudolf v. Brudermann um 600 Pfd. Sterl. erkauft.		1864 nach Mezöhegyes transferirt.
	Haan	Licht-fuchs	1851	14	3	—	Erzeugt bei dem Beduinenstamme Anazé Ruola. Rasse Koheilan Adjuse.	Vom Mezöhegyeser Milit.-Gestüt rücktransferirt.		Im Juli 1865 als Landesbeschäler nach Galizien.
Araber-Vollblut.	Abiad	Apfel-schimmel	1857	15	1	—	Erkauft in der Wüste bei dem Stamme Beni Lam. Mutter Schilka von Koheilan aus der Gazelle.	Im Dez. 1863 vom Grafen Dzieduszycky vorgeliehen, anno 1864 12 Juli im Tauschwege übernommen.		Im August 1864 nach Mezöhegyes transferirt.
	Bagdady	Weiss-schimmel	1851	15	2	—	Araber-Vollblut, beim Grafen Dzieduszycky unter dem Namen „Pielgrzyni". Vater Bagdadi aus dem Stamme Schamar, Mutter Gazelle aus dem Stamme Anaze Sbaa. Rasse Koheil Agjus.	Im Jahre 1863 vom Grafen Dzieduszycky vorgeliehen, anno 1864 im Tauschwege für 3000 fl. erkauft.		1866 zum galizischen Hengstendepot transferirt.

SNAPSHOT.

Rasse	Namen	Farbe	Geburtsjahr	Mass Faust	Mass Zoll	Mass Strich	Abstammung	Auf welche Art zugewachsen	Art des Abganges und sonstige Anmerkungen
Englisch Vollblut	Bivouac	Weichselbraun	1857	15	2	—	Vater — Bivouac, englisch Vollblut; Grossvater — Voltigeur, engl. Vollbluthengst. Mutter Calcutta von Flatcatcher.	Vermöge h. General-Milit.-Gestüts-Inspekt.-Befehl vom 24. August 1862 durch den Commissionär in London, Mr. Weatherby, von Lord Zetland um 500 Pfd. Sterl. erkauft.	1866 zum Kisbérer Milit.-Gestüt transferirt.
Original-Araber	Horszan	Weissschimmel	1852	14	1		Vater } Original-Mutter } Araber.	Von Herrn v. Balogh in Pressburg erkauft um 505 fl. Öst. W.	Im Oktbr. 1866 zum galizischen Hengstendepot transferirt.
Araber-Rasse	Gazlan	Dunkelbraun	1858	15	2	—	Vater Gazlan, Orig.-Araber, Mutter Alda, Karster.	Vom Herrn Grafen Jaroslav Sternberg erkauft für 510 fl.	Im Septbr. 1870 um 300 fl. verkauft.
Original-Araber	Mahmoud Mirza	Dunkelbraun	1851	15	1	—	Gezogen bei dem Stamme der Azed im Süden Arabiens. Vom Vater — Hengst des Scheik Fegaddir; — Grossvater — Hengst des Moussil Ibrahim. Rasse Saklavi Djedranic. Von der Mutter — Stute des Scheik Faresin; — Grossmutter Mochoaleda des Hadji Schosaidesin.	Im Juli 1866 durch den Obersten de Butts vom Grafen Gustav Bathyáni um 250 Guinéen für das hiesige Gestüt erkauft.	Am 21. November 1872 wegen Altersschwäche vertilgt worden.
Engl.-arab. Rasse	Belzebub	Braunscheck	1854	15	—	—	Vater — engl. Vollbluthengst Dagobert oder Shamrock. Mutter — Araber-Stute aus dem Gestüte des Grafen Fesnicky. Araber Vollblut.	1865 vom Hrn. Grafen Oktav. Kinsky um 1020 fl. erkauft.	Am 4. Juni 1870 zum Hungarischen Staatshengsten-Depot nach Nagy Körös transferirt.
Original-Araber	Messoud	Weichselbraun	1857	15	1	—	Erzeugt im Gestüte Achmet Pascha zu Deir el Kamar.	Im Jahre 1865 durch die hohe Gen.-Remont-Inspektion vom Herrn Grafen Josef von Zichy um 2020 Gulden erkauft.	Im Febr. 1870 zum k. ung. Hengsten-Depot nach Alba.

Rasse	Namen	Farbe	Geburts-Jahr	Mass Faust	Mass Zoll	Mass Strich	Abstammung	Auf welche Art zugewachsen	Art des Abganges und sonstige Anmerkungen
Engl. Vollblut	Falcon (Night Hawk)	Schimmel	1853	16	—	—	Von Irish Birdcatcher aus der Fair Rosamond von Inheritor.	Vom März 1864 hier zugeteilt, im Oktober 1865 vom I. ungar. Hengstendepot anher transferirt.	Im Oktbr. 1866 zum I. ung. Hengstendepot nach Alba.
Araber-Vollblut	Polkan	Fuchs	1860	15	1	—	Araber-Vollblut.	Hiesige Zucht.	31. Mai 1872 zum Probirhengst, 1872 zum Dienstpferd übersetzt.
Araber-Vollblut	Gazlan	Schimmel	1862	15	—	1	Araber-Vollblut.	Vom k. k. Obersthofstallmeisteramt in Wien erkauft für Gulden 1000	19. August 1869 zum galizischen Hengstendepot transferirt.
Araber-Vollblut	Hadudi I	Schimmel	1862	15	1	2		1000	Am 19. August 1868 zum galiz. Hengstendepot.
Engl. Vollblut	Cormoran	Schwarzbraun	1857	15	3	—	Vom Vater Blackdrop aus der Dolphin von Priam.	Im Dezember 1865 für das II. ungar. Hengstendepot von Hrn. Oertzen Roggow in Mecklenburg für 1550 fl. erkauft.	Seit 1. Dezbr. 1865 als schwerer Landesbeschäler hier zugeteilt. 1866 an das II. k. ungar. Hengstendepot abgegeben.

Verzeichnis

derjenigen orientalischen Stuten, welche von 1816 bis 1869 für Bábolna angekauft oder dorthin transferirt worden sind.

Namen	Farbe	Geburts-jahr	Faust	Zoll	Strich	Abstammung	Auf welche Art zugewachsen		Art des Abganges und sonstige Anmerkungen
Tiflle	Zobelfuchs	1810	15	—	—	Vater Orig.-Araber aus dem Stamme Haudanie Rasse des Nedjdi.	1816 von Baron Fechtig in Triest erkauft für	fl. 1000	Im Jahre 1835 wegen hohem Alter vertilgt worden.
Resslesse	Schimmel	1818	15	—	3	Vater Siglavi, Schimmel, Orig.-Araber, Mutter Resslesse, Braun.	Anno 1823 durch die hohe General-Remont-Inspektion	C.-M. fl. 600	25. Juni 1844 licitando verkauft.
Freiletta I	Forellenschimmel	1816	15	—	—	Vater Belgrad Pascha, Schimmel, Mutter Freiletta.	vom k. k. Oberst-hofstallmeisteramt in Wien erkauft für	C.-M. fl. 600	Im Juli 1831 plus offerenti verkauft.

Namen	Farbe	Geburts-jahr	Faust	Zoll	Strich	Abstammung	Auf welche Art zugewachsen		Art des Abganges und sonstige Anmerkungen
Chebba	Weiss-schimmel	1829	14	2	—	Aus dem Stamme Meneghi.	1827 vom Handelsmann Ghscho aus Konstantinopel erkauft für	fl. 1000	Im Jahre 1838 licitando verkauft.
Djeida	Rotfuchs	1820	14	2	—	Von der Rasse Abenarkoub.		1000	Im Jahre 1837 licitando verkauft.
Hadba	Forellen-schimmel	1823	15	1	—	Aus dem Karster Hofgestüt. Vater Swety, Braun, Original-Arab. Mutter Hadba, Orig.-Araber.	1829 durch die hohe General-Remont-Inspektion aus dem k. k. Hofstall in Wien erkauft für	C.-Mz. fl. 325	Im Jahre 1838 an der Brustwassersucht und gänzlicher Auflösung umgestanden.
Faride	Goldbraun	1828	15	—	—	Erzeugt bei dem Emir Beschir auf dem Libanon aus dem Stamme Beni Saher. Rasse Koheil Agjus.	Im Jahre 1836 durch Herrn Oberstlieutenant Baron Herbert bei seiner Sendung in Syrien erkauft für Gulden	1549	Im Jahre 1852 licitando verkauft.
Hadlany	Forellen-schimmel	1831	15	2	—	Erzeugt bei dem Stamme Anazé Gjelas. Rasse Koheil Siglavi.		1650	1841 infolge schwerer Geburt bei gänzlich verkehrter Lage des Fohlens umgestanden.
Hamdanie	Weichsel-braun	1830	14	3	—	Erzeugt bei dem Stamme Anazé Gjelas. Rasse Koheil Siglavi.		1230	1852 licitando verkauft.
Seria	Honig-schimmel	1830	15	2	—	Erzeugt bei dem Stamme Anazé el Sbaa. Rasse Kobeilan		1700	Im Jahre 1854 umgestanden.
Taése	Licht-braun	1832	14	2	1	Erzeugt bei dem Stamme der Anazé Gjelas. Rasse Koheil Agjus.		1390	Im Jahre 1838 am Nervenschlag plötzlich umgestanden.
Arusse	Licht-braun	1836	14	2	—	Erzeugt bei dem Beduinenstamme Anazé Gjelas in der Wüste.	Im Jahre 1843 durch Herrn Oberstlieutenant Baron Herbert bei seiner Sendung in Egypten erkauft für fl.	2800	1857 licitando verkauft.
Uld-Ali	Fliegen-schimmel	1835	15	1	—	Bei dem Stamme der Anazé Ras el Fadani in der Wüste erzeugt.		2050	1855 licitando verkauft.
Khel el Agjus	Schimmel	1845	14	3	—	Aus dem Stamme Khel el Agjus.	Im Jahre 1851 aus dem kaiserl. Hofstall erkauft für Gulden C.-Mz.	2000	1854 als krank verkauft.

Namen	Farbe	Geburts-jahr	Faust	Zoll	Strich	Abstammung	Auf welche Art zugewachsen		Art des Abganges und sonstige Anmerkungen
Gara	**Honig-schimmel**	**1845**	14	3	—	Erzeugt in der Wüste Belaad el Schunbul bei einem Beduinen-stamme der Sbaa.		—	Im März 1856 zum Dienstgebrauchs-pferd übersetzt.
Obajan Siglavi	**Grau-schimmel**	1845	14	1	—	In der Wüste Belaad el Sagur bei dem Beduinenstamme der Fedahns erzeugt.	Im Jahre 1852 durch die Sendung des k. k. Majors Ritter v. Gottschligg in Syrien erkauft.	—	**Am 12. Mai 1859 an Gedärmberstung umgestanden.**
Koheil	**Forellen-schimmel**	1843	14	2	—	ditto		—	Infolge starker **Auf**lockerung der **Ma**genschleimhäute, Entartung d. Eierstöcke etc. **umge**standen.
Toucssa	Rapp	1844	14	3	—	ditto		—	**1857 als krank verkauft.**
Hamdanie	Fliegen-schimmel	1840	14	3	—	Aus dem Stamme Hamdanie.	Im J. 1851 aus dem kais. Hofstall erkauft.	—	**1857 licitando um 33 fl.** verkauft.
Elkanda Aleppo	Braun	1846	15	—	—	Vom **Vater** Aleppo; dieser war ein Sohn des originalarabischen Hengstes Bairactar und der **Stute** Issa. Mutter Elkanda, eine Tochter des originalarabischen Rapphengstes Sultan und der Stute Kaaba II; diese war gezogen von Bouna II aus Elkanda I, welche im Jahre 1819 als 2-jähriges Fohlen mit der Mutter Hassfoura aus **Ara**bien **kam.**	Im **Jahre 1856 aus dem Privatgestüte Seiner Majestät** des **Königs von Württemberg vom Herrn General Grafen Neipperg erkauft für Gulden**	**500**	1861 altershalber, wegen schlechter Ernährung und gänzlich abgenützt als Brack für 250 fl. verkauft.
Barrak Mazud	Schimmel	1845	14	3	2	**Vom** Vater Mazud; dieser war ein Sohn des Bairactar und der arabisch. Stute Hazam. Barrak war eine Tochter des Bairactar und der originalarabischen Zuchtstute Schakra, welche im Jahre 1819 durch Graf Rzewusky aus Arabien gekauft wurde.		**506**	**Am 6. Mai 1861 altershalber etc. als Brack um 45 fl. verkauft.**

Namen	Farbe	Geburtsjahr	Faust	Zoll	Strich	Abstammung	Auf welche Art zugewachsen		Art des Abganges und sonstige Anmerkungen
Nedjme	Forellenschimmel	1849	14	2	—	Aus dem Nedjid.		976	**Am 26. Okt. 1871 wegen hohen Alters vertilgt.**
Schiebanie	Goldfuchs	1850	15	—	—	Erzeugt bei dem Beduinenstamme AnazéRuola. Rasse Djeifi.		938	**1866 zum Csikós Reitpferd übersetzt.**
Djakma	Goldbraun	1848	15	2	—	Erzeugt bei den Tribus Hanadjer bei Gaza. Rasse Koheilan Adjuse.		2282	**1866 an** Magenberstung umgestanden.
Sap-ha	Grauschimmel	1851	15	1	—	Erzeugt bei den Tribus Hanadjer bei Gaza. Rasse Machladie.		2727	Infolge Verwerfens und hiedurch eingetretenem Brand umgestanden.
Hazne	Lichtfuchs	1851	14	3	—	Erzeugt bei dem Stamme Would-Ali. Rasse Obajan Scharakie.	In **den Jahren 1856**	1660	1869 **an** Kolik **umgestanden.**
Gazale	Goldbraun	1846	15	1	—	Erzeugt bei dem Beduinenstamme Anazé el Djelas. Rasse Hadba Ensaehie.	**und 1857 durch Herrn Obersten**	3000	**Am 4. August 1859 an Berstung der Leber umgestanden.**
Schamie	Fliegenschimmel	1848	14	3	—	Erzeugt bei dem Beduinenstamme Anazé el Sbaa. Rasse Saklavy.	**v. Brudermann bei** seiner **Sendung in**	1000	**1858 an Gedärmleiden umgestanden.**
Sahra	Grauschimmel	1850	15	1	—	Erzeugt bei dem Beduinenstamme Anazé Ruola. Rasse Seglavy.	**Syrien erkauft um Gulden**	1686	**1869 als** Brack **für 9 fl.** verkauft.
Codha	Honigschimmel	1851	14	3	—	Erzeugt bei den Tribus Kissa am nördlichen Ufer des galiläisch. Meeres.		3455	1864 zum **Csikós** Reitpferd **übersetzt.**
Aide	Geapfelter Grauschimmel	1850	14	2	—	Erzeugt bei dem Stamme Anazé Ruola. Rasse Koheilan Adjuse.		1000	1868 in Abgang gekommen; auf welche Art nicht bekannt.
Neamie	Forellenschimmel	1848	15	2	—	Erzeugt bei dem Beduinenstamme Schamar. Rasse Koheilan Adjuse.		2272	**Im September 1869 altershalber und gänzlicher Auflösung umgestanden.**
Ueschba	Fliegenschimmel	1847	14	3	—	Erzeugt bei dem Beduinenstamme Beni Saher. Rasse Koheilan Adjuse.		2512	**1858 an gänzlicher Auszehrung umgestanden.**

Namen	Farbe	Geburts-jahr	Faust	Zoll	Strich	Abstammung	Auf welche Art zugewachsen		Art des Abganges und sonstige Anmerkungen
Raeda	Forellen-schimmel	1850	14	3	—	Erzeugt bei dem Beduinenstamme Beni Saher. Rasse Hadba.	In den Jahren 1856 und 1857 durch Herrn Obersten v. Brudermann bei seiner Sendung in Syrien erkauft um Gulden	1675	Am 30. März 1858 an Gehirnleiden umgestanden.
Okla	Rotfuchs	1852	14	3	—	Erzeugt bei dem Beduinenstamme Would Ali. Rasse Koheilan Adjuse.		2674	Am 16. Okt. 1871 wegen hohen Alters vertilgt.
Karme	Goldbraun	1854	14	2	2	Erzeugt bei dem Beduinenstamme Muale. Rasse Djelfe.		3229	1871 licitando für 100 fl. verkauft.
Nuera	Weichsel-braun	1851	15	—	—	Erzeugt bei dem Beduinenstamme Anazé el Sbaa. Rasse Meneghie.		2462	Im September 1870 für 100 fl. verkauft.
Hadla	Blau-schimmel	1852	15	1	—	Erzeugt bei dem Beduinenstamme Anaze el Sbaa. Rasse Saklawy.		3652	1870 altershalber vertilgt
Tenua	Goldbraun	1852	15	2	—	Erzeugt bei dem Beduinenstamme Would Ali. Rasse Koheilan Adjuse.		3077	Wegen hohen Alters und Spat als Brack um 100 fl. verkauft.
Helali	Forellen-schimmel	1848	15	—	—	ditto		3027	1861 als stark dämpfig vertilgt.
Dachma	Licht-braun	1851	15	—	—	ditto		5454	1871 licitando für 145 fl. verkauft.
Hamda	Dunkel-braun	1848	15	2	—	ditto		1966	1864 zum Csikós Reitpferd übersetzt.
Muda	Dunkel-braun	1851	15	—	—	ditto		5454	1866 als Brack licitando in Raab um 31 fl. verkauft.
Schmed	Schwarz-braun	1850	15	—	—	Erzeugt bei dem Beduinenstamme Would Ali. Rasse Meneghie.		3636	1870 altershalber vertilgt.
Hula	Dunkel-Honig-schimmel	1853	15	—	—	ditto		5272	1870 licitando verkauft für 90 fl.
Ghule	Honig-schimmel	1852	15	1	—	ditto		2313	Wegen hohen Alters, ganz schultersteif und hinten beiderseits Ringbeine vertilgt.

Namen	Farbe	Geburtsjahr	Faust	Zoll	Strich	Abstammung	Auf welche Art zugewachsen		Art des Abganges und sonstige Anmerkungen
Aleka	Licht-Honig-Schimmel	1851	15	1	—	Erzeugt bei dem Beduinenstamme Anazé Fuaul. Rasse Hadba.		1664	1870 altershalber vertilgt.
Zeraie	Lichtfuchs	1850	15	1	—	Erzeugt bei dem Beduinenstamme Would Ali. Rasse Seglavy.		5909	4. Juni 1870 wegen hohen Alters und gänzlicher Auszehrung vertilgt.
El Hara	Lichtfuchs	1848	15	—	—	Erzeugt bei dem Beduinenstamme Would Ali. Rasse Obajan.	In den Jahren 1856 und 1857 durch Herrn Obersten v. Brudermann bei seiner Sendung in Syrien erkauft um Gulden	4272	1870 infolge schwerer Geburt umgestanden.
Neuse	Rotfuchs	1851	15	—	—	ditto		6000	1864 an Gedarmverwicklung und Netzberstung umgestanden.
Dahabie	Goldfuchs	1850	14	3	—	ditto		5363	1870 altershalber vertilgt.
Gedea	Fliegenschimmel	1848	15	—	—	Erzeugt bei dem Beduinenstamme Anazé Ruola. Rasse Koheil Tarach		2019	1864 zum Csikós Reitpferd versetzt.
Mebrucha	Dunkelbraun	1853	14	3	—	Erzeugt bei dem Beduinenstamme Would Ali. Rasse Tuessa Koheil.		5909	1871 licitando um 90 fl. verkauft.
Hadla	Schimmel	1857	—	—	—	von der Mutter Hadla [Original-Araber]	Von den in Syrien erkauften Stuten gefallen und durch Herrn Obersten v. Brudermann im Jahre 1857 nach Europa gebracht.	—	—
Schichanie	Fuchs	1857	—	—	—	Schichanie		—	—
Nuera	Braun	1857	—	—	—	Nuera		—	—
Rueda	Schimmel	1857	—	—	—	Rueda		—	—
Tenua	Braun	1857	—	—	—	Tuena		—	—
Gazale	Fuchs	1857	—	—	—	Gazale		—	—
Leily	Lichtfuchs	1852	15	—	2	Erzeugt im Gestüte des Ali Chan, gezogen in Kurdistan in Persien. Rasse Nedjid.	In den Jahren 1856 und 1857 durch Herrn Oberstlieut. Schindelöker bei seiner Sendung in Persien erkauft für Gulden	2100	Im Juli 1863 nach Radautz transferirt.
Feuda	Grauschimmel	1851	15	—	1	Erzeugt in Kurdistan im Kurden-Tribus Miku.		1450	1859 als Zuggebrauchspferd für Kisbér übersetzt.
Firuze	Lichtbraun	1854	14	3	3	In Kurdistan erzeugt.			1858 zum Reitpferd übersetzt.

Namen	Farbe	Geburts-Jahr	Faust	Zoll	Strich	Abstammung	Auf welche Art zugewachsen		Art des Abganges und sonstige Anmerkungen
Vadne	Forellen-schimmel	1843	14	3	—	Vater: Siglavy, Original-Araber. Mutter: Vadne, Original-Araber.	Durch Hrn. Gestüts-Inspekteur F.M.L. Ritter v. Valjemare von den Grundherrn von Döry aus Zombor für die hiesige Anstalt erkauft um Gulden	1150	1865 an Milzbrand umgestanden.
Vadne	Licht-braun	1853	14	1	—	ditto		1150	1861 an Wasserergiessung u. hepatizirter Lunge umgestanden.
Bedue	Dunkel-Honig-schimmel	1860	14	3	2	Vater: Bedue, Original-Araber. Mutter: Vadne, Araberin.		200	Im Juni 1870 um 195 fl. verkauft.
Fatime	Apfel-schimmel	1854	15	1	2	Vater: Tajar II. Mutter: Schakra.	Im Kgl. württemb. Gestüte erzeugt; im Jänner 1862 vom Herrn Hermann Krupp erkauft um Gulden	1510	1868 infolge Dampf erstickt. War mit einem Stütel trächtig.
Hamane	Fliegen-schimmel	1849	15	—	—	Erzeugt bei dem Beduinenstamme Haddjerer. Rasse Koheilan Adjuse.	Vom k. k. Oberst-hofstallmeisteramt im Jahre 1864 erkauft für Gulden	1000	1859 an Auszehrung umgestanden.
Hische	Fliegen-schimmel	1856	15	—	—	Aus dem Beduinenstamme Anazé Roula. Rasse Abu Argub.		1000	1870 altershalber vertilgt.
Zenobia	Grau-schimmel	1850	14	3	2	Aus dem Beduinenstamme Would Ali. Rasse Koheilan.		1000	1866 an Nervenschlag umgestanden.
Jamine	Fliegen-schimmel	1850	15	—	—	Aus dem Beduinenstamme Would Ali. Rasse Kubeschan		1000	1870 wegen hohen Alters und gänzlicher Auszehrung vertilgt.
Daeni	Grau-schimmel	1851	15	1	—	Erzeugt bei dem Beduinenstamme Would Ali. Rasse Seglavy.		1000	Im Juni 1870 licitando verkauft.
Elnina	Geapfelter Grau-schimmel	1859	14	3	1	Lippizaner Zucht. Vater: Gazlan, Or.-Araber, Schimmel. Mutter: Erkuke, Or.-Ar., Schimmel.		800	1867 zum Dienstreitpferd übersetzt.
Gazlan	Schimmel	1861	14	3	2	Araber Vollblut.		800	An Brustwassersucht umgestanden.
Hadudi	Schimmel	1861	15	—	2	Vater: Hadudi, Or.-Araber.		800	6. Juni 1867 zum Csikós Reitpferd übersetzt.

Ausser den in dem vorstehenden Verzeichnis genannten, bis zur Übergabe des Gestütes daselbst zur Zucht verwendeten Stuten, werden noch folgende arabische Vollblutstuten in Vogler's „Allgemeinem Gestüt-Buch" Band IV als zum Bestande des Gestütes Bábolna gehörend, angeführt:

Achmar, hbr. St., gez. in Bábolna 1846 v. Orig.-Araber Achmar a. d. Tscheleby v. Tscheleby a. d. Durzy v. Tiffle, Orig.-Araber.

Achmar, hbr. St., gez. in Bábolna 1854 v. Orig.-Arab. Achmar a. d. Tscheleby.

Achmar, h. F.-St., „ „ „ 1855 „ „ „ „ „ „

Aga, h. F.-St., „ „ „ 1857 v. Arab.-Vollblut Aga a. d. Dahaby v. Dahaby a. d. Seria.

Aga, Honigsch.-St., } gez. in Bábolna 1857 v. Aga a. d. Assil v. Assil a. d. Seria.
Aga, Wbr.-St., }

Assil, Honigsch.-St., „ „ „ 1847 v. Orig.-Arab. Assil a. d. Seria. Or.-Ar.

Assil, Honigsch.-St., „ „ „ 1852 „ „ „ „ „ „ „

Asslan, R.-F.-St., „ „ „ 1845 „ „ Asslan a. d. Dahaby v. Gidran a. d. Tiffle.

Asslan, R.-F.-St., gez. in Bábolna 1846 v. Orig.-Arab. Asslan a. d. Anazé v. Gidran a. d. Tiffle.

Asslan, R.-F.-St., gez. in Bábolna 1851 v. Orig.-Arab. Asslan a. d. Koreischan v. Koreischan a. d. Anazé.

Asslan, R.-F.-St., gez. in Bábolna 1853 v. Or.-Ar. Asslan a. d. Tscheleby v. Anazé.

Dahaby, G.-F.-St., gez. in Bábolna 1841 v. Orig.-Ar. Dahaby a. d. Hamdanie.

Dahaby, F.-Sch.-St., „ „ „ 1844 „ „ „ „ „ Seria.

Dahaby, hbr. St., „ „ „ 1845 „ „ „ „ „ Arusse.

Dahaby II, „ „ „ „ 1850 „ Dahaby II a. d. Elbedavy I v. Elbedavy I a. d. Anazé.

Dahama, h. Sch.-St., gez. in Bábolna 1853 v. Orig.-Arab. (?) Dahama a. d. Obajan Siglavi.

Dahoman, Wbr. St., gez. in Bábolna 1854 v. Orig.-Arab. Dahoman a. d. Schagya v. Schagya a. d. Anazé.

Dahoman, M.-F.-St., gez. in Bábolna 1854 v. Orig.-Arab. Dahoman a. d. Dahaby v. Dahaby a. d. Arusse.

Gidran Elbedavy, R.-St., gez. in Bábolna 1857 v. Orig.-Arab. Gidran Elbedavy a. d. Obajan Siglavy.

Koreischan, r. F.-St., gez. in Bábolna 1846 v. Orig.-Arab. Koreischan a. d. Anazé.

Koreischan, d. F.-St., „ „ „ 1848 „ „ „ „ „ Dahaby.

Koreischan, r. F.-St., gez. in Bábolna 1848 v. Orig.-Arab. Koreischan a. d. Anazé.

Koreischan, d. F.-St., „ „ 1851 „ „ „ „ Dahaby.

Koreischan, h. F.-St., „ 1853 „ „ „ Asslan.

Koreischan, r. F.-St., „ „ 1854 „ „ Asslan.

Koreischan, h. F.-St., „ 1856 „ „ Dahaby.

Merops, h. Sch.-St., „ „ 1856 „ Arab.-Vollbl. Merops a. d. Dahaby v. Dahaby a. d. Seria.

Saydan, Gr.-Sch.-St., gez. in Bábolna 1854 v. Orig.-Arab. Saydan el Togan a. d. Samhan v. Dahaby a. d. Seria.

Schichanie I, Wbr.-St., gez. in Bábolna 1857 v. e. H. d. Rasse Gidran a. d. Orig.-Arab. Schichanie.

Tscleby, Wbr.-St., gez. in Bábolna 1843 v. Orig.-Arab. Tscleby a. d. Durzy v. Durzy a. d. Tiffle.

Tscleby, Wbr.-St., gez. in Bábolna 1843 v. Orig.-Arab. Tscleby a. d. Elbedavy I. v. Elbedavy I. a. d. Anazé.

Tscleby, Hbr.-St., gez. in Bábolna 1846 v. Orig.-Arab. Tscleby a. d. Schagya v. Schagya a. d. Anazé v. Anazé a. d. Gidran v. Siglavi Gidran a. d. Tiffle.

Und weiter ein Hengst:

Dahoman III, dbr. H., gez. in Bábolna 1856 v. Orig.-Arab. Dahoman a. d. Dahaby II. Arab.-Vollbl.

Ueber die Bábolnaer Zuchtverhältnisse äussert sich Oberst von Brudermann ebenso zutreffend wie scharf — Leute die ihre Sache verstehen und von der Richtigkeit ihrer Ueberzeugung durchdrungen sind, urteilen gewöhnlich mit einer gewissen Schärfe — in folgender Weise:

„Wenn man bedenkt, dass Bábolna seit dem Jahre 1806 eine selbständige Zuchtanstalt gewesen ist, welche die Bestimmung hatte, ein Pépinière-Gestüt zu werden, so kann man sich das Ziel, das man während der verflossenen 50 Jahre hier verfolgte, ganz und gar nicht erklären. Die Blut- und Rassenmischung bei dem grösseren Teil der heute (1859) vorhandenen Mutterstuten lässt übrigens deutlich erkennen, dass man sich über den eigentlichen Zweck der Zucht nicht klar gewesen. Anfangs wurde mit spanischem Blute gezüchtet.

Wäre man nun konsequent hierbei geblieben und hätte man nur das Beste zur Zucht verwendet, so würde man jetzt im Besitze einer Rasse von hohem Werte sein, welche in gleicher Reinheit nirgends mehr vorhanden ist. Im Jahre 1816 führte man aber orientalische Hengste ein, ohne gleichzeitig Stuten derselben Rasse anzuschaffen. Damit konnte nur eine Veredlung der Zucht bezweckt werden, die, folgerichtig fortgesetzt, schliesslich zur Bildung einer konstanten Rasse geführt haben würde. Nun sind allerdings zu jener Zeit auch einzelne orientalische Stuten nach Bábolna gebracht worden, doch war deren Anzahl viel zu gering um den Grund zu einer Reinzucht liefern zu können. Es scheint überhaupt die Ansicht vorgeherrscht zu haben, dass zur Begründung einer Rasse nur Hengste notwendig seien, und sich diese in genügender Zahl und Güte mit den vorgenannten einzelnen Originalstuten erzeugen lassen würden.

Wie nicht anders möglich, blieben die Resultate der Zucht weit hinter den gehegten Erwartungen zurück. Dies gab Anlass zu neuen Experimenten. In den Jahren 1830 und 31 kamen Kladruberhengste der grossen, schweren Hof-Staatswagen-Rasse nach Bábolna um dort mit den Stuten der spanisch-orientalischen Rasse gepaart zu werden. Was man damit für den Moment erzielen wollte, wäre leicht zu verstehen, wenn das Gestüt die Bestimmung gehabt hätte nur Gebrauchspferde für bestimmte Zwecke zu erzeugen. Unmöglich aber konnte es die Absicht der leitenden Faktoren sein, auf diesem Wege ein Pépinière-Gestüt zu begründen, denn schon zur damaligen Zeit war es ein allgemein bekannter Erfahrungssatz, dass Halbblutprodukte unter sich fortgekreuzt, eine zunehmende Einbusse an Güte und Zuchtwert erleiden.

Nach dieser unglücklichen Kreuzung führte man englisches Blut ein und vermischte dasselbe mit der hiesigen Zucht. Zu welchem Zwecke? Diese Frage mögen die Herren Vorfahren beantworten. Als ich im Jahre 1856 nach Syrien ging, um arabische Zuchtpferde anzukaufen, sagte mir Se. Excellenz Feldmarschall-Lieutenant Graf Grüne: „Wenn dem Gestüte nicht durch einen gelungenen Ankauf Original-Araber-Hengste und Stuten aufgeholfen wird, sind wir so weit, dass wir es auflösen müssen.“ Auch hat Bábolna es der sachverständigen Einwirkung dieses hohen Herrn und grossen Pferdekenners allein zu verdanken, dass es durch den von ihm veranlassten Ankauf arabischen Zuchtmateriales vor dem gänzlichen Ruin bewahrt worden ist. Se. Durchlaucht, der General-Remontirungs-Inspektor Fürst Lobkowitz sah sich hierdurch in Stand gesetzt, in Bábolna eine arabische Reinzucht zu begründen, welche bei konsequenter und richtiger Paarung in nicht gar langer Zeit auf das ganze Gestüt wird ausgedehnt werden können. Ist einmal dieser Standpunkt erreicht, dann — aber nur dann allein — kann Bábolna für die Dauer in gleicher Güte und Reinheit erhalten und von unberechenbarem Nutzen für die gesamte Landespferdezucht werden. Um dem Gestüte den höchstmöglichen Grad wirklicher Güte zu verleihen, wird man aber bei der Auswahl der eigenen Zuchttiere mit grösster Sorgfalt vorgehen müssen. Leider ist dies unter den jetzigen Verhältnissen mit einer nahezu unüberwindlichen Schwierigkeit verknüpft und zwar sieht sich der Gestütskommandant genötigt, Zuchttiere zu benutzen, deren Güte er nicht erprobt hat und über deren Leistungsfähigkeit also im Dunkeln schwebt. Die Reinheit der Rasse lässt sich allerdings auch auf diese Weise erhalten, ob aber auch die Güte, d. h. der innere, unsichtbare, nur durch Leistungsproben zu erforschende Gehalt — darüber kann nur das Glück entscheiden. Mich leitet bis jetzt noch der glückliche Umstand, dass ich die Leistungsfähigkeit der von mir aus Syrien gebrachten Hengste und Stuten genau kenne. Sollte mir aber die Freude beschieden sein, noch viele Jahre dieser schönen Zuchtanstalt vorstehen zu dürfen, so würde ich nicht ruhen und rasten, bevor ich mir nicht die hohe Bewilligung zur Erprobung der Leistungsfähigkeit der im Gestüt gezogenen Pferde erwirkt hätte. Wird und muss man doch ohne eine solche Probe ewig im Dunkeln herumtappen.

Der allein richtige Plan in Bábolna eine Reinzucht zu begründen, dieselbe möglichst zu vermehren und endlich auf den ganzen Mutterstutenstand auszudehnen, scheint meinem Vorgänger (Major Christian Josch, 1855—57) nur in der Theorie vorgeschwebt zu haben, denn faktisch hat er demselben stets zuwider gehandelt. Es geht dies deutlich aus folgenden Thatsachen hervor, die jedem Gestütskommandanten als böses Beispiel dienen mögen. Als ich im Jahre 1857 das Gestüt übernahm, waren bereits 35 Vollblutmutterstuten vorhanden. Dennoch hatten wir im Frühjahr 1859 nur eine 4jährige Vollblutstute zum Einrangiren; für das Jahr 1860 werden zwei und für 1861 fünf zur Verfügung stehen. Dies hat seine natürliche Erklärung darin, dass Vollblutstuten mit Halbbluthengsten gepaart worden sind. Ich selbst habe mehrere Vollblutstuten angetroffen, die nach Halbbluthengsten (Samhan IV. Asslan I) trächtig waren. Und doch fehlte es nicht an Vollbluthengsten, denn noch umfasst das Gestüt die Original-Araber Asslan, Koreischan und Gidran-Elbedavi, sowie die Vollbluthengste Aga, Merops etc., welche wohl zur Belegung von 35 Stuten ausgereicht hätten. Dass bei so unverständiger Wirtschaft die angestrebte Reinzucht nicht erreicht werden konnte, sondern auf mehrere Jahre hinaus bedenkliche Rückschritte gemacht wurden, liegt so klar auf der Hand, dass es keiner weiteren Erörterung bedarf.

Nie, unter gar keinem Vorwande, sollte in Bábolna eine Vollblutstute anders als mit einem Vollbluthengste gepaart werden, falls man überhaupt an dem Losungsworte „Vorwärts“ festhalten will. Ist einmal das ganze Gestüt Reinzucht, d. h. Vollblutrasse, dann wird es selbst bei minder befähigter und kenntnisreicher Leitung kaum mehr zu verderben sein. Allerdings wird man durch sorgfältige Auswahl und Verwendung des Besten noch immer viel verbessern können; aber selbst wenn bei der Paarung mitunter Fehler begangen werden sollten, so bleibt doch die reine Rasse, das Blut stets konstant und die liebe Natur sorgt dann schon dafür, dass das Gute sich reproduzire. Also nur Reinzucht! Vollblutrasse! und keine Mischlinge.“

Zwei und dreissig Jahre sind verflossen, seitdem obige Zeilen, die das züchterische Glaubensbekenntnis des Obersten v. Brudermann enthalten, zu Papier gebracht wurden. An Zeit, das von dem erfahrenen Hippologen entworfene Programm der Verwirklichung zuzuführen, hat es somit nicht gefehlt. Trotzdem ist Bábolna heute weiter von der Reinzucht entfernt als im Jahre 1859. Das Halbblut überwiegt in allen Stämmen und Klassen; die Zahl der Original- und Vollblutmutterstuten ist auf 27 Stück zusammengeschmolzen, von den zwei vorhandenen „Original-Araber-Stammhengsten“ ist der eine — Hadjia — vollkommen unbekannter, sicher aber nicht reiner Abstammung und was die übrigen Pépinière-Beschäler anbelangt, können nur vier Anspruch auf die Bezeichnung Vollblut erheben. Ja der energische Warnungsruf des Obersten v. Brudermann hat nicht einmal die Wirkung gehabt, dass das leidige Experimentiren mit fremdem Blute aufhörte, denn aus den Gestütsakten ist zu ersehen, dass einzelne Bábolnaer Stuten in der Periode 1861—1865 nach Kisbér geführt worden sind, um dort durch englische Vollbluthengste — Amati, Fernhill, Oakball, Daniel O'Rourke, Teddington, Sutherland, Virgilius, Polmoodie, Ephesus und Bivouac — belegt zu werden. Es erscheint dies unserer Ansicht nach um so rätselhafter, als die mit jedem Jahr zunehmende Schwierigkeit, taugliches Zuchtmaterial im Orient aufzutreiben, dem Gestüte Bábolna gebieterisch die Aufgabe zuwies, dafür zu sorgen, dass die für die ungarische Landespferdezucht absolut unentbehrliche orientalische Rasse in den Hengstendepots stets durch eine möglichst grosse Anzahl reingezogener Individuen vertreten sei. Orientalisches Halbblut zu ziehen trifft schliesslich auch der einfache Landmann, die orientalische Vollblutzucht aber wird der Staat schon aus dem Grunde übernehmen müssen, weil der private Züchter, auch wenn ihm die nötigen Geldmittel zu Gebote stehen, nur in höchst seltenen Ausnahmsfällen in der Lage ist, sich auf den mit tausend Schwierigkeiten verknüpften Bezug reinblütiger Originaltiere einzulassen. Bábolna hätte also für die orientalische Zucht werden sollen, was Kisbér für die englische geworden. Dass hierbei keine einzige Vollblutstute entbehrlich gewesen wäre, ist offenbar. Und darum halten wir es für einen verhängnisvollen Fehler, dass Oberst v. Brudermann's Worte: „Nie, unter gar keinem Vorwande sollte in Bábolna eine Vollblutstute anders als mit einem Vollbluthengste gepaart werden" nicht als Richtschnur für die dortige Zucht angenommen worden sind. Eines ist sicher: Bábolna hat hierdurch viel an Bedeutung für die ungarische Landespferdezucht verloren.

Welchen Treffer die oberste Gestütsbehörde mit der Ernennung des Obersten v. Brudermann zum Kommandanten von Bábolna gemacht, ergibt sich auch aus der Art und Weise, in welcher dieser ausgezeichnete Fachmann die Verwaltung der seiner Leitung anvertrauten Gestütsdomäne betrieb. Kaum hatte er die Zügel der Regierung in Bábolna ergriffen, so machte sich die ihm eigentümliche organisatorische Kraft schon an allen Ecken und Enden bemerkbar. In den von ihm hinterlassenen Aufzeichnungen finden wir hierüber manche wertvolle Notizen. So schreibt er unter anderem: „Als ich im Oktober 1857 das Gestüt übernahm, hatte man bereits zwei Monate mit neuem Rauhfutter gefüttert. Dies beweist, dass die Anstalt gar keinen Vorrat an Futter besass. Seitdem sind meine und des Herrn Wirtschaftsdirektors Bemühungen darauf gerichtet gewesen, diesem bedenklichen Übelstande abzuhelfen und zwar durch fleissigen Anbau von Futtersämereien und Verbesserungen der verbrauchten Wiesen. Eine weitere sehr fühlbare Unannehmlichkeit war, dass sich sowohl die zur Eisenbahnstation Acs führende Strasse, wie auch sämtliche Wege um den Gestütshof in einem so jämmerlichen Zustande befanden, dass die Wagen in denselben stecken blieben. Ich liess daher schon im Herbste 1857 diese Verbindungswege mit Seitengräben und Abzugskanälen versehen und stark beschottern. Im Spätsommer 1858 habe ich aber ausserdem einen guten Weg vom Gestütshof, bei Csömörház vorbei bis zum Ende des Hotters gegen Tarkany anlegen lassen. Dieser Weg ist nun bis in die Carabuka geleitet worden. Ferner wären von den Strassenbauten, die ich ausgeführt, noch zu erwähnen: der mit Seitengräben und Allee versehene Weg zum Unterstand und der in gleicher Weise angelegte zum Lobkowitzwald. Von 1857—1858 wurden im ganzen bei 900 000 Baumpflanzen teils im Lobkowitzwalde, teils in der Carabuka, teils in Alleen und Baumstreifen versetzt. In den ganz vernachlässigten Garten des Kommandanten habe ich 300 Obstbäume ausgesetzt, den auf meine Unkosten angelegten Csikós-Garten mit 400 Obstbäumen bepflanzen und die Parkanlagen um das ganze Gestüt herum neu anlegen lassen. Für die jungen Hengste wurden im Jahre 1857 vier und im Jahre 1858 sieben Paddocks errichtet. Das alles hat mir denn gleich im Beginn meiner neuen Thätigkeit genug zu thun gegeben. Man hatte es sich eben früher gar zu bequem gemacht. Mit Bezug hierauf sei auch bemerkt, dass es mir sogleich nach der Übernahme des Gestütskommandos auffiel, welch riesige Zugkraft in Anspruch genommen wurde, um das nötige Getreide die ganzen Jahre hindurch in die Mühlen zur Donau nächst Gönyö zu führen. Es war daher mein erster Gedanke, dieser Misswirtschaft ein Ende zu machen. Zu diesem Behufe wandte ich mich an die hohe General-Remontirungs-Inspektion mit der Bitte, eine Lokomobile mit Dreschmaschine und Mühle anschaffen zu dürfen. Dieses Gesuch wurde genehmigt und ist seitdem das ganze Mehl im Gestüte erzeugt worden."

Wie man sicht, hat Oberst v. Brudermann durch seine hier geschilderte vielseitige Thätigkeit den Beweis erbracht, dass der Gestütskommandant, sofern er nur der rechte Mann am rechten Fleck ist, ganz wohl auch mit der obersten Leitung der wirtschaftlichen Agenden betraut werden kann. Jedenfalls dürfte ein solcher Mann besser wissen, was dem Gestüte frommt, als ein noch so tüchtiger Wirtschaftsdirektor, dessen Befähigung in erster Reihe nach den Erträgnissen der, seiner nahezu unbeschränkten Leitung unterstehenden, Domäne beurteilt wird.

Von allgemeinem Interesse ist auch, was Oberst v. Brudermann über die in früherer Zeit in Bábolna häufig auftretende Lungenvereiterung der Saugfohlen schreibt. Seine Aufzeichnungen enthalten hierüber folgendes:

„Die böseste unter allen Krankheiten des Gestütes, von welcher mein Vorgänger aber gar nichts erwähnt, ist die Lungenvereiterung der Saugfohlen. Diese Krankheit, die sich nach den vorhandenen Grundbüchern bis zum Jahre 1830 nachweisen lässt, tritt jährlich mehr oder weniger heftig auf, je nachdem man die Stallungen der trächtigen Stuten im Winter mehr oder weniger kalt hält. Je kälter die Ställe gehalten werden, desto geringer ist die Anzahl der von der Krankheit ergriffenen Fohlen. Die im Winter geborenen Füllen bleiben fast alle von derselben verschont, diejenigen, die später zur Welt kommen, unterliegen aber um so sicherer dem tückischen Übel, je weiter der Tag ihrer Geburt in die schöne Jahreszeit hineinreicht. Man kann annehmen, dass unter 20 an der Lungenvereiterung erkrankten Fohlen nur 1 bis 2 davonkommen. Alle Behandlungsmethoden, sowohl die alleopatischen wie die homöopatischen, haben sich bisher als fruchtlos erwiesen. Das Futter, welches den Mutterstuten gereicht wird, ist für alle gleich gut und rein; die Stallungen werden jeden zweiten oder dritten Tag ausgemistet und sehr frisch und luftig gehalten; keine Stute hat einen Lungendefekt; auch existirt im ganzen Gestüt kein dämpfiges Pferd. Die Krankheitsursache hat daher bis jetzt nicht ergründet werden können. Soviel ist indessen ermittelt worden und zwar durch Seccirung teils verworfener, teils totgeborener, teils kurz nach der Geburt eingegangener Fohlen, dass dieselben den Keim des Übels mit zur Welt bringen. Man findet bei der Sektion solcher Fohlen an der Lunge ganz kleine entfärbte Flecken oder Punkte, welche sich nach der Geburt bis zur fünften oder achten Woche zu Tuberkeln herausbilden und dann einen mehr oder weniger rapiden Verlauf nehmen. Die ersten merkbaren Symptome bestehen darin, dass das Fohlen zu husten anfängt, wobei es anfangs noch ganz frisch und munter erscheint; sodann wird der Atem immer beschleunigter, was aus der zunehmenden Flankenbewegung deutlich zu ersehen ist; das Fohlen wird von Tag zu Tag matter und trauriger, bis es endlich nach Verlauf von 3 bis 6, auch 8 Wochen eingeht. Bei der Sektion findet man die ganze Lunge so vereitert, dass sie einem Eiterfetzen gleicht. Tritt Genesung ein, was stets nur der Heilkraft der Natur zu verdanken ist, so erfolgt dieselbe unter folgenden Anzeichen: Entweder schlägt sich die Krankheit auf die Haut und es entsteht dann nach vorhergegangenem gewaltigem Jucken ein Ausschlag, oder es kommt ein starker Nasenausfluss zum Vorschein. Der seit 28 Jahren hier dienende Obertierarzt Paar behauptet, dass die von der Lungenvereiterung genesenen Fohlen nicht mehr zur Zucht zu verwenden seien, und zwar aus dem Grunde, weil die Erfahrung gelehrt habe, dass sämtliche ihrer Nachkommen von der Krankheit ergriffen zu werden pflegen. Diese Erfahrung sollte bei der Einrangirung junger Stuten und Hengste stets sorgfältige Berücksichtigung finden.

Da es sich nun in Bábolna gezeigt, dass die Herbst- und Winterfohlen mit sehr wenigen Ausnahmen frisch und gesund bleiben, so beschloss ich, die schon von Oberstlieutenant Baron Herbert mit bestem Erfolge eingeführte, von seinen Nachfolgern aber, vermutlich aus Bequemlichkeit, wieder aufgegebene Herbstdeckung neuerdings anzuordnen. Auch der im vorigen Jahre erlittene Verlust — es ging mehr als ein Drittel der Fohlen an Lungenvereiterung ein — trug zu diesem Entschlusse bei. Macht es doch hier im Gestüt, wo für Stallungen, Laufhöfe, Futter, Bedienung u. s. w. reichlich vorgesorgt ist, gar keinen Unterschied, ob man Herbst- und Winterfohlen oder Frühjahrs- und Sommerfohlen zieht. Der einzige Platz, wo die Herbstfohlen in grossem Nachteil wären, ist die Rennbahn, weil sie dort mit 8, 9 bis 11 Monate älteren Pferden konkurriren müssten. Da wir aber leider zur Rennbahn, wo die so wichtige Prüfung der Leistungsfähigkeit,

ALTONA.

also des inneren Gehaltes, stattfindet, keine Pferde bringen dürfen, so fällt dieser Nachteil hier weg.

Die Resultate oder Herbst- und Winterdeckung werde ich von Jahr zu Jahr bekannt geben, damit dieselben meinen Nachfolgern als wichtige Anhaltspunkte dienen mögen."

Mit dieser Schilderung der zu jener Zeit in Bábolna ungemein gefürchteten „Lungenvereiterung" (einer Form der unter dem gemeinsamen Namen „Fohlenlähme" bekannten Krankheitsgruppe) schliessen die Aufzeichnungen des Obersten v. Brudermann. Wir bedauern dies umsomehr, als das von dem genannten Offizier gegebene Beispiel seither keine Nachfolge gefunden hat und wir somit, was die weitere Geschichte des Gestütes betrifft auf die magere Ausbeute angewiesen bleiben, die das Durchstöbern dienstlicher Akten dem Forscher in Aussicht stellt. Brudermann war eben der einzige Kommandant, der die hohe Bedeutung einer fortlaufenden, auf persönliche Wahrnehmungen und sachverständige Folgerungen basirten Gestütschronik erfasst hat. Vor und nach ihm ist nur der Kanzleischimmel geritten worden. Die wissenschaftlichen Leistungen der ungarischen Staats-Pferdezuchtanstalten sind infolge dessen auch gleich Null und eine Quelle, die herrliche Ernten hätte hervorzaubern können, ist nutzlos in der Sandwüste verronnen.

Der höchsten Leitung darf jedoch mit Bezug auf diese traurigen Verhältnisse in sofern kein Vorwurf gemacht werden, als dieselbe im Jahre 1855 wenigstens den guten Willen gezeigt hat, die Archiv-Literatur mit einer genau geführten Gestütschronik zu bereichern. Im Monat Januar des genannten Jahres ist nämlich an sämtliche Staats-Pferdezuchtanstalten folgender Remontirungs-Inspektionsbefehl ergangen:

„Indem die genaue Kenntnis des Ursprunges und der im Zeitlaufe erfolgten Veränderungen bei einer jeden einzelnen Anstalt von geschichtlichem Interesse ist und dieselbe der Dienstbetrieb auch erheischt, so beauftrage ich das Gestütskommando eine geschichtliche Übersicht von der ursprünglichen Errichtung des Gestütes und der Art und Weise seines Fortbestandes im allgemeinen, gleich wie von den denkwürdigen Begebnissen und der auf einander erfolgten Veränderungen insbesondere, in ursächlichem Zusammenhange ausarbeiten zu lassen.

Dabei ist nicht allein das Gestütsbeschäl- und Remontirungswesen vorzüglich im Auge zu behalten, sondern auch das Vorschreiten der Bodenkultur der den Militärgestüten beigegebenen Grundstücke, sowie bei den Beschäldepartements das zeitweise Gedeihen der Landespferdezucht und des damit enge verknüpften Remontenankaufes gehörig zu berücksichtigen.

Es ist alles zu erörtern, was nur immer die ärarische Anstalt im wesentlichen berührt mit Bezeichnung jener Umstände und Verhältnisse, welche auf die Dislokation, auf den Personal- und Tierstand und den Dienstbetrieb Einfluss genommen haben.

Wahrheit der Thatsachen, welche das Gestüt und die Erfolge seiner Wirksamsamkeit betreffen, dann Treue der Erzählung müssen dabei die notwendige Grundlage bilden und können zumeist aus den urkundlichen Quellen der vorhandenen Registratur und bloss ausnahmsweise und mit Vorsicht von glaubwürdigen Nachrichten redlich gesinnter Augenzeugen geschöpft werden. Aus der Masse der gesammelten Facta sind vornehmlich jene hervorzuheben, welche die Ursache oder Veranlassung wichtiger Veränderungen und Resultate gewesen.

Die wahrheitsgetreuen Thatsachen müssen seit der ersten Errichtung der Anstalt oder von demjenigen Jahre angefangen, zu welchem die Nachweisung des Archivs hinaufreicht, bis zur Gegenwart aufgeführt und nach Grund und Folge somit in systematischer Verknüpfung des geschehenen nach der Zeitordnung dargestellt werden. Auch ist immer die Quelle zu bezeichnen woher jede Thatsache geschöpft wurde.

Da diese gleich schwierige als wichtige Aufgabe zu ihrer vollkommenen Lösung längere Zeit bedarf, so gebe ich dem Gestüte eine halbjährige Frist und zwar bis Ende Juni 1855, nach welcher mir jedenfalls diejenige Arbeit einzureichen sein wird, welche bis dahin fertig geworden ist.

Da weder bei einem Militärgestüte noch Beschäl- und Remontirungs-Departement ein Auditor angestellt ist, dessen vorzügliche Pflicht es sei, wie bei den Linienregimentern die fleissige und ordentliche Unterhaltung der Regimentsgeschichte zu besorgen, ich jedoch für unsere Branche es schicklich und selbst notwendig erachte, dass alle wesentlichen Ereignisse, Dislokations- und Standesveränderungen, Auszeichnungen und vieles andere bei dem betreffenden Militärgestüte oder Beschäl- und Remontirungs-Departement fortan in ein Geschäftsbuch aufgezeichnet werden, so beauftrage ich das Gestütskommando gleich derzeit mir dasjenige Individuum in Vorschlag zu bringen, durch welches in Zukunft die Geschichte des Gestüts unter Aufsicht und spezieller Anleitung des Herrn Gestütskommandanten fortlaufend geführt werden kann.

Lobkowitz, F.-M., m./p.“

Das sonderbare Deutsch und die noch sonderbarere Stylisirung dieses hohen Gestüts-Inspektions-Befehles wird vermutlich manchem unserer Leser ein Lächeln entlocken. Aber welch tief einschneidende Bedeutung für die hippologische Wissenschaft hätte nicht derselbe trotzdem erhalten können, wenn er richtig erfasst und vor allem dauernd befolgt worden wäre! Leider ist dies in keiner der ungarischen Staats-Pferdezucht-Anstalten der Fall gewesen. Dem Befehl ist allerdings überall Folge geleistet worden — „doch fraget nur nicht wie.“ In Kisbér z. B. wurde „der im Gestüte jeweilig befindliche Herr Rechnungsoffizial“ mit dieser Arbeit betraut, in einem anderen Gestüte übernahm sie der Regimentsarzt u. s. w. Dass der Gestütskommandant allein dazu berufen sei ein historisch getreues, sachlich belehrendes und für die Nachwelt nutzbringendes Bild der seiner Leitung unterstehenden Zuchtanstalt zu entwerfen, begriff nur Oberst v. Brudermann. Sämtliche übrigen Kommandanten hielten sich genau an den Wortlaut des Befehles, nach welchem sie „ein Individuum“ als Gestüthistoriograph in Vorschlag zu bringen hatten. Das war freilich das Bequemste. Und bald machten es sich die Herren noch bequemer, bald klappte auch der letzte Gestütsgeschichtsschreiber sein

Heft zu, um es nie wieder zu öffnen. Es waren ja Feldmarschall-Lieutenant Fürst Lobkowitz und sein vermutlich höchst unwillkommener Befehl mittlerweile selbst ein Stückchen Geschichte geworden; wozu also das schöne Papier noch weiter mit Daten bekritzeln, die niemanden zu interessiren schienen! Nun, von ihrem Standpunkte aus hatten diese Leutchen so unrecht nicht. Was die „jeweiligen Individuen“ unter der stolzen Rubrik „Geschichte“ zusammenschrieben, war, da es in der Hauptsache nur aus trockenen Angaben über Standesverhältnisse, Ernennungen, Transferirungen u. dgl. bestand, thatsächlich weder besonders interessant noch lehrreich zu nennen. Aber wie ganz anders hätte sich die Sache gestalten können, wenn die Gestüts- und Depotkommandanten von 1855 an bis auf den heutigen Tag ein in gewissen Zwischenräumen der höchsten Behörde zur Einsicht vorzulegendes Tagebuch über alle in ihrer dienstlichen Sphäre gemachten Beobachtungen und Erfahrungen geführt hätten! Es ist unsere bestimmte Ueberzeugung, dass sich durch dieses einfache Mittel ausserordentliche, geradezu unschätzbare Vorteile für die Pferdekunde hätten erzielen lassen. Die Hippologie ist wie allgemein bekannt eine Erfahrungswissenschaft. Das überaus reichhaltige Erfahrungsmaterial, das sich in jedem Gestüte, ja in jedem Stalle anhäuft und, von sachkundiger Hand gesammelt und geprüft, die Grundlage zu positivem Wissen liefern könnte, gelangt aber schon deshalb äusserst selten zu nutzbringender Verwertung, weil der praktische Pferdsmann in der Regel kein Freund der Schreibtischarbeit ist und ausserdem von Seite der berufenen Faktoren nichts geschieht, um den unzweifelhaft Allerorten vorhandenen Schatz an, sei es enger begrenzter oder vielseitiger Erfahrung zu beheben. Es ist daher nicht zu verwundern, dass, während die meisten anderen Wissenschaften nahmhafte Fortschritte verzeichnen dürfen, die Hippologie sich nur wenig von dem Standpunkt entfernt hat, den sie bereits vor einem halben Jahrhundert innegehabt. Der Einzelne sammelt im Laufe der Jahre auf verschiedenen Gebieten der Pferdekunde eine reichhaltige, in vielen Fällen durch besondere persönliche Liebhaberei oder Begabung erweiterte Erfahrung; was er gesehen und beobachtet, liegt wohlverwahrt in seinem Gedächtnisse; es wäre ihm ein Leichtes, wertvolle Aufschlüsse über so manchen dunkeln oder strittigen Punkt zu erteilen; aber teils fragt ihn niemand um seine Ansicht, teils fühlt er sich nicht berufen, mit derselben hervorzutreten; schliesslich wird er alt und gebrechlich, das Gedächtnis schwindet und unwiederbringlich dahin sind die geistigen Früchte einer langjährigen praktischen Thätigkeit. Wir glauben, dass sich in allen Staatspferdezucht-Anstalten getreue Illustrationen zu dieser Schilderung finden lassen würden. Mit dem von uns in

Vorschlag gebrachten Tagebuche, könnte dieser Misswirtschaft ein Ende gemacht werden. Und man entgegne uns ja nicht: „Wozu ein Tagebuch, es passirt ja so selten etwas Besonderes." Das wäre eine nicht ernst zu nehmende Ausrede. In einem grossen Gestüte ereignet sich alle Tage irgend etwas, was der Aufzeichnung wert wäre, nur muss man Augen haben zum Sehen und Ohren zum Hören. Von dem sich stets erneuernden Stoff, welcher der Verarbeitung harrt, seien hier nur herausgegriffen: die Ergebnisse der verschiedenen Zuchtmethoden und Kreuzungen, die beobachtete Erblichkeit elterlicher Eigenschaften, Fälle von besonderer individueller Vererbungskraft, Wahrnehmungen bezüglich der Trächtigkeitsdauer, Geschlechtsbildung, Entwicklung und Mortalität der jungen Aufzucht, interessante äussere und innere Krankheitsfälle und Operationen, zufällige oder dauernde Lokalverhältnisse, welche die Zucht günstig oder ungünstig beeinflussen, bei der Behandlung bösartiger Pferde gemachte Erfahrungen, eigentümliches Verhalten einzelner Pferde im Stalle, auf der Weide oder bei der Arbeit, Verlauf und Behandlung der am häufigsten vorkommenden Krankheiten, abnorme Witterungsverhältnisse und deren Einwirkung auf den Gesundheitszustand der Pferde, minder gewöhnliche Leistungen von Mann und Pferd, Résumés interessanter Zuschriften und Gespräche, gelegentlich aus der Praxis sich ergebende Beleuchtung, neuer oder älterer wissenschaftlicher Theorien, Resultate neuer Einführungen und Anordnungen, dienstliche oder nicht dienstliche Ereignisse, die bleibendes Interesse besitzen, Urteile über im Gestüte erprobte Erfindungen u. s. w. Wer mit diesem Material kein interessantes Tagebuch zusammenzustellen vermag, der verdient überhaupt nicht an der Spitze einer Staatspferdezucht-Anstalt zu stehen. Also nur wollen, an dem Dank der Nachwelt wird's nicht fehlen.

Nach dieser Abschweifung wenden wir uns wieder der Geschichte des Gestütes Bábolna zu, der wir zunächst folgende Daten über das herrschaftliche Kirchen- und Schulwesen entnehmen.

Die Kirche in Bábolna soll der Tradition gemäss — irgend welche diesbezügliche Dokumente sind nicht vorhanden — im Jahre 1705 von dem damaligen Besitzer der Herrschaft, dem Grafen Josef Szapáry erbaut worden sein und ein Filiale der Kirchengemeinde Nagy Igmánd gebildet haben. Ursprünglich war die Kirche ohne Turm und hatte man die zu derselben gehörenden Glocken auf einem nebenstehenden hölzernen Gerüst angebracht. Im Jahre 1824 jedoch wurde diesem Mangel durch Aufführung eines Turmes abgeholfen, ja man that noch ein Uebriges und versah diesen Turm mit einer Uhr. Von der Uebernahme der Herrschaft zu Gestütszwecken bis zum Jahre 1882 wurde der kirchliche Dienst vom Militärseelsorger versehen. Im genannten Jahre aber ist die Bábolnaer Kirche zu einer selbständigen Pfarrkirche erhoben und der Raaber Diözese einverleibt worden. Die erste Spur einer Schule in Bábolna tritt 1808 zu Tage, in welchem Jahre ein Zimmer an das Pfarrgebäude angebaut und zu Schulzwecken eingerichtet wurde. Wer den Unterricht geleitet, ist bis 1820 nicht nachzuweisen. Von 1820 bis 1871 mit einer von der Kriegsepoche hervorgerufenen einjährigen Unterbrechung (1849—1850) wurden vom k. k. Reichskriegsministerium Unteroffiziere (Wachtmeister) zur Erziehung der Gestütskinder abkommandirt. Was das für ein Unterricht gewesen, kann jeder, der die damaligen Wachtmeister gekannt, sich leicht vorstellen. Brave Leute, tüchtige Soldaten, aber verzweifelt schlechte Pädagogen.

Aus dem Jahre 1865 liegt folgendes Schreiben des Inter-Nuntius Freiherrn von Prokesch-Osten an den k. k. Minister der Auswärtigen Angelegenheiten Grafen von Mensdorff Pouilly vor.

Konstantinopel, 25. Mai 1865.

Hochgeborener Graf!

Der Generalissimus der türkischen Armee, Serdar-i-Ekrem Omer Pascha, der seines österreichischen Ursprungs und der in der österreichischen Armee genossenen ersten Bildung stets dankbar sich erinnert und darauf stolz ist, hat mir die Bitte vorgebracht Seiner k. k. Apostolischen Majestät, unserem Kaiser und Herrn, zwei Pferde der ausgezeichnetsten arabischen Rasse unterthänigst zum Geschenke darbringen zu dürfen. Ich habe die Pferde durch Kundige besehen lassen und von ihnen die Auskunft erhalten, dass sie wirklich vorzüglich sind. Sie gehörten dem Tribus des Scheich Jbu Medjlad, welcher das Gebiet von Nedjd — wohin direkt noch kein Europäer gedrungen — zur Zeit als Omer Pascha Gouverneur von Bagdad war, zum erstenmale verlassen hatte, um sich in die Ebene zwischen Bagdad und Bassora zu begeben. Infolge seiner Raubzüge militärisch verfolgt und zu einer Kapitulation gezwungen, wurde unter den Bedingungen namentlich die Auslieferung der beiden Pferde stipulirt.

Die Stute, ein Fuchs, gehört der jetzt in Reinheit des Blutes nur höchst selten vorkommenden Rasse Siglavi-Gidran an, steht im 9. Jahre, Mittelgrösse beiläufig $14^{1}/_{2}$ bis $14^{3}/_{4}$ Faust hoch. Der Hengst, dunkelbraun, aus der Rasse Mancki Hidschreti, ist 7 Jahre alt und unmerklich grösser als die Stute. Beide Tiere tragen den Stempel des höchsten Adels und vollkommener Reinheit des Blutes und sind heute noch in ganz Bagdad bekannt.

Der Serdar-i-Ekrem ist gestern nach einem Bade in Frankreich abgereist und wurde bei dem Abschiede von Sr. Maj. dem Sultan noch ganz ungewöhnlich ausgezeichnet. Er will im Herbste seine Rückreise über Wien machen, um Seiner Majestät unserem Kaiser und Herrn sich ergebenst zu Füssen zu legen. Er hat im Verein mit dem ersten Internuntiaturs-Dolmetsch, Herrn Mayr, der selbst ausgezeichneter Pferdekenner ist, die nötigen Anstalten getroffen, dass für den erwünschten Fall der Allerhöchsten Annahme dieser Pferde, dieselben sogleich und mit der nötigen Vorsicht nach Wien gebracht werden.

Ich bitte Ew. Excellenz ganz ergebenst, die gnädigsten Weisungen Seiner Majestät einzuholen und mir bekannt zu geben, um den Serdar davon unterrichten zu können.

Ich glaube, das geziemendste Gegengeschenk würde eine seinem hohen Range entsprechende Ordensauszeichnung sein, welche ihm gelegentlich seiner persönlichen Aufwartung in Wien allergnädigst zu geben wäre.

Genehmigen Ew. Excellenz den Ausdruck meiner gänzlichen Ergebenheit

v. Prokesch Osten.

Diese beiden Wüstenpferde wurden vom Kaiser Franz Josef angenommen und trafen Anfangs Juli in Wien ein. Dort war jedoch ihres Bleibens nicht lange, wenigstens wurde der Hengst schon 1866 dem Bábolnaer Gestüte überwiesen, um dann, ohne sich in der dortigen Zucht hervorgethan zu haben, 1870 an das Staats-Hengsten-Depot zu Stuhlweissenburg abgetreten zu werden.

Der Nachfolger des leider viel zu kurz an der Stätte seines segensreichen Wirkens verbliebenen Herrn Obersten v. Brudermann war der Oberstlieutenant Baron Emerich Boxberg, der das Gestütskommando bis zu der im Jahre 1869 erfolgten Uebergabe des Gestütes an den ungarischen Staat innehatte. Nachstehend das Verzeichnis sämmtlicher Gestütskommandanten vom Jahre 1802 an bis zu vorgenanntem Zeitpunkte: Rittmeister Johann Klimesch 1802—1808; Major Josef Herglotz 1809—1820; Major Baron Friedrich Boxberg 1820—1829; Rittmeister Alois Bosch 1829—1831; Oberstlieutenant Baron Eduard Herbert 1831—1848; Oberstlieutenant Josef Eckert 1849—1855; Major Christian Josch 1855—57; Oberst Rudolf v. Brudermann 1857—1860; Oberstlieutenant Baron Emerich Boxberg 1860—1869.

Hiermit haben wir die ältere Geschichte des Gestütes erledigt und können wir uns nun derjenigen Periode zuwenden, die mit Bábolna's Uebergabe an den ungarischen Staat beginnt.

Bábolna als königlich ungarisches Staatsgestüt.

„Laut der Zirkular-Verordnung vom 29. Dezember 1868 geruhte Se. k. u. k. Apostolische Majestät mit der allerhöchsten Entschliessung vom 2. November und 20. November 1868 zu bestimmen, dass die von den beiden Delegationen vereinbarten und mit der allerhöchsten Entschliessung vom 24. März 1868 genehmigten Beschlüsse wegen Uebergabe der ungarischen Pferdezucht-Anstalten an die betreffenden Landes-Ministerien mit 1. Januar 1869 in Ausführung zu kommen hätten.“ Dies ist der offizielle Wortlaut des Dokumentes, der die altberühmte Zuchtanstalt in Bábolna dem ungarischen Staate auslieferte. Kurz nach der erfolgten Uebergabe entsendete der ungarische Ackerbauminister eine Kommission nach Kisbér und Bábolna, um nach eingehender Besichtigung der dortigen Gestüte Vorschläge bezüglich der zukünftigen Gestaltung und Aufgaben derselben zu unterbreiten. Mitglieder dieser Commission waren Adalbert Wenkheim, Graf Ivan Szapáry, Herr Josef Jankovich, Ministerialrat Franz von Kozma als Vertreter des Ackerbauministeriums und Graf Viktor Festetics. Nach den Bestimmungen des Ministeriums sollte die Kommission in Bábolna sich über die gruppenweise Paarung der Mutterstuten mit Araber Voll- oder Halbblut aussprechen und ausserdem das im Gestüte etwa vorhandene nicht entsprechende Zuchtmaterial ausrangiren. Nachdem die Herren ihre Aufgabe am 11. Januar 1870 in Kisbér beendet hatten, wurde die kommissionelle Besichtigung in Bábolna fortgesetzt. Es ergab sich hierbei, dass die Pépinière-Hengste den an die Vaterpferde eines Staatsgestütes zu stellenden Anforderungen nicht genügten. Doch wurde ausdrücklich hervorgehoben, dass El Delemi als das Musterbild eines Araberhengstes bezeichnet werden könne, Polkan sehr harmonisch gebaut sei, der alte Mahmud Mirza, der sogar in England Lorbeeren geerntet, das höchste Lob verdiene und der im Jahre 1857 in Syrien angekaufte Hengst Scheria Gutes geleistet habe. Mit den übrigen machte die Kommission dagegen kurzen Prozess. Assil wurde auf Grund seines hohen Alters und wegen Augenleiden, Dahoman wegen Hochbeinigkeit und unharmonischen Körperbaues, Manecky wegen mangelnder Muskulatur und Messoud wegen nicht genügenden Typus aus den Reihen der Bábolnaer Pépinière-Beschäler gestrichen. Der Halbblutbeschäler Abugress, sowie zwei Schagya-Hengste aber fanden Gnade vor den Augen der Kommission. Noch zahlreicher waren die unter den Musterstuten vorgenommenen Ausmusterungen. Nicht weniger als 35 Mutterstuten und 13 junge Stuten erhielten das concilium abeundi. Um nun die hierdurch entstandenen Lücken im Gestütsbestande möglicht rasch und zweckentsprechend zu füllen, beantragte die Kommission 45 orientalische Stuten von Mezöhegyes nach Bábolna zu übersetzen. Mit Bezug auf die weitere Zucht aber sprach sich der Kommission dahin aus, dass die Vollblutstuten durch Mahmud Mirza, El Delemi und Polkan, die Halbblutstuten durch Abugress und die beiden Schagya-Hengste, die von Mezöhegyes zu erwartenden 45 Stuten ausschliesslich durch El Delemi und Polkan und die zur Ausrangirung bestimmten Stuten durch den in Reserve gehaltenen Hengst Dahoman gedeckt werden sollten. Wie sich die Kommission in ihrem Berichte ausspricht, „dürfe nach Annahme dieser Vorschläge und nach Einführung der vom Ministerium angeordneten besseren Haltung des Gestütsmaterials die Hoffnung gehegt werden, dass Bábolna binnen vier oder fünf Jahren jene Blüthe erreichen werde, die Kisbér bereits auszeichne."

So schnell ging nun allerdings die Verbesserung nicht vor sich, jedoch konnte der neuernannte Kommandant, Major Friedrich (1869—1874), bereits zwei Jahre später auf unverkennbare Fortschritte hinweisen. Und es war wirklich die höchste Zeit, dass dem Niedergange der orientalischen Zucht in Bábolna Einhalt geboten wurde; hatte man doch angesichts der unbefriedigenden Resultate dieses Staatsgestütes bereits die Frage aufgeworfen, ob die dortige Zucht fortbestehen oder aufgelöst werden solle. Oberst v. Brudermann trifft darum kein Vorwurf. In kaum drei Jahren lässt sich eine gänzlich verpfuschte Zucht nicht vom Grund auf umwandeln. Der Thatbestand war daher bei der Uebergabe des Gestütes an den ungarischen Staat traurig genug. Der grössere Teil der in Bábolna gezogenen Pferde erreichte nach Zurücklegung des fünften Jahres selten mehr als 14 Faust (= 150 cm.), war leicht in Knochen, schmal von Gebäude und besass weder Trag- noch Zugfähigkeit. So wenig an der Abkunft der Bábolnaer auszusetzen war, trat doch die Abwesenheit aller anderen guten Eigenschaften bei ihnen zu sehr in den Vordergrund, als dass man dem Ministerium es hätte verargen können sich mit solchen Zuchtresultaten unzufrieden zu erklären. Was war nun der Grund dieser traurigen Erscheinungen in einem Gestüte, dessen Bodenverhältnisse der Pferdezucht äusserst günstig genannt zu werden verdienen?

In erster Reihe war es wohl das sich stets und überall rächende Sparsystem in der Aufzucht der Pferde. Noch ehe sie geboren waren, mussten sie sozusagen Hunger leiden, da die Mutterstuten schlecht gefüttert waren, eine Entbehrung, die dem Fohlen auch während seiner ganzen ferneren Entwicklung nicht erspart blieb, denn die einzelnen Jahrgänge waren in genannter Beziehung nicht besser daran, als die Mütter. Ausserdem wurde dem Prinzip gehuldigt, dass das Fohlen vor allen Dingen abgehärtet werden müsse, wobei man nicht bedachte, dass genügende Nahrung und eine gewisse Wärme zur Entwicklung, d. h. zum Gedeihen der jungen Geschöpfe ebenso notwendig sind, wie die Luft, die sie einathmen.

Die üblen Folgen, der „billigen" Hungeraufzucht blieben natürlich nicht aus. Die Bábolnaer Pferde wurden von Jahr zu Jahr kleiner, schwächlicher, krüppelhafter und degenerirten auf eine geradezu schaudererregende Weise. Der Beschluss der ungarischen Regierung, eine Kommission mit der Reorganisirung des gänzlich „auf den Hund gekommenen" Gestütes zu betrauen, erscheint demnach vollkommen gerechtfertigt.

Das leitende Prinzip der neuen Aera findet in dem einen, allerdings vielsagenden Worte „Aufzucht" seinen Ausdruck. Mit unwandelbarer Consequenz wurde an dieser Grundidee festgehalten und die Wichtigkeit derselben auch dem Gestütspersonal, so nachdrücklich eingeprägt, dass das daraus hervorgehende gleichmässige Zusammenwirken gute Früchte tragen musste. Wo man in früherer Zeit gewohnt war, unter dem Begriff „Araber" sich ein kaum 14½ Faust grosses, schmächtiges Pferd auf verhältnismässig langen und feinen Beinen vorzustellen, begannen sich nun die jüngeren Jahrgänge durch Breite, Tiefe und namentlich Knochenstärke auszuzeichnen. Ein bekannter Fachmann schrieb hierüber im Dezember 1872 folgendes: „Fünfzehn Faust (= 160 Cm.) ist ein Mass, welches bei den Bábolnaer Jährlingen nicht zu den Ausnahmen gehört, sondern zur Regel wird. Einige hervorragende Exemplare messen sogar noch bedeutend darüber, ohne an Tiefe und Breite einzubüssen; im Gegenteil, die grössten sind in der Regel auch die stärksten, da ihre Höhe in einer grösseren Tiefe ihre alleinige Ursache hat."

Am meisten trug der alte Mahmud Mirza zur Hebung der Qualität des heranwachsenden Stutenmateriales bei. Dieser Hengst, dessen Alter auf über dreissig Jahre geschätzt wurde, erwies sich noch in den letzten Jahren seiner Verwendung zur Zucht von einer geradezu staunenerregenden Fruchtbarkeit, so dass seine zahlreichen Nachkommen seinen Verlust weniger schmerzlich empfinden liessen.

In einer aus dem Jahre 1871 stammenden Schilderung des Gestütes, finden wir Mahmud Mirza und die übrigen Pépinièrehengste folgendermassen beschrieben:

„1. Mahmud Mirza, ein brauner, wohl schon über 20 Jahre alter Veteran, Original-Araber, der in seiner Jugend, im Besitze eines englischen Offiziers in Indien, auf der Rennbahn und im Jagdfelde — mit welchem Erfolge auf ersterer ist leider nicht bekannt — verwendet, nach England gebracht und vom Grafen Batthyányi angekauft wurde. Nachdem er einige Jahre als Hack gedient, erstand ihn die damalige Regierung in der Absicht, ihn als Vaterpferd zu benützen. Als eine vortreffliche Acquisition hat er sich erwiesen, da er trotz seines hohen Alters noch immer frisch und fruchtbar ist, seine Beine makellos erhalten sind und er seine vielen guten Eigenschaften dergestalt auf alle seine Nachkommen vererbt, dass noch kein anderer ihm seinen Platz als erster Hengst Bábolna's streitig gemacht hat. Drei junge Vollblut-Hengste von Mahmud Mirza fallen dem Sachverständigen durch ihre seltene Muskelentwicklung auf, auch ist ihre Grösse eine genügende, 15 Faust 2 Zoll, — die Folge eines grösseren Quantums von Futter und dem Gerittenwerden seit ihrem zweiten Jahre. Einer derselben, ein Fuchs, unstreitig der beste, zeigt leider in seinem Kopf nicht den arabischen Tpyus; sein Körperbau ist aber so vollkommen, dass er bestimmt ist, als Pépinière-Hengst in Bábolna zu bleiben.

2. Abdul Aziz, ein fünfzehnfäustiger Original-Schimmelhengst, ein Geschenk des Sultans an einen der Begleiter Sr. Majestät des Kaisers bei Gelegenheit der Eröffnung des Suezkanals, ungleich den meisten solcher Geschenke, ein vorzügliches Pferd, der den vollendeten arabischen Typus mit Adel, richtigen Körperbau, tadellosem Gang, Gehlust und Tragfähigkeit vereint, von welch letzterer Eigenschaft er unter dem sehr schweren Gewicht des Kommandanten von Bábolna unzuverkennende Proben abgelegt hat.

3. Amurath Bairaktar, 4jähriger Schimmelhengst, 15 Faust 1 Zoll, ein edler, gefälliger Araber, mit schönen Knochen und Gängen, der, hätte er ein grösseres Auge, vollendet schön genannt zu werden verdiente.

4. Benazet, 5jähriger brauner Hengst, 15 Faust, in Lippiza gezogen, voll Adel, mit guten Gängen, jedoch von Knochen weniger stark als die vorhergehenden.

Nr. 2, 3 und 4 sind vom jetzigen Kommandanten von Bábolna, Herrn Major Friedrich, angekauft worden.

Ausser diesen vier Vollblut-Hengsten befinden sich noch zwei aus Mezöhegyes stammende Schagya Halbblut-Hengste im Gestüte, die in Grösse und Stärke wohl Einiges zu wünschen übrig lassen, Fehler, die sie aber weniger auf ihre Nachkommen zu vererben scheinen.“

Auch in der Topographie der unmittelbaren Umgebung des Gestütshofes gelangten wesentliche Verbesserungen zur Durchführung. Wo z. B. früher die Paddocks mit hohen, ausserdem mit Gesträuch bepflanzten Wällen eingefasst waren, welche die darin befindlichen Pferde wie in einem gegen jeden erfrischenden Luftzug abgeschlossenen Kessel gefangen hielten, wurden nun diese Erdschanzen abgetragen und durch leichtere, nach englischem Muster hergestellte Einfriedigungen ersetzt. Gleichzeitig bestellte man den Boden der Paddocks mit nahrhaften Gräsern und verschiedenen Kleesorten. Die Pferde erhielten somit nicht nur eine willkommene Gelegenheit zu kräftigender, andauernder Bewegung in reiner Luft, sondern auch eine schmackhafte und gesunde Nahrung.

Ein weiterer grosser Fortschritt unter dem neuen Regime bestand in der Prüfung der zur Zucht bestimmten jungen Stuten, was ja auch schon Oberst von Brudermann wärmstens befürwortet hatte. In früheren Zeiten wurden die zukünftigen Mutterstuten einzig und allein ihrer äusseren Form nach gewählt und auf gut Glück einrangirt, ohne dass man von ihnen auch nur die geringste Probe ihrer Tauglichkeit zu diesem wichtigsten Teile ihrer

Lebensaufgabe verlangt hätte. Nach Uebernahme des Gestütes durch den ungarischen Staat dagegen unterzog man alle zur Einrangirung designirten jungen Stuten teils unter dem Reiter, teils im Wagen, nicht einer oberflächlichen Prüfung, sondern einer ein volles Jahr andauernden Ausnützung. Die sich bewährten, wurden ihrer Bestimmung zugeführt, die nicht entsprechenden verkauft.

Der Stand des Gestütes war im Jahre 1872, also bald nach der Uebergabe: 422 Köpfe, und zwar: 124 Vollblut- und 298 Halbblut-Orientalen. Erstere zerfielen in 3 Pépinière-Hengste und 37 Mutterstuten, drei 4jährige Stuten, ein 3jähriger Hengst und 14 Stuten, sieben 2jährige Hengste und 13 Stuten, acht 1jährige Hengste und neun Stuten, neun Abspänn-Hengste und 7 Stuten, 3 Saug-Stutfohlen, 1 Probirhengst, und 9 Gebrauchspferde, — letztere in 6 Deckhengste und 82 Mutterstuten, vier 4jährigen Stuten, ein 3jähriger Hengst und 8 Stuten, neunzehn 3jährige Hengste und 13 Stuten, achtundzwanzig 1jährige Hengste und 31 Stuten, 28 Abspänn-Hengste und 30 Stuten, 3 Saug-Hengstfohlen, 2 Probirhengste und 43 Gebrauchspferde.

Der schönste unter den damaligen Vollbluthengsten war unstreitig Mehemed Ali, ein aus dem Bábolnaer Gestüte hervorgegangener Fuchshengst von dem obenerwähnten Mahmud. Ihm zur Seite standen: Amurath (1867) in Württemberg gezogen, Abdul Aziz (1863) und die Halbbluthengste Mahmud (1869), Abugress (1865), Schagya (1869), Schagya III und Schagya II. beide von 1868, Siglavy und Samhan (1853). Die beiden letzteren Tiere von einer ganz ausserordentlichen Knochenstärke.

Diese Daten über den Standpunkt des Gestütes in der ersten Periode der ungarischen Herrschaft, lassen wir nun der besseren Uebersicht wegen einen Ausweis über sämmtliche seit dem Uebergangsjahre bis auf den heutigen Tag in Bábolna zur Zucht verwendeten Vaterpferde folgen.

Rasse	Namen	Farbe	Geburts-jahr	Mass Faust	Mass Zoll	Mass Strich	Abstammung	Auf welche Art zugewachsen	Art des Abganges und sonstige Anmerkungen
Original-Araber	Abdul Aziz	Geapfelter Blauschimmel	1863	15	1	—	Unbekannt.	Im Jahre 1870 durch Hrn. Major Friedrich vom Hptm. Mayteni in Relat erkauft für 1500 fl.	1873 nach Mezöhegyes transferirt.
Araber-Vollblut	Ben Azet I	Dunkelbraun	1866	15	1	—	Araber-Vollblut	1871 durch Herrn Major Friedrich vom k. k. Oberststallmeisteramt in Wien erkauft um 2000 fl.	1872 als Landesbeschäler nach Nagy-Körös transferirt.

Rasse	Namen	Farbe	Geburts-jahr	Mass Faust	Mass Zoll	Mass Strich	Abstammung	Auf welche Art zugewachsen		Art des Abganges und sonstige Anmerkungen
Araber-Vollblut	Amurath Bairactar	Dunkel-Muskat-schimmel	1867	15	1	2	Vater Amurath II., dieser von Amurath I. aus der Araber-Schimmelstute Geyran. Mutter Kobi, diese a. d. Arab.-Fuchsstute Saida.	Aus dem Privatgestüte Sr. Maj. des Königs von Württemberg erkauft um Gulden	2000	**Am 12. Okt. 1881 zum k. ung. Staats-Hengsten-Depot nach Sepsi Szt. György in Siebenbürgen transferirt.**
Araber-Vollblut	Mehemed Aly	Licht-fuchs	1868	15	3	—	Vater Mahmud Mirza, Original-Araber. Mutter Nr. 104 Koreischan.	Im Mai 1872 aus der hiesigen Zucht.		Im Monat Oktober 1879 zum königl. ung. Staats-Hengstendepot nach Nagy-Körös transferirt.
Araber-Vollblut	Padischah	Metall-fuchs	1865	15	1	1	Vater Hadja II. Grossvater Cham. Mutter Salma, Gr.-Mutter Vezier.	Im Jän. 1873 durch Hrn. Major Friedrich um 150 Louis-d'or für das hies. Gestüt erkauft.		Im Jahre 1874 zum Hengstendepot nach Debreczin transferirt.
Original-Araber	Maneki	Dunkel-braun	1855	14	3	—	Aus der Rasse Maneki Hidschreti.	1866 vom k. k. Hofstall als zugeteilt 1868 für 1000 fl. erkauft.		1870 zum k. **ung.** Staats-Hengstendepot nach Stuhlweissenburg **transferirt.**
Araber-Rasse	Raschid	Weichsel-braun	1861	14	3	1	Vater Aghil Aga Original-Araber, Mutter Nr. 75, hiesige Zucht, Araber-Vollblut.	**Hiesige Zucht.**		**Am 16. Juli 1869 zum Probirhengst übersetzt. Am 24 Mai 1880 in Raab plus offerrente verkauft.**
Araber-Vollblut	Jussuf	Weichsel-braun	1869	15	—	—	Vater Mahmud Mirza, Original-Araber. Mutter 113 Aghil Aga.	1878 **aus der** hie**sigen Zucht.**		1890 nach Rumänien verkauft.
Original-Araber	Schiarrak	Grau-schimmel	1870	Centim. 155			Vater Abu Mareff. Mutter Abu Argub	**Im Jahre 1876** durch **Hrn. Grafen Franz Zichy in Constantinopel erkauft um Gulden**		1877 zum **k.** ung. Staats-Hengstendepot nach Stuhlweissenburg transferirt.
Original-Araber	Radban	Grau-schimmel	1868	154			Vater Koheil Adjuse. Mutter Saklavi Gidran.			**Im Monat Oktober 1879 zum k. ung. Staats-Hengstendepot nach Nagy Körös transferirt.**
Original-Araber	**Dervisch**	Forellen-schimmel	1868	**157**			Vater Abu Mareff. Mutter Abu Argub.			**1877 zum k. ung. Staats-Hengstendepot nach Stuhlweissenburg transferirt.**

Rasse	Namen	Farbe	Geburts-jahr	Mass Centim.	Abstammung	Auf welche Art zugewachsen	Art des Abganges und sonstige Anmerkungen
Original-Araber	**Ruschan**	Schimmel	1867	**158**	Vater Saklavi Regebi. Mutter Veschdi.	Im Jahre 1876 durch Hrn. Grafen Franz Zichy in Constantinopel erkauft um Gulden	**1876 zum k. ung. Staats-Hengstendepot nach Stuhlweissenburg transferirt.**
	Arrak	"	1868	157	Vater Koheil Adjuse. Mutter Abu Gouberi.		1876 **dto.**
	Sayd	"	1873	154	Vater Saklavi. Mutter Elbedavi.		1877 zum Hengstendepot nach Nagy-Körös transferirt.
	Kadir	"	1869	157	Vater Gouberi. Mutter Saklavi.		1877 **an Milzbrand**-Blutschlag **umgestanden.**
	Dyeilan	Braun	1864	158	Vater Semri Mutter Hamdanie.		**1877** kastrirt und zum Dienstreitpferd übersetzt. Dann in Raab pt. off. verkauft.
	Galaad	Schimmel	1869	147	Vater Horsauye Mutter Vuedenar.		**1876 zum Hengstendepot nach Sepsi Szent György in Siebenbürgen transferirt.**
Araber-Rasse	Schagya X.	Honig-schimmel	1868	160	Vater Schagya X., Mezöh.zucht, Araberrasse Mutter Nr. 448 Majestoso XXXIX, Mezöh.-zucht. L. Rasse.	Im Dezember 1873 vom k.ung. Staatsgestüt zu Mezöhegyes zum k. ung Staats-Hengstendepot nach Stuhlweissenburg transferirt und am 31. Mai 1876 von da anher transferirt.	**Am** 12. Febr. 1880 **zum** kgl. ungar. Staats-Hengstendepot nach Stuhlweissenburg transferirt.
	Samhan	Schwarz-schimmel	1874	159	Vater Samhan, Mezöh.zucht, Araberrasse. Mutter Nr. 93 Schagya X, Mezöh.zucht, Araberrasse.	Im hiesigen Gestüte erzeugt Mit 1. August 1877 zum Pépinière - Hengst übersetzt.	
	Osman Pascha	**Sommer-rapp**	1875	162	Vater Gidran, Mezöh.zucht, Araberrasse. Mutter Nr. 9, Aghil Aga, hiesige Zucht, Araberrasse.	Im hiesigen Gestüte erzeugt Mit 1. Okt. 1878 zum Pépinière-Hengst übersetzt.	Am **1.** Oktober 1881 zum kgl. ungar. Staats-Hengstendepot nach Stuhlweissenburg transferirt.

Rasse	Namen	Farbe	Geburtsjahr	Mass Centim.	Abstammung	Auf welche Art zugewachsen	Art des Abganges und sonstige Anmerkungen
Araber-Vollblut	**Gazlan**	**Braun**	1. Jän. 1864	**174**	**Vater** Gazlan, Schimmel, Original-Araber, dieser stammt, **vom** Hengst Hamdanie Semri, und **von** der Stute Tamerie Koheili, Koheilanfamilie. Erkauft **von** d. Beduinenstamme der Anazé Wenld Ali in der Ebene von Mezeribe Mutter Groczana, Rotfuchs, Original-Araberin, diese stammt **von** Tadmor, Schimmel, Original-Araber, und von der Stute Gidran, Fuchs, Original-Araberin aus dem Stamme Siglavi Gidran.	Dieser Hengst **Gazlan** wurde **am** 12. Novemb. 1866 durch Hrn. Josef **v.** Fay aus Ecséd **als** 2jähr. Fohlen von dem kaiserl. Hofgestüte in Lippiza käuflich an **sich** gebracht; und vom benannten Eigenthümer Fay **im** Monat Mai **1879** im Auftrage **des k.** ung. Minist. **durch** Hrn. Major **Franz** Flögl zu **dem Preis von 500 fl. für das hiesige Gestüt erkauft.**	
Araber-Rasse	**Schagya Mahmud**	Honigschimmel mit Stern	1877	169	Vater Mahmud Mirza, hies. Zucht, Arab.-Rasse. Mutter Nr. 2, Schagya Mezöh. Zucht, Araber-Rasse.	Hiesige **Zucht.** Am **1.** August 1880 **zum** Pépinière-**Hengst** übersetzt.	**Am** 18. **Okt.** 1882 zum kön. ungar. Staats-Hengstendepot nach Stuhlweissenburg transferirt.
	Zarif	Goldfuchs	1877	158	Vater Zarif, hiesige Zucht, Araber-Rasse. Mutter Nr. 50 Gidran XXXII., Mezöh. Zucht, Araber-Rasse.	Hiesige Zucht. Am 1. August 1880 zum Pépinière-Hengst übersetzt.	
Original-Araber	**Ana**	Forellenschimmel	1868	56	Vorbenannter Origin.-Araberhengst wurde durch Sefer Pascha jenseits des roten Meeres gekauft und von diesem wieder abgekauft **für** das Gestüt **in Slawuta in Volhynien durch Se. Durchlaucht dem** Fürsten **Roman** Eustache Sanguszko i. J. 1873. Vater und Mutter unbekannt.	Am 29. Mai 1881 durch Herrn Lieuten. Franz Grafen Ziehy u. Obertierarzt Anton Hartmann aus d. Gestüte der Erben Sr. Durchl. des sel. Fürsten Ro**man** Eustache Sanguszko **zu** Slawuta in **Vol**hynien in Russland erkauft um Gulden Ö. W. 2160	

Rasse	Namen	Farbe	Geburts-jahr	Mass Centim.	Abstammung	Auf welche Art zugewachsen	Art des Abganges und sonstige Anmerkungen
Araber-Vollblut	Cabou	Licht-honig-schimmel	1877	159	Vater Melechan, Original-Araber, im Jahre 1872 in der arabischen Wüste erkauft. Mutt. Agafia Nr. 222 nach Hamad, Orig.-Araber, (erkauft im Jahre 1867 in Bábolna) aus Flora Nr. 155, nach Seglavi Ardzebi, Original-Araber, aus Heroïdia Nr. 81, nach Azecie, Original-Araber, aus Medina Nr. 25 vom alten Chrestowetzer Gestüte	Am 29. Mai 1881 durch Herrn Lieuten. Franz Grafen Zichy u. Obertierarzt Anton Hartmann aus dem Gestüte der Erben Sr. Durchl. 816 des sel. Fürsten Roman Eustach. Sanguszko zu Slawuta in Volhynien in Russland erkauft um Gulden Ö. W.	Am 1. Oktob. 1881 zum k. ung. Staats-Hengstendep. nach Stuhlweissenburg transferirt.
Araber-Rasse	Siglavy XXXIV	Licht-honig-schimmel	1866	160	Vom Vater Siglavi 34 Radautzer Zucht, Arab.-Rasse, 1844 gebor., Schimmel. Grossvater Siglavi, arabisches Vollblut. Mutter junge Stute Tadmor 17, Radautzer Zucht, Araber-Rasse. Gr.-Mutter 515 Farhan, Radautzer Zucht. Urgrossmutter Barbariño, Siebenb. Rasse.	Am 1. Oktob. 1882 vom k. ung. Staats-Hengstendepot zu Nagy-Körös anher transferirt.	
Araber-Rasse	Schagya X. als Pépinière-Hengst Nr. 8.	Honig-schimmel	1869	163	Vater Schagya X., Mezöheg. Zucht, Araber-Rasse. Gr.-Vater Schagya IV., Mezöheg. Zucht, Araber-Rasse. Ur-Grossvater Schagya, Orig.-Araber. Mutter Nr. 25 Aga Grossmutter Nr. 7 Samhan II. Urgrossmutt. Nr. 256, Siglavi, alle drei Mezöh. Zucht, Araber-Rasse.	Am 1. Dezb. 1873 vom k. ung. Staats-Hengstendepot zu Stuhlweissenburg anher und am 1. März 1874 retour transferirt. Am 13. Dez. 1875 vom benannten Depot anher — und am 21. Mai 1876 retour transferirt. Am 1. Novb. 1882 vom obigen Hengsten-Depot anher transferirt.	

Rasse	Namen	Farbe	Geburts-jahr	Mass Centim.	Abstammung	Auf welche Art zugewachsen	Art des Abganges und sonstige Anmerkungen
Araber-Vollblut	Ferriz Beg	Weichsel-braun	1869	163	Vater Mahmud Mirza, Original-Araber. Mutter Nr 141 Nucra, Original-Araberin.	Am 13. Sept. 1872 zum k. ung. Staats-Hengstenposten IV nach Ozora abgegeben; und am 16. Novemb. 1883 vom k. ung. Staats-Hengstendepot zu Stuhlweissenburg retour nach Bábolna transferirt.	
	El Hedad	Weichsel-braun	1869	165	Vater Mahmud Mirza, Orig.-Arab. Mutter Nr. 6 Schichanie, Original-Araberin. Gross-Mutter Nr. 47 Schichanie, Orig.-Araberin.	Am 13. Sept. 1872 zum k. ung. Staats-Hengstendepot nach Sepsi Szt. György in Siebenbürgen abgegeben. Am 29. Okt. 1874 nach Debreczin III Posten Turia Remete und am 16. Novemb. 1888 retour nach Bábolna transferirt.	
	Polkan II. Nr. 18.	Licht-honig-schimmel	1870	162	Vater Polkan, Bábolnaer Zucht, Araber-Vollblut. Mutter Nr. 157, Hadudi, Bábolnaer Zucht, Araber-Vollblut. Gr.-Mutter Nr. 25 Hadia, Original-Araberin.	Am 16. Sept. 1873 zum k. ung. Staats-Hengstendepot nach Nagy-Körös transferirt und am 16. Nov. 1883 wieder anher retour; am 16 Aug. 1885 aus Königsfeld in Tausch anstatt des Hengstes Padischah eingerückt.	Am 19. Nov. 1883 zum Hrn. Heinrich von Nitzschwitz in Königsfeld (Sachsen) in Tausch anstatt des Hengstes Padischah. Am 5. Nov. 1885 zum k. ung. Staats-Hengstendepot in Debreczin transferirt
	Padischah	Atlas-schimmel	1871	165	Vater Asslan II. arabisches Vollblut, gezogen **in** Weil und Stuttgart **von** Asslan I aus Larya. Mut. Czebereie II., arabisches Vollblut, gezogen in Weil u. Stuttgart, **von** Burnu und **Czebereie** I.	Dieser Hengst Padischah a. d. Privatgestüte zu Königsfeld in Sachsen wurde gegen Tausch mit dem hiesigen Pépinière-Hengst Polkan auf die Dauer der Deckzeit **pro** 1884 und auch pro 1885, und **zwar** Padischah z. **k** ung. Staatsgestüt hieher nach Bábolna und Polkan zum Gestüte nach Königsfeld in Sachsen abgegeben.	Am **16.** Aug. 1885 dem Eigentümer Heinrich von Nitzschwitz zu Königsfeld in Sachsen in Tausch statt den Pépinière-Hengst Polkan übergeben.

GAYDENE.

Rasse	Namen	Farbe	Geburts-jahr	Mass Centim.	Abstammung	Auf welche Art zugewachsen	Art des Abganges und sonstige Anmerkungen
Original-Araber	Báz	Dunkelhonigschimmel	1882	158	Vater Koheilan, Original-Araber (aus dem Stamme Tell el Kelach). Mutter Dachma, Original-Araberin.	Am 26. Aug. 1885 durch den Herrn Minist.-Sekretär Nikolaus Luczenbacher und den Herrn Rittmeister Michael Fadlallah el Hedad aus Arabien importirt.	**Am 16. April 1887 transferirt zum k. ung. Staats-Hengstendepot in Debreczin.**
	Koheilan	Grauschimmel	1876	157	Vater ein Original-Araber aus dem Stamme Anazé el Sbaa. Mutter unbekannt.		**Am 16. April 1887 zum k. ung. Staats-Hengstendepot in Nagy-Körös transferirt.**
	Saklavy Yedrau	Kastanbraun	1876	160	Vater ein Original-Araber aus dem Stamme Fedchan. Mutter unbekannt.		Am 17. Oktb. 1888 zum k. u. Staats-Hengstendepot in Debreczin Posten Nr. III in Turia Remete transf.
Araber-Vollblut	Kara Mirza	Sommerrapp	1871	160	Vater Mahmud Mirza, Original-Araber. Mutter Nr. 41 Aghil Aga, Bábolnaer Zucht, Araber-Vollblut. Gr.-Mutter Nr. 148 Schmed, Original-Araberin.	Am 3. Okt. 1887 in Tausch statt eines 3jährig. Hengstes vom Herrn Thomas Siskovits übernommen.	**Wurde als 3jährig am 22. Aug. 1874 plus offerenti um 2005 fl. verkauft.** **Am 16. Juni 1888 an Antrax umgestanden.**
Araber-Halbblut	El Delemi	Rotfuchs	1872	160	Vater El Delemi, Bábolnaer Zucht, Araber-Vollblut. Mutter Nr. 506 Tscheleby II., Grossmutter Nr. 56 Arlal I., Ur-Gr.-Mutter Nr. 109 Gidrau XI., Urur-Gr.-Mutter Nr. 848 Gidran VIII., alle 4 Mezöheg. Zucht, Araber-Rasse.	Am 26. Juli 1887 vom k. ung. Staats-Hengstendepot zu Debreczin anher transferirt.	**War Landesbeschäler vom 21. Nov. 1875 bis 25. Juli 1887.** Am 7. Febr. 1890 zum k. ung. Staatshengstendepot zu Stuhlweissenburg Posten Nro. 2 in Bábolna transferirt.
Orig.-Araber	Hadjia	Stich-Lichtkastanienbraun	1880	160	Vater und Mutter unbekannt.	Am 30. April 1888 aus Ostindien.	

Welche Stuten der Bábolnaer Vollblut-Mutterstutenherde von 1869—1891 zugeführt worden sind, findet der Leser in nachstehendem Verzeichnis angegeben:

Verzeichnis

derjenigen Stuten, die von 1869—1891 für Bábolna angekauft oder dorthin transferirt worden sind:

Namen	Farbe	Geburtsjahr	Faust	Zoll	Strich	Abstammung	Auf welche Art zugewachsen		Art des Abgangs und sonstige Anmerkungen
Hedban	Hell-Muskat-Schimmel	1867	14	3	1	Vater: Hedban, Araber-Hengst aus der Araber-Stute Mabuba. Mutter: Hazam, arabische Schimmelstute aus der Hazam I vom arab. Hengst Bournon.	Aus dem Privatgestüte Sr. Majestät des Königs von Württemberg erkauft um Gulden	1200	28. September 1879 in loco Bábolna licitando um 190 fl. verkauft.
Moreghia	Grauschimmel	1867	14	1	2	Vater: Asslan, arab. Schimmelheugst a. d. Orig.-Stute Koheilan Adjuze von Amurath I, Bairactar Stamm. Mutter: Moreghia, Original-Araber, Schimmelstute.		800	Am 31. Juli 1874 wegen Bruch des linken vorderen Schienbeines vertilgt.
Tamarisk Orig.-Araber. a. d. Wüste	Stichelhaariger Dunkelfuchs	1867	Centim. 155			Unbekannt.	1884 durch den II. Sektionsrat Tanfi in England gekauft.		August 1889 wegen wegen Unfruchtbarkeit vertilgt.
Adjuse	Forellenschimmel	1876	157			Vater: Koheilan Adjuse. Mutter: Scheha.	1885 durch den Hrn. Ministerial-Sekretär Luczenbacher und den Hrn. Rittmeister Fadlallah el Hedad aus Arabien importirt.		Gegenwärtig im Gestüt.
Helne	Grauschimmel	1875	160			Unbekannt.			
Bent el Arab	Eisenschimmel	1880	163			Vater: Saklavi Mutter: Koheilan Adjuse			
Koheila	Honigschimmel	1881	155			Vater: Meneghie Mutter: Adjuse.			
Tell el Kehiach	Grauschimmel	1881	161			Vater: Koheilan Adjuse Mutter: Scheha Meneghie.			
Meneghie	Lichtkastanienbraun	1879	160			Vater: Meneghie Mutter: Koheilan Kharrass.	1887 mit der Bedingung v. H. Luczenbacher übernommen, dass dieser von den drei ersten Stutfohlen sich eines auswählen u. als vierjähr. unentgeltlich übernehmen dürfe.		

Namen	Farbe	Geburts-Jahr	Mass Centim.	Abstammung	Auf welche Art zugewachsen	Art des Abganges und sonstige Anmerkungen
Nr. 2 O Bajan	Braun	1887	159	Vater: O Bajan Mutter: Amurath Bairactar.	Bábolnaer Zucht. Araber-Vollblut.	Gegenwärtig im Gestüt.
Nr. 5 Anazé	Braun	1884	157	Vater: Anazé Mutter: 66 Jussuf.		
Nr. 7 Ferriz Beg	Rapp	1887	157	Vater: Ferriz Beg Mutter: 76 Bent el Arab.		
Nr. 10 Amurath Bairactar	Licht-fuchs	1880	162	Vater: Amurath Bairactar Mutter: 6 Mahmud Mirza.		
Nr. 11. Amurath Bairactar	Schimmel	1877	160	dto.		
Nr. 18 Gazlan	Braun	1884	154	Vater: Gazlan Mutter: 75 Jussuf.		
Nr. 19 Anazé	**Braun**	1883	157	Vater: Anazé Mutter: 77 Mehemed Ali.		
Nr. 20 Gazlan	Schimmel	1888	156	Vater: Gazlan Mutter: 38 Amurath Bairactar.		
Nr. 24 Gazlan	Braun	1885	158	Vater: Gazlan Mutter: 126 Mahmud Mirza.		
Nr. 26 Saklavi Jedran	**Braun**	1887	157	Vater: Saklavi Jedran Mutter: 2 Mahmud Mirza.		
Nr. 32 Amurath Bairactar	Schimmel	1880	155	Vater: Amurath Bairactar Mutter: 22 Mahmud Mirza.		
Nr. 51 Jussuf	Schimmel	1885	162	Vater: Jussuf Mutter: 30 Bagdady.		
Nr. 66 Jussuf	Braun	1876	162	Vater: Jussuf Mutter: 62 Hamad.		
Nr. 73 Jussuf	Licht-fuchs	1885	161	Vater: Jussuf Mutter: 62 Abdul Aziz.		
Nr. 75 Jussuf	**Kastan.-braun**	1873	160	Vater: Jussuf Mutter: 13 Aghil Aga.		

Namen	Farbe	Geburts-jahr	Maas	Abstammung	Auf welche Art zugewachsen	Art des Abganges und sonstige Anmerkungen
			Centim.			
Nr. 90 Mehemed Ali	Weichsel-braun	1878	159	Vater: Mehemed Ali Mutter: 3 Aghil Aga.	Bábolnaer Zucht. Araber-Vollblut.	Gegenwärtig im Gestüt.
Nr. 140 Amurath Bairactar	Kastan.-braun	1881	160	Vater: Amurath Bairactar Mutter: 6 Mahmud Mirza.		
Nr. 141 murath Bairactar	Schimmel	1881	159	Vater: Amurath Bairactar Mutter: 22 Mahmud Mirza.		
Nr. 142 Gazlan	Braun	1881	154	Vater: Gazlan Mutter: 75 Jussuf.		
Nr. 145 Gazlan	Licht-fuchs	1881	161	Vater: Gazlan Mutter: 23 Abdul Aziz.		
Nr. 153 Jussuf	Schimmel	1881	161	Vater: Jussuf Mutter: 30 Bagdady.		
Nr. 38 Amurath Bairactar	Schimmel	1877	156	Vater: Amurath Bairactar Mutter: 22 Mahmud Mirza.		

Nominalliste

der gegenwärtig im Stande befindlichen Pépinière-Hengste.

Deckt vom Jahre	Name	Abstammung		Geburts-jahr	Maas in Centim.	Rasse	Farbe	Anmerkung
		Vater	Mutter					
1886	O Bajan	Original-Araber aus dem Stamme Anaze el Sbaa.	Unbekannt.	1881	154	Original-Araber	Rapp	Im Monate August 1885 aus Arabien importirt.
1891	Dzsingis-khan	O Bajan, Original-Araber.	Nr. 11 Amurath Bairactar, Nr. 6 Mahmud Mirza, Nr. 3 Aghil Aga, Bábolnaer Zucht, Araber-Vollblut.	1888	162	Vollblut	Stichelhaariger Lichtfuchs	Bábolnaer Zucht.
1891	Ibn Achmet	Achmet, Araber-Vollblut, geb. 1880, 163 cm hoch, vom Vater: Almeryk, Original-Araber Mutter: Rejentka, Araber-Vollblut. Gr.-Vater: Vernet, Original-Araber.	Zalotna, vom Original-Araber Cyprian Jamri. Melodia, vom Original-Araber Derwisch. Comtesse, vom Original-Araber Mahomed el Hassan. Perla, vom Original-Araber Iskander Pascha.	1888	161	Vollblut	Honig-schimmel	Mit seinem Vater im Gestüte des Grafen Josef Potocky zu Antoniny gegen den Landbeschäler Zarif I aus der Mutter Nr. 50 Gidran XXXII eingetauscht.

Deckt vom Jahre	Name	Abstammung		Geburts-jahr	Mass in Centim.	Rasse	Farbe	Anmerkung
		Vater	Mutter					
1890	Gazlan I	Gazlan, Araber-Vollblut, geb. zu Lippiza im Jahre 1864, aus der Mutter Grozzana, Original-Araber, vom Vater Gazlan, Original-Araber.	Nr. 66 Jussuf, Nr. 62 Hamad, beide Bábolnaer Zucht, Araber-Vollblut. Nr. 87 Giule, Orig.-Arab	1881	159	Vollblut	Licht-braun	Bábolnaer Zucht
1888	Gazlan Schagya	ditto.	Nr. 47 Schagya X, Mezöheg. Zucht, Araber-Rasse. Nr. 90 Favory, Mezöheg. Zucht, Karster-Rasse. Nr. 375 Schagya VI und Samhan, Mezöheg. Zucht, Araber-Rasse.	1884	160	Halbblut	Dunkel-schimmel	Bábolnaer Zucht
1888	Zarif III	Zarif I, Araber-Halbblut, geb. 1878, 162 cm hoch, Broncefuchs, aus der Mutter Nr 50 Gidran XXXII, Mezöheg. Zucht, Araber-Rasse. Vater: Zarif, Bábolnaer Zucht, Araber-Rasse. Grossvater: Zarif, Original-Araber	Nr. 85 Samhan, Bábolnaer Zucht, Araber-Rasse. Nr. 22 Mahmud Mirza, Nr. 113 Aghil Aga und Nr 104 Koreischan, Bábolnaer Zucht, Araber-Vollblut.	1884	157	Halbblut	Gold-braun	Bábolnaer Zucht
1891	Schagya X	Schagya VIII, Mezöheg. Zucht, Araber-Rasse, Honigschimmel, geboren 1869, 163 cm hoch, vom Vater Schagya X und Mutter Nr. 25 Aga, beide Mezöheg. Zucht, Araber-Rasse. Gr.-Vater: Schagya IV, Bábolnaer Zucht, Araber-Rasse. U.-Gr.-Vater: Schagya, Original-Araber.	Nr. 63 Abdul Aziz, Bábolnaer Zucht, Araber-Rasse. Nr 67 Schagya X, Nr. 27 Siglavy XXXIII und Nr. 495 Siglavy XVII, Mezöheg. Zucht, Araber-Rasse. Nr. 165 Incitato II, Mezöheg. Zucht, Siebenbürger-Rasse.	1887	162	Halbblut	Honig-schimmel	Bábolnaer Zucht

Von den in Bábolna zur Zucht verwendeten Hengsten waren im Jahre 1891 im Halbblutgestüte nachstehende wie folgt vertreten:

		Anzahl Stuten			Anzahl Stuten
1	Abdul Aziz .	2	12	Samhan	3
2	Aga	1	13	Schagya VII . . .	2
3	Amurath Bairactar	11	14	Schagya VIII . . .	9
4	El Delemi I . . .	1	15	Schagya Mahmud .	6
5	El Delemi II . .	1	16	Siglavy I . . .	17
6	Ferriz Beg . . .	1	17	Siglavy II	2
7	Gazlan	6	18	Zarif	1
8	Jussuf	26	19	Zarif I	31
9	Mehemed Ali . .	3	20	Osman Pascha . .	3
10	O Bajan	1		Summa	128
11	Radban	1			

Aus diesem Verzeichnis ist zu ersehen, dass die Zarifs das Uebergewicht unter den Halbblut-Mutterstuten besitzen, ihnen zunächst aber die Jussufs am zahlreichsten vertreten sind, wohingegen die altberühmten, unverwüstlichen Schagyas auf den Aussterbeetat gesetzt erscheinen. Doch das sind Verhältnisse, mit denen wir uns erst im weiteren Verlauf unserer Arbeit eingehender zu beschäftigen haben werden und nehmen wir daher den chronologischen Faden unserer Schilderung wieder auf.

Major Friedrich verliess Bábolna im Jahre 1874. Sein Nachfolger wurde der Oberst Franz Flögl, dessen Regiment ganze fünfzehn Jahre dauerte, also erst 1889 zum Abschluss gelangte. Flögl war ein Gestütsoffizier der alten Schule — ein kreuzbraver Mann, aber kein Freund des Buches und der Feder. Seine Hauptstärke lag im Sparen. So wie er, hat wohl noch nie ein Gestütskommandant gespart. Und da seine Marotte von Jahr zu Jahr festere Wurzeln schlug, kannte er bald keine andere Freude, kein anderes Ziel, als dem hohen Aerar „unnöthige" Ausgaben zu ersparen. Unnöthig erschien ihm aber jede, wenn auch noch so dringend gebotene Anschaffung oder Reparatur. Selbstverständlich drückte dieses eigenartige System im Verlauf der Jahre dem Gestüte einen höchst trübseligen Stempel auf. Alles gerieth in Verfall; von den Baulichkeiten bis zu dem Inventar der Stallungen und Gastzimmer — überall nur klaffende Schäden. Noch einige Jahre solcher „Ersparnisse", und Bábolna hätte nur durch höchst bedeutende Geldopfer vor dem vollkommenen Ruin bewahrt werden können. Jedenfalls aber hat das „System Flögl" lange genug gewirkt, um tiefe, nur schwer und allmählig zu tilgende Spuren zu hinterlassen. Gott schütze daher das arme Bábolna davor, noch einmal das Experimental-Terrain eines „sparsamen" Kommandanten zu werden.

Bis zum Jahre 1875 bestand Bábolna als selbständige Gestütsanstalt, dann aber wurde es eine Filiale des königlichen Staatsgestütes Kisbér und gelangte erst am 31. März 1883 wieder in den Besitz seiner Selbständigkeit. Fünf Jahre später erhielt der alte Flögl, den „blauen Bogen.“ Seitdem, also seit 1889, ruht die Leitung des Gestütes in den bewährten Händen des Herrn Oberstlieutenant Josef Patzolt.

Das heutige Bábolna wird auf jeden Besucher einen überaus anheimelnden Eindruck machen. Die Gestütsgebäude bilden ein grosses Viereck, in

Innere Kastellansicht, Bábolna.

dessen Mitte sich die hübsche Reitschule befindet. Die eine Seite des Vierecks besteht aus einer mit einer Einfahrt versehenen Mauer. Die ganze gegenüberliegende Seite wird von dem altmodischen Hauptgebäude (Kastell) eingenommen und rechts und links liegen die Stallungen, Mannschaftskasernen, Magazine u. s. w. Das Kastell enthält die Wohnung des Kommandanten, Gastzimmer, mehrere Offizierswohnungen und die nötigen Kanzleien. Ausserhalb des Vierecks liegen weitere Stallungen und, durch die netten Parkanlagen vom Kastell getrennt, noch verschiedene Gebäude, wie: Beamtenwohnungen, Post- und Telegraphenstation, ein Meierhof, ein Kaufladen, das nette Wirtshaus u. s. w. Noch weiter weg befindet sich der Staats-Hengstendepot-Posten Bábolna mit geräumigen Stallungen und einer stattlichen Kaserne, die ebenfalls verschiedene Offiziersquartiere enthält. Ueberall herrscht dieselbe Reinlichkeit und Ordnung wie in Kisbér, nur lässt der Zustand der Baulichkeiten, wie bereits erwähnt, noch Manches zu wünschen übrig. Dies ist jedoch keineswegs die Schuld des jetzigen Kommandanten, sondern muss dem ebenso kurzsichtigen wie rücksichtslosen Sparsystem zugeschrieben werden

Aussere Kastellansicht, Bábolna.

das unter seinem Vorgänger in Bábolna geherrscht hat. Besonders auffallend ist der Unterschied zwischen dem Kisbérer und dem Bábolnaer Pépinière-Stall; ersterer ein Pracht- und Musterbau, letzterer der Hauptbeschälerstall wie er nicht sein soll, eng, dumpfig, dunkel, mit Boxes, die mehr an Käfige für wilde Tiere als an den Wohnraum edler Pferde erinnern. Ein neuer zeitgemäss eingerichteter Pépinière-Stall scheint uns demnach ein dringendes, im Interesse des Gestütes kaum länger zu ignorirendes Bedürfnis für Bábolna zu sein. Die übrigen Stallungen dagegen, entsprechen vollkommen ihrem Zwecke; sie sind gesund und luftig, halten aber dennoch im Winter die erforderliche Wärme. Mit Bezug auf die innere Einrichtung sei erwähnt, dass die Krippen aus rotem (Totiser) Marmor bestehen, wie denn auch die Wände bis zu einer Höhe von $1\frac{1}{2}$—2 Meter über der Krippe entweder mit Marmor oder mit Holz verkleidet sind. In den Laufstallungen sind Heuraufen über der Krippe angebracht. Das dem Brunnen entnommene Trinkwasser ist gut und auch in genügender Menge vorhanden.

Die Mutterstuten-Stallungen (Csikósház) befinden sich im Zentrum

Paddock in Bábolna.

unmittelbar an das Kastell anschliessend. Sie bilden ein Viereck, dessen Inneres hinreichenden Raum für die Bewegung von 160—200 Stuten nebst Fohlen bietet. Im Csikótelep (Unterstand), ungefähr 10 Minuten vom Zentrum entfernt, am südlichen Ende der sich von Westen nach Osten hinziehenden Hügelkette, liegen die Jahrgangs-Stallungen, wo die Stutenjahrgänge und Abspännfohlen beider Geschlechter untergebracht sind. Hier finden 120 freigehende Stuten in einem Stall und 120 Abspännfohlen in zwei Stallabteilungen Platz. Vor dem Stallgebäude in demselben Hofe, nur 100—120 Schritte von den Stallungen entfernt, befindet sich die Kaserne der Aufsichts- und Wartemannschaft. Ausser dem Hofraum vor dem Stalle gibt es in Csikótelep noch zwei grosse und zwei kleinere Fohlengärten, die als Tummelplätze für die Jahrgänge und Abspännfohlen dienen.

Der Gestütsstall zu Farkaskút (Wolfsbrunnen) ist ähnlich wie derjenige zu Csikótelep eingerichtet, nur sind dort Mannschaft und Pferde unter einem Dache untergebracht. Dieser Stall, der für die einjährigen Stutfohlen bestimmt ist und Platz für 60 Pferde bietet, kann vom Zentrum aus in 15 bis 20 Minuten erreicht werden,

Ritter-Major (Ritterhof), in südöstlicher Richtung vom Zentrum gelegen und von dort aus in 15—18 Minuten erreichbar, birgt die Hengsten-Jahrgänge. Hier finden 120—140 Pferde in zwei Stallabteilungen Platz. Für das Aufsichts- und Wartepersonal befindet sich in demselben Hofe eine Kaserne. Ausserdem ist dort ein grosser Fohlengarten oder Tummelplatz für die Jahrgänge vorhanden.

Das Gestüt ist demnach in folgender Weise untergebracht:

Die Pépinière-Hengste im Pépinièrestall des Kastellhofes;

die Mutterstuten in Csikósház;

die Saugfohlen bis zum vollendeten sechsten Monat bei den Müttern;

die Hengst-Jahrgänge (1—2- und 3jährige Hengste) in Ritter-Major;

die Abspännfohlen, sowie die 2-, 3- und 4jährigen Stutfohlen in Csikótelep;

die 1jährigen Stutfohlen in Farkaskút;

die zu Mutterstuten designirten jungen Stuten während des Trainings, sowie die 3jährigen Hengste vom Monate April bis zu ihrer Einteilung in die Staats-Hengstendepots, in den sogenannten Aufstell-Stallungen des Kastells. (Vergleiche die Karte des Gestütes.)

Nachdem wir uns nun einigermassen in Bábolna orientirt haben, wollen wir daran gehen, uns auch einen möglichst genauen Einblick in den Zuchtbetrieb dieses interessanten Gestütes zu verschaffen.

Der Zuchtbetrieb.

Die Aufgabe des königl. ungarischen Staatsgestütes Bábolna ist, nebst Erhaltung des kleinen arabischen Vollblutstammes, den Staats-Hengstendepots mittelst Halbblutzucht das in vielen Teilen des Landes nicht zu entbehrende Hengstenmaterial orientalischer Abkunft zu liefern. Was nun dieses Zuchtziel betrifft, dürfte dasselbe, trotz vielfach zu Tage getretener entgegengesetzter Ansichten, so bald keine Aenderung erfahren. Mit Bezug hierauf sei erwähnt, dass am 5. Mai 1890 in Budapest ein vom königl. ungarischen Ackerbauministerium einberufene, aus den Herren Gestüts- und Depotkommandanten, den Präsidenten der verschiedenen Pferdezucht-Komites und sonstigen hervorragenden Fachleuten bestehende Kommission unter dem Präsidium des Ackerbauministers zusammentrat, deren Tagesordnung unter anderem auch folgende Fragen aufwies: „Soll die arabische Zucht in Bábolna fortgesetzt werden oder nicht? Erscheint es angezeigt, mittelst erneuerter Ankäufe von Zuchtmaterial im Orient eine Blutauffrischung zu bewerkstelligen? Ist der reingezogene, kleinere arabische Typus bereits als entbehrlich anzusehen? Und wären, falls die zu einer erfolgreichen Blutauffrischung erforderlichen Zuchtpferde 1. Klasse nicht mehr in Arabien zu bekommen sein sollten, englische, zu dem in Bábolna aufgestellten Stutenmaterial passende, Vollbluthengste daselbst zur Zucht zu benützen? Diese Fragen wurden von der Kommission dahin beantwortet, dass arabisches Vollblut in Bábolna auch weiterhin gezogen und nötigenfalls arabisches Original-Zuchtmaterial aus dem Orient importirt werden solle. Wir glauben, dass man im Lande eine andere Entscheidung weder erwartet noch gewünscht hat. Ist doch der reingezogene Araber thatsächlich in Ungarn noch nicht zu entbehren. Wie bereits hervorgehoben, gibt es indessen Fachmänner, die anderer Ansicht sind. So schrieb z. B. der gewesene Oberlieutenant der k. und k. Gestütsbranche, Graf Stephan Zichy, kurz vor dem Zusammentritt der vorerwähnten Kommission in der Ungarischen Landwirtschaftlichen Zeitung folgendes: „Was die Gestüte betrifft, muss ich — wenn auch mit Schmerzen — zugeben, dass die Bábolnaer Hengste den züchterischen Anforderungen des Landes nicht mehr entsprechen und zwar deshalb, weil sie jenen Züchtern, die Staatshengste verwenden, nichts nützen können, hingegen von jenen, die sie wirklich benötigen würden, nicht gesucht werden. Jenes kleine Steppenpferd, das im Alföld (ungarisches Tiefland) noch in grosser Anzahl im elendesten Zustande vegetirt, gelangt nie zu einem Staatshengst und wenn es sich auch zufällig auf der Weide im freien Zustande paart, so ist es doch entschieden im Aussterben begriffen und wird in zwanzig Jahren nur mehr Gegenstand der Erinnerung sein. Welches Material der Staat in Bábolna statt des jetzigen züchten soll? Gutes, starkes, gängiges englisches Halbblut. Das gegenwärtige Material aber überlasse man Kroatien und Bosnien. Dort wird es noch lange Jahre gute Dienste leisten. Eine arabische Pépinière erhalte der Staat in reinster Zucht, dies wird jedes Blut zur Auffrischung noch in hohem Masse benötigen. Doch ist hiefür Bábolna nicht der richtige Ort, denn das eigentliche Araberpferd lebt nicht in der Sandwüste, sondern in den felsigen Gegenden Arabiens."

Wir haben vorstehendes Urteil eines begabten Fachmannes hier vollinhaltlich wiedergegeben, weil dasselbe, wie wir aus persönlicher Erfahrung wissen, mit den Ansichten zahlreicher ungarischer Züchter und Pferdefreunde übereinstimmt. Trotzdem stellen wir uns in dieser Frage unbedingt auf die Seite der Gestüts-Kommission. Graf Zichy hat allerdings vollkommen recht, wenn er behauptet, dass das edelste arabische Pferd, der Nedjedi, in dem felsigen, unzugänglichen Reiche der Wahabiten gezogen wird, nur bleibt hierbei wohl zu beachten, dass ein echter Nedjedi überhaupt kaum je seinen Fuss auf europäische Erde gesetzt hat. Die unstreitig in Ungarn mit der orientalischen Zucht erzielten Erfolge sind demnach den von Zeit zu Zeit eingeführten Wüstenarabern zu verdanken und für solche bietet Bábolna erfahrungsgemäss ein in jeder Beziehung entsprechendes Heim. Wir könnten uns daher umsoweniger für die Idee erwärmen, Bábolna in ein englisches Halbblutgestüt umzuwandeln, als das starke englische Halbblut zweifellos noch schlechter wie das orientalische Pferd zu den kleinen verkrüppelten Stuten des ungarischen Tieflandes passen würde. Und dass diejenigen Züchter, die wirklich Bábolnaer Hengste benötigen, verblendet genug sind, das ihnen vom Staate zur Verfügung gestellte, ihrem Bedürfnisse vollauf entsprechende Material nicht zu benützen, kann schliesslich gerechterweise nicht dem Gestüte Bábolna auf's Kerbholz geschrieben werden.

Mit dem blossen Beschlusse der Kommission, gutes arabisches Original-Zuchtmaterial einzuführen, ist es allerdings nicht abgetban, sondern wird sich das ungarische Ackerbauministerium nun auch sehr eingehend mit dem Problem zu beschäftigen haben, an welchem erreichbaren Punkte der Erdkugel man sich wohl der Hoffnung hingeben könne, heute noch einen die erforderliche Auswahl bietenden Markt für solches Material zu finden. Denn mit minderwertigen Orientalen ist dem Bábolnaer Gestüte natürlich ebenso wenig gedient wie dem Kisbérer mit englischem Vollblut der geringeren Klasse.

Zu dem eigentlichen Zuchtbetriebe übergehend, bemerken wir zunächst, dass der von dem Vorstand der Sektion für Pferdezucht im königl. ungarischen Ackerbau-Ministerium geregelte und geleitete Dienstgang in sämmtlichen Staatsgestüten nahezu derselbe ist. Wir verweisen daher den Leser auf die diesbezüglichen ausführlichen Daten, die wir in unserer Schilderung des Gestütes Kisbér aufgenommen haben und werden hier nur das berühren, was eigentümlich für Bábolna erscheint.

Da haben wir denn zunächst hervorgehoben, dass der Kommandant von Bábolna Manches vor seinen Herren Kameraden in den übrigen Staatsgestüten voraus hat. Ganz besonders erleichtert ihm die zentrale Lage der seiner Oberaufsicht unterstehenden Gestütsanstalten das Leben und das Dienen in sehr hohem Grade. Vormittags ein kleiner Rundgang durch die Stallungen des Kastells, Nachmittags nach dem Kaffee eine kaum mehr als eine Stunde in Anspruch nehmende Spazierfahrt nach den nahegelegenen Höfen — und er hat sein ganzes Gestüt besichtigt. So bequem haben es die Kommandanten von Kisbér und Mezöhegyes nicht. Bábolna kann sich daher auch mit einer geringeren Anzahl von Offizieren behelfen. Wie aus nachstehendem „Standes-Ausweis" ersichtlich, gibt es dort ausser dem Kommandanten nur noch einen Rittmeister und einen Oberlieutenant. Wir glauben unter ziviler Verwaltung würden ein Gestütsdirektor und — sagen wir — acht Stutmeister bezw. Futtermeister nebst der nötigen Anzahl Wärter und Csikóse in Bábolna allen Anfroderungen des Zuchtbetriebes genügen. Das ist aber eben der nicht zu unterschätzende Segen der Militärverwaltung, dass sie mit dem Personal nicht zu knausern braucht. Sehr lehrreich in dieser Beziehung ist ein Vergleich zwischen dem unter ziviler Verwaltung stehenden königl. preussischen Hauptgestüte Trakehnen und Bábolna. Trakehnen, dessen Pferdestand 1095 Köpfe zählt, begnügt sich mit 20 Beamten (zu welchen die Gestütshof-Aufseher, Stut- und Futtermeister ebenfalls gezählt werden) und 68—88 Wärter, während Bábolna für einen Pferdestand von 461 Köpfen, 18 den vorgenannten preussischen Beamten gleich zu stellende Personen und 150 Mann in Anspruch nimmt, welche gewiss schon stattliche Zahl doch noch nicht den vorgeschriebenen Personalstand von im Ganzen 199 Köpfen erreicht.

Personal-Stand

mit Ende Jänner 1892.

und zwar:	Stabs- und Oberoffiziere: Oberst	Oberstlieutenant	Major	Rittmeister I. Klasse	Rittmeister II. Klasse	Oberlieutenant	Lieutenant	Militär-Curat I. Kl.	Arzt: Ober-Anstaltsarzt	Rechnungsführer: Hauptmann I. Klasse	Hauptmann II. Klasse	Oberlieutenant	Lieutenant	Obertierarzt I. Klasse	Obertierarzt II. Klasse	Tierarzt-Staats	Untertierarzt I. Klasse	Untertierarzt II. Klasse	Offiziers-Stellvertreter Kadett	Wachtmeister Kadett	Rechnungs-Unteroffizier I. Klasse	Wachtmeister	Zugsführer	Kurschmied	Korporal	Gefreiter	Trompeter	Gestütssoldat	Offiziersdiener	Fahrleute I. Klasse	Fahrleute II. Klasse	Csikóse	Zusammen
beim Gestütsstab . . .	—	1	—	—	—	—	—	—	1	—	1	—	—	1	—	1	—	—	—	—	—	—	—	—	—	—	—	—	1	—	—	—	6
" Gestüts-Departement.	—	—	—	1	—	1	—	—	—	—	—	—	—	—	—	—	—	—	—	—	1	10	—	—	5	5	1	105	1	9	2	21	162
Zusammen	—	1	—	1	—	1	—	—	1	—	1	—	—	1	—	1	—	—	—	—	1	10	—	—	5	5	1	105	2	9	2	21	168
der vorgeschriebene Stand besteht in		1		1		3		1	1		1			1		—	1		1		1	10	3	2	6	1	1	100	8	14	5	34	199

Pferde-Stand

mit Ende Jänner 1892.

und zwar:	Hengste						Stuten							Kastraten			Gebrauchs-Pferde			Zusammen
	Pépinière-	Probir-	1- jährige	1- jährige	Abspänn-	Saug-	Mutterstuten	4- jährige	3- jährige	2- jährige	1- jährige	Abspänn-	Saug-	3- jährige	2- jährige	1- jährige	Zug-	Reit- Dienst-	Reit- Csikós-	
	4	**1**	**4**	**4**	**5**	**2**	**27**	—	**7**	**2**	**4**	**4**	—	**1**	—	—	**1**	**2**	—	**68**
Beim Gestütsdepartement	**3**	**1**	33	48	38	8	128	1	38	42	46	36	12	**7**	**3**	**1**	**31**	**14**	1	491

Anmerkung: Die fetten Ziffern bedeuten das Vollblut.

Wir wollen uns nun das hier aufgezählte Pferdematerial etwas näher ansehen. Was zunächst die Pépinière-Hengste anbelangt, so bilden diese gegenwärtig sozusagen die partie honteuse von Bábolna. Neue Ankäufe thun dringend noth, wenn man den drohenden Rückgang nicht zur That werden lassen will. Von den zur Zeit unseres Aufenthaltes in den ungarischen Staats-Gestüten (1890—91) in Bábolna thätigen Beschälern haben zwei, Jussuf und Hadjia, die Stätte ihres Wirkens bereits verlassen. Ersterer, arabisches Vollblut von Mahmud Mirza aus der Aghil-Aga Nr. 113, hat dem Gestüte unschätzbare Dienste geleistet. Sein Adel, seine Breite, seine Kurzbeinigkeit, sein kräftiger Rücken und seine harmonischen Formen stempelten ihn zu einem ganz hervorragenden Repräsentanten seiner Rasse, als welcher er denn auch auf der internationalen Pferde-Ausstellung zu Paris 1878 allgemein anerkannt worden ist. Die wiederholten Versuche der Franzosen, in seinen Besitz zu gelangen, hatten jedoch keinen Erfolg. Er verblieb in Bábolna, bis er, 22 Jahre alt, von einem unheilbaren Fussübel heimgesucht, um lumpige 200 fl. an einen Rumänen verkauft wurde. Dieses traurige Schicksal des alten bewährten Hengstes wird jeden Pferdefreund schmerzlich berühren. Und in der That, Jussuf, der für Bábolna gewesen, was Buccaneer für Kisbér, hätte wohl an seinem Lebensabend, wenn nicht das Gnadenbrot, so doch eine barmherzige Kugel beanspruchen dürfen.

Hadjia wurde in den Listen unter der stolzen Bezeichnung „Original-Araber-Stammhengst" aufgeführt, doch ist über seine Herkunft nichts weiter bekannt, als dass er aus Bombay stammt, dort als Damen-Jagdpferd Verwendung gefunden hat und schliesslich als Geschenk eines Konsuls nach Bábolna gelangt ist. Wir können nur konstatiren, dass der Hengst in keiner Beziehung an einen Araber erinnerte, wenig Adel zeigte, auch im Uebrigen selbst den mässigsten an einen Pépinière-Beschäler zu stellenden Anforderungen nicht entsprach und daher in Bábolna absolut nicht an seinem Platze war.

Gegenwärtig verfügt Bábolna nur über einen Original-Araber. Es ist dies der im Jahre 1881 aus der Wüste gebrachte Rapphengst O Bajan, ein sogenanntes „Pferd zum Verlieben". O Bajan ist klein, er misst nur 154 cm., doch kann man auf ihn das bekannte „multum in parvo" anwenden. Der edle Kopf mit den klugen, ausdrucksvollen Augen, der schön getragene, wenn auch etwas kurze Hals, der herrliche Rücken mit der kräftigen Nierenpartie, das gut entwickelte breite Kreuz, die befriedigende Tiefe, die trockenen, sehnigen und korrekt gestellten Gliedmassen, an denen nur die zu langen und zu weichen Fesseln getaldet werden könnten, die in allen Gangarten zu Tage tretende vorzügliche Aktion und last not least die bereits vorhandene gute Nachzucht, die viel grösser zu werden verspricht, als der Hengst selbst — alles dies stempelt O Bajan zu einem äusserst wertvollen Beschäler. Was speziell seine Nachzucht anbelangt, so zeichnet sich diese nicht nur durch Adel und harmonische, kräftige Formen, sondern auch dadurch aus, dass sie durchschnittlich um 10—12 cm. höher ist wie der Vater. Letztere Eigenschaft dürfte allerdings weit weniger O Bajan's Individualpotenz als der rationellen Aufzucht und den günstigen örtlichen Verhältnissen zuzuschreiben sein. Von den bisher (Januar 1892) durch O Bajan belegten 120 Stuten sind 64 Fohlen und zwar 31 Hengst- und 33 Stutfohlen gefallen. Ausserdem waren zu Anfang dieses Jahres noch 14 Stuten von ihm trächtig. Verworfen hat nur eine.

Der in Bábolna gezogene Vollbluthengst Dzsingiskhan wurde erst heuer der dortigen Pépinière einverleibt. Wir waren daher noch nicht in der Lage, ihn zu besichtigen und enthalten uns in Folge dessen jedes Urteiles über seinen voraussichtlichen Zuchtwert.

Dieselbe Reserve müssen wir uns dem ebenfalls in Bábolna gezogenen Vollbluthengste Gazlan I. gegenüber auferlegen, der gegenwärtig die zweite Deckperiode im Gestüte absolvirt. Mit Bezug auf den Lebenslauf dieses Hengstes sei jedoch erwähnt, dass Gazlan I. sich in Mandok beim Grafen

KISBÉRER HALBBLUT VON KISBÉR-ÖCSCSE

Károly als vorzügliches Jagdpferd bewährt hat und mehrere Jahre hindurch als Landbeschäler thätig gewesen ist. Seine im Gestüt vorhandenen Saugfohlen sollen seiner Vererbungsfähigkeit ein gutes Zeugnis ausstellen. Sie haben alle den Rumpf des Vaters geerbt, könnten jedoch im Pedale stärker gewünscht werden.

Ybn Achmet, ein im Gestüte des Grafen Potocky zu Antoniny gezogener Vollbluthengst, wurde von der königl. ungarischen Gestüts-Verwaltung gegen den Bábolnaer Hauptbeschäler Zarif I eingetauscht und steht ebenso wie Dzsingiskhan im ersten Jahre seiner Thätigkeit als Pépinière-Hengst des genannten Staats-Gestütes.

An Halbbluthengsten waren zur Zeit unseres Aufenthaltes in Bábolna daselbst aufgestellt:

Zarif III., ein in Bábolna gezogener Goldbronzefuchs, dessen wundervolles, in der Sonne wie lauteres Gold schimmerndes Haar die enthusiastische Bewunderung aller Besucher zu erregen pflegte. Nun heisst es allerdings: „Kleider machen Leute," aber dieses alte Sprichwort findet doch bei Pferden nur eine sehr beschränkte Anwendung. Zarif III wird es sich daher gefallen lassen müssen, dass man mit aller Achtung vor seiner herrlichen Decke, genau prüft, was sonst noch an ihm zu loben ist. Und eine solche strenge und fachgemässe Musterung wird stets ergeben, dass er, obwohl ein breiter und geschlossener Hengst, mit Bezug auf Stand und Knochenstärke des Vorderpedales hinter den an einen Hauptbeschäler zu stellenden Anforderungen zurückbleibt. Andererseits ist aber nicht zu bestreiten, dass er besser geht wie er steht, denn die etwas runde Aktion seiner Vorhand muss entschieden raumgreifend genannt werden. Zarif III ist ein sehr feuriger Beschäler, dessen Nachkommen, besonders was die Hengste anbelangt, eine grosse Gleichförmigkeit zeigen. Leider sind sie auch darin gleichförmig, dass sie sich selten durch Härte und Ausdauer auszeichnen. Er ist eben ein echter Zarif. Um so bedenklicher erscheint es daher, dass Bábolna in den letzen Jahren mit dem Zarif-Blut förmlich überschwemmt worden ist, während die braven Schagyas, Gott allein weiss aus welchem Grunde, gänzlich bei Seite geschoben wurden. Zarif III hat bisher 137 Stuten gedeckt, von welchen 87 lebende Fohlen (41 Hengst- und 46 Stutfohlen) gebracht haben, 13 dagegen zur Zeit noch nicht zur Abfohlung gelangt sind. Eine Stute hat verworfen.

Der in Bábolna gezogene Grauschimmel Gazlan Schagya ist ein Tier, das im Zirkus Stürme des Beifalls entfesseln würde, als Hauptbeschäler in einem Staatsgestüte jedoch sehr viel zu wünschen übrig lässt. Der Hengst hat allerdings einen guten Rücken, aber auch unverhältnismässig feine Vorderbeine. Ausserdem sind die Ellbogen angedrückt, welcher Umstand zur natürlichen Folge hat, dass die Aktion der Vorhand eine fehlerhafte genannt werden muss. Und Nachschub kann der Hengst mit seiner horizontalen Kruppe ebenfalls nicht entwickeln. Alles in Allem genommen, darf demnach Gazlan Schagya nicht auf rückhaltlose Anerkennung des Fachmannes zählen. Seine schöne Oberlinie vererbt er mit grosser Treue, leider auch das zum mindesten nicht mustergiltige Untergestell. Am besten gelingen ihm noch seine weiblichen Nachkommen. Gedeckt hat er bisher 162 Stuten, von welchen 17 gegenwärtig noch trächtig sind, 92 dagegen lebende Produkte, und zwar 48 Hengst- und 44 Stutfohlen gebracht haben. Verworfen hat nur eine Stute.

Schagya X ist ein im Gestüte gezogener Halbbluthengst, den wir, da er erst heuer aufgestellt worden, noch nicht zu Gesicht bekommen haben und daher keiner Besprechung unterziehen können.

Der im Jahre 1890 einrangirte, damals 4jährige Grauschimmel Zarif Bagdady, hat den stolzen Rang eines Hauptbeschälers bereits eingebüsst. Er lebt in unserer Erinnerung als ein hochedles, mit brillanter Aktion ausgestattetes Pferd, das jedoch wenig Hengstcharakter zeigte. Letzterer Umstand wird wohl auch seine Degradation herbeigeführt haben.

Wir beschliessen diese Schilderung der Bábolnaer Pépinière-Hengste mit einer hochinteressanten Tabelle über das Ergebnis einiger Messungen, die Graf Stefan Zichy vor mehreren Jahren an den damals in Verwendung stehenden Hauptbeschälern des Gestütes vorgenommen und uns in liebenswürdigster Weise zur Verfügung gestellt hat. Der Liebhaber und Kenner des arabischen Pferdes wird, glauben wir, dieser Tabelle manchen lehrreichen Fingerzeig entnehmen.

Name	Höhe	Brustumfang	Oberarm	Schulter	Brust	Kruppe	Kreuz	Höhe zum Umfang wie
Jussuf	160	180	48	70	40	60	43	1 : 1,125
Gazlan	157	173	47	66	36	57	44	1 : 1,102
Amurath	165	170	46	65	38	57	40	1 : 1,03
Samban	159	177	42	67	37	60	45	1 : 1,13
4jähriger Zarif . . .	162	176	46	68	35	55	38	1 : 1,087
„ Schagya-Mahmud	170	188	45	68	37	60	40	1 : 1,059

Dass Jussuf und Schagya Mahmud Kapitalhengste gewesen, lehrt ein Blick auf die sie betreffenden Ziffern. Doch lassen sich auch die übrigen nicht spotten. Jedenfalls gehörten sie nicht zu den kleinen, verkrüppelten Arabern, von denen zwanzig auf ein Dutzend gehen. Ueberhaupt wähne man nicht, dass geringe Höhe ein charakteristisches Kennzeichen der Bábolnaer Produkte bilde. Unserer Ansicht nach gibt es in der dortigen Halbblut-Mutterstutenherde nur zu viele Individuen, deren Grösse, Breite und Fundament allen Anforderungen genügen, die dafür aber auch absolut nicht mehr in den Rahmen des als Zuchtziel aufgestellten Typus hineinpassen. Kein Adel, keine Trockenheit, keine einzige jener Eigenschaften, die dem orientalischen Pferde seinen Zuchtwert verleihen. Um solche Tiere zu züchten. braucht man allerdings kein orientalisches Stamm-Gestüte zu unterhalten; das ist mit englischem Blute schneller und sicherer zu erreichen.

Unter den Vollblutmüttern bilden natürlich die dem vorgesteckten Typus entsprechenden Individuen die Mehrzahl. Leider umfasst die ganze Vollblutklasse nur 27 Mutterstuten, und mustert man die paar Originaltiere, die zu derselben gehören, so gelangt man sehr bald zu dem Resultate, dass Bábolna von diesen „Wüstenarabern" nicht viel erwarten darf. Das bekannte „Licht, mehr Licht" wird demnach in Bábolna bis auf's Weitere einem nicht weniger inbrünstigen „Blut, mehr Blut" zu weichen haben. Damit soll keineswegs gesagt sein, dass Bábolna fühlbaren Mangel an guten Mutterstuten leide. Sowohl unter dem Vollblut wie auch unter den Halbblutmüttern überwiegt das wertvolle Material. Was fehlt ist nur hoher Adel.

Bei der Aufzucht wird kein Unterschied zwischen Voll- und Halbblut gemacht. Das nachstehende Futter-Schema gibt diesbezüglich alle erforderlichen Aufschlüsse. Wir erwähnen daher nur, dass die Saugfohlen mit dem 21. Tage Hafer bekommen. Kraftfutter-Surrogate werden sehr wenig verabfolgt. In solchen Fällen, wo die Mutter zu wenig Milch hat, erhält das Fohlen jedoch ein entsprechendes Quantum Kuhmilch, wie denn auch nach dem Absetzen während der Wintermonate Pferderüben in das Menu der Fohlen aufgenommen zu werden pflegen.

Giltig seit 1. Jänner 1888.

Futter-Schema

der aerarischen Pferde.

Benennung der Pferde					Tägliche Gebühr an Hafer	Heu	Futter-Stroh	Streu-Stroh
					Kilogramm			
Saugfohlen	3 bis 6 Wochen alt				0.3	—	—	Durchgehend mit 5 Kilogramm.
	von der 7. Woche bis zur Abspännung				1	—	—	
Abspännfohlen					2.15	3.5	1	
ein-	jährige	Hengste	während	der Weidezeit	1.5	2	2	
			ausser		2.5	4	3	
zwei-			während		1.5	2	2	
			ausser		2.5	5	2	
aufgestellte junge			in der ersten Zeit		4	5	—	
Pépinière-			während	der Belegzeit	5	5	—	
			ausser		4	4	2	
Probier-			während		4.5	5	—	
			ausser		3	4	2	
ein-	jährige	Stuten	während	der Weidezeit	1.5	2	1	
			ausser		2	5	2	
zwei-			während		1.5	2	1	
			ausser		2	5	2	
drei und vier-			während		1.5	2	1	
			ausser		2	5	3	
aufgestellte junge			in der ersten Zeit		4	5	—	
Mutter	mit Fohlen		während	der Weidezeit	1.5	3	3	
			ausser		2.5	5	4	
	Galte		während		—	2	2	
			ausser		1	5	3	
	trächtige		während		1.5	2	3	
			ausser		2	5	4	
Mutterstuten im Zuggebrauche					4	6	—	
Dienstreitpferde und Kastraten					3	5	—	
Zuggebrauchspferde					4	6	—	
Zum Verkauf aufgestellte Pferde					5	6	—	

Anmerkung: Die in das Gestüt einrangirten jungen Stuten bekommen bis zu ihrem vollstreckten 5. Lebensjahr, wenn sie auch güst bleiben, 3 kg Hafer täglich.

Ausserdem bekommen die Jahrgänge per Tag und Pferd 2 kg gelbe Rüben in den Wintermonaten.

Brandzeichen

der gegenwärtig im Stande befindlichen Pépinière-Hengste.

Die Belegung, die der Instruktion gemäss an der Longe vorgenommen wird, beginnt Anfangs Dezember und dauert bis Ende Juni. Bei diesem Akte zeigt sich der Araber von seiner vorteilhaftesten Seite. Während der Paarung gelangen die Harmonie, der Adel seiner ganzen Erscheinung zur vollen Geltung und ohne unartig zu werden, kommt er mit imponirendem Feuer seiner Aufgabe nach. Die Fohlen bleiben 5—6 Monate bei den Müttern und führen alle den Namen des Vaters. Nach erfolgter Abspäunung wird ihnen der Anfangsbuchstaben des Vaters mit der etwaigen Nummer desselben aufgebrannt, und zwar dem Vollblut auf der rechten und dem Halbblut auf der linken Sattelstelle, daneben den etwaigen Rassenbrand und unter diesem die Nummer der Anzahl Fohlen von demselben Vater. (Vgl. die Tabelle der Brandzeichen.) Das Alter sämtlicher Fohlen wird vom 1. Mai an gerechnet. Ein Jahr alt erhalten die Vollblutfohlen den Gestütsbrand an der linken und die Halbblutfohlen denselben an der rechten Sattelstelle aufgebrannt. Die von Privatzüchtern als Jährlinge angekauften Hengstfohlen tragen den Gestütsbrand am rechten Hinterschenkel.

Ueber die Trächtigkeit- und Abfohlungsverhältnisse in Bábolna erteilen nachstehende Tabellen genauen Aufschluss.

Ausweis

über die Trächtigkeit vom Jahre 1880—1891.

Laut Trächtigkeits-Eingabe	vom Jahre											
	1880	1881	1882	1883	1884	1885	1886	1887	1888	1889	1890	1891
Belegte Stuten	133	133	133	131	144	158	175	165	165	156	166	163
Vor der Abfohlung verkauft oder umgestanden	9	8	7	8	12	3	24	20	24	7	17	12
Verblieben gedeckte Stuten	124	125	126	123	132	156	151	145	141	149	149	151
Von den belegten Stuten blieben: galt	8	26	32	25	44	28	47	24	32	35	45	37
Von den belegten Stuten blieben: zweifelhaft	5	14	—	—	—	—	—	—	—	—	—	—
Von den belegten Stuten blieben: trächtig	111	85	94	98	88	127	104	121	109	114	104	114
Von den trächtigen Stuten: umgestanden und vertilgt	—	—	—	3	4	1	1	1	—	2	—	—
Von den trächtigen Stuten: verworfen	5	5	3	3	4	5	3	2	3	—	2	3
Nach Abschlag verbleiben trächtige Stuten	106	80	91	92	80	121	100	118	106	112	102	111

somit der Durchschnitt in 12 Jahren 105⁹/₁₂ der Trächtigkeit.

Ausweis

über die Abfohlung vom Jahre 1880—1891.

Laut Geburtsliste	97	106	80	91	92	80	121	100	118	106	112	102
Hiervon: Hengstel	54	48	37	45	45	35	59	55	65	48	58	52
Hiervon: Stätel	43	58	43	46	47	45	62	45	53	58	54	50

somit in 12 Jahren der Durchschnitt 100⁵/₁₂ Fohlen.

Mit der Erzielung einer befriedigenden Fruchtbarkeit ist aber bekanntlich die Aufgabe des Gestütsmannes nicht erledigt. Kaum ist das Fohlen zur Welt gekommen, so treten neue und womöglich noch schwerere Sorgen an dessen Pfleger heran. Daran dachte wohl auch Graf Lehndorff, als er in seinem „Handbuch für Pferdezüchter" das Kapitel „Vollblutzucht" mit folgendem Motto versah: „Die Makelfreiheit ist der Güter höchstes nicht, der Uebel grösstes aber Ungesundheit." Wir werden uns daher etwas näher mit dem Gesundheitszustande der jungen Nachzucht in Bábolna zu beschäftigen haben. Nach den weiter oben unserer Schilderung eingefügten Aufzeichnungen des Obersten v. Brudermann zu urteilen, wäre dieser kein günstiger zu nennen. Seit dem Zeitpunkte, wo Brudermann seines Amtes in Bábolna waltete, sind aber viele Jahre verflossen, Jahre, die eine vollkommene Umwälzung in der Tierarznei-Wissenschaft herbeigeführt haben. Es lag somit die Vermutung nahe, dass dieser Umstand von massgebenden Einfluss auf den Gesundheitszustand des Gestütes gewesen sein könnte. Um nun Gewissheit hierüber zu erlangen, haben wir dem Gestüts-Kommando einige Fragen vorgelegt, die von demselben in zuvorkommendster Weise beantwortet worden sind. Von besonderem Interesse erscheint uns ein aus diesem Anlasse von dem Bábolnaer Chef-Tierarzt verfasster Bericht, den wir nachstehend unverkürzt wiedergeben:

„Bevor ich mich eingehender über die vom Obersten von Brudermann erwähnte, in Bábolna aufgetretene Lungenvereiterung bei den Fohlen ausspreche, muss ich hervorheben, dass die Meinung, wonach diese Kalamität einzig und allein das Gestüt Bábolna heimsuche, eine irrige ist. Obwohl mir die näheren Daten, wie es sich im Gestüte Mezöhegyes und später auch in Kisbér mit dieser Krankheit verhalten, und welche die von derselben verursachten Verluste in diesen Gestüten gewesen, nicht zur Verfügung stehen, so glaube ich doch annehmen zu können, dass die Verluste, welche in Folge jener Erkrankungen der Lunge das Gestüt Bábolna betroffen haben, mindestens keine grösseren zu nennen sind, als wie solche in Mezöhegyes und später auch in Kisbér vorgekommen. Es ist nur die Thatsache zu konstatiren, dass, während Oberst von Brudermann bezüglich Bábolna's dafür gesorgt hat, dass die betreffenden Daten der Oeffentlichkeit überliefert wurden, seitens der anderen Gestüte nichts derartiges geschehen ist. Kein Wunder daher, dass die Meinung obwaltet, Bábolna wäre das einzige ungarische Staatsgestüt, woselbst die Fohlen von der Lungenvereiterung heimgesucht werden.

Was nun die Krankheit selbst betrifft, so muss man leider eingestehen, dass auch jetzt — wenn auch nicht alljährlich — doch noch Fälle genug vorkommen, bei denen die Sektion Vereiterung der Lunge nachweist, und zwar in der mannigfachsten Ausdehnung. Wenn man bedenkt, auf welchem Standpunkte zu jener Zeit — also vor 30—40 Jahren — die Tierheilkunde gestanden, wird man es begreiflich finden, dass man damals alle Fälle, bei denen die Sektion eine Vereiterung der Lunge ergab, unter einen Hut brachte. Hierdurch entstand dann natürlich eine ansehnliche Verlustsumme, die einer einzigen Krankheit zugeschrieben wurde, während sich dieselbe heutzutage auf verschiedene Krankheiten verteilt.

In der Hauptsache war es die Fohlenlähme, — jenes tückische Leiden, das auch gegenwärtig in manchen Jahrgängen zahlreiche Neugeborene dahinrafft — welche die meisten Lungenvereiterungen herbeiführte. Namentlich sind jene Fälle hieher zu zählen, die ohne Lähmung verlaufen, und das ist die überwiegende Mehrzahl derselben. In nahezu allen diesen Fällen findet man sekundäre metastatische Vereiterungen in den Lungen. In zweiter Linie waren es katarrhalische Lungenentzündungen, die mit Vereiterung der Lunge endigten und die in manchen Jahrgängen seuchenartig herrschten. Auch Fälle von Drüse, Darrsucht und Krankheiten, deren Endresultat die Pyämie darstellt, mögen hieher gehört haben. Es herrschen die erwähnten Krankheiten entweder für sich, oder kommen sie in manchen Jahrgängen neben einander vor, wo sodann der Verlust eine um so höhere Ziffer erreicht. Auffallend ist ausserdem, dass sowohl der Verlust-Perzent der Fohlen bis zum 1. Jahre im Allgemeinen, als auch derjenige, der an den erwähnten Krankheiten zu Grunde gegangenen insbesondere, zur damaligen Zeit ein viel höherer gewesen ist, als in der jetzigen Zeit (bis vor ca. 20 Jahren). So gab es einen Jahrgang (1842), in welchem die Verlust-Perzente überhaupt (bis 1 Jahr) die horrende Ziffer 47 aufwiesen, hierunter 31,3 an Lungenvereiterung umgestandene Fohlen. Bei einem Stande von 118 geborenen Fohlen gewiss eine erschreckende Zahl. Aehnliche Verlust-Perzente sind mehrfach verzeichnet worden. Betrachtet man dagegen die letzt verflossenen 20 Jahrgänge, so findet man drei mit der höchsten Ziffer von 18 Perzent für den Gesammtverlust des betreffenden Jahrganges; die anderen gehen bis auf 3 Perzent herunter. Die Erklärung hierfür liegt in dem Umstande, dass, nachdem nunmehr so zu sagen alle jene mit hohen Verlusten auftretenden Krankheiten als Infektionskrankheiten erkannt worden sind, man vorzugsweise bestrebt ist, durch möglichst gründliche Desinfektion und Separation teils den Ausbruch dieser Krankheiten zu verhüten, teils bei wirklichem Ausbruch der Verbreitung so viel wie thunlich entgegen zu wirken. Der jetzige Gesundheitszustand im Gestüte ist ein zufriedenstellender zu nennen.

Es ist wohl jedem Gestütsmanne bekannt, dass der Gesundheitszustand in einem Gestüte beinahe ausschliesslich vom 1. Jahrgange — dem eigentlichen Fohlenjahrgange — abhängt. Unerwartet auftretende Seuchen, wie Influenza etc., kommen nicht in Betracht. Ist diese kritische Periode glücklich überstanden, dann ist die Sache als gewonnen zu betrachten. Von da an hat man es nur mit auf einzelne Individuen einwirkenden ungünstigen Zufälligkeiten, also mit seltenen sporadischen Fällen zu thun. Vollkommen gerechtfertigt erscheint daher das Bestreben der Gestütsverwaltung in erster Reihe alle Schädlichkeiten von den Saug- und Abspännfohlen fernzuhalten. Und in der That, in dieser Lebensperiode erheischt die junge Nachzucht auch im vollsten Masse die aufmerksamste Fürsorge, inbesondere bei der hiesigen Zucht, deren Produkte zum grossen Teil sich dem rauheren Klima und den veränderten Verhältnissen erst anpassen müssen. Hat man es doch gerade um diese Zeit — nach der Geburt — mit Feinden der heimtückischsten Art zu thun, denen beizukommen sehr schwer hält und die, sobald sie in den schwachen zarten Organismus gelangen, denselben nur zu häufig vernichten. Hierher gehören die noch nicht recht erforschten Bakterien der Fohlenlähme und der Diarrhöe der Neugeborenen in erster Linie und nicht minder die der katarrhalischen Lungenentzündung, welche Krankheiten in manchen Jahrgängen nicht unbedeutende Opfer fordern. Kaum sind diese abgethan, so stellen sich die Drüsen ein, welche auch in der Regel 2—3 % der Fohlen befallen. Dass dazwischen noch sporadische Unglücksfälle vorkommen, ist unausweichlich.

Wie schon erwähnt wurde, sind jene Jahrgänge, in denen man einen grösseren Verlust zu beklagen hat nunmehr ziemlich selten, so dass im Ganzen genommen der Verlust ein verhältnismässig geringer ist, im Durchschnitt $3_{,5}$. Neben Jahrgängen mit der höchsten Ziffer $4_{,8}$, haben wir solche mit der kleinsten $1_{,5}$; was jedenfalls auf keinen ungünstigen Gesundheitszustand des Gestütes hinweist."

Aus diesem Berichte geht die erfreuliche Thatsache hervor, dass die Gesundheitsverhältnisse im Gestüte sich seit der Brudermann'sche Epoche erheblich gebessert haben und gegenwärtig wenig zu wünschen übrig lassen.

Nach den vom Grafen Stefan Zichy in den achziger Jahren in Bábolna vorgenommenen Messungen ergaben die durchschnittliche Höhe und Tiefe des Mutterstutenmateriales folgende Masse: die Höhe 159, die Tiefe bezw. der Brustumfang $177_{,06}$ cm. Die Masse der von diesen Müttern geborenen Fohlen am Tage der Geburt waren: die Höhe $99_{,21}$, der Brustumfang $78_{,10}$, Die Hengstfohlen zeigten $100_{,1}$ Höhe und $78_{,5}$ Brustumfang, die Stutfohlen

$99_{,5}$ Höhe und $77_{,85}$ Brustumfang. Nach Ablauf der ersten Woche betrug das Mass der Hengstfohlen für die Höhe $105_{,25}$ und für den Brustumfang $85_{,107}$, das der Stutfohlen dagegen für die Höhe $105_{,05}$ und für den Brustumfang $83_{,9}$. Das Nähere über diese Messungen ist aus nachstehenden uns vom Grafen Zichy freundlichst zur Verfügung gestellten Tabellen zu entnehmen:

Das fortschreitende Wachsen der Fohlen.

Wievielte Woche	Sämtlicher		Der Hengste		Der Stuten		Anmerkung
	Höhe	Umfang	Höhe	Umfang	Höhe	Umfang	
Tag der Geburt	99.9	78.16	100.3	78.47	99.5	77.85	Es wurden gemessen im ganzen 40 Fohlen und zwar 20 Hengstfohlen und 20 Stutfohlen.
I	105.15	84.5	105.25	85	105.05	84	
II	108	88.6	108.25	89	107.75	88.2	
III	110.18	92.7	110.25	93.2	110.11	92.2	
IV	112.7	96.18	113.05	96.7	112.35	95.66	
V	114.75	99	115	99.3	114.5	98.7	
VI	116.7	101.35	116.95	101.95	116.45	100.75	
VII	117.6	103.95	118.1	104.6	117.1	103.3	
VIII	118.55	105.6	119.3	106.2	117.8	105	
IX	119.85	107.65	120.55	108 05	119.15	107.25	
X	120.575	109.425	121.25	109.95	119.9	108.9	
XI	122.3	111.075	122.5	111.8	122.1	110.35	
XII	122.95	112.475	123.65	113.05	122.25	111.9	
XIII	123.875	114.2	124.5	114 6	123.25	113.8	
XIV	125.05	115.92	125.4	116.35	124 7	115.49	In der 14. Woche ein Stutfohlen eingegangen, daher 20 Hengstfohlen und 19 Stutfohlen.
XV	126.2	117.72	126.4	118 05	126	117.39	
XVI	127.15	119	127.5	119 15	126.8	118.85	
XVII	127.75	120.5	128.3	120 85	127.2	120 15	
XVIII	128.75	122.23	129.2	122.25	128.3	122 21	
XIX	129.25	123.3	129 5	123 25	129	123 35	
XX	129.79	124.3	130	124.1	129.58	124 5	In der 20. Woche ein zweites Stutfohlen eingegangen, daher die Maasse nun von 20 Hengst- und 18 Stutfohlen.
XXI	130.2	125.4	130.5	125.5	129.9	125.3	
XXII	130.63	126.5	130.85	127	130.41	126	
XXIII	131	127.63	131.4	128	130.6	127.26	
XXIV	131.27	128.6	131.65	128.8	130.89	128.4	
XXV	131.6	129.9	132.05	130.25	131.15	129.55	
XXVI	132	130.85	132.4	131.4	131.6	130.3	
XXVII	132.2	132	132.5	132.1	131.9	131.9	
XXVIII	132.5	132.7	132.8	132.7	132.2	132.7	
XXIX	133	133 6	133	133 7	133	133.5	
XXX	133.4	134.5	133.65	134.45	133.15	134.55	
XXXI	133.8	135.34	134.05	135.1	133 55	135.58	
XXXII	134.3	135.92	134.65	135.65	133.95	136.19	
XXXIII	134.71	136.47	134.95	136.15	134.47	136.79	
XXXIV	135.3	136.8	135.45	136.8	135.15	136.8	
XXXV	135.76	137.75	135.85	137.3	135.67	138.2	
XXXVI	136.34	138.1	136.5	137.6	136.18	138.6	
XXXVII	137.1	138.63	137.2	138	137	139.26	
XXXVIII	137.6	139.16	137.6	138.45	137.6	139.87	
XXXIX	138.4	139.8	138.5	139	138.3	140.6	
XL	139	140.3	139	139 6	139	141	
XLI	139.6	140.84	139.65	140.15	139.55	141.53	
XLII	140.15	141.34	140	140.75	140.30	141.93	
XLIII	140.8	141.8	140.7	141	140.9	142.6	

Wievielte Woche	Sämtlicher		der Hengste		der Stuten		Anmerkung
	Höhe	Umfang	Höhe	Umfang	Höhe	Umfang	
XLIV	141.35	142.15	141.2	141.5	141.5	142.8	
XLV	141.95	142.55	141.8	141 85	142.1	143.25	
XLVI	142.5	143	142.45	142 2	142,55	143.8	
XLVII	142.9	143.5	142 85	142.7	142,95	144.3	
XLVIII	143.34	144.1	143 3	143.4	143,38	144.8	
XLIX	143.85	144.75	143.75	143.9	143,95	145 6	
L	144.45	145.4	144.35	144.5	144,55	146.3	
LI	144.8	145.95	144.75	145	144,85	146.9	
LII	145.85	147.6	145.5	146.5	146,2	148.7	
Am ersten Jahrestag	145.85	147.6	145.5	146.5	146.2	148.7	

Bábolna, am 12. Mai 1881. Zichy.

Wieviel in jeder Woche gewachsen.

I	5.25	6.34	4.95	6.53	5.55	6.15
II	2.85	4.1	3	4	2.7	4.2
III	2.18	4.1	2	4.2	2.36	4
IV	2.52	3.48	2.8	3.5	2.24	3.46
V	2.05	2 82	1.95	2.6	2.15	3.04
VI	1.95	2 35	1.95	2.65	1.95	2.05
VII	0.9	2.60	1.15	2.65	0.65	2.55
VIII	0.95	1.65	1,2	1.6	0.7	1.7
IX	1.3	2.05	1.25	1.85	1.35	2.25
X	0.725	1.775	0.7	1.9	0.75	1.65
XI	1.725	1.65	1.25	1,85	2.2	1.45
XII	0.65	1 4	1.15	1.25	0.15	1.55
XIII	0.925	1.725	0.85	1.55	1	1.9
XIV	1.175	1.72	0.9	1.75	1.45	1.69
XV	1,15	1.8	1	1.7	1.3	1.9
XVI	0.95	1.28	1.1	1.1	0.8	1.46
XVII	0.6	1.5	0.8	1.7	0.4	1.3
XVIII	1	1.73	0.9	1.4	1.1	2.06
XIX	0.5	1.07	0.3	1	0.7	1.14
XX	0.54	1	0.5	0.85	0.58	1.15
XXI	0.41	1.1	0.5	1.4	0.32	0.8
XXII	0 43	1.1	0.35	1.5	0.51	0.7
XXIII	0.37	1.13	0.55	1	0.19	1.26
XXIV	0.27	0.97	0.25	0.8	0.29	1.14
XXV	0.33	1. 3	0.4	1.45	0.26	1.15
XXVI	0 4	0.95	0.35	1.15	0.45	0.75
XXVII	0.2	1.15	0.1	0.7	0.3	1.6
XXVIII	0.3	0. 7	0.3	0.6	0.3	0.8
XXIX	0.5	0.9	0.2	1	0.8	0.8
XXX	0.4	0.9	0.65	0.75	0.15	1.05
XXXI	0.4	0.84	0.4	0 65	0.4	1.66
XXXII	0.5	0.58	0.6	0.55	0.4	0.61
XXXIII	0,41	0.55	0.3	0.5	0.52	0.6
XXXIV	0.59	0.33	0.5	0.65	0 68	0.01
XXXV	0.46	0.95	0.4	0.5	0.52	1.4
XXXVI	0.58	0.35	0.65	0.3	0.51	0.4
XXXVII	0.76	0.53	0.7	0.4	0.82	0.66
XXXVIII	0.5	0.53	0.4	0.45	0.6	0.61
XXXIX	0.8	0.64	0.9	0.55	0 7	0.73
XL	0.6	0.5	0.5	0.6	0.7	0.4

Wievielte Woche	Sämtlicher		der Hengste		der Stuten		Anmerkung
	Höhe	Umfang	Höhe	Umfang	Höhe	Umfang	
XLI	0.6	0.54	0.65	0.55	0.55	0.53	
XLII	0.55	0.5	0.35	0.6	0.75	0.4	
XLIII	0.65	0.46	0.7	0.25	0.6	0.67	
XLIV	0.55	0.35	0.5	0.5	0.6	0 2	
XLV	0.6	0.4	0.6	0.35	0.6	0.45	
XLVI	0.55	0.45	0.65	0.35	0.45	0.55	
XLVII	0.4	0.5	0.4	0.5	0.4	0.5	
YLVIII	0.44	0.6	0.45	0.7	0.43	0.5	
XLIX	0.51	0.65	0.45	0.5	0.57	0.8	
L	0.6	0.65	0.6	0.6	0.6	0.7	
LI	0.35	0.55	0.4	0.5	0.3	0.6	
LII	1.05	1.65	0.75	1.5	1.35	1.8	Beginn der Woche, nur 1 Tag, Differenz fällt leer aus.
Am ersten Jahrestag	—	—	—	—	—	—	

Bábolna, 12. Mai 1881. Zichy.

Fortlaufend gewachsen.

I	5.25	6.34	4.95	6.53	5.55	6.15
II	8.1	10.44	7.95	10.53	8.25	10.35
III	10.28	14.54	9.95	14.73	10.61	14.35
IV	12.8	18.02	12.75	18.23	12.85	17.81
V	14 85	20.84	14.7	20.83	15	20.85
VI	16.8	23.19	16.65	23.18	16.95	22.9
VII	17.7	25.79	17.80	26.13	17.6	25.45
VIII	18.65	27.44	19	27.73	18.3	27.15
IX	19 95	29.49	20.25	29.58	19.65	29.4
X	20.675	31.265	20.95	31.48	20.4	31.05
XI	22.4	32.915	22.2	33.33	22.6	32 5
XII	23.05	34.315	23.35	34.58	22.75	34.05
XIII	23.975	36.04	24.2	36.13	23.75	35.95
XIV	25.15	37.76	25.1	37.88	25.2	37.64
XV	26.30	39.56	26.1	39.58	26 5	39.54
XVI	27.25	40.84	27.2	40.68	27 3	41
XVII	27.85	42.34	28	42.38	27.7	42.3
XVIII	28.85	44.07	28.9	43.78	28.8	44.36
XIX	29.35	45.14	29.2	44.78	29.5	45.50
XX	29.89	46.14	29.7	45.63	30.08	46.65
XXI	30.3	47.24	30.2	47.3	30.4	47.45
XXII	30.73	48.34	30.55	48.53	30.91	48.15
XXIII	31.1	49.47	31.1	49.53	31.1	49.41
XXIV	31.37	50.44	31.35	50.33	31.39	50.55
XXV	31.7	51.74	31.75	51.78	31.65	51.70
XXVI	32.1	52.69	32.1	52.93	32.1	52.45
XXVII	32.3	53.84	32.2	53.63	32.4	54.05
XXVIII	32.6	54.54	32.5	54.23	32.7	54.85
XXIX	33.1	55.44	32.7	55.23	33.5	55.65
XXX	33.5	56.34	33.35	55.98	33.65	56.7
XXXI	33.9	57.18	33.75	56.63	34.05	57.73
XXXII	34.4	57.76	34.35	57.18	34.45	58.34
XXXIII	34.81	58.31	34.65	57.68	34.97	58.94
XXXIV	35.4	58.64	35.15	58.33	35.65	58.95
XXXV	35.86	59.59	35.55	58.83	36.17	60.35
XXXVI	36.44	59.94	36.2	59.13	36.68	60.75
XXXVII	37.2	60.47	36.9	59.53	37.5	61.41

Wievielte Woche	Sämtlicher		der Hengste		der Stuten		Anmerkung
	Höhe	Umfang	Höhe	Umfang	Höhe	Umfang	
XXXVIII	37·7	61	37.3	59.98	38.1	62.02	
XXXIX	38.5	61.64	38.2	60.53	38.8	62.75	
XL	39.1	62.14	38.7	61.13	39.5	63.15	
LXI	39.7	62.68	39.35	61.68	40.05	63.68	
LXII	40.25	63.18	39.7	62.28	40.8	64.08	
LXIII	40.9	63.64	40.4	62.53	41.4	64.75	
LXIV	41.45	63.99	40.9	63.03	42	64.95	
LXV	42.05	64.39	41.5	63.38	42.6	65.4	
LXVI	42.6	64.84	42.15	63.73	43.06	65.95	
LXVII	43	65.34	42.55	64.28	43.45	66.45	
LXVIII	43.44	65.94	43	64.98	43.88	66.95	
LXIX	43.95	66.59	43.45	65.43	44.45	67.75	
L	44.55	67.24	44.05	66.03	45.05	68.45	
LI	44.9	67.79	44.45	66.53	45.35	69.05	
LII	45.95	69.44	45.2	68.03	46.7	70.85	
Am ersten Jahrestag	45.95	69.44	45.2	68.03	46.7	70.85	

Bábolna, 12. Mai 1881. Zichy.

Höchst interessant vom allgemeinen hippologischen Standpunkte sind auch folgende, eine Periode von zwanzig Jahren umfassende Ausweise über das Geschlechtsverhältnis der in Bábolna geborenen Fohlen.

Ausweis

über das Geschlechtsverhältnis nach Durchschnitten von 20 Jahren:

	Alt	Lebend geboren		Tot geboren oder verworfen		Zusammen	
		Hengste	Stuten	Hengste	Stuten	Hengste	Stuten
Laut Geburtsliste vom Jahre	1860	56	50	2	—	58	50
	1861	52	60	—	—	52	60
	1862	49	42	2	2	51	44
	1863	59	58	1	1	60	59
	1864	44	52	3	3	47	55
	1865	58	50	5	3	63	53
	1866	47	63	3	2	50	65
	1867	53	60	3	1	56	61
	1868	44	34	2	2	46	36
	1869	68	49	1	3	69	52
	1870	53	64	3	3	56	67
	1871	41	42	1	2	42	44
	1872	45	47	1	3	46	50
	1873	36	42	1	3	37	45
	1874	40	46	—	—	40	46
	1875	33	29	1	1	34	30
	1876	29	32	4	1	33	33
	1877	37	52	—	—	37	52
	1878	29	29	4	6	33	35
	1879	47	46	3	1	50	47
Summa von 20 Jahren		920	947	40	37	960	984
Der jährliche Durchschnitt		46	47 7/20	2	1 17/20	48	49 4/20

Ausweis

über die nach jungen, mittleren und älteren Stuten in den Jahren 1860—1880 gebrachten Fohlen, geschlechtweise eingeteilt.

Von gedeckten Stuten, die wirklich abfohlten	Geboren im Jahre	Hengst- Fohlen	Stut- Fohlen	Summa der geborenen Fohlen	Die Stute jung 5.—6. Jahr hat geboren Hengst- Fohlen	Stut- Fohlen	Die Stute mittel 7—10 jährig hat geboren Hengst- Fohlen	Stut- Fohlen	Die Stute ältere 10 jährig bis älter hat geboren Hengst- Fohlen	Stut- Fohlen
106	1860	56	50	106	15	10	17	11	24	29
112	1861	52	60	112	4	14	14	20	34	26
91	1862	49	42	91	8	9	16	12	25	21
117	1863	59	58	117	16	12	13	17	30	29
96	1864	44	52	96	6	16	10	10	28	26
108	1865	58	50	108	10	4	16	15	32	31
110	1866	47	63	110	12	10	18	18	17	35
113	1867	53	60	113	17	13	19	16	17	31
78	1868	44	34	78	2	6	17	5	25	23
117	1869	68	49	117	12	10	17	14	39	25
117	1870	53	64	117	10	15	15	18	28	31
83	1871	41	42	83	8	5	15	14	18	23
92	1872	45	47	92	3	4	14	15	28	28
78	1873	36	42	78	5	5	9	11	22	26
86	1874	40	46	86	4	12	11	13	25	21
62	1875	33	29	62	7	10	12	6	14	13
61	1876	29	32	61	9	10	8	5	12	17
89	1877	37	52	89	14	12	8	22	15	18
58	1878	29	29	58	5	3	10	14	14	12
93	1879	47	46	93	15	11	16	21	16	14

Da wir im Verlaufe unserer Arbeit wiederholt unser Bedauern darüber ausgesprochen haben, dass in den Staatsgestüten trotz der daselbst gebotenen Anregungen und Gelegenheit so wenig für die hippologische Wissenschaft gethan werde, erforderte es die Gerechtigkeit den Männern die es verstanden ihre dienstliche Thätigkeit in Bábolna auch in wissenschaftlicher Beziehung fruchtbringend zu gestalten, durch Veröffentlichung ihrer Aufzeichnungen die Anerkennung der Fachgenossen zu sichern. Wir hielten dies für eine Ehrenpflicht, der wir um so freudiger nachgekommen sind, als unsere Schilderungen hierdurch eine überaus wertvolle Bereicherung erfahren haben.

Mit zehn Monaten erfolgt die Trennung der Geschlechter. Nach vollendetem dritten Jahre werden die Hengstfohlen nach zweiwöchentlicher Benützung der Frühjahrsweide, d. i. gegen den 10.—20. Mai, in den Kastellstallungen aufgestellt, angeritten und allmählig zwei Stunden täglich im Schritt und Trab bewegt, bis sie im Herbst zu den einzelnen Depots als

Landbeschäler abgehen. Bei dieser Aufstellung der Hengste sowohl wie auch der Stuten, tritt die Gutmütigkeit des arabischen Pferdes so recht zu Tage. Von dem Gestütsvorhofe hereingebracht und in den Kastellstallungen aufgestellt, werden die jungen noch ganz rohen Tiere schon nach Verlauf einer Stunde in Partien zu je 8—10 Stück in die Reitschule geführt, dort gesattelt und sodann von den Reitbuben bestiegen. Einige freundliche, beruhigende Worte, die Verabreichung von etwas Hafer — mehr ist in der Regel nicht erforderlich um den Wildfang mit der ihm völlig ungewohnten Situation zu versöhnen! Während der ersten drei Tage wird die junge Gesellschaft allerdings noch von im Kreise aufgestellten Gestütssoldaten, die sich ohne die Bewegung der Pferde zu stören gegenseitig ablösen, an den Halfterstricken geführt. Nach diesen drei Tagen aber gehen die Tiere frei in der Reitschule, doch wird den Reitbuben vorsichtshalber der Halfterstrick mit der Weisung in die Hand gegeben, denselben aushilfsweise zur Lenkung des an den Wischzaum noch nicht gewöhnten jungen Pferdes zu benutzen.

Die zur Einrangirung bestimmten jungen Stuten werden $3\frac{1}{2}$ Jahre alt und darüber, nach der Herbstauktion und nach erfolgter Abgabe der jungen Hengste an die Depots, d. i. im Monate Oktober, in den Kastellstallungen aufgestellt und behufs Absolvirung der vorgeschriebenen Leistungsprüfung in regelrechten Training genommen. Als Trainer fungiert wie in den übrigen Staatsgestüten ein Offizier, der nun zuzusehen hat, wie er das im anvertraute Lot bis zur zweiten Hälfte des Monats Mai fit and well herauszubringen vermag, denn um diese Zeit findet in Bábolna das über 3000 Meter führende Flachrennen der zukünftigen Mutterstuten in der Regel statt. Gelaufen wird in drei der Abstammung der verschiedenen Konkurrenten entsprechenden Klassen, so dass die erste Klasse am höchsten und die dritte am tiefsten auf der Blutskala steht. An dem Entscheidungsrennen, das am zweiten Tage vor sich geht, nehmen nur jene Stuten Teil, die beim Klassenrennen einen Platz errungen haben. Wie man sieht, gelten mit Bezug auf diese Rennen genau dieselben Bestimmungen wie in Kisbér. Zu einem Volksfeste gestalten sich aber die Bábolnaer Rennen doch nicht. Der Araber ist nun einmal nicht so populär wie das englisch gezogene Pferd und ausserdem stellt die „Stadt“ Kisbér, wie auch deren nächste Nachbarschaft ein starkes Kontingent sportlustiger Zuschauer, zu welchem die „Puszta“ Bábolna kein Gegenstück aufzutreiben vermag. Wollen wir ganz aufrichtig sein, müssen wir ausserdem zugeben, dass der auf der Bábolnaer Rennbahn gebotene Sport zahmerer Natur ist, als derjenige den man in Kisbér zu sehen bekommt. Es hat dies hauptsächlich seine Erklärung in dem Umstande, dass das Produkt orientalischer Zucht, obwohl als Parkpferd und Jucker mit Recht sehr geschätzt, auf der Rennbahn doch ziemlich deplazirt erscheint und auch infolge seines ganzen Charakters keinen im Sportsinne günstigen Einfluss auf junge Reiter ausübt. Daher die nicht in Abrede zu stellende Thatsache, dass in Bábolna nicht so schneidig oder sagen wir lieber nicht mit demselben Jockeyship wie in Kisbér geritten wird.

Gerechterweise muss übrigens hervorgehoben werden, dass die Terrainverhältnisse der Bábolnaer Rennbahn die dortigen Leistungsprüfungen ebenfalls nachteilig beeinflussen. Die Bahn ist nämlich sehr wellenförmig, zeigt an einer Stelle eine starke Vertiefung, dann wieder eine beträchtliche Steigung und besteht aus einem Boden, der bei trockener Witterung steinhart, bei Niederschlägen aber so tief wird, dass die Pferde bis über die Fesselgelenke einsinken. Unter solchen Verhältnissen würden natürlich bei forcirter Arbeit Niederbrüche nicht zu vermeiden sein. Die Aufgabe des den Training leitenden Offiziers aber ist in erster Reihe das im anvertraute Lot so weit möglich vor jedem Schaden zu bewahren, und so wird man es denn begreiflich finden, dass er aus Rücksicht für die Sehnen und Hufe seiner „Wüstenrenner“ lieber auf etwas Condition und Schnelligkeit verzichtet. Wenn man nun fragt, weshalb dem Gestüte nicht eine bessere Trainir- und Rennbahn zur Verfügung gestellt werde, so erhält man die Antwort, dass der Leiter der ungarischen Staats-Pferdezucht-Anstalten, Herr Ministerialrat von Kozma, dieses schwierige Terrain für besonders geeignet halte, die Leistungsfähigkeit des orientalischen Pferdes zu erproben. Wir gestehen, dass uns diese Erklärung nur halb befriedigt hat. „It is the pace that kills“ — was tötet ist die Schnelligkeit. Sobald also die Schnelligkeit bei der Arbeit und im Rennen wegen der schlechten Bahn eine Herabminderung erfährt, verliert auch die den Atmungsorganen, Muskeln, Sehnen und Hufen des Pferdes zugemutete Leistung entsprechend an Wert, wie denn auch die ganze Konstitution des Pferdes bei langsamerer Arbeit keiner massgebenden Prüfung unterzogen wird. Weniger schnell ist somit hier gleichbedeutend mit überhaupt weniger.

Die seit dem Jahre 1884 bei den Bábolnaer Rennen erzielten besten Zeiten, waren nach den im Gestüte geführten, allerdings auf höchst primitiven Zeitmessungen beruhenden Aufzeichnungen, folgende:

KISBÉRER HALBBLUT VON VERNEUIL.

Im Jahre	Klassen-Rennen I. Klasse in Minuten und Sekunden	Klassen-Rennen II. Klasse in Minuten und Sekunden	Klassen-Rennen III. Klasse in Minuten und Sekunden	Haupt-Rennen in Minuten und Sekunden	Anmerkung
1884	3.4	3.31	3.34	4.21	
1885	3.19	4.2	4.2	3.55	
1886	3.36	3.58	4.25	4.4	
1887	4.—	4.12	4.22	4.2	
1888	4.12	4.29	4.25	3.57	
1889	4.2	4.11	4.15	4.5	
1890	4.4	4.1	4.5	4.9	
1891	4.4	4.17	4.15	4.2	

Wie in Kisbér werden die an den hier geschilderten Rennen teilnehmenden jungen Stuten im Gegensatz zu den übrigen Halbblutstuten, deren Deckzeit bereits im Dezember beginnt, erst im März gedeckt, damit die Periode der schärferen Arbeit nicht in ein vorgeschrittenes Stadium der Trächtigkeit falle. Unmittelbar nach absolvirter Leistungsprüfung erfolgt die Einrangirung in das Mutter-Gestüt, wo das nun als „gedeckte Stuten“ bezeichnete Lot im Herbst mit der Mutterstutennummer versehen wird, und zwar Vollblut links, Halbblut rechts unter dem Gestütsbrande. Die güst gebliebenen jungen Stuten dagegen werden zu leichter Arbeit benützt.

Wir haben weiter oben die Ansicht ausgesprochen, dass die Kisbérer Gestütsrennen ein anregenderes Schauspiel als die auf der Bábolnaer Bahn stattfindende Leistungsprüfung bieten. Mit Bezug auf die Gestütsklassifikation ist jedoch gerade das Gegenteil zu konstatiren. Vom streng hippologischen Standpunkte aus beurteilt, ist allerdings auch die Kisbérer Klassifikation aus naheliegenden Gründen die interessanteste. Dafür muss aber die Bábolnaer unbedingt die gemütlichste genannt werden. In Bábolna liegt alles dicht beisammen. Die weiten ermüdenden Fahrten zu den einzelnen Höfen, die in den anderen Gestüten unvermeidlich, fallen somit hier fort, und ausserdem ruht sowohl über der nächsten Umgebung des altehrwürdigen Kastells wie über der ganzen Landschaft ein eigener Liebreiz, der nie verfehlt, einen wohlthuenden Einfluss auf das Gemüt des Besuchers auszuüben. Die während der Klassifikation unter den schattigen Linden des Schlossgartens eingenommenen Mahlzeiten pflegen denn auch stets in der stattlichen Tafelrunde eine überaus muntere und ungezwungene Stimmung zu entfesseln. Man ist entschieden weniger ernst gestimmt wie in Kisbér. Sogar der allverehrte Herr Ministerialrat scheint die Klassifikation in Bábolna eher als eine Erholung zu betrachten; es liegt etwas wie jugendliche Sorglosigkeit über seine freundlichen Züge gebreitet; der ihm eigentümlich trockene Humor macht sich häufiger geltend und die hellen Lachsalven, die aus dem um ihn gebildeten Kreis erschallen, bekunden, dass er das Bedürfnis empfindet, wieder einmal so recht von Herzen lustig zu sein. Sogar draussen bei der Arbeit lässt sich trotz der ausserordentlichen Gründlichkeit, mit welcher das Ganze betrieben wird, in Bábolna alles freundlicher, lebhafter, pittoresker an wie in den übrigen Gestüten. Nicht wenig trägt hierzu das schneidige Reiten der durchgehend vorzüglich berittenen Bábolnaer Csikóse bei. In Kisbér haben die guten Pferde einen viel zu hohen Wert, als dass sie den Csikósen zugewiesen werden könnten; in Bábolna braucht man es in dieser Beziehung nicht so genau zu nehmen. Wer also das Prototyp des mit unglaublichem Brio reitenden und peitschenknallenden ungarischen Csikós sehen will, der begebe sich zur Zeit der Gestütsklassifikation nach Bábolna.

Die alljährlich stattfindenden Gestütsklassifikationen pflegen ihren Anfang in Bábolna zu nehmen und zwar in der Regel zu Beginn des Monats Juni. Mehr wie 4—5 Tage nimmt diese Amtshandlung in Bábolna nicht in Anspruch, dann kommt Kisbér an die Reihe, hierauf Mezöhegyes und den Beschluss bildet das entlegene Fogaras. Wie bereits in der Beschreibung von Kisbér ausführlich geschildert worden, wird bei der Klassifikation jedes einzelne im Stande des Gestütes befindliche Pferd dem Leiter des Pferdezucht-Departements zur Musterung vorgeführt. Der Vorgang hierbei ist in Bábolna folgender:

Die freigehenden Pferde werden jahrgangs- und stammweise in Abteilungen zu je 6—7 Stück im Fohlengarten in einer Linie neben einander aufgestellt und eingehend besichtigt, hierauf von zwei berittenen Csikósen im Galop getrieben, sodann auf ihren früheren Platz zurückgeführt, nochmals einzeln an der Hand im Trab vorgeführt und schliesslich klassifizirt. Wie letzteres Wort zu verstehen ist, wird dem Leser von früherher erinnerlich sein. Klassifiziren heisst dem betreffenden Pferde das Urteil sprechen, ob dasselbe im Gestüte verbleiben, ausgemustert oder einer anderen Bestimmung zugeführt werden soll.

Diese Prozedur wird nun der Reihe nach mit allen Jahrgängen vorgenommen. Nur die Abspänn-Fohlen entgehen dem Treiben durch die berittenen Csikóse. Dafür werden sie aber im Fohlengarten ausgelassen und hierbei zum Anschlagen einer schärferen Gangart genötigt. Die Pépinière-Hengste, die Mutterstuten mit oder ohne Fohlen, sowie das aufgestellte junge Gestütsmaterial gelangen natürlich ebenfalls einzeln zur Vorführung im Schritt und Trab. Die strengste Musterung haben das Zuchtmaterial und die ältesten Jahrgänge auszuhalten. Etwas nachsichtiger wird bei der Klassifikation der noch in voller Entwicklung stehenden Jahrgänge vorgegangen. obwohl es mitunter auch hierbei schon zur Ausrangirung verbildeter, kranker oder in anderer Beziehung total misslungener Individuen kommt.

Die zum Verkauf klassifizirten resp. die überzähligen vierjährigen Stuten beziehen unmittelbar nach der Klassifikation die Kastell-Stallungen, um mittelst geeigneter Wartung und Arbeit zu der im Monate Oktober zu Budapest stattfindenden grossen Auktion der königlichen Staatsgestüte hergerichtet zu werden. Was auf jener Auktion an jungem Material zur Versteigerung gelangt, ist somit über die ersten Stadien der Dressur bereits hinaus. Gewiss ein nicht zu unterschätzender Vorteil für den Käufer. Ausser diesen jungen Stuten pflegen in dem Auktionskatalog aber auch stets einige ältere ausrangirte Mutterstuten aufgeführt zu sein, die dann meist in den Besitz kleinerer Züchter übergehen. Die Bábolnaer spielen in Budapest immer eine sehr gute Rolle. Fehlt es doch daselbst nie an Liebhabern. die bereit sind, hohe Preise für schneidige Jucker, leichte Remonten und elegante Parkpferde anzulegen. Wer sich darauf steift, ein bestimmtes Pferd zu erwerben, wird daher auf der Budapester Auktion meist ziemlich tief in den Beutel greifen müssen. So erzielten z. B. 1890 mehrere Bábolnaer geradezu sensationelle, den Betrag von 1400 fl. überschreitende Preise. welche Thatsache dem Gestüte jedenfalls zur hohen Ehre gereicht. In demselben Jahre wurde auch der höchste Durchschnittspreis verzeichnet. Das Nähere über die Bábolnaer Auktionsresultate der letzten zwölf Jahre ist aus folgender Tabelle zu ersehen:

Durchschnittspreise

der verkauften jungen Stuten vom Jahre 1880—1891.

im Jahre 1880 .	632 fl.	im Jahre 1886	632 fl.
„ „ 1881 . .	545 „	„ „ 1887 . .	728 „
„ „ 1882	658 „	„ „ 1888 .	631 „
„ „ 1883 . .	544 „	„ „ 1889 . .	553 „
„ „ 1884 . .	555 „	„ „ 1890	741 „
„ „ 1885 . .	649 „	„ „ 1891 . .	664 „

daher in 12 Jahren der Durchschnitt $627{,}_8$ fl.

Dass die aus diesen Preisen zutage tretende Wertschätzung, die dem Bábolnaer Pferde auf dem Weltmarkte entgegengebracht wird, eine solidere Grundlage als die blosse Vorliebe für das kokette Äussere des Orientalen hat, wird das k. u. k. Militär-Reitlehrer-Institut in Wien bezeugen können.

Das Gestüt sendet nämlich alljährlich zwei Stuten in jenes Institut, wo dieselben im Jagdfelde gründlich ausprobirt werden. Aus dem Umstande, dass nur güste Stuten zu diesem Zwecke verwendet werden können, darf wohl geschlossen werden, dass das Militär-Reitlehrer-Institut nicht immer das beste Material aus den Gestüten erhält. Indessen wird von der Gestütsleitung dennoch nach Möglichkeit dafür gesorgt, dass alle Stämme zu dieser Erprobung ihrer Leistungsfähigkeit herangezogen werden.

Nachstehend einige Gutachten des Militär-Reitlehrer-Institutes über von demselben erprobte Bábolnaer Stuten:

Mutterstuten		War im k. k. Reitlehrer-Institut im Jahre	Beschreibung der Leistungsfähigkeit
Nro.	Name und Abstammung		
8	Jussuf a. d. 20 Schagya XI.	1884	Unzählige Jagdritte, 3 flache Jagdritte und 3 Falkjagdritte mitgemacht. Eine sehr gute und sichere Springerin, ausdauernd im Galopp und sehr schnell, dabei sehr geschickt im Ueberwinden der Terrainverhältnisse. Bei einem Jagdritt kam dasselbe in Sumpf, wobei es sich eine Sehnen-Entzündung zuzog.
17	Amurath Bairactar a. d. 49 Gidran.	1884	Unzählige Jagdritte, 3 flache Jagdritte und 4 Jagdritte nach Falken mitgemacht, hat sich unter leichtem Gewicht als ein vorzügliches, sicheres Pferd und herzhafte Springerin erwiesen. Ist sehr schnell und ausdauernd. War nie krank.
50	Jussuf a. d 4 Schagya X.	1885	Unzählige Jagdritte, einige flache Jagdritte und 3 Jagdritte nach Hirschen mitgemacht. — Ist ein sehr gutes und ausdauerndes Jagdpferd.
148	Gazlan a. d. 59 Schagya X.	1886	Hat in der Saison vom 6. September bis 20. November viele Jagdritte, einige Schleppjagden und 5 Hirschjagden mitgemacht; ist ein vorzüglicher Galoppirer und Springer, sehr schnell, besonders ausdauernd. Vorzügliches Jagdpferd.
158	Osman Pascha a. d. 80 Schagya X.	1886	Hat in der Saison vom 6. September bis 20. November viele Jagdritte, einige Schleppjagden und 4 Hirschjagden mitgemacht; ist ein gutes, leistungsfähiges Pferd, galoppirt und springt genügend gut, hinter den Hunden angenehm zu reiten.
49	Schagya Mahmud a. d. 23 Abdul Aziz.	1888	Hat sich in jeder Richtung als ein vorzügliches und verlässliches Jagdpferd erwiesen.

Mutterstuten		War im k. k. Reitlehrer-Institut im Jahre	Beschreibung der Leistungsfähigkeit
Nro.	Name und Abstammung		
59	Jussuf a. d. 35 Schagya X.	1888	Sehr guter Galoppirer und Springer. Ein vorzügliches Jagdpferd.
20	Gazlan a. d. 38 Amurath Bairactar.	1889	Unter leichterem Gewicht ein hervorragendes, gutes und ausdauerndes Jagdpferd.
31	Jussuf a. d. 59 Schagya X.	1890	Vier Hirschjagden mitgemacht; galoppirt sehr gut und springt gut; ist ein angenehmes schnelles Jagdpferd mit vorzüglicher Ausdauer.
112	Siglavy I a. d. 106 Schagya IV.	1890	Fünf Hirschjagden mitgemacht; — im Anfang war sie etwas ungeschickt im Terrain, später aber ist sie gegen alles Erwarten sehr gut gegangen. Unter leichtem Gewicht sehr gutes Jagdpferd.

Wie man sieht, ist die Güte der Jussufs und Schagyas keine Erfindung enthusiastischer Arabomanen.

Die Paarung der Mutterstuten, die alljährlich im Laufe des Monats November von dem alles besorgenden Leiter des Pferdezucht-Departements vorgenommen wird, geschieht in sämtlichen Staatsgestüten in derselben Weise. Zuerst wird jedes einzelne Individuum der verschiedenen Jahrgänge, einschliesslich der Abspänn-Fohlen, vorgeführt, genau gemustert und an Ort und Stelle im Gestütsregister kurz beschrieben. Sobald dieses ziemlich langwierige Geschäft beendet ist, kommen die Pépinière-Hengste und dann die Vollblutstuten an die Reihe. Während letztere im Kreise herumgeführt werden, bestimmt der Ministerialrat, welche von ihnen mit Vollblut und welche (gewöhnlich die leichteren) mit Halbblut gepaart werden sollen. Die hierauf folgenden Halbblut-Mutterstuten erscheinen einzeln, wenn sie ein Fohlen besitzen aber mit diesem zur Vorführung. Ausserdem sei erwähnt, dass sowohl bei den Vollblut- wie auch bei den Halbblutstuten aus dem Gestütsregister die Klassifikation der gebrachten Produkte verlesen wird, bevor die definitive Zuteilung zu einem der in Verwendung stehenden Pépinière-Hengste erfolgt.

Eine weitere wichtige Amtshandlung des vielbeschäftigten Herrn Ministerialrates besteht in der meist im Oktober stattfindenden Verteilung der aufgestellten jungen Hengste in die Staats-Hengstendepots, bezw. Vermietung solcher Vatertiere an Privatzüchter und Gemeinden. Hierbei dürfen selbstredend die Kommandanten der königl. ungarischen, sowie der des kroatisch-slavonischen und jener des bosnischen Hengstendepots nicht fehlen, welchen ex officio anwesenden Fachmännern sich aber noch die Präsidenten der verschiedenen Pferdezucht-Vereine, Züchter, die einen der Hengste zu mieten beabsichtigen. und sonstige Liebhaber anzuschliessen pflegen. Die Verteilung der Hengste richtet sich nach dem jeweiligen Bedarf der verschiedenen Depots. Jeder Hengst wird einzeln vorgeführt und erhält hierbei sofort seine endgültige Bestimmung. Soll er vermietet werden, erfolgt auch allsogleich die Festsetzung des Mietspreises. Ausserdem gibt der Leiter des Ganzen bei jedem Hengste an, ob derselbe dem leichten, mittleren oder schweren Schlage zuzuzählen ist, welche Klasseneinteilung jedoch nur auf die dem betreffenden Tiere zu gewährende Futterration einwirkt. Bei dieser Gelegenheit können nach Deckung des einheimischen Bedarfes auch Hengste an fremde Regierungen abgegeben werden.

Ausweis

über die an die Hengstendepots abgegebenen und an fremde Regierungen verkauften Landbeschäler und deren Durchschnittspreis.

und zwar:	Im Jahre										Durchschnittspreis
	1882	1883	1884	1885	1886	1887	1888	1889	1890	1891	fl.
An die k. ungar. Staatshengstendepots	39	53	34	32	40	38	22	30	26	37	1000
An das k. kroatisch-slavonische Hengstendepot	—	—	—	6	1	4	4	4	1	4	1212
An das bosnisch-herzegowinische Hengstendepot	—	—	—	2	3	—	—	3	5	5	1188
An die kaiserlich japanische Regierung	—	—	—	—	—	—	—	3	—	—	2333
An die königl. bayrische Regierung	—	—	—	—	—	—	—	—	2	—	2000
An die fürstlich bulgarische Regierung	—	—	—	—	—	—	—	2	—	—	1200

Der Transport der drei von der japanischen Regierung angekauften Bábolnaer Hengste fand unter Leitung des im Mezőhegyeser Gestüte stationirten Tierarztes Torma via Triest auf einem Lloyddampfer statt, und haben die Tiere, die nur in Bombay, Singapore und Hongkong zu ihrer Erholung ausgeschifft wurden, ihr fernes Ziel im besten Wohlsein erreicht. Die ungarische Gestütsverwaltung wird dieses glückliche Ergebnis des mit bedeutenden Schwierigkeiten und Gefahren verknüpften Transportes mit um so grösserer Befriedigung zur Kenntnis genommen haben, als dem vorgenannten Tierarzt keine Begleitmannschaft beigegeben war und derselbe somit die Pflege und Wartung der wertvollen Hengste von Bábolna bis Yokohama ganz allein oder doch nur mit Beihilfe von „pferdescheuen“ Seeleuten besorgen musste. Gewiss eine überaus anerkennungswerte und tüchtige Leistung.

Noch einige Worte über die Bewegung des Gestütsmateriales und die Weideverhältnisse und wir werden unsere Schritte von dem Gestüte nach der Wirtschaft lenken können.

Die in den Kastell-Stallungen aufgestellten Pépinière-Hengste erhalten täglich eine zweistündige Bewegung unter dem Reiter im Schritt und ausgiebigen Trab. Über die Bewegung der jungen Hengste und Stuten haben wir uns bereits geäussert. Die übrigen freigehenden Jahrgänge, sowie die Mutterstuten, die während der Weidezeit, d. i. vom Monate Mai bis Ende Oktober, mit Ausnahme der heissen Mittagsstunden, von früh morgens bis spät abends im Freien weilen, werden ausserdem noch unmittelbar vor dem Weidegange im Fohlengarten 25—30 Minuten im Trab bewegt. Ausserhalb der Weidezeit erhalten die freigehenden Jahrgänge täglich im Fohlengarten volle 2—2½ Stunden Schritt- und Trabbewegung. Die Mutterstuten dagegen werden nur im Schritt bewegt. Auch die Fohlen kommen, sobald sie zehn Tage alt sind, selbst bei Kälte und Schnee mit den Müttern ins Freie.

Die Bewegung der freien Jahrgänge und Mutterstuten geschieht in der Art, dass Csikóse — einer vorn, drei bis vier an den Seiten und rückwärts — den Rudel einschliessen und mit ihren Peitschen (eine 2½—3 Meter lange, dicke und geflochtene Schnur an einem 50 cm langen Stiel) leiten, wobei der an der Tête reitende Csikós die Richtung und das Tempo angibt. Das geht natürlich nicht ohne gewaltiges Peitschengeknall ab. Ist doch der ungarische Csikós ein unvergleichlicher Virtuos im Gebrauche seiner reichgeschmückten, nationalen Peitsche, deren weithin tönendes Geknall jubelnden Wiederhall in seinem Herzen findet. Nächst den Klängen einer Zigeunerkapelle kennt er wohl keine lieblichere Musik. Und ein herrlicher Anblick ist es fürwahr, so eine Bábolnaer Pferdeherde unter der Führung ihrer prächtig berittenen, malerisch adjustirten Csikóse die im blendenden Sonnenschein gebadete Strasse entlangziehen zu sehen. Es ist das ein Stück Ungarn, das nicht nur dem Pferdefreunde, sondern überhaupt jedem gebildeten Menschen unvergesslich bleiben wird.

Mitunter freilich verwandelt sich das so anmutige Bild in ein höchst aufregendes Schauspiel. Dies tritt in dem keineswegs seltenen Falle ein, wo die Herde von einer Panik erfasst wird. Bei dem schreckhaften Naturell des orientalischen Pferdes genügt der geringste Anlass — das plötzliche Auftauchen eines fremden Hundes, ein rasch daherkommender Wagen, das Aufspannen eines Sonnenschirmes, das Ausbrechen eines vorwitzigen Mitgliedes der Herde u. s. w. — um die ganze Gesellschaft zum Durchgehen zu verführen. Da gibt es dann kein Halten mehr. Mit hochgetragenem Kopf und Schweif, weit geöffneten Nüstern, schnaubend und blasend, jagt die Herde dicht geschlossen wie eine Wetterwolke auf und davon. Jetzt ist für die Csikóse der Augenblick gekommen, Proben ihrer Schneid und ihres Geschicks abzulegen. Weh dem, der bei dem tollen Jagen in die Herde hineingerät. Seine Rolle als Hüter und Führer ist ausgespielt. Er wird von den wilden Wogen erfasst und mitgerissen und bildet nunmehr einen integrirenden Bestandteil der Durchgängerbande! Mitgefangen, mitgehangen! Falls es den übrigen Csikósen nicht gelingt; den übermütigen Gesellen den Weg abzuschneiden oder sie in eine Sackgasse hineinzutreiben, schlägt die Stunde der Befreiung erst, wenn sie sich müde gelaufen. Und bis das geschehen, kann unter Umständen eine tüchtige Strecke zurückgelegt worden sein, z. B. von der Weide bis dicht vor Komorn. Die Aufgabe der Csikóse ist somit, möglichst rasch an der durchgehenden Herde vorbeizukommen und nach Gewinnung eines genügenden Vorsprunges durch kräftigen Gebrauch der Peitsche die vordersten Pferde entweder vom Weiterstürmen abzuschrecken oder ihrem Laufe eine zur Kapitulation führende Richtung zu geben. Daher die Notwendigkeit, über vorzüglich berittene Csikóse zu verfügen. Wer, sei er zu Fuss, zu Pferd oder zu Wagen, auf der Landstrasse einer durchgehenden Bábolnaer Pferdeherde begegnet, hat natürlich nichts zu lachen. Die Wegfahrenden pflegen denn auch beim Passiren der Gestütsweiden eine gewisse Vorsicht zu beobachten. Speziell wird das den Kutschern des Gestüts auf solchen Strecken streng verbotene Schnellfahren freiwillig auch von fremden Rosselenkern vermieden. Und Vorsicht ist ebenfalls beim Betreten der Weidegründe zu empfehlen. Besonders Damen mögen sich hierbei nicht zu sehr auf die sprichwörtliche Gutmütigkeit des orientalischen Pferdes verlassen. Ein durch plötzlichen Schreck ausser Rand und Band geratenes Pferd ist nicht länger gutmütig und gerade in Bábolna ist es wiederholt vorgekommen, dass promenirende Damen sich nur mit Mühe und Not davor retten konnten von der direkt auf sie losstürmenden Herde über den Haufen gerannt zu werden.

Was schliesslich die Weideverhältnisse des Gestütes betrifft, so lassen dieselben — hauptsächlich in quantitativer Beziehung — manches zu wünschen übrig. Mit der alleinigen Ausnahme der zum Gestütshofe Farkaskút gehörenden Naturweide sind alle Weideflächen in Bábolna Kunstweiden, die von der

Wirtschaftsdirektion in Übereinstimmung mit der festgestellten Fruchtfolge angebaut werden und somit von Jahr zu Jahr ein etwas verändertes Bild zeigen. Bei dem meist sandigen Boden und den geringen Niederschlägen erhält die Bábolnaer Weide eher eine karge als eine üppige Beschaffenheit. Dies ist indessen bei der Aufzucht von orientalischen Pferden kein Fehler zu nennen, sondern trägt, wie die in Bábolna gesammelte Erfahrung lehrt, vielmehr dazu bei, den Produkten eine kräftig entwickelte Muskulatur und stramme Sehnen zu verleihen. Bedenklich dagegen erscheint die Thatsache, dass die Weide wegen Mangel an genügenden Niederschlägen sehr bald den Pferden keine hinreichende Nahrung mehr bietet und dann Stallfütterung eintreten muss. Allerdings verbleiben die Pferde trotzdem tagsüber auf den Weideflächen, mit dem Genusse des erfrischenden Futters aber ist es nun aus und dieser Umstand liefert denjenigen Wasser auf ihre Mühle, die der Ansicht sind, dass die in sämtlichen ungarischen Staatsgestüten angestrebte Verschmelzung von Zuchtbetrieb und Musterwirtschaft der staatlichen Pferdezucht nicht zum Segen gereichen wird.

Bábolna als königl. ungarische Staats-Domäne.

In einer vom Obersten v. Brudermann dem Gestütsarchive einverleibten „Geschichtlichen Skizze des k. k. Militär-Gestütes Bábolna in Ungarn" wird der Gestüts-Wirtschaft folgende Weisung erteilt: „Notwendig muss das Hauptaugenmerk der hiesigen Bodenbewirtschaftung darauf gerichtet bleiben, dass der Futterbedarf zur Erhaltung des Gestütsstandes sowohl rücksichtlich der erforderlichen Menge, als auch in Ansehung der gesunden und nährkräftigen Beschaffenheit durch Selbsterzeugung sichergestellt und für eintretende Missjahre in Vorrat genommen werde. Jede andere aus der Bodenerzeugung zu gewinnende Rente, wie dies bei einer reinen Ertragswirtschaft der Fall, ist bei der Gestüts-Wirtschaft dem Zwecke der Pferdezucht notwendig unterzuordnen und nur dann zu berücksichtigen, wenn die Gestütsanstalt mit allen ihren Bedürfnissen ausreichend gedeckt und gesichert, somit der Hauptzweck erreicht ist." — Das war anno dazumal. Heute ist die Domäne Bábolna eine Musterwirtschaft, der die Erzielung der höchsten Bodenrente als erste und wichtigste Aufgabe vorschwebt und der infolge dessen das Gestüt als ein ungemein lästiges Anhängsel erscheinen muss. Die ehemalige Dienerin beginnt sich zu fühlen; sie strebt nach der Alleinherrschaft und man braucht nicht gerade zu denen zu zählen, die das Gras wachsen hören, um das in den ungarischen Staatsgestüten aus dem Getöse der Dampfmaschinen herausklingende „Ôte toi de là, que je m'y mette“ zu vernehmen. Was uns an diesen imposanten Gestüts-Wirtschaften missfällt, ist somit, dass sie — Gestüts-Wirtschaften sind oder sein sollen. Wären sie reine Staats-Domänen, hätten wir nur Worte der Bewunderung und Anerkennung für die von ihnen erzielten grossartigen Resultate.

Dies vorausgeschickt, konstatiren wir, dass die jetzigen wirtschaftlichen Verhältnisse in Bábolna eine Schöpfung des ungarischen Ackerbauministeriums darstellen. So lange Bábolna noch Militär-Gestüt war, trug es den Charakter einer Wiesen- und Weiden-Wirtschaft.

Wer sich ein Bild von der fortschreitenden Kultur des Bábolnaer Bodens machen will, halte sich vor Augen, dass von der Errichtung des Gestütes bis 1812 nur 898 Joch unter dem Pflug lagen; von da ab bis in die zwanziger Jahre stieg die beackerte Fläche auf 2000 Joch, im Jahre 1846 gab es 2490 Joch Acker, 3240 Joch Wiesen und 530 Joch Weiden und im Jahre 1854 betrug das Ackerland 2517 Joch, welche Feldfläche nach dem System der Drei-Felder-Wirtschaft bearbeitet wurde. Gegenwärtig sind in Kultur:

Ackerland	5157	k. Joch.
Wiesenland . .	205	„
Weideland	224	„
	5886	k. Joch.
Wald	701	„
Höfe, Wege, verpachtete und inproduktive Flächen	519	„
Fläche des Gesamtbesitzes	7106	k. Joch.

Diese Kulturfläche wurde im Jahre 1890 folgendermassen benützt:

a. Halmfrüchte.			
Weizen .	831	k. Joch.	
Roggen . .	404	„	
Gerste . .	434	„	
Hafer . . .	566	„	— 2235 k. Joch.
b. Hackfrüchte.			
Mais . . .	604	„	
Rübe . .	150	„	
Kartoffel . .	48	„	— 802 „
c. Futtergewächse.			
Futterwicken	73	„	
Mischling	654	„	— 727 „
		Übertrag	3764 k. Joch.

		Übertrag 3764 k. Joch.
Hopfenluzerne	77 k. Joch.	
Mohar . . .	204 „	
Futtermais .	178 „	
Luzerne . .	30 „	
Klee . . .	267 „	
Raygras . .	658 „	— 1414 k. Joch.
d. Wiesen . . .		205 „
e. Weiden . .		224 „
f. Brache .		. 279 „
	Zusammen	5886 k. Joch.

Der Viehstand bestand in demselben Jahre aus:

Pferden .	80 Stück.
Eseln	2 „
Zugochsen	343 „
Zuchtrindern (Simmenthaler Rasse)	569 „
Schafen (Merino-Fleisch-Rasse) .	1662 „
Mastvieh (Rinder)	120
dito (Schafe) .	1850 „

Bewertung des Besitzes.

a) Grundkapital.

		Entfällt auf 1 Joch
Bodenkapital .	1 047 066 fl. 69 kr. . . .	. 147 fl. 33 kr.
Gebäudekapital . .	759 485 „ 45 „	. 78 „ 18 „
Zusammen	. 1 806 552 fl. 14 kr.	. 254 fl. 21 kr.

b) Stehendes Betriebskapital.

Totes Gerätekapital	126 093 fl. 29 kr.	Entfällt auf 1 Joch der Gesamtfläche 17 fl. 74 kr., der Feldfläche 21 fl. 42 kr.
Lebendes Viehkapital	115 167 „ 15 „	Entfällt auf 1 Joch der Gesamtfläche 16 fl. 20 kr., der Feldfläche 19 fl. 56 kr.
Zusammen . .	241 260 fl. 44 kr.	Entfällt auf 1 Joch der Gesamtfläche 34 fl. 14 kr., der Feldfläche 40 fl. 96 kr.

Mühleneinrichtung . . 840 fl. 83 kr., entfällt auf 1 Joch 12 kr.

Gesamtbetriebskapital 242 101 fl. 27 kr. { Entfällt auf 1 Joch der Gesamtfläche 34 fl. 26 kr.

Summe von a) und b) 2 048 653 fl. 41 kr., entfällt auf 1 Joch 288 fl. 47 kr.

Extrabilanz.

Empfang.

Bareinzahlung	163 944 fl.	36 kr.
Wert der nicht verwerteten Naturalien	106 193 „	72 „
Vermögenszuwachs durch Wertvermehrung der Tiere .	4 028 „	70 „
Zusammen . .	274 364 fl.	78 kr.

Entfällt auf 1 Joch, 7106 Joch Gesamtfläche genommen, 38 fl. 61 kr., ab hiervon die Forsteinnahmen von 1 fl. 60 kr., bleiben für 6405 Joch Feldfläche 274 363 fl. 18 kr., d. i. für 1 Joch 42 fl. 83 kr.

Ausgaben.

Barausgaben	201 624 fl.	19 kr.
Hiervon abzuziehen die Kosten für neue Bauten . . .	6 788 „	16 „
Bleiben . .	194 836 fl.	03 kr.

Entfällt auf 1 Joch, 7106 Joch Gesamtfläche genommen, 27 fl. 41 kr., ab hiervon die Forstausgaben 2256 fl. 36 kr., bleiben für 6405 Joch Feldfläche 192 579 fl. 67 kr., d. i. für 1 Joch 30 fl. 67 kr.

Summe der Einnahmen .	274 364 fl.	78 kr.
„ „ Ausgaben .	194 836 „	03 „
Bleiben . .	79 528 fl.	75 kr.

Auf 7106 Joch Gesamtfläche berechnet, entfallen somit auf 1 Joch 11 fl. 19 kr., 6405 Joch Feldfläche genommen, verbleiben an Ertrag pro Joch 12 fl. 76 kr., d. i. für das auf 1 Joch entfallende Gesamtkapital von 288 fl. 47 kr. — 3.87 %.

Über den Betrieb der Gestüts-Domäne gibt nachstehender „Auszug aus dem Betriebsplan der k. ung. Staats-Domäne Bábolna" genauen Aufschluss.

Nummer der Tafel	Benennung des Distriktes und Hofes	Rotation				
		Aufeinanderfolge der Pflanzen		Zahl	Tafelflächen	
					Joch	□ C.
	1. Bábolna (Distr.)					
1	a) Jägerhof (Hof).	1.	Mischling* . . .	I	50	144
2		2.	Weizen		49	575
3/3 a		3.	Körnermais* . . .		40/40	1376
4		4.	Gerste		48	1086
5/5 a		5	Esparsette		51	201
			Gesamtfläche		249	182
			Durchschnittsflächeninhalt pr. Tafel		49	1316

Nummer der Tafel	Benennung des Distriktes und Hofes	Rotation				
		Aufeinanderfolge der Pflanzen		Zahl	Tafelflächen	
					Joch	□C.
6/6 a	Jägerhof (Hof).	1.	Brache*	II	**43**	146
7/7 a		2.	Weizen		**57**	1196
8		3.	Körnermais . . .		**51**	1200
9		4.	Gerste		**50**	211
10		5.	Futtermais . . .		**50**	263
11		6.	Roggen		**50**	717
			Gesamtfläche		303	533
			Durchschnittsflächeninhalt pr. Tafel		50	889
12	Jägerhof (Hof).	1.	Mischling* . . .	III	47	**340**
13		2.	Futterrübe . . .		47	1108
14		3.	Gerste		43	1433
15/15 a		4.	Kleegras		33	1139
16		5.	Kleegras		50	1500
			Gesamtfläche		223	614
			Durchschnittsflächeninhalt pr. Tafel		44	1283
17	b) Nagybábolna (Hof).	1.	Wintermischling* .	IV	26	**512**
18		2.	Roggen		37	**755**
19		3.	Körnermais . . .		39	**1415**
20		4.	Hafer		39	**379**
21/21 a		5.	Mischling* . . .		39	**459**
22		6.	Weizen		41	**189**
23		7.	Esparsette . . .		40	**928**
					263	1497
			Durchschnittsflächeninhalt pr. Tafel		37	1128
24	Nagybábolna (Hof).	1.	Mischling* . . .	V	33	**505**
25		2.	Weizen		33	**518**
26		3.	Futtermais . . .		44	**348**
27		4.	Hafer		40	**241**
28		5.	Brache*		41	**1243**
29		6.	Weizen		38	**1131**
30		7.	Gerste		38	**1135**
					270	**321**
			Durchschnittsflächeninhalt pr. Tafel		38	960
32	c) Öregbábolna (Hof).	1.	Mischling* . . .	VI	41	1171
33/33 a		2.	Weizen		41	1360
34		3.	Kleegras		50	1209
35		4.	Kleegras		57	611
36		5.	Roggen		51	594
37		6.	Körnermais . . .		25	370
38		7.	Hafer		50	111
39		8.	Mohar		52	852
			Gesamtfläche		371	878
			Durchschnittsflächeninhalt pr. Tafel		46	709

Nummer der Tafel	Benennung des Distriktes und Hofes	Rotation: Aufeinanderfolge der Pflanzen		Zahl	Tafelflächen: Joch	Tafelflächen: □ Kl.
40	Öregbábolna (Hof).	1.	Weizen (Roggen) .	VII	50	681
41		2.	Körnermais* . . .		50	875
42		3.	Gerste		54	500
43		4.	Kleegras		49	531
44		5.	Kleegras		50	269
			Gesamtfläche		254	1056
			Durchschnittsflächeninhalt pr. Tafel		50	1491
			Freie Wirtschaft (Futterrotation).			
9		1.	Futterrübe* . . .		2	694
81		1.	Mischling		5	750
102 a		1.	Luzerne		6	
97-105 / 100		2.	Luzerne . . .		11	907
100		3.	Luzerne		14	690
32 a		4.	Luzerne		39	1037
32 f		5.	Weizen-Roggen .		16	1442
32 d		6.	Grünmais . .		13	868
			Gesamtfläche		100	1528
	2. Csómórház (Distrikt).					
45	a) Kisbábolna (Hof).	1.	Futtermais* . . .	VIII	35	377
46		2.	Weizen		46	1434
47		3.	Gerste		48	1314
48		4.	Körnermais . . .		43	331
49		5.	Hafer		47	1207
			Gesamtfläche		226	1463
			Durchschnittsflächeninhalt pr. Tafel		45	616
50/50 a	Kisbábolna (Hof).	1.	Körnermais . .	IX	62	378
51		2.	Gerste		48	1346
52		3.	Mohar		49	405
53		4.	Mischling* . . .		49	1161
54		5.	Weizen		53	465
			Gesamtfläche		263	858
			Durchschnittsflächeninhalt pr. Tafel		52	1071
55	Kisbábolna (Hof).	1	Roggen	X	50	1128
54		2.	Körnermais* . .		48	763
57		3.	Gerste		59	382
58		4.	Esparsette . . .		50	487
59		5.	Esparsette		40	349
60		6.	Esparsette		44	1348
61		7.	Mischling		47	126
			Gesamtfläche		387	1386
			Durchschnittsflächeninhalt pr. Tafel		48	426

Nummer der Tafel	Benennung des Distriktes und Hofes	Rotation: Aufeinanderfolge der Pflanzen		Zahl	Tafelflächen: Joch	Tafelflächen: □ C
62	Kisbábolna (Hof).	1.	Mischling*	XI	**51**	1521
63		2.	Weizen		**47**	302
64		3.	Körnermais . . .		**49**	985
65		4.	Hafer		**48**	1374
66		5.	Brache*		**47**	1368
67		6.	Weizen		**48**	875
68		7.	Hafer		**48**	1457
			Gesamtfläche		342	1482
			Durchschnittsflächeninhalt pr. Tafel		48	1583
69	b) Csömörház (Hof).	1.	Grünmais	XII	**49**	**989**
70		2.	Weizen		**42**	**803**
71		3.	Futterrübe . . .		**51**	**67**
72		4.	Gerste		**50**	**1216**
73 a		5.	Wintermischling* .		**49**	383
74/74 a		6.	Roggen		**54**	1488
75/75 **a**		7.	Hafer		**51**	228
			Gesamtfläche		338	374
			Durchschnittsflächeninhalt pr. Tafel		48	510
76	c) Istvánház (Hof).	1.	Brache*	XIII	38	587
77		2.	Weizen		49	257
78		3.	Hafer		49	756
79		4.	Mischling* . . .		54	77
80		5.	Kleegras		41	237
81		6.	Kleegras		52	131
82		7.	Kleegras		47	814
83		8.	Hackfrucht . . .		46	1082
84		9.	Hafer		46	840
85		10.	Roggen		50	849
			Gesamtfläche		474	1380
			Durchschnittsflächeninhalt pr. Tafel		47	778
	3. Farkaskút (Distrikt).					
86	a) Farkaskút (Hof).	1.	Mischling* . . .	XIV	41	271
87		2.	Kleegras		50	1500
88		3.	Kleegras		49	639
89		4.	Kleegras		51	274
90		5.	Weizen		44	70
90 a/91 a		6.	Körnermais* . . .		44	1068
91		7.	Gerste		44	1367
92		8.	Futtermais* . . .		46	562
93		9.	Roggen		42	1411
94		10.	Hafer		50	1144
			Gesamtfläche		466	326
			Durchschnittsflächeninhalt pr. Tafel		46	992

Nummer der Tafel	Benennung des Distriktes und Hofes	Rotation				
		Aufeinanderfolge der Pflanzen		Zahl	Tafelflächen	
					Joch	□ C.
95	Farkaskút (Hof).	1.	Futtermais* . . .	XV	52	770
96		2.	Weizen.		49	576
97		3.	Futterrübe . . .		61	502
98		4.	Hafer oder Gerste .		48	1177
99		5.	Brache*		50	1578
100		6.	Roggen (Weizen) .		43	957
101		7.	Mohar		48	1480
			Gesamtfläche		355	640
			Durchschnittsflächeninhalt pr. Tafel		50	1234
102	Farkaskút (Hof).	1.	Hackfrucht* . . .	XVI		
103		2.	Hafer			
104		3.	Kleegras			
105		4.	Kleegras			
			Gesamtfläche		191	1109
			Durchschnittsflächeninhalt pr. Tafel		47	1479
106	b) Uj-Major (Hof).	1.	Mischling** . . .	XVIII	53	622
107		2.	Weizen.		50	423
108		3.	Körnermais . . .		50	1113
109		4.	Hafer		49	1270
110		5.	Wintermischling* .		49	1301
111		6.	Roggen.		53	443
112		7.	Mohar		49	214
			Gesamtfläche		347	586
			Durchschnittsflächeninhalt pr. Tafel		49	998

Da eine kritische Besprechung der Gestüts-Wirtschaften nicht in den Rahmen unserer ohnedem überaus umfangreichen Arbeit gehört, haben wir vorstehenden offiziellen Daten nur wenig hinzuzufügen. Mit Vergnügen ergreifen wir jedoch die Gelegenheit, unserer an Ort und Stelle gewonnenen Überzeugung Ausdruck zu verleihen, dass jeder Landwirt, der die Domnäe Bábolna besucht, dem rationellen Betriebe derselben seine volle Anerkennung zollen wird. Der prachtvolle Viehstand — ein Gegenstück zu der in Bábolna aufgestellten Herde Simmenthaler Kühe dürfte nicht leicht aufzutreiben sein — die wohlgepflegten Äcker und Wiesen, die ausgedehnten, in bester Entwicklung stehenden Baumpflanzungen, die überall herrschende musterhafte Ordnung und die auf sämtlichen Höfen errichteten freundlichen Arbeiterwohnungen gestalten eine Rundfahrt durch die Bábolnaer Wirtschaft auch für den Laien zu einem hohen Genuss. Was speziell die Arbeiterwohnungen betrifft, vermag das verhältnismässig kleine Bábolna auf einen bedeutenden Vorsprung vor den übrigen Gestüts-Domänen hinzuweisen. Allerdings hatte es in dieser Beziehung auch viel nachzuholen. War doch vor 1840 sogar die Gestütsmannschaft in Erdhütten untergebracht! Die rastlose Bauthätigkeit der Bábolnaer Wirtschaftsdirektion hat somit ihre naheliegende Erklärung in den ganz unhaltbaren früheren Verhältnissen. Hierbei wird man aber nicht unberücksichtigt lassen dürfen, dass jene Thätigkeit unter sehr erschwerenden Umständen stattgefunden hat. Es ist dies in erster Reihe der isolirten Lage des Gestütes zuzuschreiben. Ausser Mauerziegeln und Sand müssen alle Materialien aus der Ferne, die Arbeiter aber aus Raab oder Komorn herbeigeschafft werden. und da Bábolna nur Niederwaldwirtschaft betreibt, bleibt kein anderer Ausweg. als das erforderliche Bauholz ebenfalls von aussen zu beziehen. Billig lässt es sich somit in Bábolna nicht bauen.

Hiermit bringen wir unsere Schilderung des „ungarischen Arabien“ zum Abschluss. Dass ein Besuch in Kisbér oder Mezöhegyes in fachlicher Beziehung lohnender erscheinen kann, wollen wir nicht in Abrede stellen. Ebenso wenig aber werden wir uns die Freude an der Erinnerung durch müssige Vergleiche schmälern lassen. Gelegenheit zu lehrreichen und anregenden Beobachtungen ist uns auch in Bábolna in reichstem Masse geboten worden. Damit war es aber nicht abgethan. Bábolna hat uns mehr gewährt. Es hat das Buch unserer Erinnerungen mit einem Bilde bereichert, dessen hellen Lichtglanz wir gerne vor unser Auge zaubern, wenn der Tag lang und die Arbeit schwer. Unser Schlusswort für dieses Kapitel sei daher ein warmempfundener Wunsch für das Blühen und Gedeihen des freundlichen, liebreizenden Bábolna.

SITUATI

DES KÖNIGL. UNGARISC

BÁB

ONS-PLAN

HEN STAATS-GESTÜTES

OLNA.

Verlag von Schickhardt & Ebner in Stuttgart.

www.ingramcontent.com/pod-product-compliance
Lightning Source LLC
Chambersburg PA
CBHW021348210326
41599CB00011B/799

* 9 7 8 3 7 4 4 7 3 9 7 1 9 *